W0260394

EDITION PAGE

Springer

*Berlin
Heidelberg
New York
Barcelona
Budapest
Hongkong
London
Mailand
Paris
Santa Clara
Singapur
Tokio*

Ulrike Häßler

3D Imaging

Mit CD-ROM

Springer

Ulrike Häßler

Krefelder Str. 27
52070 Aachen

ISBN-13:978-3-642-64403-0

Deutsche Bibliothek - Einheitsaufnahme

3D imaging/Ulrike Hässler. - Berlin; Heidelberg; New York; Barcelona; Budapest; Hongkong; London; Mailand; Paris; Santa Clara; Singapur; Tokio: Springer.
 (Editon Page)

Additional material to this book can be downloaded from http://extra.springer.com.

ISBN-13:978-3-642-64403-0   e-ISBN-13:978-3-642-60427-0
DOI: 10.1007/978-3-642-60427-0

NE: Hässler, Ulrike; DreiD imaging
Buch. - 1996
CD-ROM. - 1996

Dieses Werk ist urheberrechtlich geschützt. Die dadurch begründeten Rechte, insbesondere die der Übersetzung, des Nachdrucks, des Vortrags, der Entnahme von Abbildungen und Tabellen, der Funksendung, der Mikroverfilmung oder der Vervielfältigung auf anderen Wegen und der Speicherung in Datenverarbeitungsanlagen, bleiben, auch bei nur auszugsweiser Verwertung, vorbehalten. Eine Vervielfältigung dieses Werkes oder von Teilen dieses Werkes ist auch im Einzelfall nur in den Grenzen der gesetzlichen Bestimmungen des Urheberrechtsgesetzes der Bundesrepublik Deutschland vom 9. September 1965 in der jeweils geltenden Fassung zulässig. Sie ist grundsätzlich vergütungspflichtig. Zuwiderhandlungen unterliegen den Strafbestimmungen des Urheberrechtsgesetzes.

© Springer-Verlag Berlin Heidelberg 1997
Softcover reprint of the hardcover 1st edition 1997

Die Wiedergabe von Gebrauchsnamen, Handelsnamen, Warenbezeichnungen usw. in diesem Werk berechtigt auch ohne besondere Kennzeichnung nicht zu der Annahme, daß solche Namen im Sinne der Warenzeichen- und Markenschutz-Gesetzgebung als frei zu betrachten wären und daher von jedermann benutzt werden dürften.

Umschlaggestaltung: Künkel & Lopka, Werbeagentur, Ilvesheim
Satz: Reproduktionsfertige Vorlagen von der Autorin
SPIN 10536427   33/3142– 5 4 3 2 1 0 – Gedruckt auf säurefreiem Papier

Für Ursula und Ulrike,
die mir halfen, die Lücken zu füllen

Mein herzlicher Dank an Disk Direct,
Caligari und Autodesk für tatkräftige und
prompte Unterstützung

Vorwort

Aus der Werbung, aus Computerspielen und Filmen kommen sie uns kühl, glatt und perfekt entgegen und sehen doch aus, als könne man in sie hineingreifen: dreidimensionale Computergrafiken.

Wir sind fasziniert von der Natürlichkeit, mit der sich unrealistische Szenerien darstellen lassen – dreidimensionale Bilder entführen uns in unendliche neue Welten. Sie lassen Phantasie zur Wirklichkeit werden und sehen dabei realer aus als die Welt um uns herum.

Professionellen Einsatz finden sie in Konstruktion, Design, Architektur und Stadtplanung, Film und Werbung – fast so übergreifend wie bei der Textverarbeitung. An den dreidimensionalen Konstruktionen läßt sich ein Design vor der Serienproduktion schneller abschätzen als durch aufwendig und teuer gefertigte Modelle. Architekten und Bauträger können den geplanten Neubau eines Bürogebäudes in seiner zukünftigen Umgebung darstellen und Entscheidungen über Form und Materialien fundierter entscheiden als anhand von flachen Zeichnungen. Der Designer weiß die Mischung aus zwei Medien zu schätzen, die ihm die 3D-Grafik bietet: Grafik und Fotografie. Der Fotograf entdeckt hinter der Oberfläche des 3D-Programms seine Werkzeuge: Fotokamera und Lichtquellen.

Genau das letztere ist der Punkt, um den sich dieses Buch drehen wird: Es zeigt die enge Verbindung zwischen Fotografie und 3D-Grafik, und adaptiert Techniken der Fotografie auf die 3D-Grafik, um die Qualität der Bilder und Animationen zu steigern.

Inhaltsverzeichnis

Übersicht

Aller guten Dinge sind drei: drei Programme für dreidimensionales Design und Konstruktion auf drei Systemen in drei Preisklassen vom Profipaket für ein paar tausend Mark bis zum preiswerten Illustrations- und Animationsprogramm werden hier vorgestellt. Drei Plattformen für 3D-Grafik werden damit abgedeckt: Windows NT, Windows 95 und Macintosh.

Dem bereits technisch versierten Leser bietet das Buch mehr als nur die Beschreibung von Benutzeroberflächen: Professionelle Lichtgestaltung und Kameraführung wurden Studiofotografen und Kameramännern abgeguckt. Die weiterführende Beschäftigung mit dem Thema der Gestaltung mit Licht und Kamera ist unabhängig von Programmpaketen und Systemplattformen.

Kapitel 1: Design aus dem Computer

Viel mehr Gegenstände des täglichen Lebens, als man denkt, haben ihren Lebensweg als 3D-Modell im Computer begonnen. Aber die 3D-Grafik findet ihre Anwendungen nicht nur in der Konstruktion und im Design, wo sie ihre Wurzeln hat, sondern in der Architektur, der Werbung, in der Stadtplanung, der Illustration und im Film. Welche Software eignet sich für den Einstieg oder für besondere Anwendungen? Mit welchen Anforderungen an die Hardware muß man rechnen und wie sehen die optimalen Plattformen aus? Diese Fragen beantwortet das erste Kapitel und gibt gleichzeitig einen Überblick über die generellen Verfahren und Techniken der 3D-Grafik.

Kapitel 2: Der Profi – 3D Studio Max

Jahrelang galt die dreidimensionale Grafik als Domäne der schnellen Workstations, bis mit dem Autodesk Studio das erste professionelle 3D-Programm für den PC auf den Markt kam. Die neuste Version – Autodesk Max – symbolisiert die neue Generation von 3D-Programmen mit einfacher Benutzerschnittstelle, mit den neusten Funktionen und der Geschwindigkeit einer 32-Bit-Anwendung.

Kapitel 3: Illustration und Animation – Caligari trueSpace

Der Clou von Caligari trueSpace ist seine durchdachte Oberfläche, die alle Funktionen mit wenigen Mausklicks zur Verfügung stellt und die vergessen macht, wie komplex das Thema der Materialdefinition, der Ausleuchtung und der Welt der spiegelnden Reflexionen im Cyberspace sein kann. Als eines der ersten professionellen Programme mit einer Windows-Oberfläche, mit einer Vorschau mit soliden Texturen und einem funktionellen Animationsteil ist Caligari trueSpace ein professionelles Allround-Tool für Grafiker und Designer.

Kapitel 4: Der Illustrator – Ray Dream Designer

Ganz schnell und einfach mal eine 3D-Illustration zu Papier zu bringen - dafür eignet sich der Ray Dream Designer durch seine einfache Oberfläche, in die man nach APPLE-Manier per Drag & Drop schnell ein Objekt setzt und anmalt. Eine ganze Comic-Serie wurde mit dem Ray Dream Designer gezeichnet.

Kapitel 5: Es werde Licht

Die Lichtgestaltung ist eine der grundlegenden Voraussetzungen für die Wirkung eines Bildes. Genauso wie beim Umgang mit der Kamera lassen sich viele Techniken und Verfahren aus der Fotografie auf die 3D-Grafik umsetzen. Und da die Lichtquellen der 3D-Programme generelle Ähnlichkeiten aufweisen, können die Hinweise und Tips aus diesem Kapitel für die plastische und effektvolle Ausleuchtung von 3D-Grafiken in der Regel in allen 3D-Programmen angewandt werden.

Kapitel 6: Perspektiven aufzeigen – die Kamera

Die 3D-Kamera stellt die Visualisierung der Zentralperspektive auf dem Bildschirm her. Ihre Position entscheidet über den Bildausschnitt und über die Gesamtwirkung des Bildes. Wer einmal dem Fotografen mit der Balgenkamera über die Schulter geschaut hat, findet bald heraus, daß die 3D-Kamera mehr zu bieten hat als ein einfaches Zoomobjektiv. Über die technische Handhabung der Kamera für das spezifische Programm hinaus bietet Kapitel 6 einen kleinen Ausflug in die Gestaltung und den Bildaufbau von 3D-Grafiken.

Kapitel 7: Bildbearbeitung für Stills und Animationen

Wer eigene Texturen für 3D-Modelle aus Fotos und Grafiken erstellen will, wer Effekte für wilde Raumschlachten braucht oder mit ein paar kleinen Tricks Konstruktionsarbeit sparen will, benötigt einen Überblick über die Möglichkeiten der Bildbearbeitung. Und wer Animationen den richtigen Rahmen geben will, benutzt Programme für die Videobearbeitung, um Musik und Sprache mit Bewegung und Videoschnitt zu synchronisieren, Effekte einzubauen und der Animation einen professionellen Vorspann voranzusetzen.

Anhang A: Don´t Panic

Wenn sich keine spiegelnden Reflexionen einstellen wollen, wenn die Schatten ausbleiben oder wenn alles viel zu hell oder viel zu dunkel wird, steht nicht nur der Anfänger vor einem Rätsel, das auch die Handbücher nicht immer auflösen wollen.

Und wenn sich der Rechner unter den Bildberechnungen Stunden und ganze Tage quält, helfen oft kleine Änderungen am System, ohne daß man bei Intel oder Motorola um die bevorzugte Versorgung mit der nächsten Prozessorgeneration anfragen muß.

Glossar

Selbst wenn man sich vorher schon mit Grafik am Computer beschäftigt hat: die 3D-Grafik überschüttet den Anfänger mit einer Menge von Begriffen, die aus der Physik, der Strahlenoptik und der Fotografie entnommen sind. Vom Antialiasing bis zu Z-Buffering ... ohne jeden Anspruch auf Vollständigkeit.

Legende

3D-Programme müssen eine fast unüberschaubare Menge von Funktionen mit möglichst kurzen Wegen und Menüstrukturen auf den Bildschirm setzen. Und weil man auf einem Monitor ein Icon mit 32x32 Pixeln lange suchen kann, steht hier eine Beschreibung der verwendeten Begriffe für die Navigation auf dem Bildschirm:

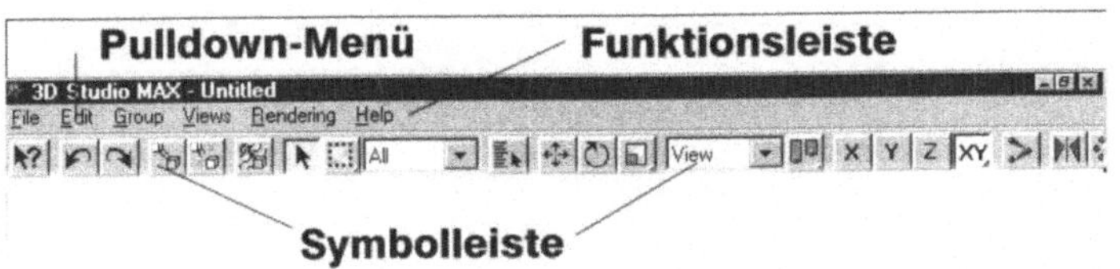

Navigation auf dem Bildschirm (denn selbst auf einem Monitor kann man manchmal lange suchen)

An dieses Konzept der Pulldown-Menüs, die Funktionen des Programms zusammenfassen, halten sich alle Programme unter Windows und auf dem Mac. Und alle drei hier vorgestellten Programme verstecken viele weitere Funktionen hinter *Flyouts*, die aufklappen, wenn man ein Symbol ein paar Sekunden lang mit dem Cursor anklickt.

Flyouts fördern verborgene Funktionalität zutage.

Eine weitere Variante der platzsparenden Unterbringung von Funktionen und Parameterlisten sind die *Rollouts*. Sie verstecken sich hinter »+«-Zeichen auf einem Button und entfalten im wahrsten Sinne des Wortes lange Parameterlisten.

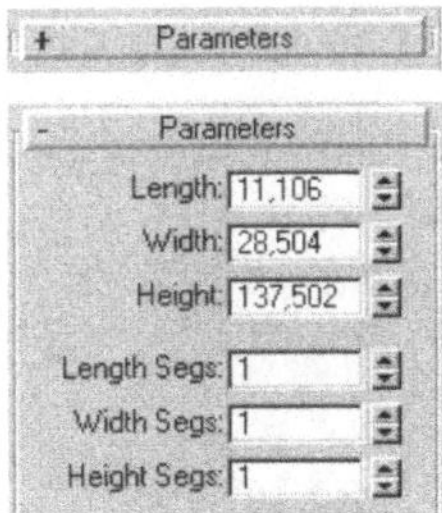

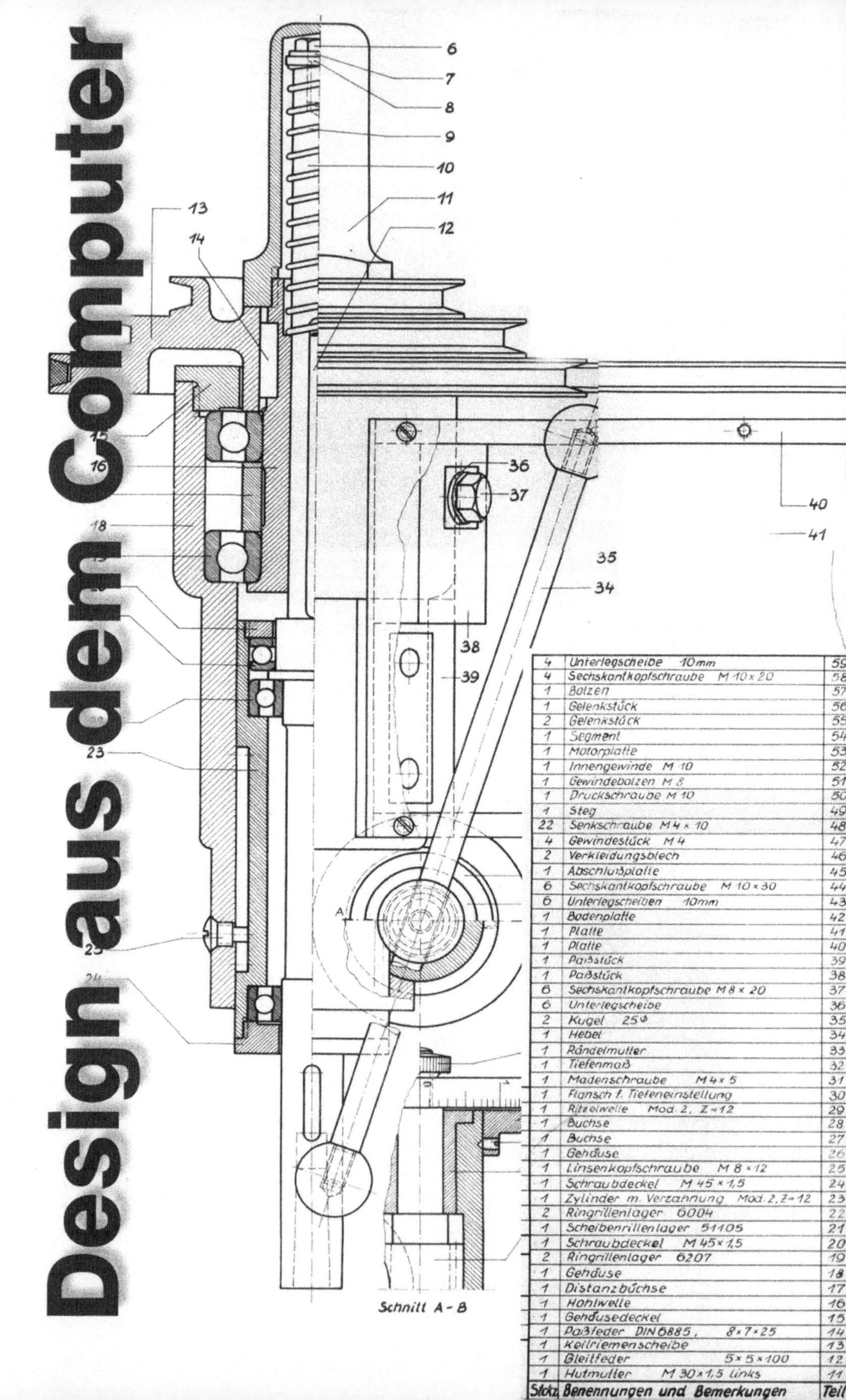

Stck.	Benennungen und Bemerkungen	Teil
4	Unterlegscheibe 10mm	59
4	Sechskantkopfschraube M 10 × 20	58
1	Bolzen	57
1	Gelenkstück	56
2	Gelenkstück	55
1	Segment	54
1	Motorplatte	53
1	Innengewinde M 10	52
1	Gewindebolzen M 8	51
1	Druckschraube M 10	50
1	Steg	49
22	Senkschraube M 4 × 10	48
4	Gewindestück M 4	47
2	Verkleidungsblech	46
1	Abschlußplatte	45
6	Sechskantkopfschraube M 10 × 30	44
6	Unterlegscheiben 10mm	43
1	Bodenplatte	42
1	Platte	41
1	Platte	40
1	Paßstück	39
1	Paßstück	38
6	Sechskantkopfschraube M 8 × 20	37
6	Unterlegscheibe	36
2	Kugel 25ø	35
1	Hebel	34
1	Rändelmutter	33
1	Tiefenmaß	32
1	Madenschraube M 4 × 5	31
1	Flansch f. Tiefeneinstellung	30
1	Ritzelwelle Mod. 2, Z = 12	29
1	Buchse	28
1	Buchse	27
1	Gehäuse	26
1	Linsenkopfschraube M 8 × 12	25
1	Schraubdeckel M 45 × 1,5	24
1	Zylinder m. Verzahnung Mod. 2, Z = 12	23
2	Ringrillenlager 6004	22
1	Scheibenrillenlager 51105	21
1	Schraubdeckel M 45 × 1,5	20
2	Ringrillenlager 6207	19
1	Gehäuse	18
1	Distanzbüchse	17
1	Hohlwelle	16
1	Gehäusedeckel	15
1	Paßfeder DIN 6885, 8 × 7 × 25	14
1	Keilriemenscheibe	13
1	Gleitfeder 5 × 5 × 100	12
1	Hutmutter M 30 × 1,5 links	11

Design aus dem Computer

„It´s clever but is it art?"
Rudyard Kipling

Das dreidimensionale Zeichnen war immer schon eine wichtige Ausdrucksform des Künstlers – und zwar sowohl künstlerisch als auch funktionell. Die Anfertigung von Zeichnungen dient der Schulung der Beobachtungsgabe und der Koordination von Hand und Auge.

Leon Battista Alberti entwickelte 1430 eine Methode, um die dreidimensionale Welt auf dem flachen Papier abzubilden. Seine Idee beruht auf einer Bildebene, einem festen Standpunkt des Betrachters und auf einem zentralen Fluchtpunkt – die Zentralperspektive, so wie wir sie heute noch kennen, war damit geboren.

Das funktionelle Zeichnen dient dem Künstler und Designer, auf schnelle und offene Weise Ideen nicht nur darzustellen, sondern auch noch während des Zeichnens weiter zu entwickeln. Er kann verschiedene Ideen gegeneinander abwägen, er kann seine Ideen mitteilen und zur Diskussion stellen.

1.1 Alte Werkzeuge – neue Werkzeuge

Anhand der Zeichnungen wird also nicht nur die fertige Idee zu Papier gebracht und dem Publikum damit ein fertiges Modell vorgeführt, sondern werden Gebäude und Karosserien konstruiert und Design weiterentwickelt. In der Regel sollen die Zeichnungen so realistisch wie möglich wirken – die Prämisse, unter der sich Zeichner und Betrachter verständigen, wenn es um das funktionelle Zeichnen geht.

Die Technik der Zentralperspektive ist so überzeugend und hat sich derart in unserem visuellen System verwurzelt, daß sie sich als Vorbild für die Darstellung im Computer angeboten hat.

Die 3D-Grafik nutzt die Zentralperspektive zur Darstellung der Modelle im virtuellen Raum und erzielt damit die Basis für die Berechnung fotorealistischer Bilder. Und während eine Grafik immer nur eine Seite eines Objekts zeigt und der Zeichner für jede Perspektive eine neue Zeichnung anfertigen muß, werden die Objekte in einem 3D-Programm in allen drei Dimensionen modelliert – eine Komplexität, die ohne den Computer nicht zu erreichen wäre.

Durch diese Freiheit der Darstellung verbunden mit Texturen,

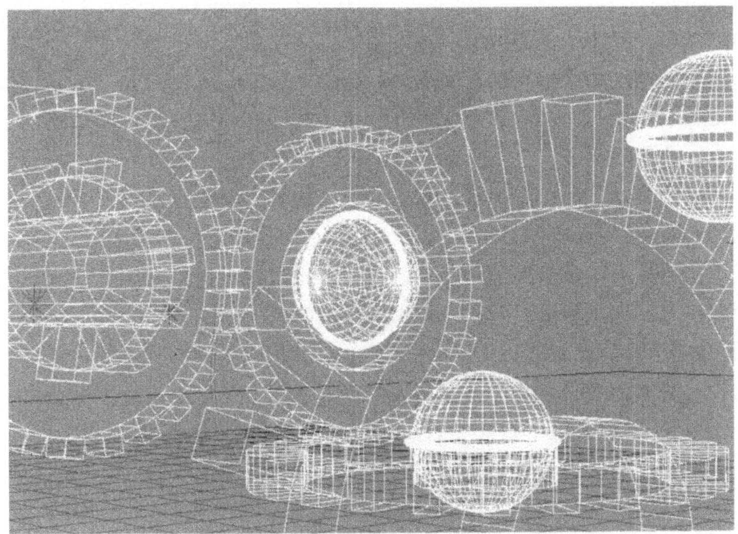

*Voll durchschaubar
und dabei undurch-
schaubar: Das Gittergerüst
der 3D-Modelle gibt wenig
Orientierungsmöglichkeiten.*

Licht und Schatten liefert sie fotorealistische Abbilder der Realität und glaubwürdige Darstellungen von Ideen und Fiktio-
nen. Das eröffnet ihr die vielfältigen Anwendungsbereiche
von der sachlichen Dokumentation bis zum heißen Special Ef-
fect im Actionfilm.

Ein nicht unwesentlicher Teil der Komplexität dreidimensionaler Konstruktionen wird durch die Benutzerschnittstelle
abgefangen: die Darstellung des dreidimensionalen Körpers
auf einem flachen Bildschirm. Die 3D-Software stellt räumliche Formen dar, indem sie die Umrisse aller Kanten skizziert
und daraus ein Gitterbild formiert.

*Das Problem: die räumliche
Darstellung auf dem fla-
chen Bildschrim*

Aber sobald die dargestellten Objekte komplexer werden,
wenn Szenen viele Objekte enthalten, hat der Betrachter große
Schwierigkeiten, eine Vorstellung von Perspektive in dieser
Darstellung zu erlangen.

Orientierungshilfen

Wir brauchen, um einer flachen Darstellung die räumlichen
Informationen zu entnehmen, die Überlagerung von Körpern
und ihre Schatten. Erst diese Informationen lassen uns die Objekte in einem Bild zueinander in Beziehung setzen. Die Gitterdarstellung der 3D-Modelle kann diese Informationen nicht

liefern. Auch mit jahrelanger Erfahrung ist es schwierig und manchmal auch unmöglich zu entscheiden, ob ein Körper auf dem Untergrund steht oder wie ein Sputnik über dem Untergrund schwebt.

Derart komplexe Szenen mit soliden Oberflächen und der Auswirkung von Licht und Schatten auf den Bildschirm zu bringen, würde zwar bei der Konstruktion und dem Design von Illustrationen und Animationen die Arbeit erheblich erleichtern, war aber auf dem PC und dem APPLE bislang nicht durchführbar.

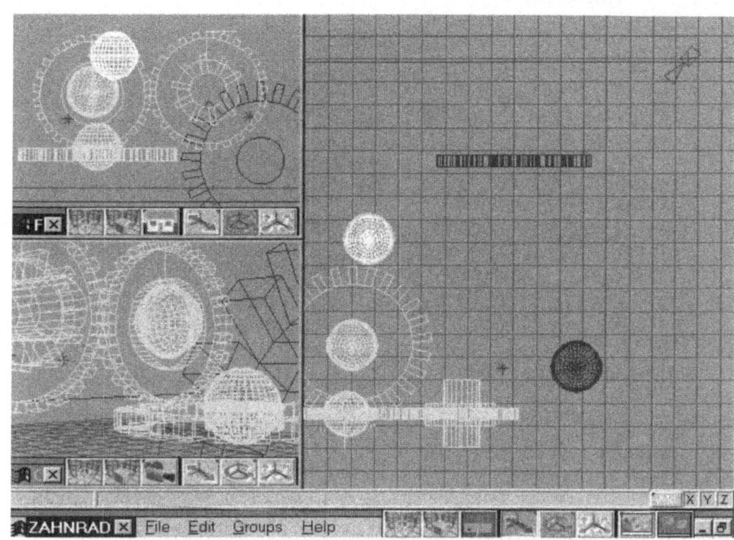

Screenshot von Caligari trueSpace mit orthogonalen Ansichten der Szene

Solide Ansichten

Als ein Hilfsmittel zur Orientierung dienen die orthogonalen Ansichten der Szene – weitere Fenster auf dem Bildschirm bieten die Ansicht der Szene direkt von vorne, von der Seite oder von oben ohne jede perspektivische Verzerrung.

Mit den zusätzlichen Ansichten konstruiert man Modelle und setzt sie gezielt zueinander in Position. Nur so kann sichergestellt werden, daß in diesem Raum ohne Schwerkraft, in dem sich die Gitterdarstellungen der Körper überlagern können, Objekte auf dem Boden stehen, ihn nicht durchdringen und nicht über ihm schweben.

»Solide« Welten

Ein wesentlicher Durchbruch ist die Darstellung der Modelle mit farbigen, schattierten Oberflächen und mit der Auswirkung von Licht und Schatten in Realzeit auf dem Bildschirm. Das leistet die neuste Generation von 3D-Programmen – sie können von der Gitterdarstellung der dreidimensionalen Objekte absehen und liefern ein aussagekräftiges Bild der Objekte mit ihren ausgemalten Oberflächen auf den Monitor.

Dabei verdankt jedes Programm diese Fähigkeit einer anderen Technologie: INTEL entwickelt »3DR«, mit dem Caligari trueSpace arbeitet, auf dem APPLE ist es »Quickdraw«, das dem Ray Dream Designer die Darstellung von dreidimensionalen Objekten in Realzeit ermöglicht, und das 3D Studio Max setzt auf »Heidi«, seine eigene Entwicklung.

Und immer schneller muß die Bildschirmdarstellung werden. Denn nicht die komplexen Berechnungen der Bilder und Animationen verschlingen die meiste Zeit – die meiste Zeit verstreicht bei der Konstruktion und bei der Zusammenstellung der Szenen, wenn der Designer darauf wartet, daß sich die Mathematik hinter den Kanten und Eckpunkten, den Oberflächen und Farben schnell und ohne zu stocken auf dem Bildschirm zu einem aussagekräftigen Bild aufbaut.

Sehhilfen: feste Oberflächen statt Gitter, Licht und Farben

Schnellere Bildschirme für kürzere Produktionszeiten

1.2 Virtual Reality für alle

Architektur

Die Visualisierung eines Bauvorhabens mit »richtigen« Texturen ist anschaulicher als die zweidimensionalen Bauzeichnungen und zugleich auch exklusiver. Für den Architekten bietet das nicht nur eine bessere Werbung, sondern für den Bauherrn die größere Sicherheit bei der Frage nach dem richtigen Material: Putz, dunkler oder heller Ziegelstein? Architekten und Bauträger können den geplanten Neubau eines Bürogebäudes in seiner zukünftigen Umgebung visualisieren und Entscheidungen über Form und Material sicherer treffen als anhand von flachen Zeichnungen mit ISO-Schraffuren. Der Büropalast und das Reihenhaus aus dem Computer lassen sich mit weißem Putz, mit hellen und dunklen Ziegelsteinen nicht von einer Fotografie unterscheiden. 3D-Animationen führen wie im Film durch einen geplanten Neubau oder durch die Ausstellungsräume eines Kaufhauses und vermitteln, wie ein Besucher oder Käufer die Räume sieht.

Stadtplanung

Alter Marktplatz, neues Einkaufszentrum? Historische Gebäude rekonstruieren, einen architektonisch gewagten Theaterbau visualisieren? Die 3D-Grafik liefert Entscheidungskriterien. Historische Gebäude lassen sich bis ins Detail rekonstruieren, vielleicht sogar in den Abwandlungen der verschiedenen Epochen. Von der Rekonstruktion einer Römersiedlung bis zum Renaissance-Bau bietet die 3D-Grafik perfekte Planungsgrundlagen und Illustrationen.

Design und Konstruktion

Die 3D-Grafik hat ihre Wurzeln in den Konstruktionsbüros der Automobil- und Flugzeughersteller. Zuerst sollte das Computer Aided Design (CAD) nur die technischen Zeichnungen vereinfachen und die extreme Exaktheit bringen, die bei der Entwicklung und dem Design komplexer Maschinen und Oberflächen notwendig sind. Die Konstruktionszeichnungen des Maschinenbaus sind dem Betrachter nicht leicht zugänglich – anders hingegen dreidimensionale Darstellungen. Automobilbauer gehörten zu den ersten Anwendern, die ihr Design mit dreidimensionalen Modellen entwickelten und visualisierten.

Designer entwerfen heute nicht nur Autos und Flugzeuge am Computer, sondern die Form und Farbe der Milchtüte genauso selbstverständlich wie Möbel und Stereoanlagen. Das moderne Industriedesign wäre ohne den Einsatz des Computers nicht mehr denkbar, denn er bietet die Möglichkeit, eine Idee in all ihren Varianten auszutesten.

Es gibt kaum noch ein Spiel auf dem Computer, das ohne aufwendig inszenierte 3D-Animationen auskommt. Seitdem The 7th Guest als erstes Spiel auf einer CD vormachte, wie brillant 3D-Grafik ein Spiel wirken läßt, kommen immer mehr Spiele im dreidimensionalen Look auf den Markt. Sogar in schnellen Actionspielen jagt der Spieler Aliens im dreidimensionalen Raum.

Computerspiele

Kein Sender kommt heute mehr ohne dreidimensionale animierte Wetterkarte daher, Nachrichtensendungen und Talkshows haben ihre dreidimensionalen Logos. Neben Konstruktion und Design ist die Werbung der größte Anwender von dreidimensionalen Grafiken und Animationen. Da tanzen Zapfsäulen Tango mit glücklichen Autos, und der Zuschauer bewundert den INTEL-Prozessor beim Rundflug durch das Gehäuse des Computers.

Fernsehen und Werbung

Die 3D-Grafik hat viele Gemeinsamkeiten mit der Fotografie – Kamera und Lichtquellen werden nach vergleichbaren Techniken genutzt. Vielleicht werden Fotografen sogar eines Tages auch an »Studiosimulatoren« hinter dem PC ausgebildet, denn eine fertig beleuchtete Szene ohne Farben und Texturen auf den Modellen zu berechnen, zeigt Stärken und Schwächen eines Belichtungsmodells auf. Dem Fotografen liefert die 3D-Grafik freigestellte Objekte für Fotomontagen, die genau passend zur Fotografie berechnet wurden. Der Fotograf wiederum liefert die Texturen für die fotorealistische Darstellung von Modellen.

Fotografie

Filmindustrie

Filme wie Batman Forever, Apollo 13 und Waterworld lassen ahnen, daß bald immer mehr Dekorationen und Tricks von der Platte des Computers geholt werden statt aus den Hallen der Requisite. Die Filmindustrie setzt mit einem unglaublichen Aufwand 3D-Techniken aus dem Computer ein. Immer mehr Hintergründe und Kulissen, immer neue Effekte sollen Produktionen schneller und billiger auf die Leinwand der Kinos bringen. Nicht nur der schwarze Todesstern des Imperiums und der schnelle Raumkreuzer Enterprise stammen von der Platte eines Computers, sondern brennende Ölteppiche und die Dinosaurier aus dem Jurassic Park.

Der erste komplett auf dem Computer in 3D-Animationstechnik erstellte Film kommt aus den Disney-Studios – Toy Story. Er erfüllte die Erwartungen Hollywoods: kürzere Drehzeiten und niedrigere Kosten als die Produktion mit herkömmlichen Techniken.

Das Internet

Auch der Computer selber muß irgendwann dran glauben – so wird sich das Internet, das größte Computernetz der Welt, seinen Benutzern demnächst auch im dreidimensionalen Outfit darstellen. Die dreidimensionale Umsetzung der Wege durch das World Wide Web soll dem Benutzer ein intuitiveres Navigieren durch die Welt am Draht bieten und den Reiz der bunten Seiten im Netz erhöhen.

So stellt sich der Cyberraum des Internets schon heute dar: im Hummelflug über virtuelle Städte und Landschaften.

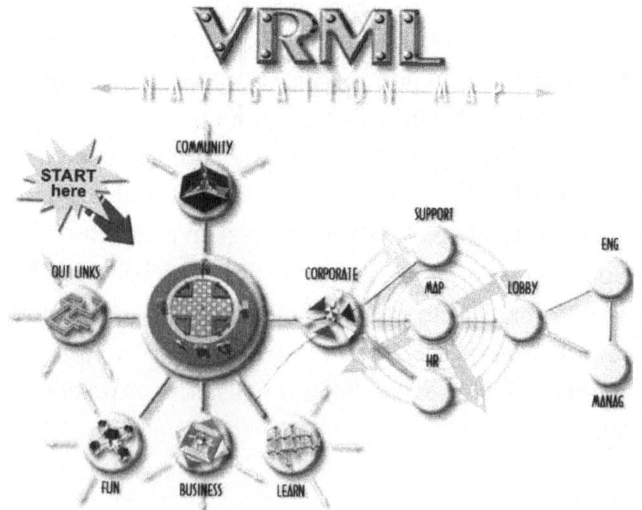

1.3 Software für 3D-Grafik

1.3 Software für 3D-Grafik

Die Entwicklung des Computers und seine Einführung in das Design ist die erste bedeutsame Herausforderung für traditionelle Werkzeuge wie Zeichenstift und Pinsel. Auf der einen Seite ist es die wachsende Komplexität – ein Flugzeug oder ein Automobil erfordern eine extreme Exaktheit in der Konstruktion – die Anforderungen mit sich bringt, die am Zeichenbrett nicht mehr zu erfüllen wären. Auf der anderen Seite sind es die Vorgaben der Fertigungstechnik und der Materialien hinsichtlich ihrer Kosten, die immer weniger Spielraum lassen, so daß sich die Produkte aller Hersteller immer mehr ähneln würden, wenn Designer heute nicht schnell und flexibel am Computer wechselnde Alternativen darstellen könnten.

Das Zeichenbrett im PC

Während der APPLE und der PC schnell in der Lage waren, Programme für das zweidimensionale Zeichnen und Malen zu bieten, war die 3D-Grafik in den Anfängen auf schnelle Workstations beschränkt. Mit dem Autodesk Studio zog das erste professionelle 3D-Grafikprogramm auf den PC. Im oberen Preissektor für den professionellen Einsatz ist das 3D Studio der Inbegriff für dreidimensionales Design und die Erzeugung von fotorealistischen und surrealistischen Bildern. Zwei Dinge haben zum Erfolg des 3D Studios wesentlich beigetragen: 3D Studio war die erste professionelle 3D-Software für den PC, und es brachte eine Schnittstelle zu AutoCAD mit, dem meistgenutzten Konstruktionsprogramm auf dem PC. 3D Studio hat eine grafische Oberfläche und läuft unter DOS.

Der Vorreiter auf dem PC: Autodesk Studio

3D Studio MAX – das ist der brandneue Nachfolger des alten 3D Studio. MAX ist für höchste professionelle Ansprüche gedacht: für exakte Konstruktion, für aufwendige Animationen in Werbung, Film und Spielen, für immer heißere Effekte.

Der neue Stern am Cyberhimmel: 3D Studio Max

Im Sharewaremarkt hat POV schon einen Kultstatus. POV ist eine DOS-Anwendung und ist fast so etwas wie eine Programmiersprache für 3D-Grafik – 3D-Bilder werden über Kommandozeilen »programmiert«. Dabei entwickelt POV eine Funktionalität, mit der viele professionelle 3D-Programme nicht mithalten können. Die Sharewareszene um POV herum bietet viele Zusätze, die auch in professioneller Umgebung ih-

Persistance of Vision Ray Tracer – POVRAY

re Anwendung finden: Editoren für aufregende Texturen und Hintergründe, Konverter für alle möglichen Formate von 3D-Modellen.

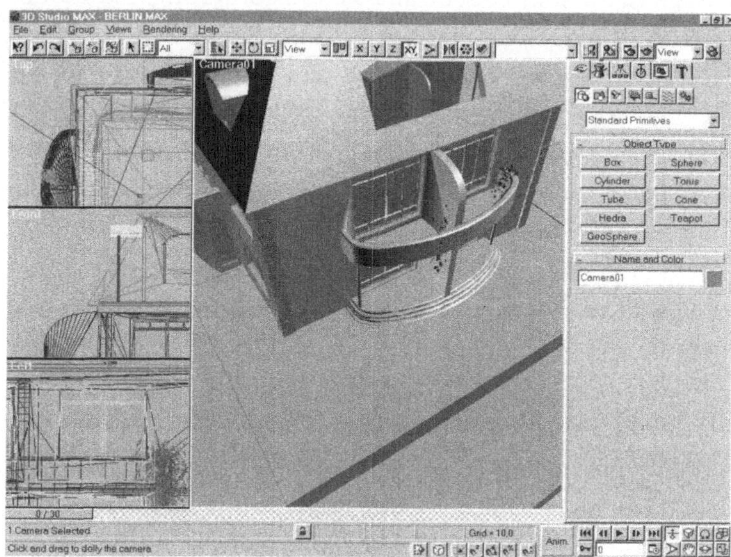

Mehr Leistung durch Grafik-bibliotheken

Unter Windows wurden 3D-Programme nur zögernd entwickelt. Die Berechnung fotorealistischer Bilder – das sogenannte »Rendern« der dreidimensionalen Grafiken – das war auf dem PC immer eine DOS-Domäne, da es extrem rechenintensiv ist und hier jeder Geschwindigkeitsgewinn von Bedeutung ist. Aber die Grafikbibliotheken von INTEL oder Microsoft ermöglichen die Darstellung von dreidimensionalen Szenen in Realzeit: 3DR und OpenGL. Auch wenn diese Beschleunigung nur den Bildaufbau auf dem Bildschirm betrifft und nicht die eigentliche Berechnung der Bilder und Animationen, so machen Modellkonstruktion und Szenenarrangement einen großen Teil der Zeit eines Projekts aus. Die Darstellung in soliden Oberflächen erspart viele Probeberechnungen und bringt eine sichere Beurteilung der Szenen.

Caligari trueSpace

Caligari trueSpace ist ein 3D-Programm für Designer, Gebrauchsgrafiker und Architekten – seine Oberfläche ist auch ohne Ausbildung zum technischen Zeichner am Computer schnell zu erfassen. Für Multimedia-Präsentationen mit fliegenden Logos, für Computerspiele und Werbung mit effektheischendem 3D-Morphing ist trueSpace der schnelle Einstieg in die dreidimensionale Konstruktion und Animation.

Real 3D

Wer mit Physik, Thermodynamik und zeilenorientierter Eingabe klar kommt, kann mit REAL 3D gut arbeiten. REAL 3D bietet die modernsten Funktionen des 3D-Sektors auf dem PC und liefert eine hervorragende Bildqualität. REAL 3D gehört zu den wenigen kommerziellen Programme, die mit Radiosity arbeiten, dem natürlichsten Lichtmodell für 3D-Grafik. Bis-

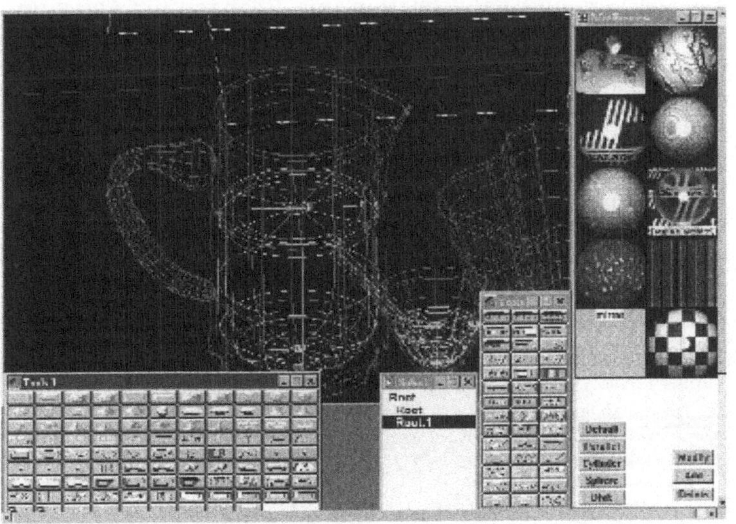

Screenshot von Real 3D, einem 3D-Programm mit hoher Funktionalität und einer Bildberechnung nach dem Radiosity-Verfahren

lang ist allerdings der Rechenaufwand für Radiosity selten kommerziell tragbar.

IMAGINE

Wer 3D-Grafiken und Animationen als Hobby erstellen will, kann mit *Imagine* beachtliche Ergebnisse erzielen. Dank seines günstigen Preises und einem gut ausgebauten Animationsmodul erfreut es sich großer Verbreitung.

Ray Dream Designer

Auf dem APPLE und dem PC findet man den RAY DREAM DESIGNER. Eine gut durchdachte Oberfläche und der Preis machen es zu einem angenehmen Programm für Einsteiger, die erst einmal herausfinden wollen, ob ihnen die 3D-Grafik liegt. Mit dem Ray Dream Studio erzeugt man locker die ersten Animationen.

Wer auf dem APPLE den Schwerpunkt auf exaktes Modellieren für Konstruktion und Design legt, arbeitet mit MACRO MODEL oder geht bis in die Preisklasse von SCULPT. Das High End für Animationen ist ELECTRIC IMAGE, das 3D-Animationsprogramm, mit dem der Werbeclip »Warp Speed« für den INTEL Pentium Prozessor produziert wurde.

Ein paar Spezialisten haben sich auf die Erzeugung besonderer 3D-Modelle verlegt: POSER erzeugt dicke, dünne, junge und alte Menschen in allen erdenklichen Posen auf dem APPLE, VISTAPRO erzeugt Landschaften und Pflanzen für APPLE und PC. VIRTUS WALKTHROUGH ist ein 3D-Programm, das sich besonders an Architekten richtet: Es erlaubt, die dreidimensionalen Räume eines Hauses per Maus zu besichtigen. Für die meisten kommerziellen Visualisierungen bringt VIRTUS allerdings nicht die geforderte Bildqualität.

So richtig rund wird jede 3D-Software erst durch ihre Spezialeffekte. Partikelsysteme lassen 3D-Objekte platzen und ihre Teile in alle Richtung sprühen, zünden in der Animation lo-

Screenshot von Virtus Walkthrough, einem 3D-Programm, das den Betrachter durch virtuelle Räume spazieren läßt.

dernde Flammen, Lens Flares setzen Reflexe in die Tiefen des Alls, die einer (zumindest im Cyberspace) beliebten Unzulänglichkeit der Kameraobjektive nachgeahmt sind. Damit die Special Effects immer aktuell und brandheiß sind, bieten 3D-Programme Schnittstellen für »Pluginfilter« an. Für jeden, der Spiele mit 3D-Programmen entwirft, wer für Film und Werbung arbeitet, sind solche Plugins ein Muss. Schon die alte Version des 3D Studios enthielt so eine Schnittstelle für Plugins, mit der sogenannte IPAS-Routinen in das Programm eingebunden wurden.

Auch das Ray Dream Studio hat in seiner Version 4 eine Schnittstelle für Plugins. Für den Apple sind an dieser Schnitt-

Exploder, ein Sharewarezusatz für Caligari trueSpace, läßt 3D-Objekte explodieren – und das auch in Animationen.

stelle Lens Flare-Effekte einsetzbar geworden. Partikelsysteme und Explosionen sollen folgen.

Caligari trueSpace kann in der Version 2 zwar noch nicht mit Plugins aufwarten, aber eine Reihe von Sharewareprogrammen liefern Partikelsysteme und Landschaften. Ein kleines externes Programm realisiert Inverse Kinematik und Bones für trueSpace.

1.4 Hardware für 3D-Grafik

Die verschiedenen Stufen der Beschäftigung mit der 3D-Grafik erfordern den Einsatz entsprechend leistungsfähiger Hardware und stellen hohe Ansprüche an die Ausstattung des Computers.

Die minimale Konfiguration ist ein schneller 486 mit 16 MB und Windows 3.1, besser Windows 3.11 oder Windows 95. Speziell Caligari trueSpace ist zwar noch kein 32-Bit-Programm, läuft aber unter Windows 95 wesentlich stabiler als unter Windows 3.1 oder 3.11. Kommt man für die Anfänge noch mit 16 MB RAM aus, so sollte man beim Ausbau des Computers mit dem Hauptspeicher beginnen – noch vor einem Austausch des Prozessors. Wer mit Max arbeiten will, für den beginnt das Vergnügen mit einem 586 mit 32 MB und Windows NT oder Windows 95 (ab Version 1.1). Und ein APPLE für 3D-Grafik sollte ein Power PC mit mindestens 24 MB sein.

Aber der Turbo der 3D-Grafik sind die speziellen 3D-Bildschirmkarten. Sie übernehmen mit ihrem Prozessor die Berechnungen für den Bildaufbau und liefern die Szenen in einer soliden Ansicht mit Farben und Texturen auf den Bildschirm – das erleichtert dem Einsteiger die Orientierung im dreidimensionalen Raum und beschleunigt die Konstruktion eigener Modelle. Die Basis hierfür sind Grafikbibliotheken, die von APPLE, INTEL und Microsoft kommen: 3DR von INTEL und OpenGL von Microsoft. Caligari trueSpace arbeitet mit 3DR von INTEL.

Eine der ersten Grafikkarten, die 3D-Beschleunigung für 3D-Grafik bieten, war die Matrox Millenium, aber auch andere Kartenhersteller, wie etwa ELSA mit der ELSA Gloria, der High End-Grafikkarte für 3D-Grafik auf dem PC, haben inzwischen nachgezogen.

Die Farbtiefe besagt, wie gut oder fotorealistisch die Farben von Fotos auf dem Monitor dargestellt werden. Während für Arbeiten am PC wie Textverarbeitung und Tabellenkalkulation 256 Farben heute der Standard sind und dort auch ausreichen, braucht man für die wirklichkeitsgetreue Wiedergabe von Fotos auf dem Bildschirm eine Farbtiefe von mindestens 16 Bit (64000 Farben), für die Bearbeitung von Fotos jedoch besser 24 Bit Farbtiefe (16 Mio. Farben = True Color). Bei einer Farbtiefe von 256 Farben wirken True Color-Bilder gerastert. Und die Bilder, die von 3D-Programmen erzeugt werden, sind in der Regel True Color-Bilder – nur so lassen sie sich professionell weiterverarbeiten.

Die Auflösung der Darstellung auf dem Bildschirm ist ein Wert, der besagt, wie geräumig der Platz der Windows-Oberfläche wirkt. Je höher die Auflösung, desto mehr Platz für Modelle und Funktionsfenster ist vorhanden. Allerdings werden Buchstaben und Abbildungen mit steigender Auflösung immer kleiner dargestellt. Eine komfortable Auflösung für 3D-Grafik beginnt mit 1024x768 Bildpunkten auf dem Bildschirm. Die Anforderung an eine Grafikkarte für optimales professionelles Arbeiten mit 3D-Grafik ist also die Unterstützung der Grafikbibliotheken 3DR und OpenGL und eine True Color-Darstellung auf dem Monitor bei einer Auflösung von 1024x768.

Bildschirmauflösung

Wichtig ist die Kombination von Grafikkarte und Monitor. Im Grafikbereich ist der 17″ Monitor schon lange Standard und hier greift der Profi bereits zum 21″ Monitor. Strahlungsarmut ist heute bei Bildschirmen selbstverständlich geworden. Ein weiterer wichtiger Punkt für ein komfortables Arbeiten vor dem Monitor ist seine Bildwiederholfrequenz, die darüber entscheidet, daß der Monitor ein flimmerfreies Bild auch bei hohen Auflösungen bietet. Ein guter Monitor kann in Zusammenarbeit mit der Grafikkarte die Bilder in einer hohen Auflösung in True Color – also Echtfarbe oder 24 Bit Farbtiefe – auf den Bildschirm bringen. Dafür braucht man eine Grafikkarte mit einem großzügigen Speicheraufbau. Der Standard hier sind 2MB VRAM oder DRAM (so heißen die Speicherbausteine auf der Grafikkarte). Was die meisten bunten Verpackungen der Grafikkarten verschweigen: Grafikkarten mit weniger als 4 MB Arbeitsspeicher erreichen nur eine Bildschirmauflösung von 800x600 in True Color. Wem ein höherer Speicherausbau

Monitor und Grafikkarte

für den Anfang zu teuer ist, achtet darauf, daß sich der Speicher der Karte erweitern läßt, denn eine Auflösung von 1024x768 Pixeln auf dem Bildschirm bei 16 Millionen Farben läßt sich erst mit 4 MB auf der Grafikkarte erreichen.

Plattenplatz –
permanente Enge

Die erzeugten Bilder sind selber unabhängig von der Auflösung auf dem Bildschirm und seiner Farbtiefe. Aber auch sie erzeugt man mit 24 Bit Farbtiefe in hohen Auflösungen: das kostet viel Plattenplatz. Da heute Platten sehr preiswert geworden sind, sollte man mit schnellen Gigabyte-Platten rechnen.

Die beschreibbare CD –
Lösung mit Zukunft

Das CD-Laufwerk ist inzwischen Standard in jedem PC und APPLE. Aber zum Datenaustausch ist es nicht geeignet, da man die CDs damit nicht beschreiben kann. Und da die Disketten mit der Entwicklung nicht Stand gehalten haben, bieten sie für Bilddateien kein geeignetes Medium, mit dem man Bilder zum Druck weitergeben kann. Die eleganteste Lösung ist ein CD-Laufwerk, mit dem man CDs auch beschreiben kann. Sie sind in der Anschaffung zwar noch relativ teuer, rentieren sich aber bald durch das billige Medium mit dem hohen Platzangebot, das sich besonders für die Archivierung anbietet. Neu auf dem Markt und doch schon sehr beliebt sind ZIP-Laufwerke. Sie arbeiten mit einem Medium, das der herkömmlichen Diskette sehr ähnlich sieht, das aber sehr viel schneller ist und 100 und mehr Megabytes speichern kann. Die SCSI-Variante des ZIP-Laufwerks kann an APPLE und PC betrieben werden.

Wer ist der Schnellste im
ganzen Land?

Die optimale Konfiguration ist natürlich immer der schnellste Rechner auf dem Markt, keine Frage. Eine einfache Bildberechnung braucht in der Regel nur ein paar Sekunden, aber hohe Auflösungen, schattenwerfende Lichtquellen und komplexe Netzkörper bringen Bildberechungen in die Dimension von mehreren Stunden. Eine Bildberechnung mit spiegelnden Reflexionen kann – besonders wenn transparente und brechende Flächen berechnet werden – 10 bis 20 Stunden dauern. Und ganz hart kommt es, wenn eine Animation berechnet wird – da wird die Zeit für die Berechnung in Tagen und Wochen gerechnet.

1.5 Vom Netzgitter zur Animation

Lange Jahre galt die 3D-Grafik als Domäne der technischen Konstruktionsbüros. Bilder der Netzgitterstrukturen sollen Komplexität und High Tech-Design der Objekte betonen – vom neuen Sportwagen bis zum Büropalast. Wenn aber weniger die Unterstützung bei der Entwicklung komplexer Anlagen und Maschinen gefragt ist als eine aussagekräftige Darstellung, dann rücken Grafiker, Designer und Fotografen ins Blickfeld. Neue Benutzeroberflächen, die keine jahrelange Ausbildung und Erfahrung des technischen Zeichners und Konstrukteurs mehr erfordern, bringen diesen Berufsgruppen die 3D-Grafik näher.

Welche Arbeit steckt nun hinter der 3D-Grafik? Wie kommen eine alte Römersiedlung, die neuste Teekanne des Designers und Marilyn Monroe in den Computer? Wie kommen Bewegung und die Special Effects der Adventure-Filme zustande?

Designer, Konstrukteur, Fotograf und Regisseur

Haben Sie schon mal einen chinesischen Drachen gesehen? Er besteht aus den Verstrebungen, die an den Ecken verklebt sind und aus bunten Papierfolien, die über die Verstrebungen gezogen werden und so die Haut des Drachen bilden. Ein richtiger Netzkörper.

Ein 3D-Modell besteht aus Kanten (*Edges*), den Schnittpunkten der Kanten (*Vertices*) und Flächen oder Facetten (*Faces*), die zwischen den Schnittpunkten aufgespannt werden. Die Punkte und Kanten bilden nur das Gerüst. So wie das Lattengerüst eines Drachen mit einer Folie überzogen wird, sind die Facetten eines Netzkörpers mit einem »Material« überzogen.

Natürlich werden 3D-Modelle heute nicht mehr aus einzelnen Punkten im Raum aufgebaut. Die 3D-Programme bieten eine ganze Werkzeugkiste voller Funktionen an, mit der die Konstruktion der 3D-Modelle vereinfacht wird. Die beiden

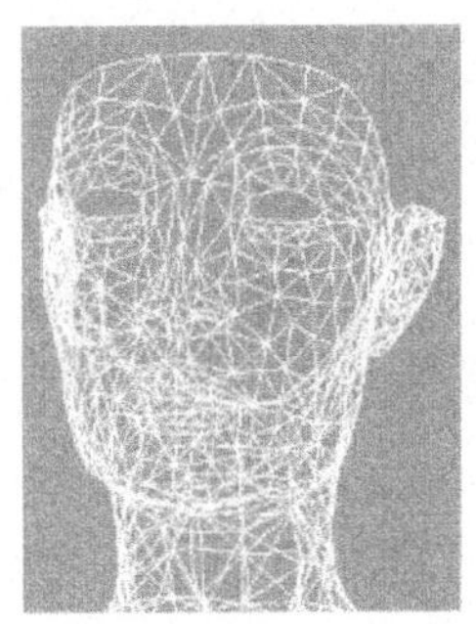
3D-Modelle konstruieren

wichtigsten Werkzeuge bei der Konstruktion von Drahtgittern, die man in allen 3D-Programmen findet, sind die Extrusion und das Rotieren von zweidimensionalen Umrissen, so daß ein dreidimensionaler Körper entsteht. Für einfache kubische Formen wird ein Grundriß gezeichnet, der dann Schritt für Schritt – so wie die Ziegelsteinreihen bei einem Haus –

◻ *Extrusion und Rotation – sie sind die Basis der Modellkonstruktion.*

hochgezogen und in Form gebracht wird. Komplexe kubische Formen setzt man aus mehreren Formen zusammen. Zylindrische Formen wie Vasen und Flaschen werden durch die Rotation ihrer Kontur konstruiert. Organische Formen wie ein Gesicht entstehen aus einfachen Grundformen, die wie ein Klumpen Lehm geformt werden oder durch eine Hülle gezogen werden, die ihnen ähnlich einem Korsett die Form verleiht.

Szenenarrangement

Die Szene ist ein Arrangement aus mehreren Netzkörpern. Ein einzelner Körper bekommt einen Untergrund und einen Hintergrund, damit er nicht frei im Raum schwebt; um das Haus herum werden Bäume und ein Zaun aufgestellt, auf dem Markplatz lockern ein Brunnen und Spaziergänger das Bild auf – die Szene wird »arrangiert«.

Beleuchtung

Der Beleuchtung einer Szene kommt die gleiche Bedeutung zu wie der Beleuchtung des Studios beim Fotografen oder bei Filmaufnahmen. Ohne das Zusammenspiel aus Licht und Schatten kommt die Tiefenwirkung eines Bildes nicht zustande und die Körper schweben wie Sputniks im Raum. Erst die richtige Beleuchtung setzt eine Szene auch in das richtige

Der Fotorealismus ist im wesentlichen eine Frage des richtigen Lichts.

Licht. Mit Lichtquellen werden Objekte in der Szene betont und hervorgehoben, werden dunkle Ecken ausgeleuchtet und Schatten und Reflexionen gesetzt. Plastizität und Fotorealismus der Bilder sind nicht zuletzt eine Frage der richtigen Beleuchtung.

Ein Clou der 3D-Grafik sind die Oberflächen mit ihren Farben, Mustern und Glanzeffekten, die vergessen lassen, daß sich unter der Oberfläche Gittergerüste aus Punkten und Kanten verbergen. Diese Muster werden so wirklichkeitsgetreu auf die Körper projiziert, daß sie manchmal tatsächlich aus der Computergrafik eine Fotografie machen – sie machen einen großen Teil des »Fotorealismus« der 3D-Grafiken aus.

Texturen für echte Oberflächen

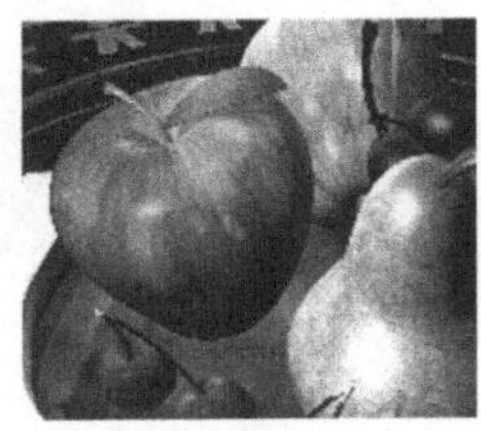

Alle Eigenschaften der Oberfläche eines Objekts zusammen genommen bestimmen sein Material: seine Farbe, seine Textur, seine Transparenz und Brechung, sein Glanz .

Die Möglichkeiten, Materialien für Objekte zu erstellen, sind fast unbegrenzt. Sie reichen von einfachen matten Farben über strahlendes Glas mit seiner charakteristischen Brechung des Lichts bis zur realistischen Textur der Erdoberfläche für einen perfekten Globus.

Das animierte Modell

Die 3D-Modelle können sich von allen Seiten sehen lassen – damit liegt es nahe, sie auch von allen Seiten zu zeigen. Für eine Filmszene legt man den Weg eines Modells durch die Szene fest, seinen »Animationspfad«. Das 3D-Modell kann sich auch naturgetreu bewegen – das Modell eines menschlichen Körpers kann seine Füße Schritt für Schritt setzen, kann dabei mit den Armen schlenkern und die Miene seines Gesichts kann sich verziehen. Das 3D-Modell des Raumkreuzers kann Form und Farbe im Laufe der Szene verändern, kann sich in Luft auflösen und explodieren. Jede Veränderung eines Modells wird vor Beginn der Aufnahmen festgelegt und dann Bild für Bild berechnet.

*Laßt uns mal Arnold
scannen*

Neue Techniken werden entwickelt, um Modelle so lebensecht wie möglich in den Computer zu holen. Besonders naturgetreue und detaillierte Formen werden heute schon dreidimensional gescannt – so kommt der Terminator als 3D-Modell in den Computer. Heute schon gibt es 3D-Scanner und Programme, die aus Fotos die notwendigen Informationen für ein dreidimensionales Modell herausholen und viel Konstruktionsarbeit ersparen. Es war also kein Meister der 3D-Konstruktion, der den Drachen als 3D-Modell hochzog, sondern derart naturalistische Modelle kommen aus dem Scanner.

Man muß einmal gesehen haben, mit welchem Aufwand in den Grafikstudios 3D-Animationen erstellt werden. Die natürlichen Bewegungsabläufe werden durch Sensoren, mit denen Tänzer am ganzen Körper bespickt werden, an den Computer übertragen. Filmszenen mit Gene Kelly werden vom Computer analysiert, um Bewegungsdaten zu sammeln.

1.6 Keine Frage des Geldes

Egal in welcher Preisklasse sie liegen – die hier vorgestellten Programme haben viele der grundlegenden Konzepte gemeinsam.

Lichtquellen

Die 3D-Grafik ist eng an die Studiofotografie angelehnt. Nicht nur, daß die Benutzerschnittstelle an reelle Kameras angelehnt wurde, sondern auch die Szene muß – wie in einem Fotostudio – ausgeleuchet werden. Dabei arbeiten alle Programme mit ähnlichen Techniken: Die Lichtquellen der 3D-Programme idealisieren reale Lichtquellen.

Grundhelligkeit oder »ambientes Licht«

Grundhelligkeit ist ein Licht, das aus keiner bestimmten Richtung kommt (und darum auch keinen Schattenwurf verursachen kann) und die Szene von vorne bis hinten mit einem gleichmäßigen Licht ausstattet. In den meisten Programmen bezeichnet man die Grundhelligkeit auch als »ambientes Licht«.

An seinen Schlaglichtern sollt Ihr es erkennen: ambientes Licht kommt von überall.

Omni Lights/Local Lights

Omni Light kennt fast jedes 3D-Programm. Omni Lights sind punktförmige Lichtquellen, die ihr Licht in alle Richtungen abstrahlen – vergleichbar mit einer Glühbirne. Im Bild können sie die Position des Lichts deutlich an den Highlights erkennen.

Die Wirkung eines Omni Lights: Im 3D Studio Max kann ein Omni Light keinen Schattenwurf bewirken.

Spotlights

Genauso wie die Omni Lights gehören Spotlights zur Standardausrüstung der 3D-Programme. Sie strahlen einen Lichtkegel aus wie echte Spotlights im Studio.

Spotlights senden die Lichtstrahlen von einem einzigen Punkt aus und streuen das Licht.

Flächenlicht – Distanzlicht

Ein Flächenlicht kommt aus keiner lokalisierbaren Lichtquelle, sondern es scheint wie das Sonnenlicht in eine Richtung. Es wirkt wie eine Lichtwand und stattet den dreidimensionalen Raum in eine Richtung mit Licht aus.

Das Distanzlicht simuliert das Sonnenlicht. Daß alle Lichtstrahlen aus der gleichen Richtung kommen, erkennt man an der gleichbleibenden Position der Highlights.

Realitätsnähe: der Abfall des Lichts

Unsere künstlichen Lichtquellen scheinen nicht unendlich weit. Diesen Effekt ahmen die Lichtquellen der 3D-Programme nach, auch dann, wenn die Lichtquellen selber nicht sichtbar sind: Schatten werden heller und ihre Grenzen werden weicher mit zunehmendem Abstand zur Lichtquelle, besonders beim Körperschatten bringt der Abfall des Lichts die Räumlichkeit besser zur Geltung.

Die Farbe des Lichts

Licht ist nicht einfach nur weiß und hell. Das Licht enthält das ganze Spektrum der Farben. Ein roter Körper erscheint uns deswegen rot, weil er das rote Licht, das auf ihn fällt, reflektiert und zurückwirft und alles andere Licht verschluckt. Mit dieser kleinen Binsenweisheit lassen sich die Farben im Bild intensivieren und steuern.

Farbiges Licht bringt auch zusätzliche Atmosphäre ins Bild: Bläuliches Licht kann uns in Nachtstimmung versetzen, warmes gelbes und rotes Licht vermittelt die Stimmung des Mittags und des Abends.

Die bunten Oberflächen

Das Erscheinungsbild der Oberflächen wird nicht nur durch
eine Farbe geprägt, sondern durch Effekte, die auch miteinander kombiniert werden können. So wie im Farbmischer aus
verschiedenen Kanälen bunte Farben in den Mischeimer
fließen, wird die Erscheinung der Oberflächen der 3D-Model-
le zusammengesetzt aus:

- Farbe/Texturen
- Glätte für poliertes Holz oder Billardkugeln
- Bump Maps für strukturierte Oberflächen wie Orangen
- Reflexionsvermögen für spiegelnde Oberflächen
- Transparenz für Glas und Wasser
- Lichtbrechung für transparente Oberflächen
- Schlaglicht für besonders glänzende Oberflächen

Farben und Texturen Die Kanäle werden entweder mit numerischen Werten gefüllt
– zum Beispiel der Wert Rot=200, Gelb=0, Blau=0 für ein kräftiges reines Rot – oder mit Bitmapdateien. Liegt im Farbkanal
eine Bitmapdatei, dann wird sie Textur genannt.

Glanz und Glätte Wie glatt eine Oberfläche ist, erkennt man bei gebogenen
und runden Oberflächen an den Schlaglichtern (Highlights),
an den Lichtpunkten, die nicht von den Lichtquellen direkt beeinflußt werden, sondern als diffuse Reflexionen des vorhan-
denen Lichts insgesamt erzeugt werden. Je klarer, kleiner und
schärfer umgrenzt die Highlights sind, desto glatter ist die
Oberfläche.

Strukturierte Oberflächen Bump Maps sind Bitmapdateien, die zusätzlich zu Farbinformationen noch Strukturinformationen enthalten. Die
Haut einer Orange ist ja nicht glatt, sondern hat charakteristische Erhöhungen und Vertiefungen. Bump Maps simulieren
diese Strukturen durch helle und dunkle Bereiche (deswegen
reichen Bitmapdateien in Graustufen). Die modellierte Oberfläche des Objekts wird davon nicht beeinflußt, aber der Effekt
– Strukturen wie Orangenhaut, Fliesenmuster oder die Mase-
rung von Holz – verstärkt den Eindruck des Fotorealismus
enorm.

Das Reflexionsvermögen bestimmt die Stärke der spiegelnden Reflexionen und gleichzeitig die Menge des diffusen Lichts, das von einer Oberfläche zurückgeworfen wird. Ein Spiegel wirft einen sehr hohen Anteil des Lichts zurück, eine Kartoffel verschluckt einen großen Anteil. Auch im Reflexionskanal können Werte oder Bitmaps liegen: 3D Studio Max simuliert spiegelnde Reflexionen durch Reflection Maps, um Reflexionen auf der Oberfläche eines Körpers darzustellen, Caligari trueSpace und Ray Dream Designer können mit Maps, aber auch mit reinen Werten für das Reflexionsverhalten arbeiten.

Spiegelnde Oberflächen

Die Transparenz gibt an, wieviel Licht durch einen Körper hindurchgeht und wieviel Licht verschluckt wird, ob ein Körper durchscheinend ist wie Wasser oder kompakt wie Holz.

Transparenz

Der Brechungsindex ist das Tüpfelchen auf dem i für transparente Materialien. Durch Wasser oder Glas gesehen, wird das Bild von Objekten gebrochen. Das verzerrt die Objekte, die hinter einem Glas stehen, und bricht das Bild eine Stabs in einem Wasserglas.

Lichtbrechung

Der Untergrund unter den Parfümflaschen ist pure Mathematik: Prozedurale Texturen nennt man die Oberflächen aus Marmor und Holz, die mit Hilfe der Mathematik im 3D-Programm erzeugt werden.

Das Spektrum der Möglichkeiten, d.h. Texturen oder Maps, wie das endgültige Gemisch aus den verschiedenen Kanälen in den 3D-Programmen genannt wird, perfekt auf verschieden geformte Oberflächen zu projizieren, ist schier unbegrenzt und liefert fast jede gewünschte Stufe von Fotorealismus.

3D-Modelle

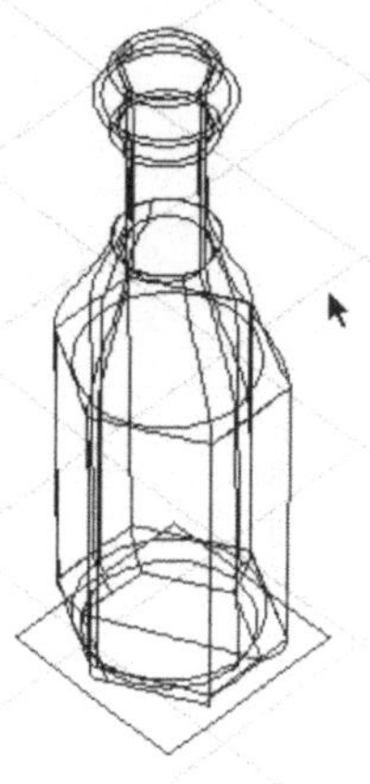

Ein tiefer Graben zieht sich durch die drei vorgestellten Programme: 3D Studio Max und Caligari trueSpace sind Polygonbasierte Programme, die ihre Modelle aus Polygonen aufbauen. Wie detailliert und wie glatt ein gebogenes und rundes Objekt ist, hängt von der Anzahl der Facetten und der Nähe des Objekts zur Kamera ab. Ray Dream Designer baut Bézier-basierte Modelle auf. Bézierlinien sind Vektoren, also sind die Oberflächen immer rund und fein, auch wenn man mit der Kamera nah an das Modell kommt. Dennoch bleiben wesentliche Elemente von Objekten gleich:

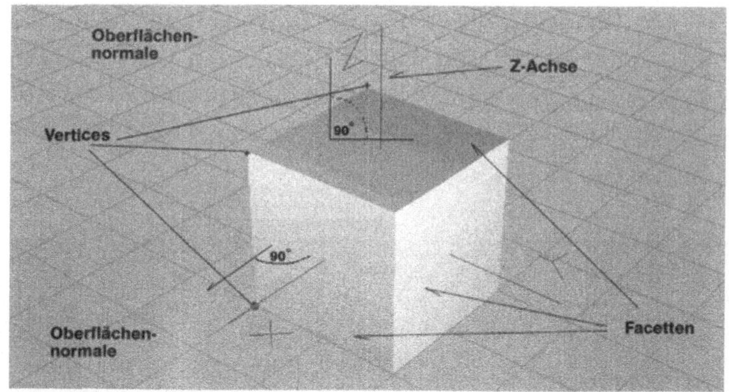

Objektachsen und Pivotpunkt

Jedes Objekt hat einen zentralen Punkt: den sogenannten Pivotpunkt, an dem seine Achsen sich treffen. Anhand dieses Punktes wird seine Position im Raum beschrieben, und um diesen Punkt wird ein Objekt rotiert. In Animationen wird der Pivotpunkt aus dem Mittelpunkt des Objekts an die natürlichen Dreh- und Angelpunkte des Objekts verschoben, damit sich ein Arm oder ein Bein beim Laufen ganz natürlich bewegen und drehen läßt.

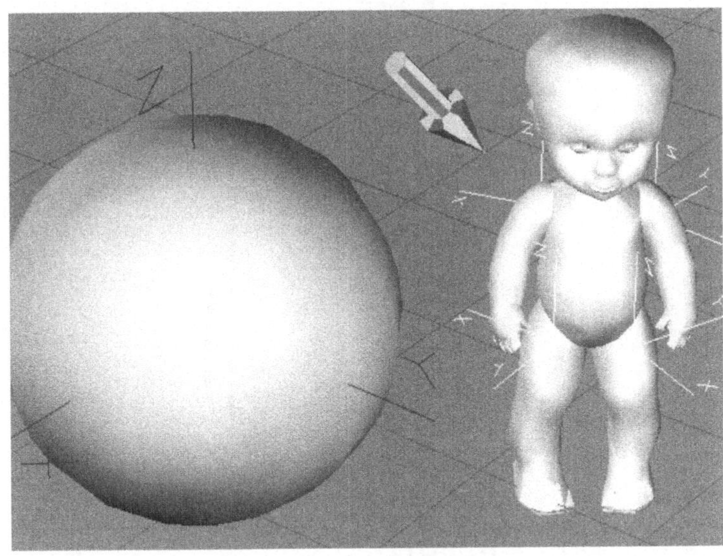

In der Regel ist der Pivotpunkt unsichtbar – aber jedes Programm bietet die Funktion, sich den Pivotpunkt anzeigen zu lassen und ihn zu verändern.

Die Oberflächennormale

Jede der Facetten eines 3D-Objekts hat einen Vektor, der die Richtung definiert, in die diese Facette zeigt. Anhand der Normalen entscheidet die Kamera, ob die Facettenoberfläche im Bild sichtbar ist (und in der Bildberechnung mitberechnet werden muß) oder nicht. Alle Facetten, deren Normale zur Kamera weist, werden berechnet.

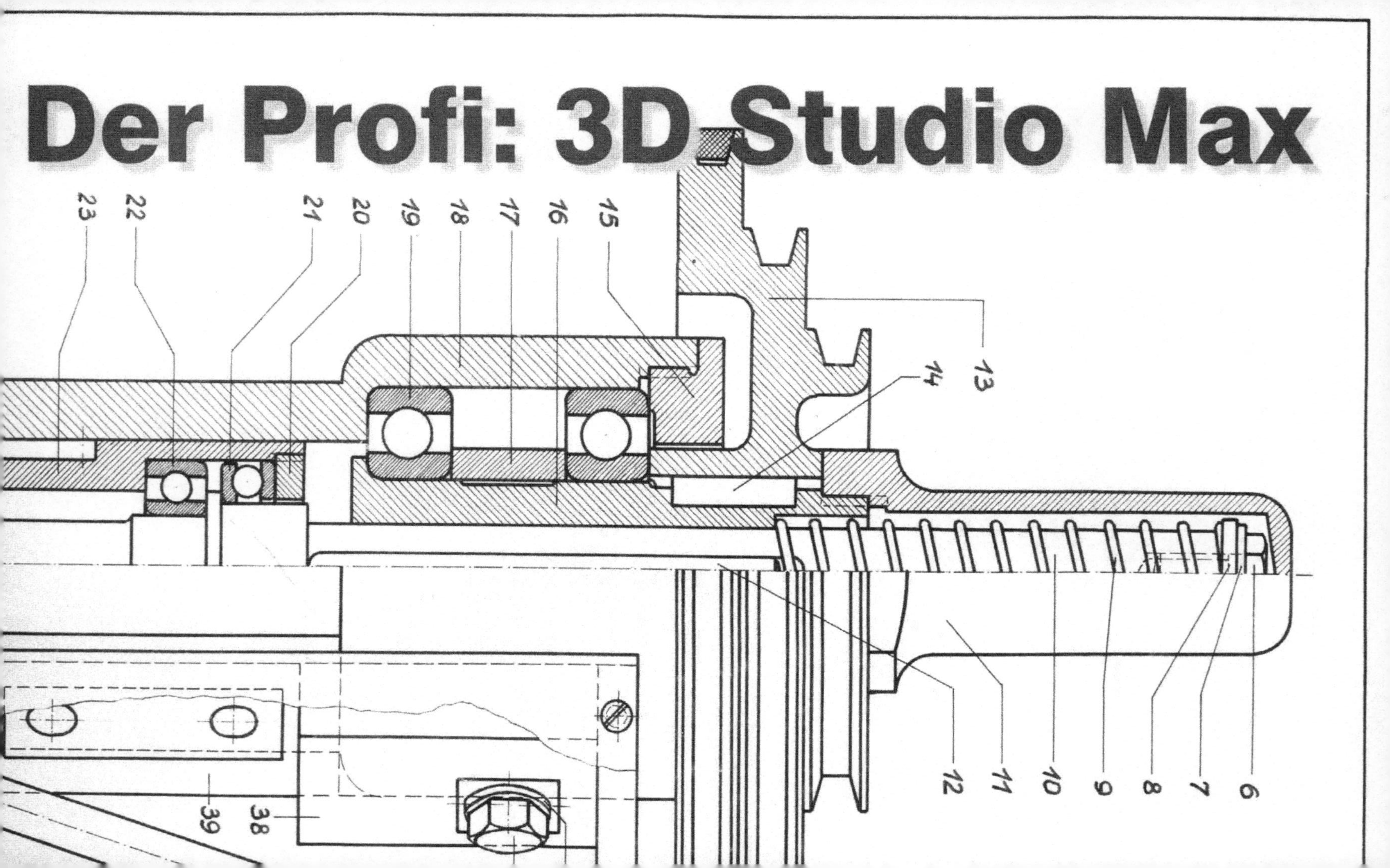

Der Profi: 3D Studio Max
6
7
8
9
10
11
12
13
14
15
16
17
18
19
20
21
22
23
38
39

Der Profi:
3D Studio Max

Im neuen Gewand präsentiert Autodesk den Nachfolger des 3D Studios unter Windows NT: Autodesk 3D Studio Max. Als echtes 32 Bit-Programm, das seine Leistung auch noch zusätzlich aus dem Netzwerk holen kann, steht Max mit Inverser Kinematik, mit Spezialeffekten vom Volumenlicht für Dämmerszenen bis zum Partikelsystem und einer durchgängigen Oberfläche in der vordersten Front der 3D-Technik.

Noch mehr Effekte kommen über die offene Schnittstelle und klinken sich nahtlos in die Oberfläche von Max ein. Diese Mimik hat Max aus seiner Vorgängerversion, aus dem 3D Studio für

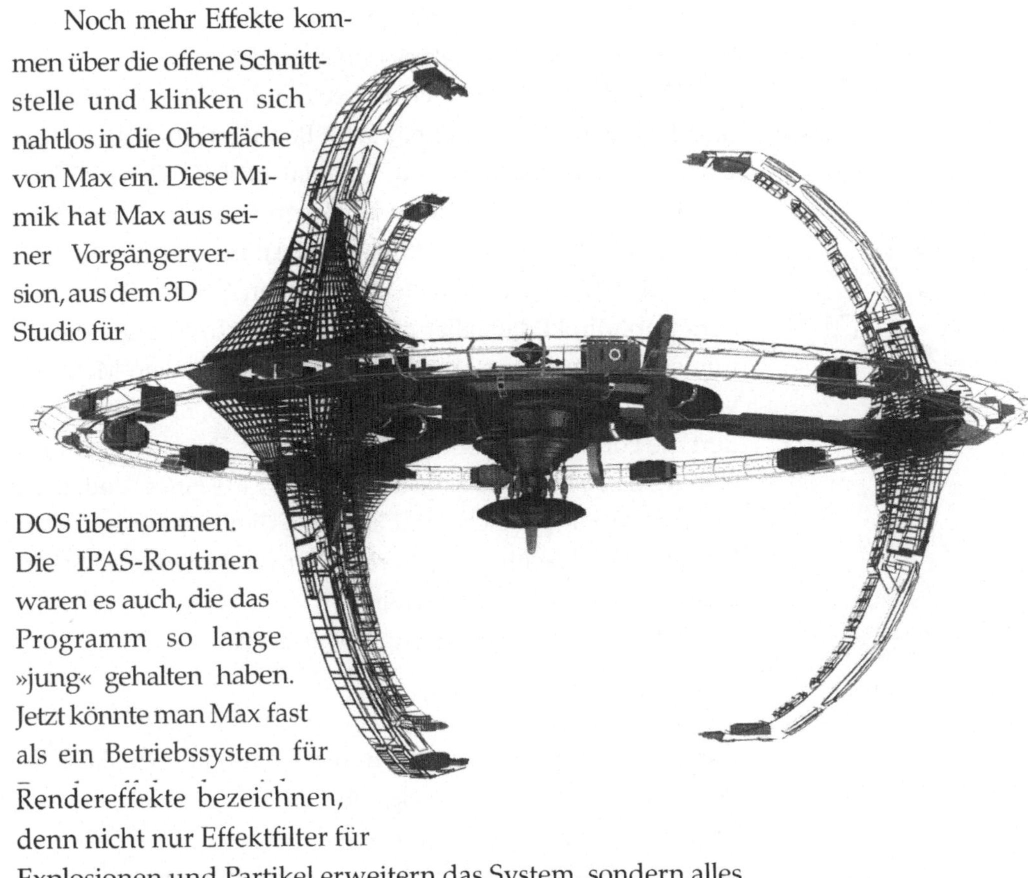

DOS übernommen. Die IPAS-Routinen waren es auch, die das Programm so lange »jung« gehalten haben. Jetzt könnte man Max fast als ein Betriebssystem für Rendereffekte bezeichnen, denn nicht nur Effektfilter für Explosionen und Partikel erweitern das System, sondern alles ist möglich: neue Rendermaschinen, Materialeditoren, Modelleditoren für Nurbs ...

2.1 Max »Look & Feel«

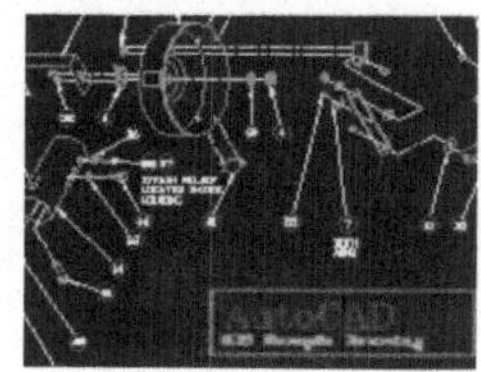

2.1.1 Anwender und Anwendung

Schon der Vorgänger vom 3D Studio Max, das 3D Studio für DOS, war das Synonym für die professionelle Anwendung von 3D-Grafik auf dem PC schlechthin. Das ist bei der ersten Windows-Version des 3D Studios nicht anders.

Konstruktion

Max ist die übergreifende Plattform für professionelles 3D-Design, von der Visualisierung in der Konstruktion bis hin zur rasanten Animation für Spiele. Im Bereich der Konstruktion bietet Max weiterhin die enge Schnittstelle für den Datenaustausch für Konstruktionsdaten aus AutoCad und eine starke Unterstützung für exaktes Konstruieren.

Architektur und Produktdesign

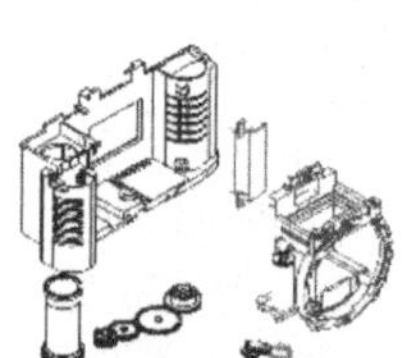

Das gleiche gilt für Visualiserungen in der Architektur und Produktdesign: eine einfache Benutzerschnittstelle, die Übernahme von DXF-Daten, Qualität und Geschwindigkeit der Bildberechnung sind auf schnelle und unkomplizierte Produktion von Einzelbildern (Stills) und Animationen optimiert. Der Architekt kann aber auch ohne großen Aufwand Pläne aus dem Kopf direkt darstellen und genauso schnell verändern – und so beispielsweise schnell eine ganze Reihe von Materialvarianten auf den Tisch des Bauherrn legen. Der Designer ändert die Form seine Produkts und sieht das Ergebnis von allen Seiten. Max behält alle Konstruktionsschritte eines Modells in seinem »Modifier Stack« und liefert so die Basis für schnelles Design am Bildschirm zur Vorlage für Bauherren und Stadtplaner, Konstruktion und Design.

Für einfache Animationen, wenn etwa die Form eines neuen Rasierapparates oder einer Produktionsanlage von allen Seiten vorgeführt werden soll, reicht die »Vorwärts«-Animation einer Szene. Einfache Transformationen wie das Drehen eines Objekts im Raum lassen sich ohne weiteres in einer Animation festhalten. Sie sind schnell berechnet und können ohne großen Aufwand oder neue Investitionen abgespielt werden, um Management und Kunden ein Produkt vorzustellen, bevor die erste Serie anläuft.

Sein anderes Gesicht zeigt Max bei der Erstellung von Stills und Animationen für Spiele und Film. Inverse Kinematik und Spezialeffekte bieten Raum für jede Art von Spieltrieb. Und die Designer von Spielen brauchen auch keine Konstrukteure für aufwendige Konstrukions- und Modellierarbeiten: Alle professionellen Anbieter von 3D-Modellen liefern ihre Modelle im DXF- und 3DS-Format.

Film und Spiel

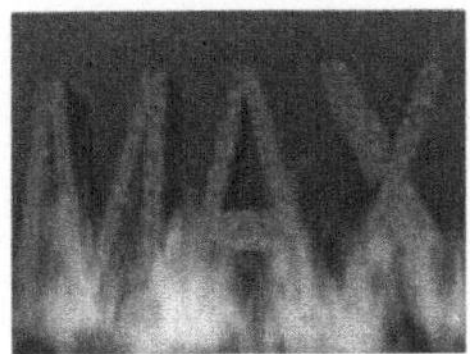

Es sind die offene Schnittstelle für Plugins und die Geschwindigkeit, mit der Plugins aller Geschmacksrichtungen für Max auf den Markt gekommen sind, die das breite Anwendungsspektrum dieses Programms absichern. Max ist kein Stand Alone-System, sondern ein Betriebssystem für 3D-Anwendungen aller Provenienz.

Plattformen

Produktivität ist alles – darum holt sich Max seine Leistung nicht nur aus einem Rechner, sondern gleich aus einem Netzwerk: Network Rendering macht Dampf und verspricht die höchste Performance. Also ist die Plattform für das 3D-Studio Max Windows NT, von der Version 1.1 an wird auch Windows 95 vom Hersteller unterstützt.

Windows NT – damit das ganze Netz mitrechnen kann

Damit sind die Anforderungen an die Hardware nicht gering: auch wenn Max unter Windows NT auf einem Pentium mit 32 MB RAM für relativ einfache Bildberechnungen schon eine hohe Geschwindigkeit aufweist, sollten es für die volle Leistungsfähigkeit und flüssiges Arbeiten schon 64 MB und mehr sein. Für einen schnellen Bildschirmaufbau von Szenen in soliden Texturen braucht Max Grafikkarten, die seine Grafikbibliothek, Heidi, unterstützen. Dann allerdings kann auch fast die gesamte Konstruktion von Modellen und insbesondere das Arrangement von Szenen mit schattierten Oberflächen und der Wirkung der Ausleuchtung durchgeführt werden.

Die Investitionen für Max sind nicht gering: Zu den Kosten des Programms kommen die Kosten für eine High End-Hardwareausstattung mit speziellen Grafikkarten und für die erforderlichen Plugins hinzu.

2.1.2 Ansichtssache

In der Funktionsleiste des Pulldown-Menüs File laden Sie mit Open eine Szene, oder importieren Objekte mit Import. Mit ein paar Objekten in der Szene fällt die Navigation, die Bewegung im Universum, leichter, und Sie orientieren sich wie ein Pilot beim Rundflug an den Objekten im Fenster.

Die Benutzerschnittstelle von Max ist »durchgängig« geworden. Im Gegensatz zur Philosophie des Vorgängers, Autodesk Studio, lassen sich jetzt alle Arbeiten an einer Szene und einer Animation unter einer Oberfläche jederzeit durchführen: neue Modelle können in fertige Szenen konstruiert werden, Material kann definiert werden, ohne daß ein Umschalten in einen anderen Modus fällig wird.

Beim ersten Start präsentiert Max vier Ansichten seines Universums. Ab einer Bildschirmauflösung von 1024x768 erlauben die Fenster effektives Arbeiten. Ein Gitternetz (Grid) bildet den Bezug des Max-Universums und ermöglicht eine intuitive Navigation und das einfache Arrangieren von Objekten zu einer Szene.

Vier Fenster in den Raum zeigen eine Szene von allen Seiten: orthogonale Viewports von oben, links und von vorn. Das vierte Fenster zeigt die perspektivische Sicht auf die Szene wie der Blick durch einen Kamerasucher.

Viel einfacher als mit der Darstellung der Objekte als Drahtgitter gestaltet sich der erste Schritt in das Universum von Max, wenn Sie das Perspektivenfenster durch einen Klick der rechten Maustaste auf die Bezeichnung des Szenen-

Bis zu vier Ansichten lassen sich gleichzeitig darstellen. Immer nur einer der Viewports ist der aktive Viewport – das ist der mit dem weiß hervorgehobenen Rahmen.

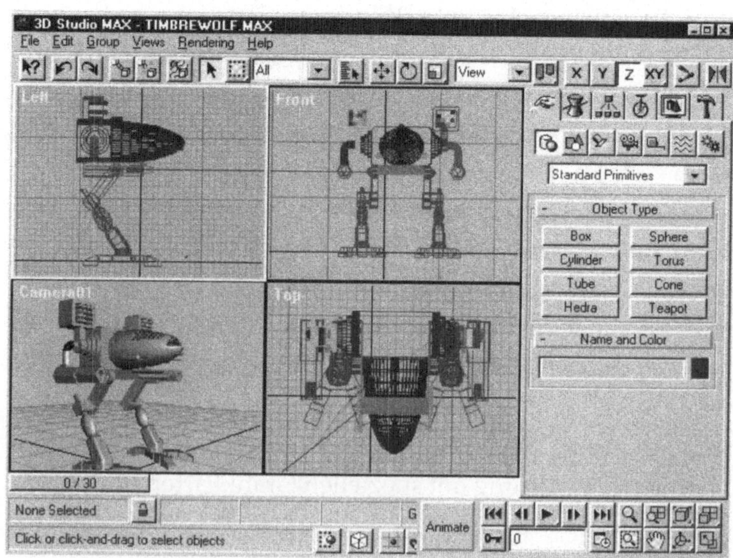

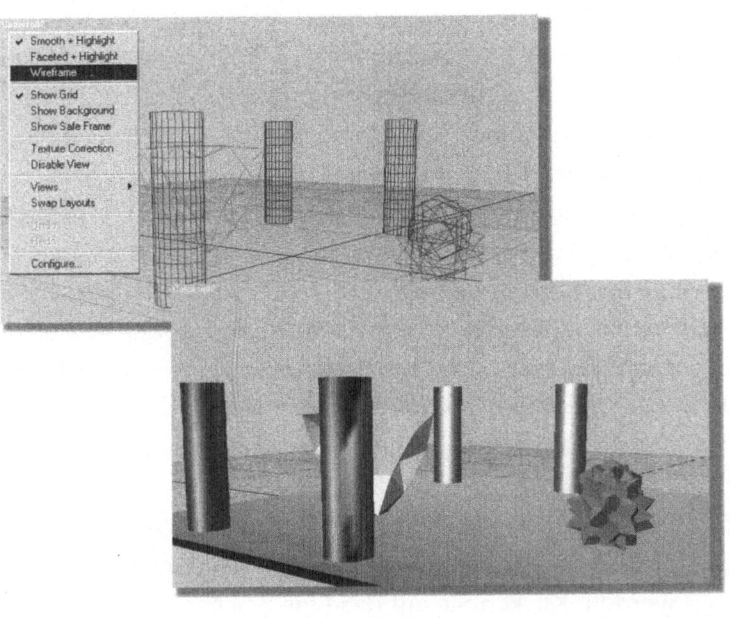

Unterschiedliche
Qualitätsstufen der
Vorschau:
die Gitternetz-Vorschau
(Wireframe) wie hier im
hinteren Bild und
Smooth & Highlighted (wie
hier im vorderen Bild)

fensters auf eine »solide« Ansicht schalten. In der Drahtgittervorschau können Sie kaum erkennen, ob sich zwei Objekte nur perspektivisch überlagern oder tatsächlich denselben Raum einnehmen.

Viewports

Nicht immer zeigt ein Fenster das, was man gerne sehen möchte. Dagegen läßt sich einiges tun.

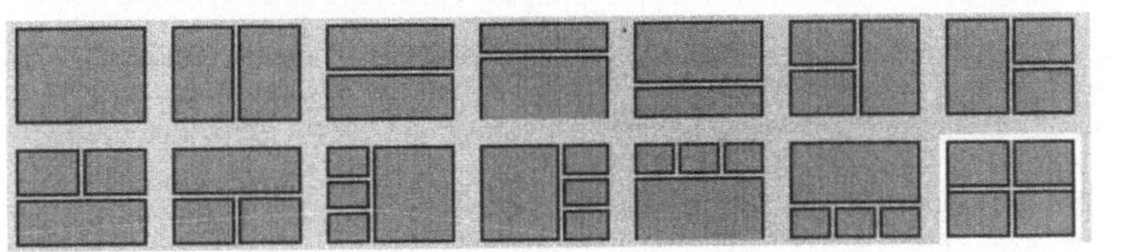

Auch mit einem Klick
der rechten Maustaste auf
die Bezeichnung des Viewports im aktiven Fenster
erreichen Sie das
Konfigurationsmenü.
Die Viewports lassen sich
allerdings nicht wie Fenster
vergrößern und
verkleinern.

Die Konfiguration der Viewports läßt sich im Pulldown-Menü *Views* mit dem Befehl *Viewport Configuration* in ein anderes Layout verändern. Klicken Sie auf eines der grauen Kästchen, dann können Sie seine Ansicht auch noch verändern und so Ihre eigene Kombination von Viewports nach Wunsch zusammenstellen.

Mit dem Platz auf dem Bildschirm muß sparsam umgegangen werden, insbesondere, wenn so viele Funktionen angeboten werden wie beim 3D Studio Max und die Konstruktionsfläche dabei einen möglichst großen Spielraum bieten soll. In diesem Sinne ist die Oberfläche kontextsensitiv: Symbole und Parameterlisten werden erst sichtbar, wenn ihr Erscheinen auch Sinn macht. In der Regel lassen sich alle Funktionen auf mehr als einem Weg aufrufen – Autodesk hat so viel Wert auf schnelle und komfortable Menüstrukturen gelegt, daß selbst die Handbücher gar nicht alle Wege zum Ziel aufführen.

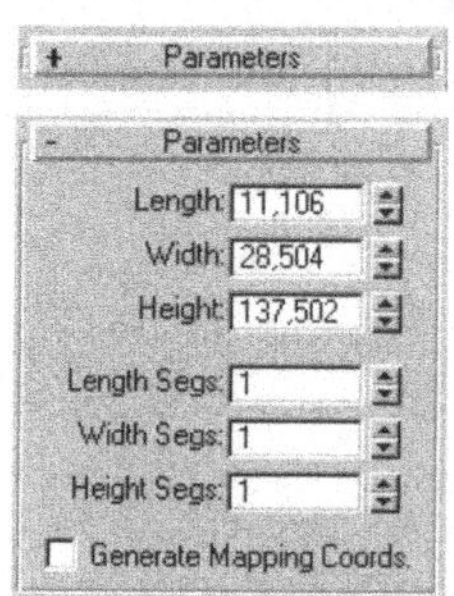

🖐 Parameterlisten bleiben so lange hinter einem Knopf verborgen, bis sie im wahrsten Sinne des Wortes entfaltet werden. Klicken Sie auf das Plus-Zeichen einer Parameterliste, dann kommt die Liste zum Vorschein.

Nicht nur der Klick mit der linken Maustaste aktiviert einen Viewport. Die rechte Maustaste tut´s auch. Und zwar schneller als die linke. Außerdem bleibt dabei die augenblickliche Selektion aktiv.

🖐 Wenn die Listen zu lang für den Bildschirm werden, lassen sie sich mit dem »Grabber«, dem Handsymbol, fassen und nach oben und unten schieben. Hier hat Autodesk den Dreh vom Mac gelernt, auf dem die Grabberhand zu Hause ist.

🖐 Viele Symbole der Max-Oberfläche enthalten kleine Dreiecke. Wenn Sie die Maus eine Sekunde lang auf so ein Symbol halten, klappen Alternativen des Werkzeugs als Flyouts auf. Eine Reihe von Symbolen gibt mit der rechten Maustaste direkten Zugang zur Konfiguration der Funktionen.

U	*User View*
T	*Top View*
B	*Bottom View*
F	*Front View*
K	*Back View*
L	*Left View*
R	*Right View*
E	*Track View*

🖐 Die Viewports lassen sich schnell mit den vorgegebenen Shortkeys von einer Sicht auf eine andere umstellen. Eigene Shortkeys definieren Sie im Menü *File/Preferences*.

🖐 *Spinner* nennen sich die Eingabefelder für numerische Werte, die an den rechten Seiten kleine Dreiecke vorweisen, mit denen der Wert im Spinner hoch- oder runtergezogen wird. Halten Sie die CTRL-Taste gedrückt, während

Sie die Maus ziehen, um die Rate zu erhöhen, um die der Wert hochgezogen wird, und die ALT-Taste, um die Rate zu senken.

Schnelle Kontrolle über Namensfelder

Jedem Objekt und jedem Material in Max können Sie einen Namen verleihen. Und das sei hier auch angeraten, denn wenn Sie erst einmal eine umfangreiche Szene aufgebaut haben, wird das Markieren und Suchen von Objekten und Materialien ohne eindeutige Namen zur langatmigen Geduldsprobe.

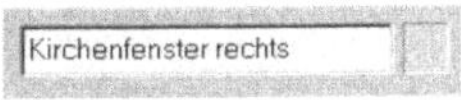

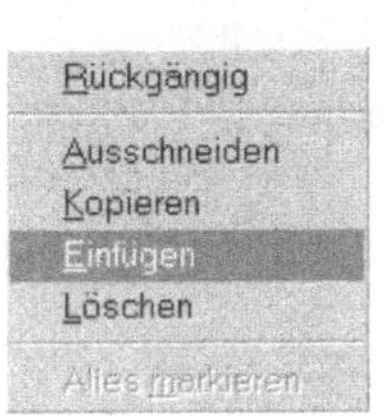

Ein Klick der rechten Maustaste auf ein Namensfeld liefert die Standard-Windowsmenüs zum Markieren, Kopieren und Einfügen. Damit läßt sich der nicht so besonders aussagefähige Name *cylinder15* schnell markieren und direkt überschreiben.

Das Maß aller Dinge – Max Units

Nicht nur um Säulen, Kugeln und Teekannen in heimischen Maßen zu erzeugen, sondern um Objekte exakt zu konstruieren und importierte Objekte in einer bestimmten Größe in die Szene einzupassen, lassen sich die namenlosen Einheiten verändern. Im Pulldown-Menü *Views* bringt der Befehl *Units Setup* ein Dialogfenster auf den Bildschirm, mit dem Sie Ihr persönliches Maßsystem einrichten. Mit *Generic Units* bringen Sie das Raster wieder auf die namenlose Größe zurück.

Die Einstellungen gelten nur für die laufende Session in Max. Nach jedem Start müssen Sie die Einstellungen wieder herstellen.

2.1.3 Werkzeuge für die Navigation

Wie der Sucher einer Kamera funktionieren die Viewports. Die Werkzeuge für die Navigation in den Viewports sind unten rechts im Max-Fenster untergebracht. Mit ihnen verschieben Sie den Bildausschnitt eines Viewports:

Um auch in der perspektivischen Sicht eine Region gezielt zu vergrößern, schalten Sie kurz in den User View, ziehen ein Viereck um die Region und schalten dann zurück in die perspektivische Sicht.

- *Truck Camera:* Der Grabber wirkt so direkt wie eine Hand, die den Fensterausschnitt verschiebt.

- *Zoom:* Zoomen Sie sich durch Schieben und Ziehen der Maus an ein Objekt heran.

- *Zoom Region*: Ziehen Sie ein Rechteck um die Region, die Sie näher betrachten wollen. Dieser Befehl steht Ihnen in den Perspektiven- und Kamerafenstern nicht zur Verfügung.

Den Aufnahmewinkel verändern

- *Field of View:* In der Perspektive verwandelt sich *Zoom Region* in das Symbol für *Field of View* (Aufnahmewinkel - das Äquivalent zur Brennweite einer Kamera). Mit einem Klick der rechten Maustaste auf das *Field of View*-Symbol erscheint der *Viewpoint Configuration*-Dialog, in dem Sie den exakten Aufnahmewinkel festlegen können.

Wenn Sie mit dem Field of View einen größeren Bildausschnitt hereinziehen, verzerrt sich der Blick in das Perspektivenfenster. Damit entsteht der Effekt des Blicks durch ein Weitwinkelobjektiv.

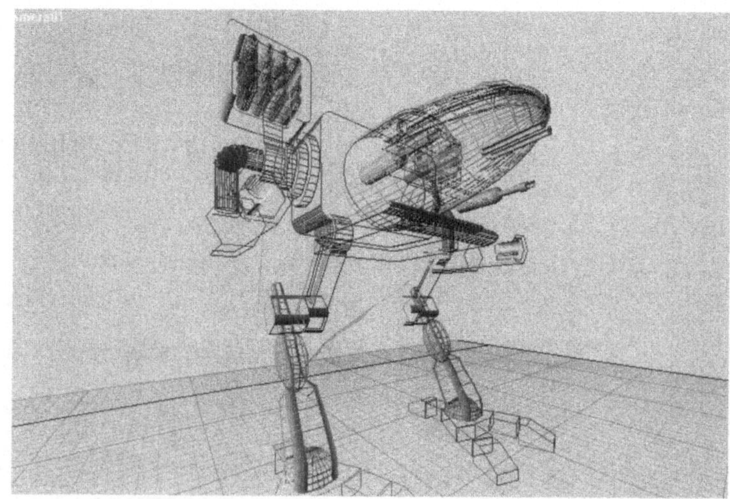

✤ *Zoom All:* Zoomt die gesamte Szene so, daß sie ins Fenster paßt. *Zoom Selected* setzt das markierte Objekt ins Fenster.

✤ *Zoom Extents* kommt in zwei Geschmacksrichtungen: das Standard-Symbol setzt den Zoom so an, daß alle Objekte ins aktive Fenster passen, Zoom Extents Selected zoomt auf das markierte Objekt

Objekt in die Mitte

✤ *Zoom Extents All*: Damit zoomen Sie alle Objekte in allen Fenstern außer den Kamerafenstern, *Zoom Extents All Selected* zoomt alle Fenster bis auf Kamerafenster auf das markierte Objekt

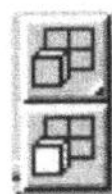

Alle Objekte ins Bild setzen

✤ Mit *Arc Rotate* plazieren Sie den Cursor entweder in die markierten Kästchen des Rotationskreises, um die Sicht nach rechts/links oder oben/unten zu schwenken, oder Sie rotieren die Sicht frei, indem Sie den Rotationscursor innerhalb oder außerhalb des Kreises ansetzen und dann ziehen. Innerhalb des Kreises rotieren Sie die Sicht um den Mittelpunkt des Kreises, außerhalb des Kreises kippen Sie die Sicht nach rechts/links.

Karussel fahren: rotieren

✤ *Toggle Min/Max* zu guter Letzt vergrößert das aktive Fenster auf die volle Arbeitsfläche und wieder zurück.

Solo für ein Fenster

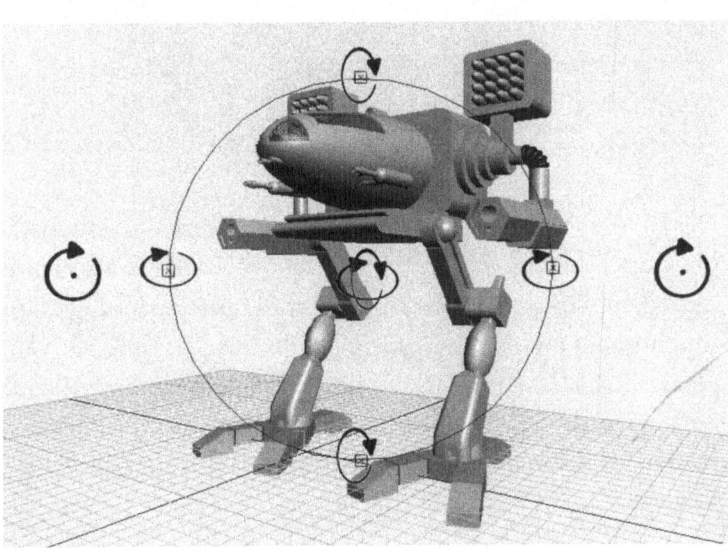

Arc Rotate rotiert die Sicht um den Mittelpunkt des Universums, Arc Rotate Selected rotiert die Sicht um ein markiertes Objekt.

Die Viewports von Kameras und Lichtquellen haben ihre eigenen Navigationswerkzeuge. Sie werden in den entsprechenden Kapiteln beschrieben.

2.1.4 Aus jeder Sicht

Der Blick in ein Perspektivenfenster oder in ein Kamerafenster offenbart eine Zentralperspektive – das ist die Sicht, die als fotorealistisches Abbild in einem Render berechnet wird. Die orthogonalen Sichten erleichtern die Manipulationen an Objekten. Sie zeigen die Szene von sechs Seiten ohne jede Tiefeninformation.

Eine axonometrische Sicht zeigt die Tiefe des Raums, aber ohne die Fluchtpunkte der Zentralperspektive. Alle parallelen Linien eines Objekts werden auch parallel dargestellt. Die Isometrie ist ein Spezialfall der Axonometrie: sie zeigt den Raum ohne Größenminderung. Von daher ist die Isometrie – in Max der *User View* – eine intuitive Darstellung bei der exakten Konstruktion von Modellen.

Orthogonale Sichten für Konstruktion und Szenenarrangement

Die Axonometrie findet man vor allem in der Architekturzeichnung. Als besonders sachliche Visualisierung läßt sie die tatsächlichen Größenverhältnisse besser erkennen als die Zentralperspektive.

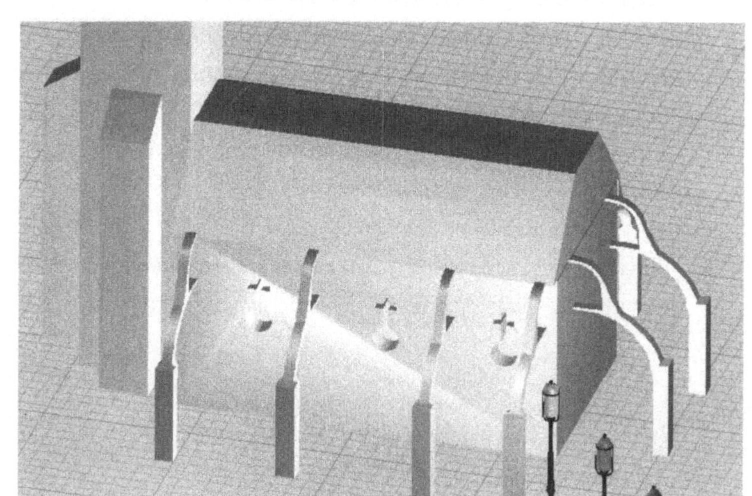

Der Kamerablick gleicht dem Blick in das Perspektivenfenster, denn auch er zeigt die Zentralperspektive. Die Max-Kamera ist der Kleinbildkamera, der Spiegelreflexkamera, nachgebildet und arbeitet mit einem gedachten Filmformat von 24x36 mm. Der *Field of View*-Parameter simuliert ein Zoomobjektiv, das allerdings nicht mit Brennweiten arbeitet wie die Spiegelreflexkamera, sondern auf dem Aufnahmewinkel, dem *Field of View*, basiert.

Die Bildschirmdarstellung

Jeder Viewport kann seine eigenen Einstellungen haben: So kann ein Viewport einfach nur Boxen darstellen, während ein anderer Viewport auf die höchste Vorschauqualität eingestellt wird. Da die Vorschauqualität im direkten Zusammenhang mit der Performance des Bildschirmaufbaus steht, macht es Sinn, die Viewports entsprechend der Hardware zusammenzustellen.

Smooth and Highlighted

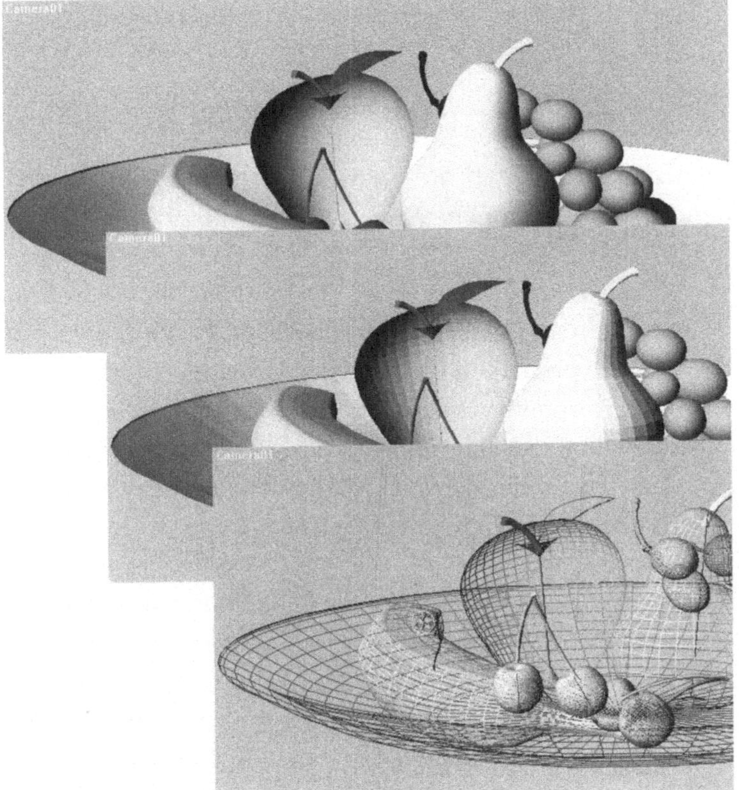

Facetted and Highlighted

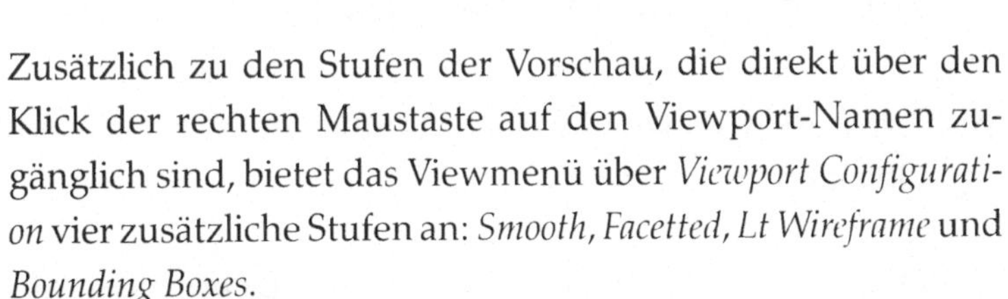

Zusätzlich zu den Stufen der Vorschau, die direkt über den Klick der rechten Maustaste auf den Viewport-Namen zugänglich sind, bietet das Viewmenü über *Viewport Configuration* vier zusätzliche Stufen an: *Smooth*, *Facetted*, *Lt Wireframe* und *Bounding Boxes*.

Bounding Boxes zeigt die Objekte im Viewport nur noch in den objektumspannenden Boxen an.

Wireframe

Die Stufen der Vorschau

45

Lt Wireframe zeigt die Objekte zwar im Drahtgitter, kann aber durch eine farbliche Darstellung der Drahtgitter den Einfall des Lichts wiedergeben.

Die Farben der Drahtgitter entsprechen den Farben des Modells. Bei neu erzeugten Objekten werden sie per Voreinstellung nach dem Zufallsprinzip vergeben.

Sie lassen sich einfach ändern, indem Sie das Objekt markieren und auf das Farbfeld im *Name and Color*-Feld auf der rechten Seite des Bildschirms klicken und eine andere Farbe aussuchen.

Renderoptionen

Wenn Szenen extrem komplex oder Objekte sehr detailliert sind, schalten Sie auf Fast View Display. Dann werden nicht mehr alle Polygone aufgezeichnet.

Zusätzlich lassen sich die Viewports durch eine Reihe von Renderoptionen einrichten.

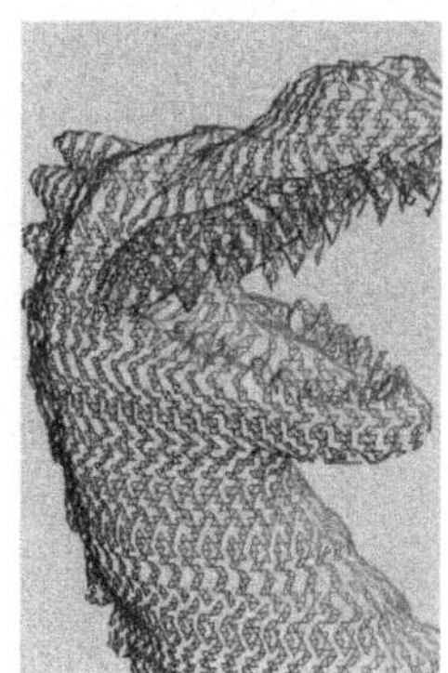

✎ *Disable Viewport* friert einen Viewport ein. Wenn die Szene in einem anderen Viewport geändert wird, etwa ein Objekt verschoben wird, hat das keine Auswirkungen im eingefrorenen Viewport. So läßt sich ein Viewport als schnelle Renderkontrolle in der höchsten Qualitätsstufe einsetzen, ohne daß jede Manipulation zu einer Neuberechnung des Viewports führt.

✎ *Disable Textures* verhindert die Berechnung von Texturen im aktiven Viewport.

✎ *Z-Buffer Wires* nutzt die Tiefeninformation, um die Reihenfolge festzulegen, in der die Objekte neu berechnet werden. Ein Kreuz in *Z-Buffer* verhindert, daß der Rasterboden (*Grid*) in der schattierten Vorschau sichtbar wird.

✎ *Force 2-Sided* erzwingt die Berechnung der Rückseiten von Objekten.

✎ *Default Lighting* schaltet die gesetzten Lichtquellen aus und benutzt die vorgegebene Ausleuchtung.

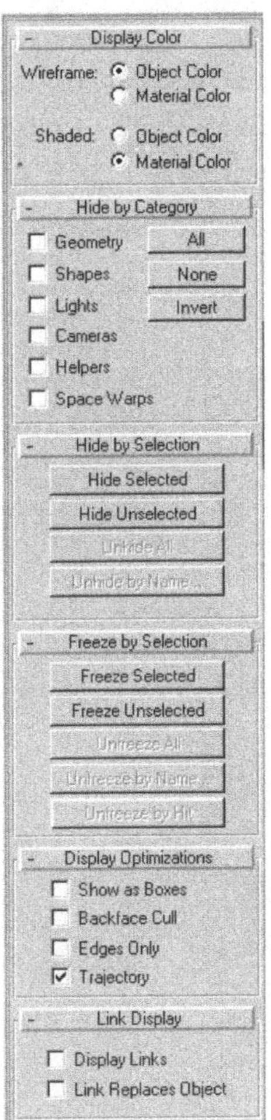

Die Bildschirmkontrollen erreichen Sie schnell, wenn Sie auf das Symbol *Display* auf der rechten Seite des Max-Bildschirms klicken. Das Rollout-Fenster läßt sich innerhalb seines Rahmens verschieben, wenn Sie mit dem Cursor nach einer freien Stelle suchen, an der sich der Cursor in die Grabber-Hand verwandelt. Mit der Hand schieben Sie die Leiste hinauf und hinunter und erreichen so alle Punkte der Liste.

Eine Kategorie läßt sich aufklappen, wenn sie ein Pluszeichen auf der linken Seite enthält. Um Platz zu sparen, können Sie solche Punkte auch mit einem Mausklick auf das Minuszeichen wieder zusammenfalten. *Display Optimizations* enthält vier weitere Punkte:

- *Show as Boxes* – zeigt nur die objektumspannende Box

- *Backface Cull* – verhindert, daß die Rückseiten von Objekten durchgezeichnet werden

- *Edges Only* – nur die Polygone von Meshes werden angezeigt

- *Trajectory* – zeigt den Animationspfad animierter Objekte

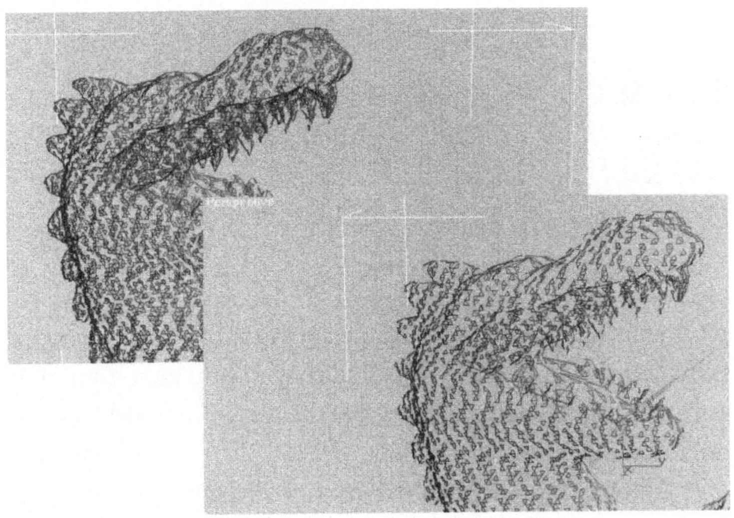

Mit dem Checkkreuz in *Backface Cull* werden die Rückseiten der Objekte nicht durchgezeichnet. Das erspart Ihrem Rechner eine Menge Berechnungen für den Bildschirmaufbau.

Alle Merkmale funktionieren nur für markierte Objekte.

2.1.5 Szenen laden und speichern

*Wenn der Raster-
boden (Grid) Sie stört –
etwa im Perspektiven- oder
Kamerafenster – schalten
Sie ihn mit STRG G ab.*

Laden und Speichern von Szenen – das funktioniert wie in jeder anderen Windowsanwendung im Filemenü mit *Scene Load* und *Scene Save*. Aber wenn es auf der Platte eng wird, empfiehlt sich die Archivierung von Szenen: Max kann nämlich Dateien direkt in eine Zip-Datei packen. Geben Sie in *File/Preferences* den Pfad zum Packprogramm auf Ihrem System an.

Einzelne Objekte oder Gruppen von Objekten laden Sie mit dem Befehl *Merge* aus dem Filemenü in eine bestehende Szene hinein. Wählen Sie die Objekte, die in der aktuellen Szene gebraucht werden aus der Auswahlliste. Mehrere Objekte markieren Sie durch das Umranden mit der Maus, oder Sie klicken ein Objekt nach dem anderen mit gedrückter CTRL-Taste an. Natürlich lassen sich auch zwei komplette Szenen miteinander mischen.

Import und Export von Meshes

*In der ausgelieferten
Version werden nur die
allernötigsten Formate
geladen.*

Studio Max kann Meshes aus dem 3D Studio für DOS mit der Dateierweiterung *.3DS, Projektdateien mit der Endung *.Prj, AutoCad *.DXF-Dateien und Shapes (Umrisse) laden, sowie Meshes für 3D Studio und AutoCad exportieren. 3DS-Dateien werden mit Kameras, Lichtquellen und Materialien geladen. Die Materialien müssen in das Map-Verzeichnis von Max kopiert werden oder der Pfad zu den Maps muß in *File/Configure Path* angegeben werden. Das Speichern von Szenen im 3DS-Format umfaßt ebenfalls alle Objekte der Szene mit Materialien, Kameras und Lichtquellen.

Weitere Export/Import-Funktionalitäten werden über Plugins realisiert. Ein solcher Pluginfilter ist MAX DWG, mit dem AutoCad DWG-Dateien in Max weiterbearbeitet und wieder für AutoCad aufbereitet werden können. Ein anderer Plugin ist VRML, welches das Speichern von Szenen im VRML-Format für dreidimensionale Internetseiten ermöglicht.

Objekte im 3DS- und anderen Formaten können in die aktive Szene auf dem Bildschirm geladen werden. Wenn doppelte Bezeichnungen entstehen, weil etwa eine Kamera aus einer 3DS-Datei Camera02 heißt, können Sie den Namenskonflikt während des Ladens beheben.

Die Arbeitsumgebung speichern

Wenn Sie gerne immer mit Ihren eigenen Arbeitseinstellungen in Max starten wollen – zum Beispiel mit einer anderen Hintergrundfarbe, mit Ihrem eigenen Maßsystem oder nur mit dem perspektivischen Viewport anstelle der vier Vorgabeviewports – dann speichern Sie alle Einstellungen unter MAXSTART.MAX. Daraufhin wird Max immer mit diesen Vorgaben starten. Und wenn Sie die Arbeit an einer Szene beendet haben, versetzt der Befehl *Reset* im Menü *File* die Szenenkonfiguration wieder auf die Einstellungen von Maxstart.Max.

Maxstart.Max – der Schnellstart in die eigene Arbeitsumgebung

Automatisches Szenen-Backup

Nutzen Sie die Möglichkeit, umfangreiche Szenen, an denen Sie lange Zeit arbeiten, automatisch sichern zu lassen. Im Dialog *Preference Settings* muß dafür das Feld *Auto Backup Enable* angekreuzt werden – die Vorgabe arbeitet ohne das automatische Backup. Sie bestimmen, in welchem Zeitinterval Sicherungen der Szene gespeichert werden sollen. Wenn Sie mehr als eine Datei zur Verfügung stellen (*Number of Autoback Files*), haben Sie sogar die Möglichkeit, nach umfangreichen Änderungen wieder auf eine ältere Version der Szene zurückzukehren. Die Sicherungskopien werden unter den Dateinamen autobak#.mx abgelegt: Sie müssen im Fall aller Fälle nur die Sicherungskopie in *.Max umbenennen, um eine Sicherung nach einem Absturz wieder zu laden.

Der Absturz nach drei Stunden Arbeit ...

2.2 Objekte im Raum

2.2.1 Objekte markieren

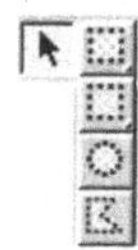

Um ein Objekt zu verschieben, zu rotieren oder auf eine andere Weise zu manipulieren, müssen Sie es zuerst markieren. Sie klicken es dazu mit dem Auswahlwerkzeug aus der Symbolleiste unter der Funktionsleiste an. In der Gitternetzdarstellung wird sein Gitternetz weiß, in den soliden Vor-

Die weiße Bounding Box umspannt markierte Objekte.

schauen wird das Objekt von der Bounding Box, der Raumbox, umspannt.

Mehrere Objekte markieren

Mehrere Objekte markieren Sie gleichzeitig, wenn Sie mit dem *Selection Region* ein Rechteck um die gewünschten Objekte aufspannen. Jedes Objekt, das Sie mit dem Rechteck berühren, wird markiert. Wenn Sie den Cursor eine Sekunde lang auf dem Symbol *Rectangular Selection Region* stehen lassen, klappt ein Flyout-Fenster auf und zeigt Ihnen weitere Markierungswerkzeuge für eine runde und polygone Auswahl.

In der Pulldown-Liste auf der rechten Seite des Auswahlwerkzeugs können Sie die Auswahl nach verschiedenen Kriterien begrenzen: Markieren Sie alle Kameras in einem Bereich oder nur geometrische Objekte.

Oder Sie markieren ein Objekt nach dem anderen: Markieren Sie das erste Objekt und drücken Sie dann die CTRL-Taste. Der Cursor bekommt ein kleines Pluszeichen und Sie können nacheinander weitere Objekte markieren.

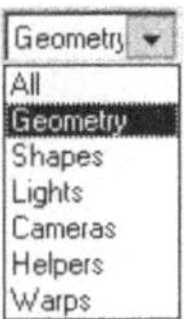

Objekte nach Kriterien markieren

Und damit nicht genug: Es gibt noch eine weitere Methode, Objekte schnell und sicher zu markieren. *Select by Name* heißt das Symbol rechts neben der Auswahlliste in der Symbolleiste. Es liefert eine Liste aller Objekte in einer Szene, in der Sie das Objekt direkt auswählen können.

Das Symbol Select by Name ist kontextsensitiv – es funktioniert nur dann, wenn das Markierungswerkzeug aktiv ist.

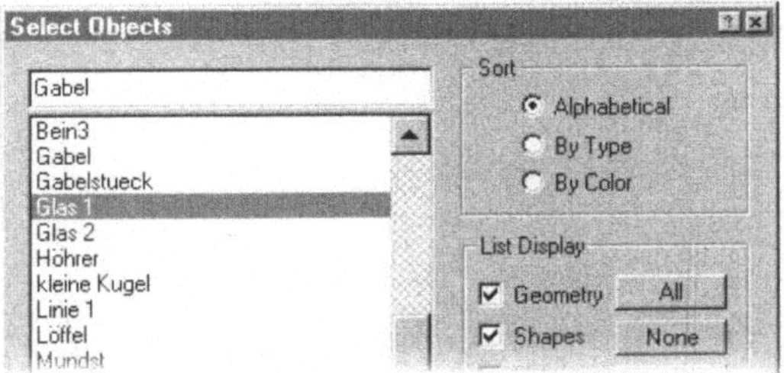

Markierungen aufheben

Und wie wird man eine Auswahl wieder los? Klicken Sie auf eine »leere« Stelle in der Szene, oder halten Sie die ALT-Taste gedrückt und klicken auf das Objekt (so werden Sie auch die Markierung eines einzelnen Objekts in einer Gruppe von Objekten los, ohne die Markierung der anderen Objekte zu verlieren). Mit gedrückter CTRL-Taste können Sie ein markiertes Objekt in einer Gruppe von Objekten demarkieren und wieder markieren und weitere Objekte zu einer Auswahl hinzufügen. Zu guter Letzt können Sie die Auswahl auch im Editmenü mit *Select None* aufheben.

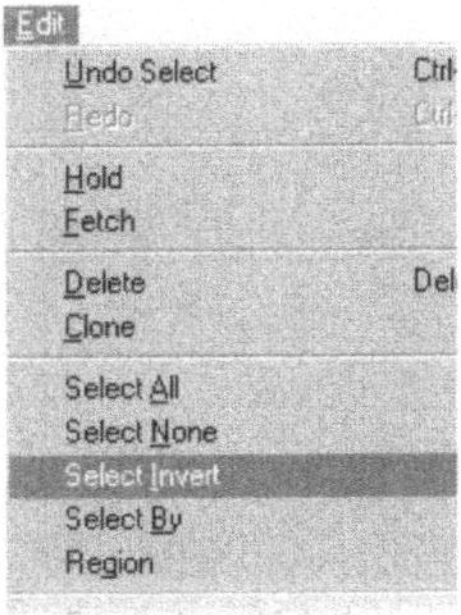

Auch das Editmenü trägt das Seine zu den diversen Markierungsmethoden bei.

Objekte im »Track View«

Die eleganteste Methode, Objekte oder Teile von Objekten in komplexen Szenen zu suchen und zu markieren, bietet der *Track View*. Klicken Sie mit der rechten Maustaste auf eine Fensterbezeichnung und wählen Sie *View/Track* oder wählen Sie *Track/View* in der Symbolleiste.

Die Pluszeichen weisen auf eine tiefere Hierarchie hin – ein Doppelklick öffnet die Gruppe. Sehen Sie, wie wichtig es ist, jeder noch so kleinen Schraube einen Namen zu geben? Ohne treffende Bezeichnungen hilft die hierarchische Liste auch nicht weiter.

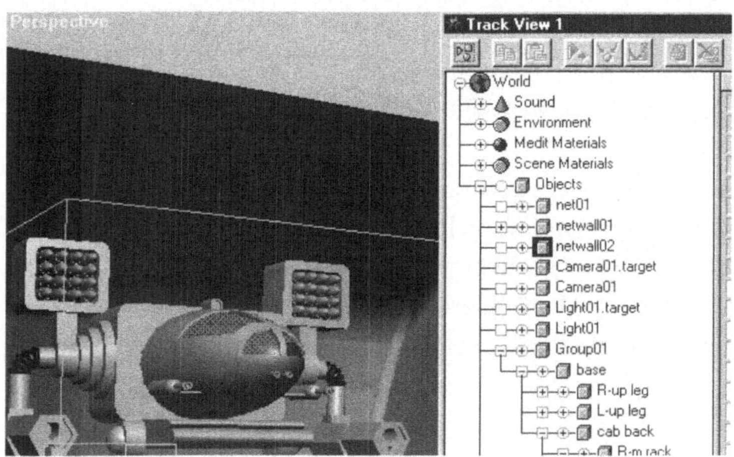

Objektinfos

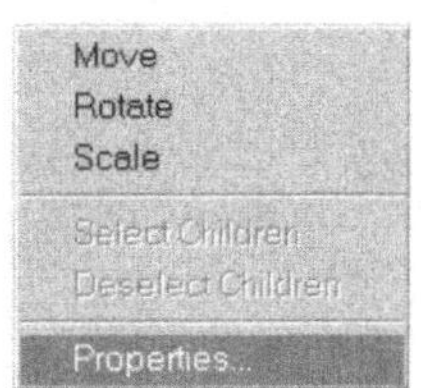

Wissenwertes über ein Objekt beinhaltet das Fenster *Object Properties*. Klicken Sie mit der rechten Maustaste auf ein markiertes Objekt und wählen Sie *Object Properties* in der Auswahlliste. Hier finden Sie die Position des Pivotpunktes unter dem Eintrag *Dimensions*, die Anzahl der Facetten und Vertices und welches Material dem Objekt zugeordnet ist. Der Pivotpunkt ist eines der wichtigsten Merkmale eines Objekts: Es ist der Schnittpunkt der drei Objektachsen.

Der Objektraum

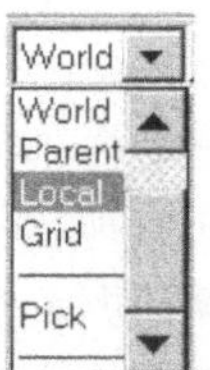

Die Objektachsen werden bei einem markierten Objekt als rote Vektoren angezeigt. Durch die Objektachsen erhält jedes Objekt seine eigene Orientierung und damit seinen eigenen »Raum«, den Objektraum.

2.2.2 Objekte manipulieren – »Transforms«

Die einfachsten Manipulationen an einem Objekt sind das Verschieben, Rotieren und Skalieren des Objekts – *Transforms* genannt. Sie markieren das Objekt, plazieren den Cursor auf dem Objekt bis er die Form eines Kreuzes, eines Drehpfeils oder des Skalierzeichens bekommt und können das Objekt versetzen. Ein Klick mit der rechten Maustaste auf das Objekt erreicht das gleiche: Der Klick öffnet ein Menü, in dem Sie die Transformation aussuchen können. Die Symbole für die Transforms sind gleichzeitig Markierwerkzeuge. Klicken Sie auf das Transformsymbol und dann auf das Objekt.

Mit einem Klick der rechten Maustaste auf das Transformsymbol in der Symbolleiste erreichen Sie den Dialog für die numerische Eingabe der Transformation.

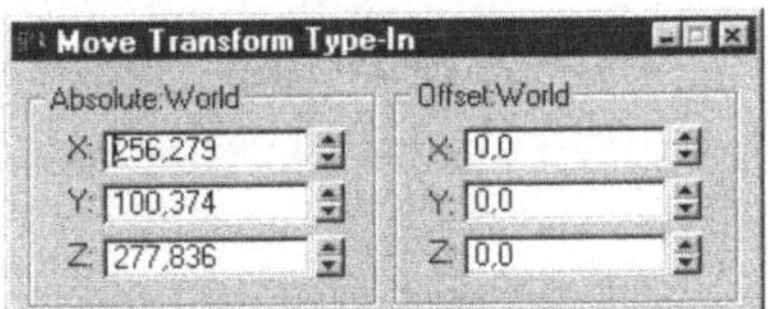

Exakte Transformationen erfordern eine numerische Eingabe. Klicken Sie mit der rechten Maustaste auf das Transformsymbol.

Transformationen mit der Tastatur

Schnell und exakt lassen sich alle Transformationen auch über die Tastatur durchführen. Wählen Sie die Transformation und markieren Sie das Objekt.

- Mit der Pfeil-nach-oben/unten-Taste verschieben Sie das Objekt auf der X- bzw. auf der Y-Achse.

- Mit den Pfeiltasten rotieren Sie ein Objekt um jeweils 0,5°, wenn Sie gleichzeitig die STRG-Taste gedrückt halten, rotieren Sie das Objekt um 5°.

- Sie vergrößern und verkleinern ein Objekt mit der Pfeil-nach-oben/Pfeil-nach-unten-Taste um jeweils 1% und um 10%, wenn Sie die STRG-Taste zusätzlich festhalten.

2.2.3 Mit Objekten arbeiten

Der Pivotpunkt – Mittelpunkt des Objekts

Wann immer Sie ein Objekt markieren, taucht sein persönliches Koordinatensystem auf. In der Regel befindet sich der Pivotpunkt, der Punkt an dem sich die Achsen eines Objekts kreuzen, im Mittelpunkt des Objekts. Bei Objektgruppen und bei importierten Objekten ist das nicht immer der Fall. Wenn sich ein Objekt nur in einem weiten Bogen rotieren läßt und bei der Rotation seinen Platz verläßt, dann ist der Pivotpunkt außerhalb des Objekts.

Gerade aber in Animationen gibt es gute Gründe, den Pivotpunkt nicht in die Mittes des Objekts zu legen. Den Pivotpunkt eines Arms oder eines Beins wird man gezielt an den Dreh- und Angelpunkt der Bewegung setzen: in die Gelenke. So werden Bewegungen unkomplizierter umgesetzt.

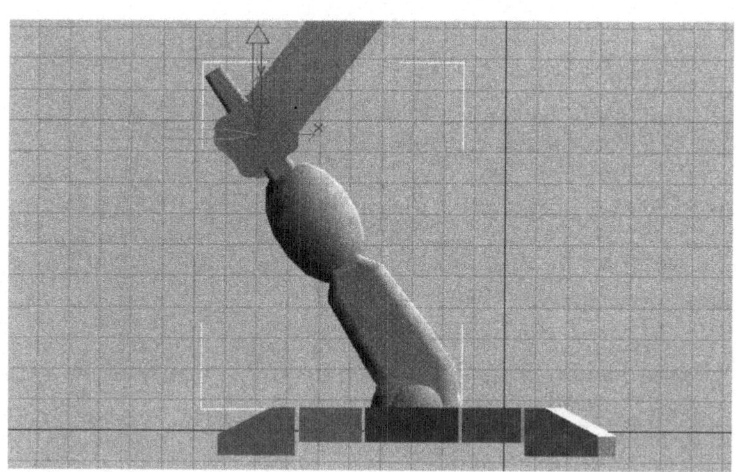

Damit sich ein Arm oder ein Bein problemlos in einer Animation rotieren läßt, wird sein Pivotpunkt dorthin gesetzt, wo auch die natürliche Bewegung ihren Dreh- und Angelpunkt hat.

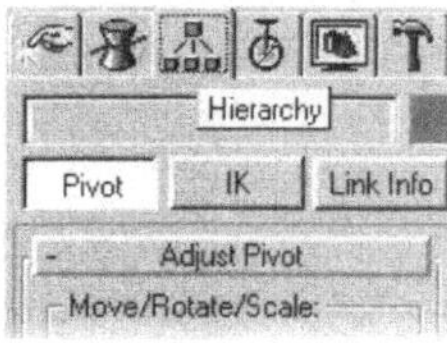

Um Pivotpunkte einzurichten, wenn etwa der Pivotpunkt bei einem importierten oder gruppierten Objekt aus dem Rahmen gefallen ist, oder um den optimalen Drehpunkt für eine Animation einzurichten, steigen Sie in das *Hierarchy*-Menü ein. Dann können sie entweder den Pivotpunkt relativ zum Objekt oder das Objekt relativ zum Pivotpunkt verschieben oder rotieren.

Gruppentherapie

Um eine Gruppe von Objekten wie ein einzelnes Objekt behandeln zu können – etwa um sämtliche Elemente des Battletech-Roboters zu verschieben oder zu skalieren –, werden sie zu einer Gruppe verbunden. Markieren Sie alle Objekte der Gruppe (indem Sie die STRG-Taste gedrückt halten und nacheinander auf die Elemente klicken oder in der Auswahlliste *Select by Name*, in der sie auch mit gedrückter Strg-Taste mehrere Objekte markieren können). Wählen Sie *Group* in der Funktionsleiste.

Die Elemente einer Gruppe lassen sich gemeinsam verschieben, rotieren und skalieren. Trotzdem kann man die Elemente einer Gruppe auch einzeln manipulieren und animieren: Öffnen Sie die Gruppe mit *Group/Open*, markieren Sie Objekte wie gehabt und schließen Sie die Gruppe wieder mit *Group/Close*.

Die an den individuellen Mitgliedern der Gruppe vorgenommenen Transformationen werden zu den Transformationen der Gruppe addiert. Wenn Sie also die Gruppe auf der X-Achse verschieben, dann ein einzelnes Element der Gruppe

Locker verbunden: Gruppen von Objekten

Markieren Sie alle Objekte, die gruppiert werden sollen und wählen Sie Group im Groupmenü.

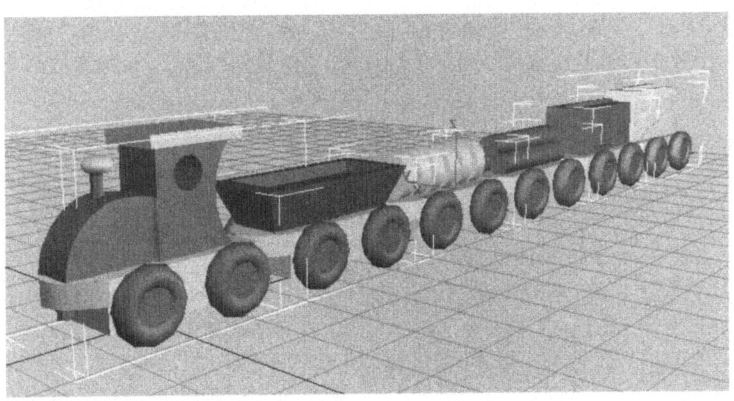

für sich zusätzlich verschieben, dann legt dieses einzelne Element einen größeren Weg zurück.

Gruppen lassen sich beliebig ineinander verschachteln. Die Lok und ihre Anhänger sind bereits Gruppen aus Rädern, Achsen und Wagen. Auf diese Weise bauen Sie eine Objekthierarchie auf, in der Sie Objekte nach szenenspezifischen Kriterien verschachteln.

Schluß mit der Gruppierung

Die Gruppierung wird mit dem Befehlen *Ungroup* oder *Explode* beendet. *Ungroup* beendet die Gruppierung und löscht gleichzeitig alle Dummy-Objekte, die der Gruppe zugeordnet waren. Genauso beendet *Explode* die Gruppierung, läßt aber die Dummy-Objekte als individuelle Objekte weiter bestehen.

Vorsicht mit dem Beenden einer Gruppierung in Animationen!

In einer Animation macht die Auflösung einer Gruppe alle Transformationen, die nach dem Frame 0 vorgenommen wurden, zunichte.

Named Selection Sets

Ohne Objekte gleich in einer Gruppe miteinander zu verbinden, kann man alle Transformationen auch an mehreren Objekten durchführen, die alle gleichzeitig markiert sind. Wenn solche Aktionen mehrmals durchgeführt werden, macht es Sinn, lockere Selektionsgruppen zu definieren.

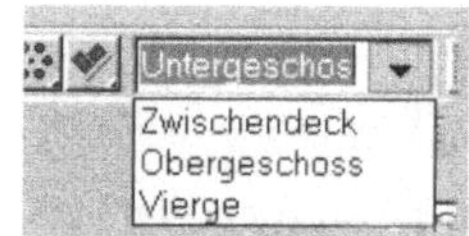

Markieren Sie die Objekte, die gemeinsam manipuliert werden sollen, und geben Sie einen Namen für die Auswahl im *Named Selection*-Feld in der Werkzeugleiste ein. Jetzt markieren Sie eine Auswahl schnell in der *Named Selection*-Liste. Auch im Dialog *Select by Name*, den Sie über das Symbol *Select by Name* in der Symbolleiste erreichen, steht die *Named Selection*-Liste für eine schnelle Auswahl zur Verfügung.

Eine Auswahl löschen

Sie löschen eine Auswahl, indem Sie die Auswahl im *Named Selection*-Feld aktivieren und im Editmenü den Befehl *Remove Named Selection* aufrufen.

Eine Auswahl umbenennen

Um eine Auswahl umzubenennen, müssen Sie ihr einen zweiten, eindeutigen Namen geben. Dann können Sie den alten Namen der Auswahl löschen.

Elemente einer Auswahl löschen

Wenn Sie einzelne Objekte einer Auswahl abwählen, wird der Auswahlname im *Named Selection*-Feld weiß – die Auswahl ist nicht mehr aktiv. Wenn Sie allerdings einzelne Objekte einer Auswahl löschen, bleibt die Auswahl bestehen.

Eingefrorenes

Sie können eine Auswahl von Objekten einfrieren, so daß sie zwar weiterhin mit grauer Oberfläche in der Szene sichtbar bleiben, sich aber nicht mehr markieren und manipulieren las-

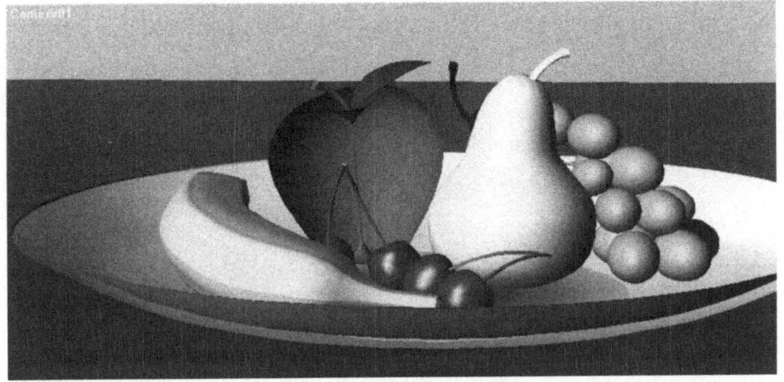

Klicken Sie auf das Display Command-Symbol oben rechts im Max-Bildschirm und wählen Sie den Freeze-Modus.

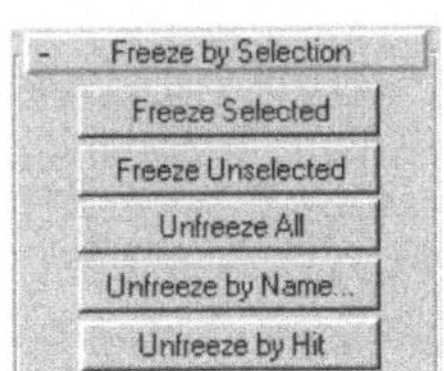

sen. Auf diese Weise verhindern Sie, daß fertige Teile der Szene versehentlich modifiziert werden.

Und wie taut man die eingefrorenen Objekte wieder auf? Wenn Sie alle eingefrorenen Objekte wieder zugänglich machen wollen, klicken Sie auf *Unfreeze All. Unfreeze by Hit* belebt alle Objekte wieder, die Sie mit dem Cursor markieren. Oder Sie lassen sich alle Objekte auflisten und wählen das gwünschte Objekt nach dem Namen, nach dem Objekttyp oder nach der Farbe aus.

Versteckspiele

Sie können Objekte, die Sie momentan nicht benötigen und die Sie bei der Bearbeitung der Szene stören, einfach vom Bildschirm verschwinden lassen. Der Modus ist der gleiche wie beim Einfrieren von Objekten, nur daß die Objekte jetzt gar nicht mehr im Bild sichtbar sind. Das Verstecken von Objekten beschleunigt außerdem den Bildschirmaufbau.

Mit vier Optionen fertigen Sie Kopien – in Max heißen sie Klones – von einem Objekt an.

❑ *Die schnellste Methode für die meisten Zwecke ist das »Shift Clone« – halten Sie die Umschalttaste und klicken Sie mit dem Transform-Cursor auf das Objekt.*

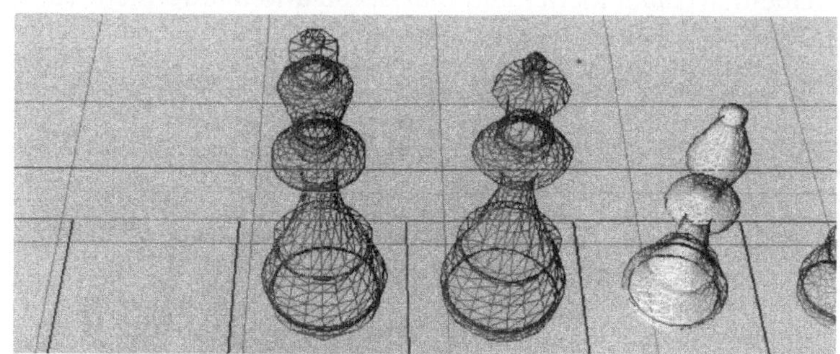

❑ *Jetzt können Sie den Clone direkt an Ort und Stelle bringen, skalieren oder rotieren.*

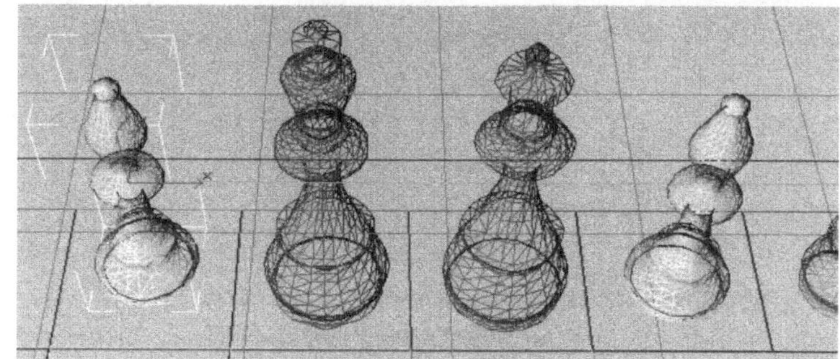

Während der Operation werden Sie gefragt, welche Art von Kopie Sie anfertigen wollen.

↪ *Copy* – das ist die wohl bekannteste Form eines Duplikats: Die absolut selbständige Kopie.

↪ *Instance* – erstellt ein frei austauschbares Duplikat des Originals. Wenn Sie die Instanz verändern, verändern Sie damit auch gleichzeitig das Original.

↪ *Reference* – erstellt ein vom Original abhängiges Duplikat. Veränderungen des Originals werden direkt von Referenzobjekten übernommen.

Markieren Sie das Objekt und rufen Sie *Clone* im Editmenü auf.

Oder arbeiten Sie gleich mit dem *Shift Clone*: die Umschalttaste gedrückt halten und mit dem Transform-Cursor auf das Objekt klicken.

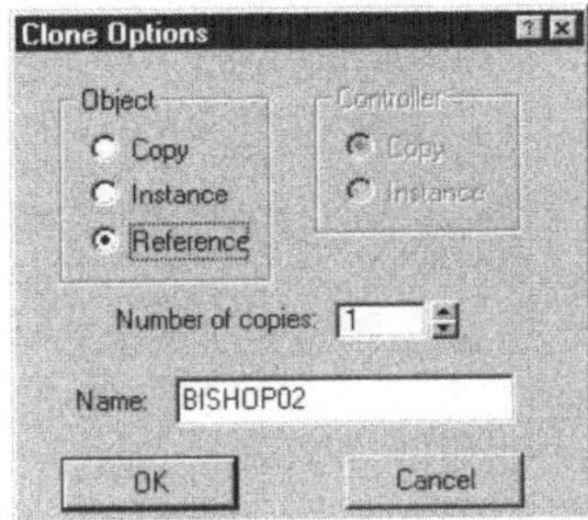

Die zweite Methode, ein Objekt zu klonen, ist die *Array*-Methode. Damit erzeugen Sie eine beliebige Menge von Duplikaten und transformieren sie gleichzeitig exakt. Markieren Sie das Objekt und wählen Sie das *Array*-Symbol in der Symbolleiste. Geben Sie die Gesamtzahl der Objekte und die exakten Transformationen ein.

Mehrere Kopien mit einem Array erzeugen

Auch beim Array Clone haben Sie wieder die Wahl, ob Kopie, Instanz oder Referenzobjekte erzeugt werden sollen.

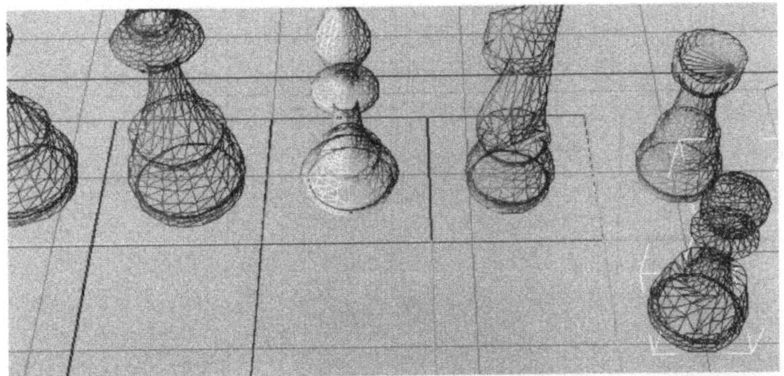

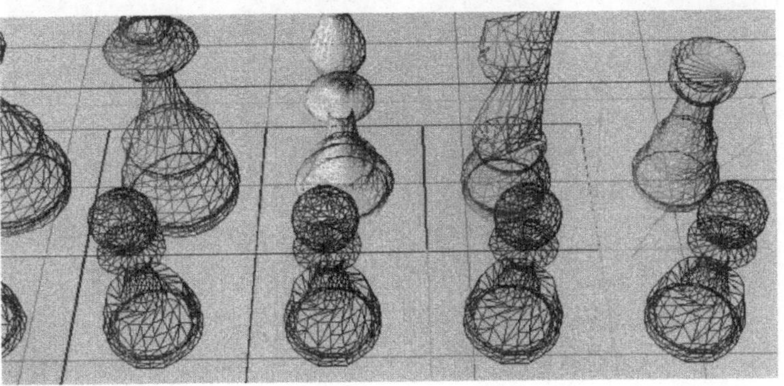

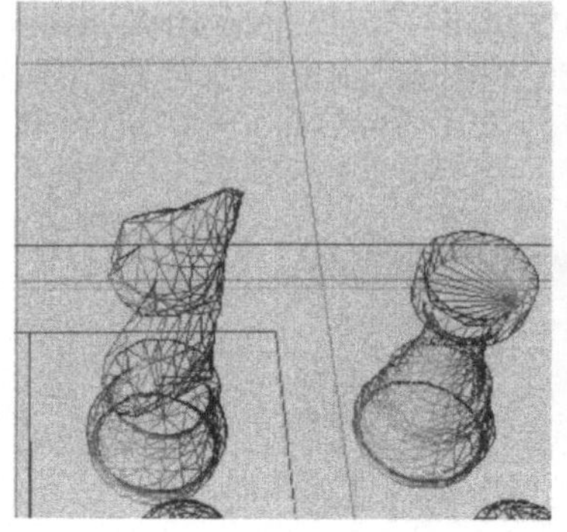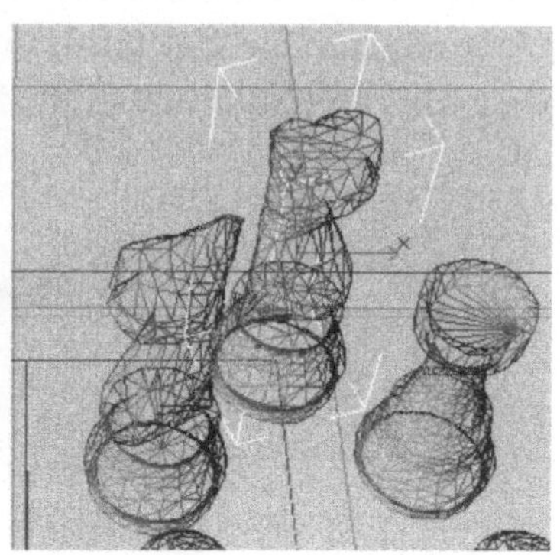

Die dritte Methode dupliziert das Objekt und spiegelt es dabei an der gewünschten Achse. Klicken Sie auf das *Mirror*-Symbol in der Symbolleiste.

Die vierte Methode: Snapshot dupliziert Objekte auf der Zeitachse

Das *Snapshot*-Werkzeug erzeugt Duplikate entlang eines Animationspfades. Sie können in jedem Frame der Animation ein Duplikat erzeugen oder – etwas langsamer – ein neues Duplikat in jedem n-ten Frame erzeugen.

Auf den ersten Blick sehen die erzeugten Objekte nicht so viel anders aus als die über *Array* duplizierten – aber die Strukturen, die mit Snapshot entstehen, können unregelmäßig sein. Wenn Sie das Objekt von Frame 0 bis Frame 50 eine Strecke von 100 Einheiten bewegen und in den Frames von 51 bis 100 nur eine Strecke von 50 Einheiten bewegen, dann liegen die duplizierten Objekte auf der zweiten Teilstrecke wesentlich enger zusammen.

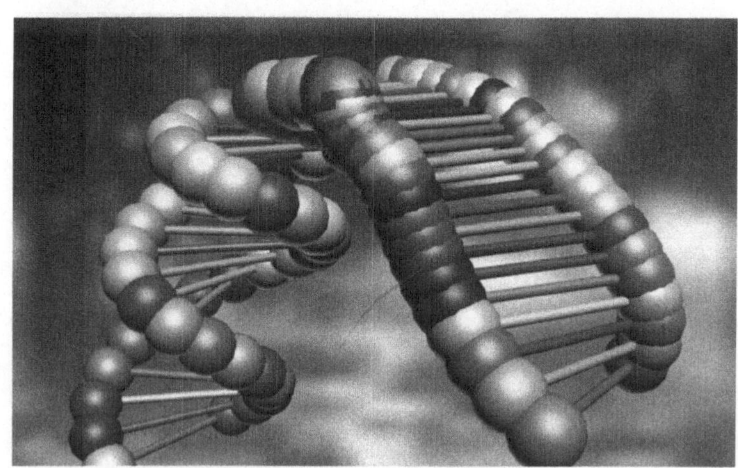

Snapshot Clone entlang eines Animationspfades. Der Pfad besteht aus zwei Sequenzen, so daß sich Richtung, Rotation und Skalierung innerhalb der Struktur ändern können.

Alles in Reih und Glied – Objekte ausrichten

Um eine Reihe von Säulen für den Kreuzgang einer Kirche sauber aufzustellen oder die Noppen eines Legosteins fein säuberlich in den Block einzupassen, benutzen Sie die *Align*-Funktionen von Max in der Symbolleiste.

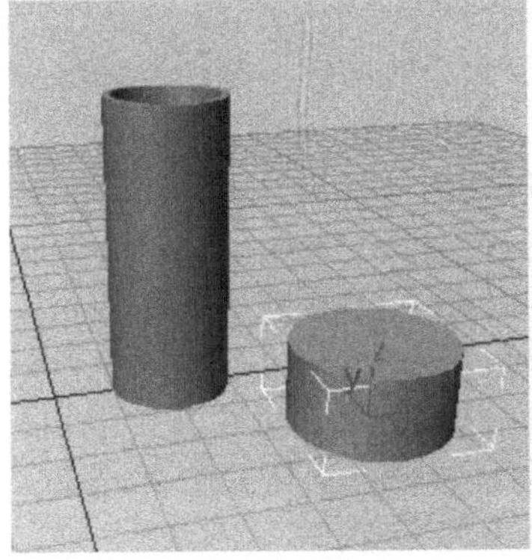

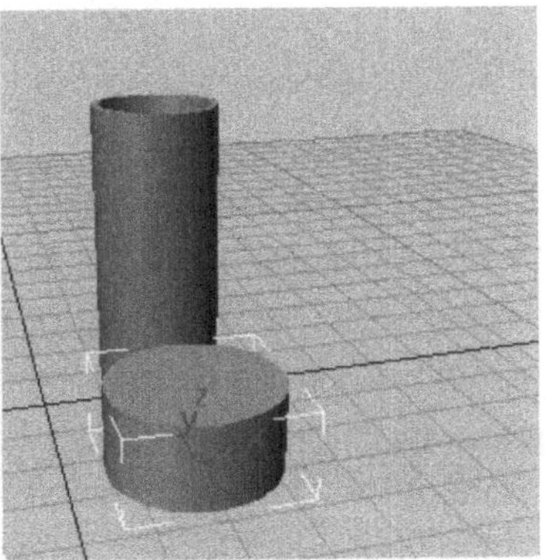

Wenn der Zylinder an der Röhre ausgerichtet werden soll (die Röhre soll also an Ort und Stelle bleiben), markieren Sie den Zylinder und klicken auf das Align-Symbol. Mit dem Align-Cursor klicken Sie auf das Zielobjekt und öffnen damit den Align-Dialog.

Wenn Zylinder und Röhre auf der X-Achse zentriert werden sollen, wählen Sie *XPosition* und als Bezugspunkte bei beiden Objekten *Center*. Um Zylinder und Röhre auf der XY-Ebene zu zentrieren, wählen Sie beide Ebenen im Menü und setzen beide Ausrichtungen auf *Center*. Um Zylinder und Röhre in alle Richtungen zu zentrieren, wählen Sie alle drei Achsen.

Unter Minimum und Maximum versteht Max die kleinste bzw. größte Ausdehnung der Bounding Box in eine beliebige Richtung. Der Pivotpunkt ist der Drehpunkt des Objekts, der sich in der Regel im Mittelpunkt des Objekts befindet.

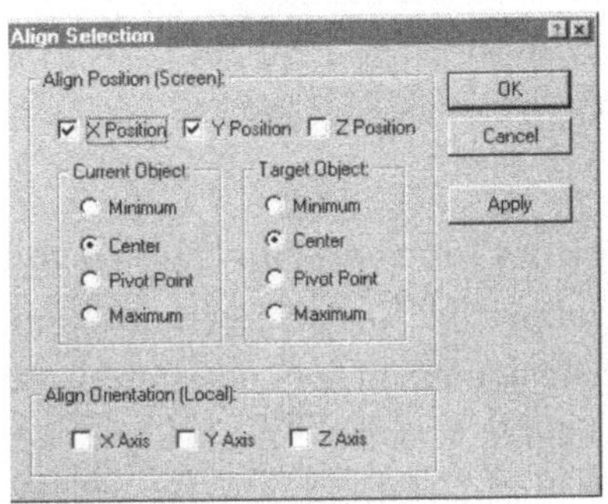

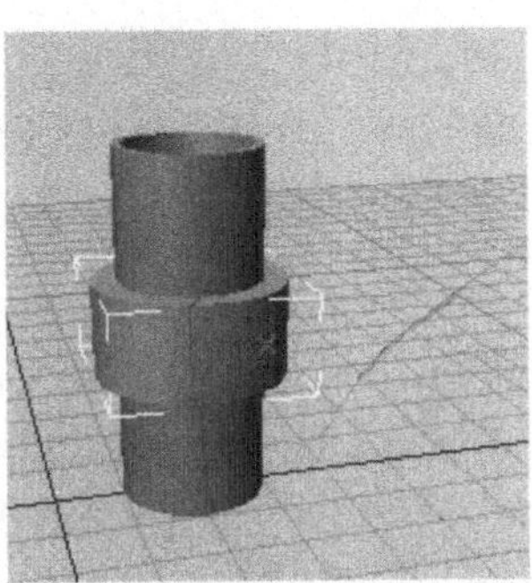

Current Object ist hier der kleine Zylinder, Target Object die Röhre.

Wenn es auf den Millimeter ankommt

Das Maßband für exakte
Ausmessungen

Mit *Tape* aus der Riege der Helfer bekommen Sie ein Maßband, um Abstände zu messen und festzulegen. Das Tape besteht aus einem Symbol (*Icon*), dem Ziel (*Target*) und der Linie, die den augenblicklichen Abstand zwischen den beiden symbolisiert.

Mehr als ein Raster

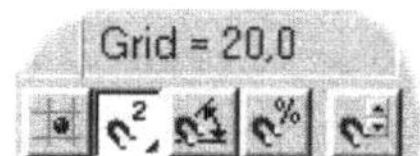

Exakt konstruiert und arrangiert wird – genauso wie in einem CAD-Programm – mit eingeschaltetem »Fang« des Rasters (*Grid*). Wenn Sie den Fang mit einem Klick auf das *2D Snap*-Symbol unten im Fenster aktivieren, »fängt« das Raster Objekte ein, so daß sich Objekte leicht in einen gleichen Abstand zueinander setzen oder sich direkt in festgelegten Größeneinheiten erzeugen lassen.

Den »Fang« – Snap –
können Sie einrichten,
wenn Sie mit der rechten
Maustaste auf eines der
Snap-Symbole klicken
oder über das Viewmenü
mit Grid and Snap Settings.

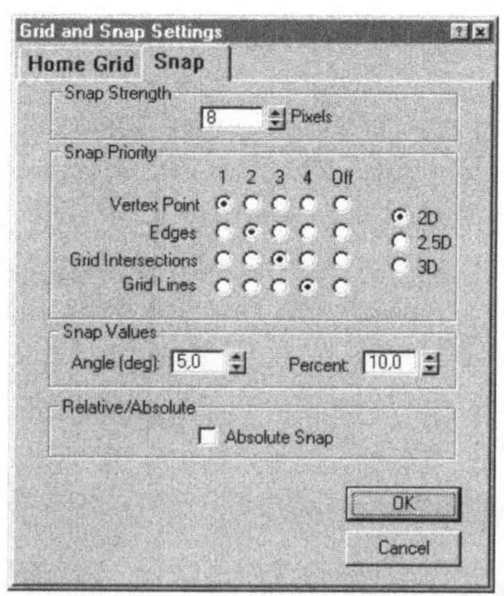

Snap Strength legt fest, wie stark der Fang wirkt: Er läßt sich von einem leichten »Magnetismus« bis zum Rasterfang einrichten. Mit der *Snap Priority* legen Sie fest, nach welchen Kriterien Sie arbeiten wollen. Wenn Sie Objekte konstruieren, werden Sie die Priorität für Grid Intersections, für den »Magnetismus« der Rasterkreuzungen, hoch ansetzen, um Grundrisse direkt im

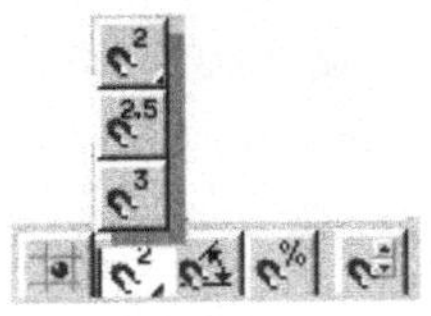

Raster zu erzeugen. Wenn Sie Objekte arrangieren, werden Sie die Priorität auf *Vertex* legen, um Objekte komfortabel aneinander zu setzen.

Sie schalten den Fang bzw. Magnetismus des Snaps mit den Snap-Symbolen in der unteren Bildleiste ein und aus. Dabei ist das Symbol *2D Toggle Snap* wieder ein Flyout mit Alternativen.

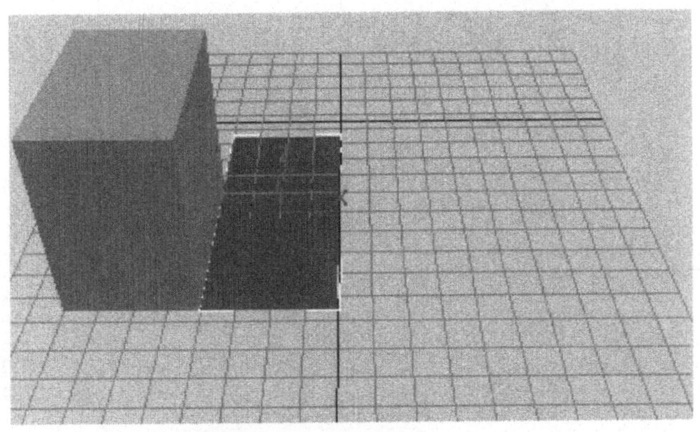

Probieren Sie ein paar Einstellungen aus: Erzeugen Sie eine Box und ziehen Sie sie hoch. Beginnen Sie den Grundriß einer zweiten Box ein paar Kästchen rechts von der ersten Box und ziehen Sie den Grundriß nach links.

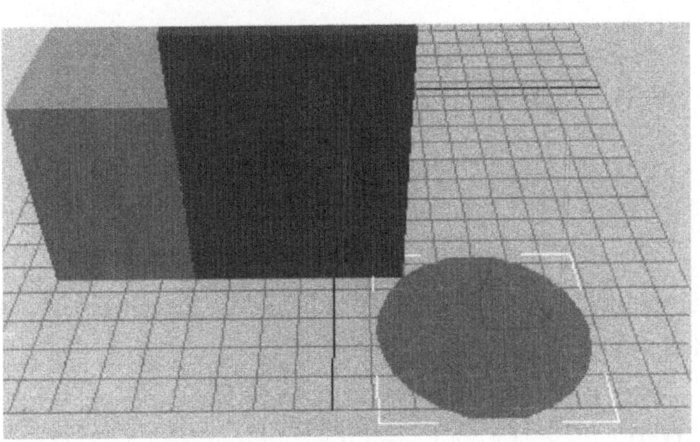

Sie merken den »Magnetismus« der ersten Box, die den Grundriß einfängt je nach Stärke von Snap Strenght und der Prioritäten der Einfangmechanismen. Mit etwas Übung bekommen sie einen sensiblen »Mausfinger« für diesen Magnetismus.

↰ *2D Snap* fängt den Cursor auf dem Konstruktionsraster ein.

↰ *2.5D Snap* fängt den Cursor nicht nur auf dem Konstruktionsraster, sondern zusätzlich auch an den Ecken und Kanten der Projektion eines Objekts ein.

☐ *Angle Snap Toggle
bietet eine kontrollierte Rotation von Objekten.*

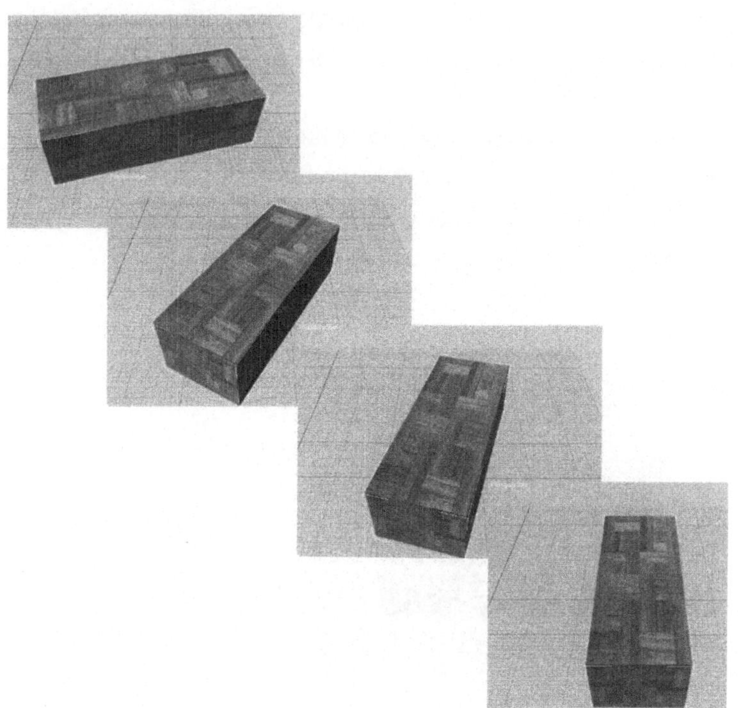

↳ 3D Snap ist die Vorgabe. Der Cursor rastet an jeder Geometrie des Universums.

↳ *Angle Snap Toggle* schaltet die gerasterte Rotation ein und
aus.

Zwei weitere Symbole bestimmen die Art des Snaps: relativer
und absoluter Snap.

↳ Wenn Sie bei eingeschaltetem Snap zusätzlich das Symbol
Relative Snap einschalten, bewegen sich die Objekte mit
einem Vielfachen der Einstellung für *Grid Spacing*.

↳ Wenn Sie zusätzlich das Symbol *Absolute Snap* zuschalten,
werden die Objekte von Kanten anderer Objekte einge-
fangen.

Mehr Raster braucht der Konstrukteur

Das Raster hat zwei Ausprägungen: das Grundraster (Home Grid), *Home Grid (Grundraster)*, und die zusätzlichen, selbsterzeugten Rasterobjekte, *Grid Objects*. Sie können jede beliebige Menge von *Grid Objects* als Helferobjekte erzeugen. Sie lassen sich frei bewegen, rotieren und beliebig plazieren. Allerdings kann immer nur ein Raster aktiv sein.

Mit einem zusätzlichen Raster erzeugen und arrangieren Sie zum Beispiel die Objekte für den zweiten Stock eines Hauses.

Die eifrigen Helfer des Konstrukteurs

Erzeugen Sie Helferobjekte, an denen Sie Objekte ausrichten. Setzen Sie zum Beispiel einen Punkt auf den inneren Boden der Schale, um alle Objekte mit einem Align-Befehl ins Körbchen zu kriegen.

Wählen Sie Helpers im Create-Rollout. Setzen Sie einen Punkt auf den Boden der Schale und markieren Sie die Birne. Klicken Sie auf das *Align*-Symbol und markieren Sie den Hilfspunkt. Richten Sie nacheinander alle Früchte am Helferpunkt aus.

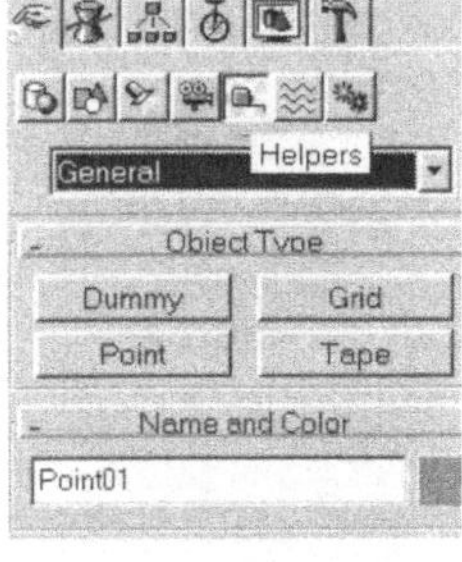

Um Helfer gezielt zu markieren, beschränken Sie die Markierung im Selection Filter auf Helper.

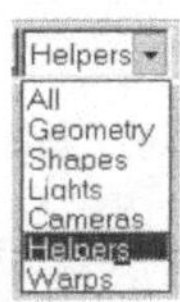

2.3 Modelle konstruieren

2.3.1 Grundformen erzeugen

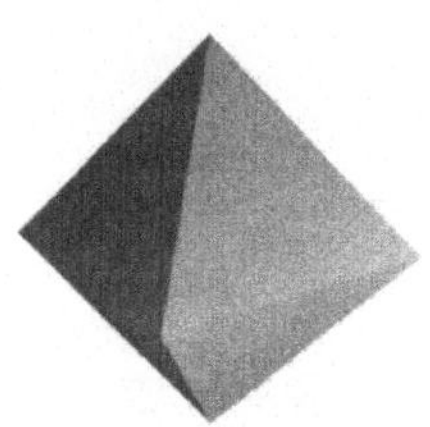

Auf der rechten Seite des Max-Bildschirms befindet sich die Werkzeugleiste. Der erste »Karteireiter« öffnet das *Creation Panel*. Jetzt befinden Sie sich in der »Zentralen Produktion« – von hier aus erzeugen Sie Grundformen, die Grundrisse für komplexe Objekte, Lichtquellen, Kameras, Helferobjekte und *Space Warps*, mit denen Sie Objekte in Form bringen, sowie *Bones*, die Objekten Beine machen.

Grundformen – Primitives in Max

In der Werkzeugleiste auf der rechten Seite schalten Sie auf den Arbeitsmodus *Create*. Wenn Sie dann in der darunter liegenden Symbolleiste *Primitive*s wählen, bietet Ihnen Max acht Grundformen an, die Sie dann mit ein paar Mausklicks direkt im Universum erzeugen. Am besten setzen Sie die ersten Formen in ein Perspektivenfenster.

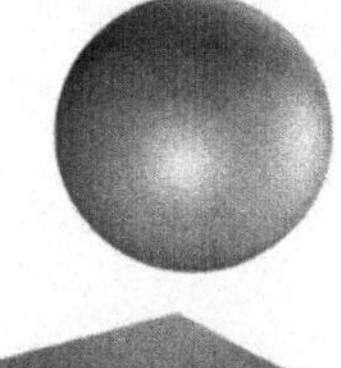

Box erzeugt einen Quader. Klicken und ziehen Sie die Maus, um den Umriß des Quaders festzulegen. Mit dem zweiten Mausklick bestimmen Sie die Größe des Grundrisses. Ziehen Sie die Maus wieder und geben Sie mit dem nächsten Mausklick die Höhe des Quaders an. Wenn Sie präzise Vorstellungen haben, welche Dimensionen der Quader annehmen soll, legen Sie die exakten Maße auf der rechten Seite fest.

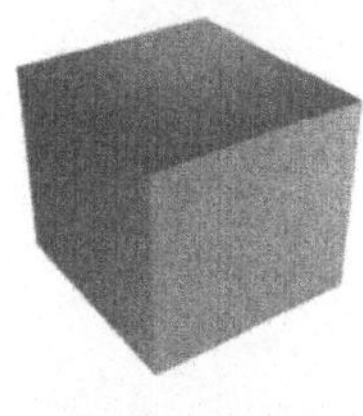

Cylinder erzeugt einen Zylinder. Klicken und ziehen Sie die Maus, um den Grundriß des Zylinders zu erzeugen. Mit dem zweiten Mausklick legen Sie die Größe des Grundrisses fest. Der nächste Mausklick bestimmt die Höhe des Zylinders. Die exakten Dimensionen geben Sie numerisch ein.

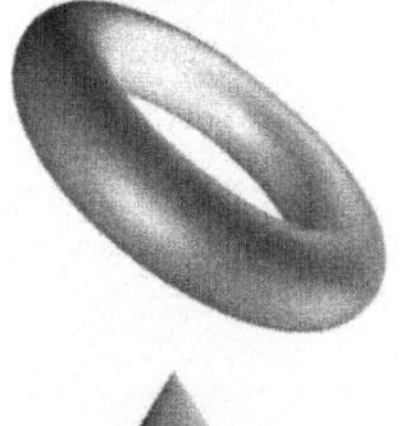

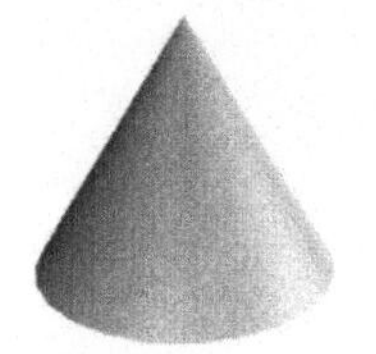

✍ *Tube* erzeugt eine Röhre. Sie ziehen den äußeren Umriß der Röhre, der nächste Mausklick legt den inneren Radius der Röhre fest, der dritte die Höhe.

✍ *Hedra* erzeugt einen Tetraeder. Sie ziehen die Grundfläche des Tetraeders. Sie können die Form auch zum Ikosaeder, Dodokaeder und zu Sternen abwandeln.

✍ *Sphere* erzeugt eine Kugel. Sie ziehen den Radius der Kugel und legen die exakten Maße und die Anzahl der Segmente numerisch fest.

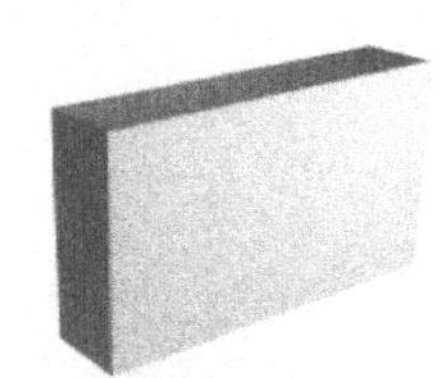

✍ *Torus* erzeugt einen Torus. Sie ziehen zuerst den äußeren Radius, dann den inneren Radius. Anzahl der Segmente, innerer und äußerer Radius lassen sich dann numerisch exakt festlegen.

✍ *Cone* erzeugt einen Kegel. Ziehen Sie den unteren Radius des Kegels. Nach dem ersten Absetzen der Maustaste bestimmen Sie die Form des Kegels: ob er oben spitz endet oder ob er mit einer Plattform abgeschlossen wird.

✍ *Teapot* erzeugt eine Teekanne. Etwas ungewöhlich als Grundform in einem 3D-Programm, finden Sie? Es ist die historische Teekanne, die 1975 von Martin Newell modelliert wurde. Diese Teekanne ist inzwischen ein Klassiker der 3D-Grafik – und nicht nur diese. Es gibt inzwischen öffentlich ausgeschriebene Wettbewerbe um die schönsten und ungewöhnlichsten 3D-Teekannen. Sie klicken und ziehen die Größe des Umrisses mit der Maus. Der zweite Mausklick erzeugt die Teekanne.

Alle Grundformen lassen sich durch ihre Parameter variieren, d.h. detaillierter, größer oder kleiner erzeugen. Damit steht schon der Grundschatz für die ersten Szenen zur Verfügung.

2.3.2 Grundrisse – Shapes

Grundrisse bilden die Basis der konstruierten Modelle. Wie bei einem Haus wird ein Grundriß – *Shape* wird er in Max genannt – beim Extrudieren hochgezogen oder wie auf einer Drehscheibe rotiert.

Das Zeichnen von Grundrissen beginnt mit einem Klick auf das Create-Symbol. Acht Grundformen für Umrisse können direkt auf die Konstruktionsfläche gezogen werden, mit Splines zeichnen Sie beliebige Umrisse ähnlich wie mit den Bézierlinien der 2D-Illustrationsprogramme und mit Text setzen Sie True Type-und Postscript-Schriften direkt in zweidimensionale Grundrisse um.

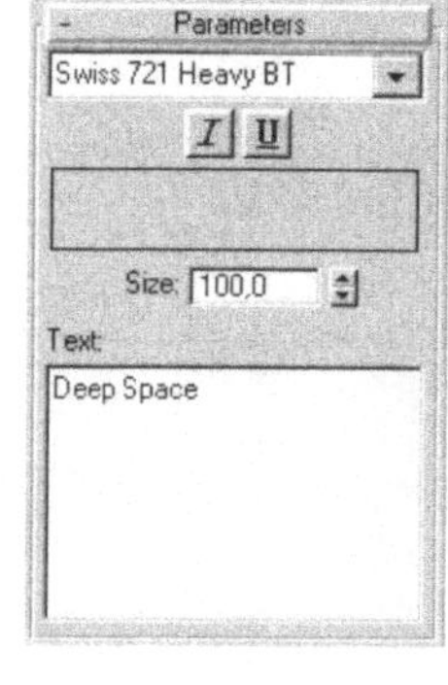

Sie können Shapes in jedem Viewport setzen. Der spezielle Viewport für Shapes empfiehlt sich für zusammengesetzte Shapes.

👆 *Text* wird in einem kleinen Texteditor gesetzt und kommt mit einem Mausklick direkt in den Viewport.

👆 Klicken Sie auf *Circle* im Create-Panel und erzeugen Sie den Kreis durch einen Klick und Ziehen der Maus bis auf die gewünschte Größe.

👆 Ein *Donut* erzeugt einen »hohlen« Kreis, etwa um eine Röhre hochzuziehen. Klicken Sie für den ersten Punkt in den Viewport und ziehen Sie die Maus bis auf die gewünschte Größe. Ein Klick – und nun noch den inneren Radius des Donuts mit der Maus bis zur vollen Größe ziehen und das Ganze durch einen weiteren Mausklick abschließen.

👆 *Helix* erzeugt eine Spirale. Klicken Sie den ersten Punkt in den Viewport, ziehen Sie den unteren Kreis der Helix auf. Der zweite Klick mit der Maus legt den unteren Kreisbogen fest. Der dritte Klick bestimmt die Höhe der Helix und der vierte und letzte Mausklick legt den Radius des oberen Kreisbogens fest. Die Anzahl der Biegungen einer Helix wird im Feld *Turns* eingegeben, mit *Bias* wird der Abstand der Biegungen zum Anfang (Bias > 0) oder zum Ende (Bias <0) vergrößert. Sie können die Helix im Uhrzeigersinn (*CW = Clockwise*) oder gegen den Uhrzeiger (*CCW = Counter Clockwise*) ihre Kreise ziehen lassen.

Wie alle anderen Grundformen können Sie die Helix numerisch erzeugen – oder die Parameter nachträglich exakt festlegen.

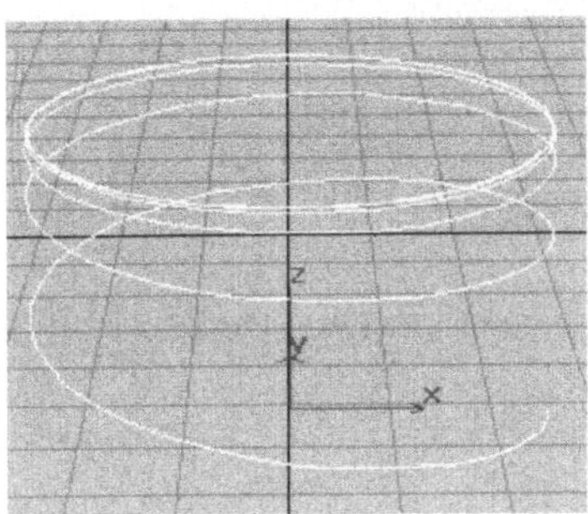

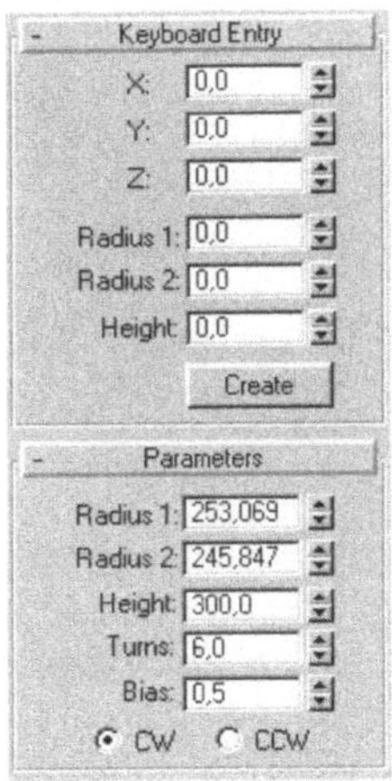

⇧ *NGon* erzeugt ein gleichseitiges Vieleck, das mit vielen Seiten zum Kreis gerät.

⇧ Sterne haben zwei Radien: Der erste definiert den inneren Radius, der zweite den äußeren. Die Formen von Sternen sind vielfältig: Sie reichen vom Dreizack bis zum Sägeblatt.

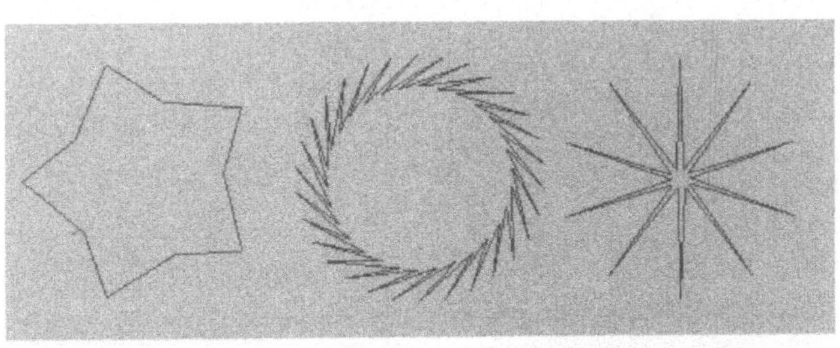

Distortion ist der Verzug der Zacken. Der mittlere Stern wurde mit Distortion zum Sägeblatt verzogen.

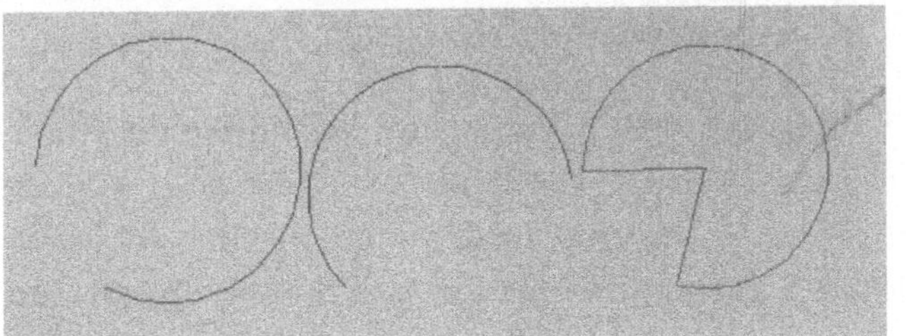

Angeschnittene Torten und Bögen erzeugen Sie mit Arc.

Sozusagen als Nachwort auf die Grundformen und als Vorwort zu den Splines: Ein paar gemeinsame Parameter bei den Grundformen sorgen für Alternativen bei den Arbeitsmodi.

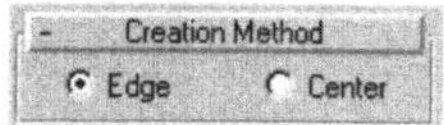

🖐 *Center* erzeugt Umrisse aus ihrer Mitte heraus.

🖐 *Edge* erzeugt als erstes eine Ecke, von der aus diagonal zur anderen Ecke gezogen wird.

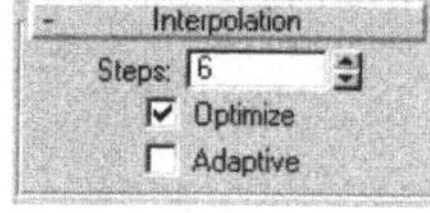

🖐 *Adaptive* sorgt für weiche Kurven in Splines. Gerade Segmente haben hier immer eine »0«.

🖐 *Optimize* entfernt unnötige Punkte in einem Spline.

Die Linie für alles

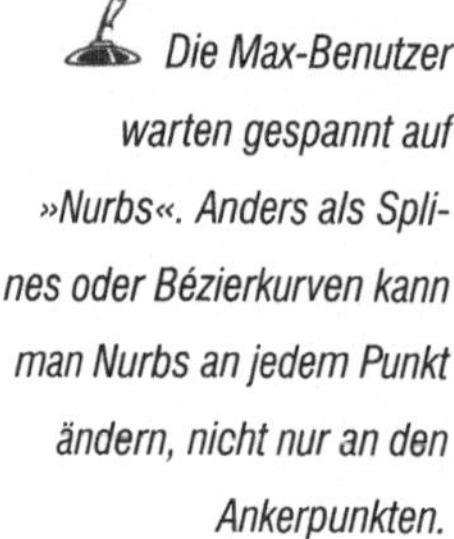

Spline ist eine Methode, mit der Umrisse gezeichnet werden, ähnlich wie mit den Bézierlinien der 2D-Illustrationsprogramme. Splines werden aus Ankerpunkten und Segmenten zwischen den Ankerpunkten aufgebaut. Die Ankerpunkte haben im Béziermodus Hebel, die durch ihre Länge und Lage die Krümmung des Segments zwischen zwei Ankerpunkten beliebig verändern können.

Jeder beliebige Umriß läßt sich mit Splines beliebig exakt konstruieren oder mit freier Hand zeichnen.

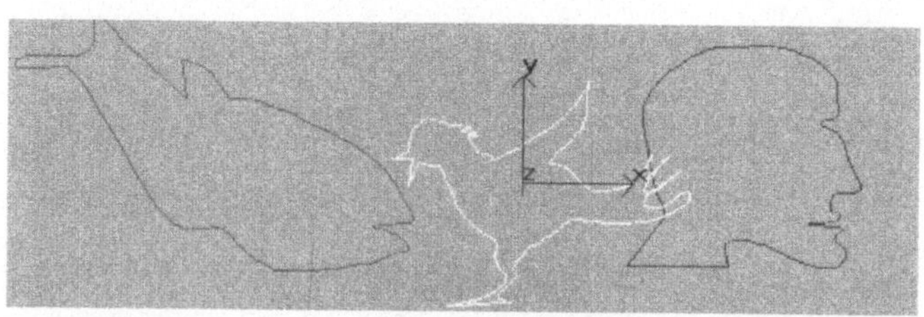

Setzen Sie den ersten Punkt und ziehen Sie die Maus ein Stückchen. Den nächsten Punkt setzen Sie an eine Stelle, an der die Kurve ihre Richtung ändert. Wieder die Maus ein Stückchen ziehen: Sie merken, daß Sie durch den Zug die Krümmung des ersten Segments verändern.

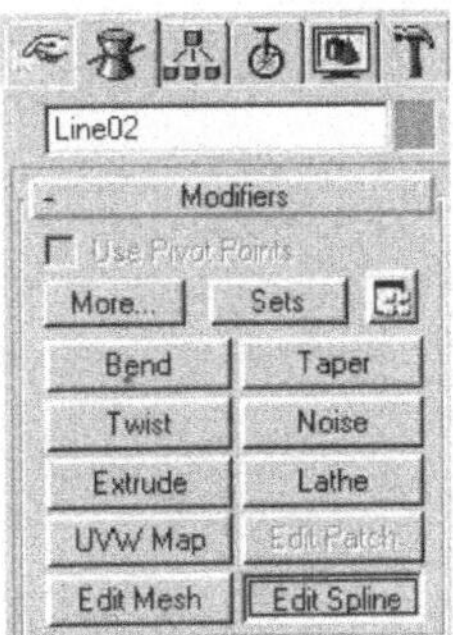

Setzen Sie so Punkt für Punkt des Umrisses und schließen Sie den Umriß durch einen Klick auf den Startpunkt.

Ist es nicht das, was Sie sich so vorgestellt haben? Klicken Sie auf das *Modify*-Register auf der rechten Seite des Bildschirms und auf *Edit Spline*, um den Spline an Ihre Vorstellungen anzupassen.

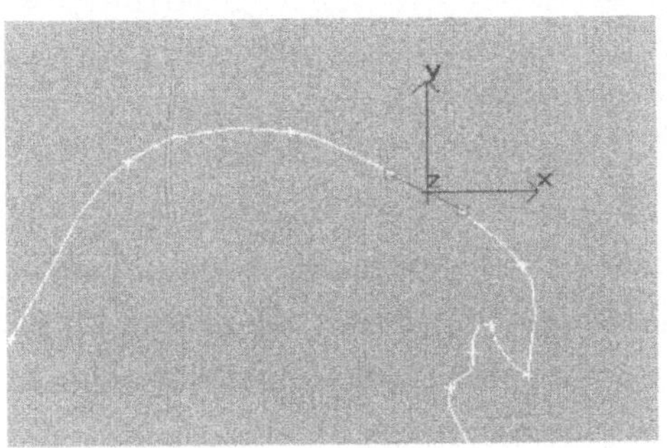

Um einen Ankerpunkt zu manipulieren, wird er mit dem ganz normalen Auswahlwerkzeug (*Select Object* in der Symbolleiste) markiert. Der Ankerpunkt bekommt eine Tangente mit grünen Anfassern, Handles. Klicken Sie auf das *Move Transform* in der Symbolleiste – dann können Sie den Punkt verschieben und seine Tangente an den grünen Anfassern verkürzen oder verlängern.

Die Länge der Tangente bestimmt die Krümmung der Kurve. Eine lange Tangente zieht die Kurve magisch an: sie wird weich und rund. An einer kurzen Tangente wird die Kur-

Haben Sie die Maus nicht gezogen, sondern Punkt für Punkt gesetzt, sind Geraden zwischen den Ankerpunkten enstanden.

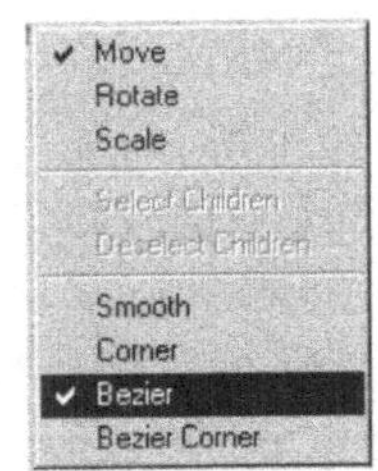

Klicken Sie mit der rechten Maustaste auf den Ankerpunkt und wählen Sie Bézier in der Auswahlliste.

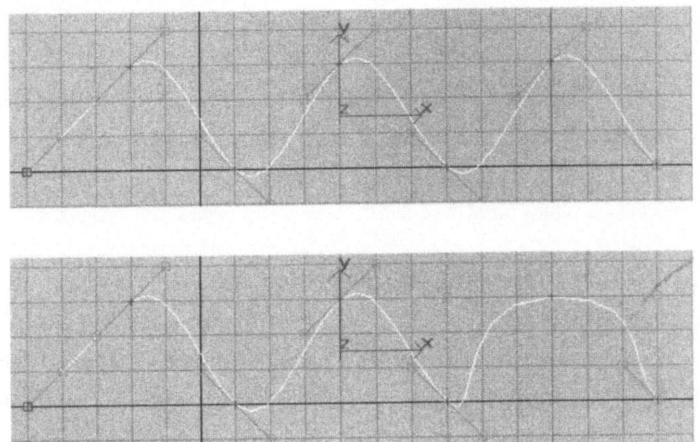

ve spitz. Die Lage der Tangente relativ zur Kurve trimmt die Kurve.

Fragen Sie sich jetzt, wie man auf diese Art und Weise Kurven exakt zeichnen kann?

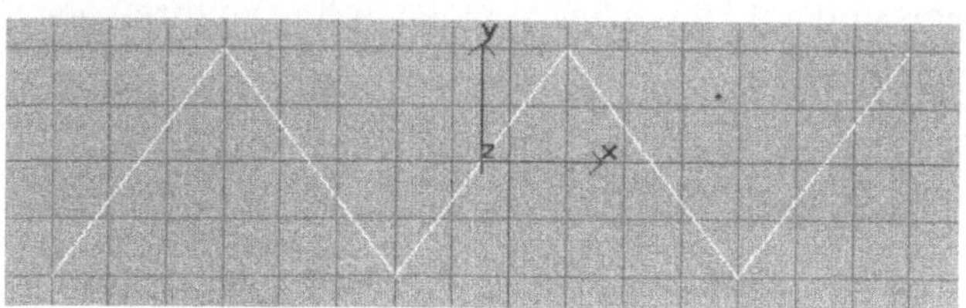

Stellen Sie den Fang (*2D Snap* in der unteren Symbolleiste) an und setzen Sie für die Sinuskurve Scheitelpunkt für Scheitelpunkt der Kurve – ohne die Maus dabei zu ziehen, so daß dieses Mal Ecken entstehen.

Gehen Sie wieder in den Modify-Modus und markieren Sie alle Punkte der Kurve mit *Rectangular Selection Region* aus der Symbolleiste. Klicken Sie mit der rechten Maustaste auf einen beliebigen Punkt und wählen Sie *Bézier*. Damit verwan-

Die Linie muß nicht geschlossen werden. Ziehen Sie ein Segement mehr als Sie brauchen und klicken Sie dann mit der rechten Maustaste. Solche offenen Splines werden zu »Pfaden« für Rotationskörper, Lofts und Animationen.

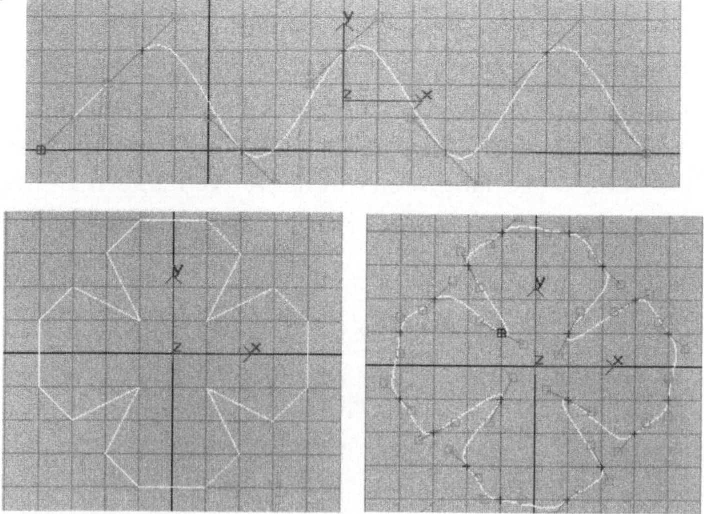

deln Sie alle Punkte in Bézierpunkte mit der gleichen Kurvenanspannung.

Bis Ihnen unregelmäßige Formen »aus der freien« Hand gelingen, können Sie alle Formen durch das Setzen von Punkten, die Sie anschließend in Form bringen, annähern.

Nicht jeder ist der geborene Künstler. Für komplexe Formen
gibt es ein paar Tricks:

Im Menü Views wählen Sie *Background* aus und entnehmen
die eingescannte Vorlage der Datei-Auswahlliste. Mit Display Background aktivieren Sie die Vorlage als Hintergrundbild im aktiven Viewport. Sie muß allerdings schon
die Seitenverhältnisse des Viewports haben, sonst
wird die Vorlage auf dem Bildschirm verzerrt.

Jetzt können Sie die Umrisse der Vorlage mit Splines
nachziehen und so lange nachbearbeiten, bis Sie die gewünschte Feinheit der Darstellung erreicht haben.

Haben Sie ein Illustrationsprogramm wie Corel Draw!, Freehand oder Illustrator? Diese Programme können Umrisse aus
Fotos in Bézierlinien umwandeln und als DXF-Dateien exportieren. Allerdings ist dafür in der Regel eine Menge Bildbearbeitung bereits vorher fällig, denn diese Programme brauchen
klare Umrisse.

Wie kommt das Loch in den Keks? Die Antwort darauf sind die *Compound Shapes*. Sie vereinigen Shapes, wenn Sie *Start New Shape* abwählen. So lange, bis Sie *Start New Shape* wieder einschalten, werden alle Umrisse, die Sie zeichnen, zu einem einzigen Umriß kombiniert.

Liegt ein Umriß komplett in einem anderen Umriß, wird er aus dem umgebenden Umriß abgezogen, liegt er außerhalb des Umrisses, werden beide Umrisse addiert.

2.3.3 Formen aus Shapes: Shape Modifier

Drei Modifier bietet Max, um Shapes zu verändern und dreidimensionale Objekte aus Shapes zu erzeugen.

Damit Shapes nicht immer flach und platt in einer Ebene liegen, werden ihre Vertices und ihre Segmente mit Edit Shape in den Raum gezogen.

Shapes rotieren und extrudieren

Die Shapes bilden die Grundrisse für zwei Kategorien von 3D-Modellen: Objekte, die durch Extrusion entstehen, und Objekte, die durch Rotation entstehen. Diese beiden Spielarten der Modellkonstruktion findet man in allen 3D-Programmen, die auf Polygonen aufbauen.

Bei der Extrusion wird ein Umriß Schritt für Schritt nach oben gezogen, so wie ein Haus Schicht für Schicht aus Ziegelsteinen hochgezogen wird. Bei der Rotation von Shapes wird der Umriß um eine Achse gedreht und erzeugt Formen wie Flaschen und Schachfiguren. Vasen, Flaschen, Äpfel und Blumentöpfe entstehen aus Umrissen, die um eine Achse rotiert wurden. Zeichnen Sie den Umriß und aktivieren Sie *Lathe* im Modifier-Modus.

Die Rotationsachse ist auf die Y-Achse voreingestellt. Sie bestimmen selber eine Achse durch einen Klick auf die Richtungstasten X, Y oder Z. Align legt fest, an welcher Position des Shapes die Rotationsachse liegen soll: Aus der frontalen Sicht

Shapes rotieren

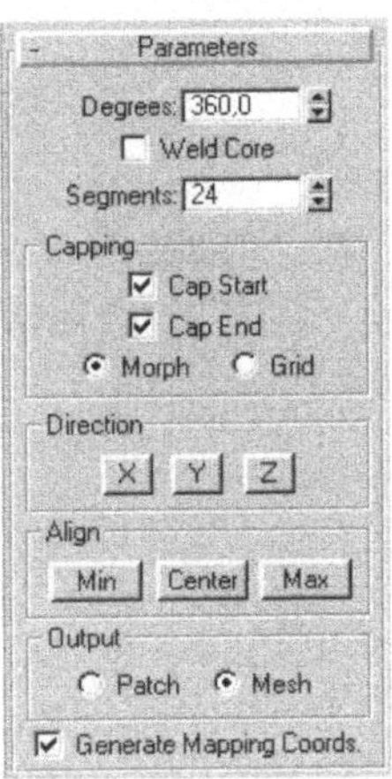

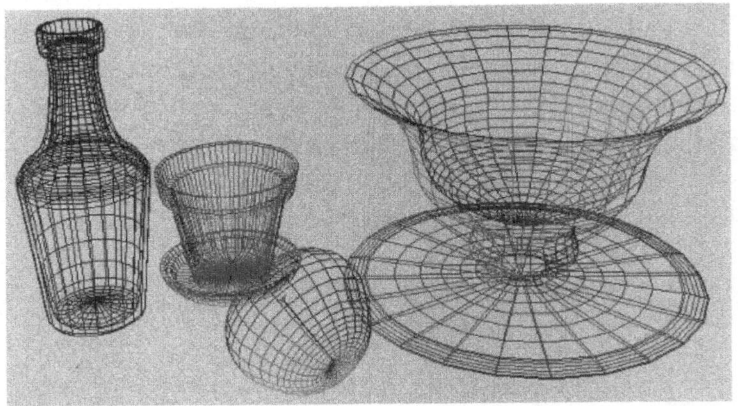

(die Rotationsachse ist die Y-Achse), ist *Min* der äußerst linke Punkt, *Center* ist der Mittelpunkt und *Max* ist der äußerst rechte Punkt des Shapes. Bei der Flasche im Bild auf der rechten Seite wurde die Rotationsachse auf *Min* gesetzt, also an den rechten Rand.

Bis auf den Apfel wurden alle Shapes als »doppelwandiger« Umriß gezeichnet, damit man in die fertig rotierte Form hineinsehen kann: Gläser, Töpfe, Schüsseln und Teller etwa

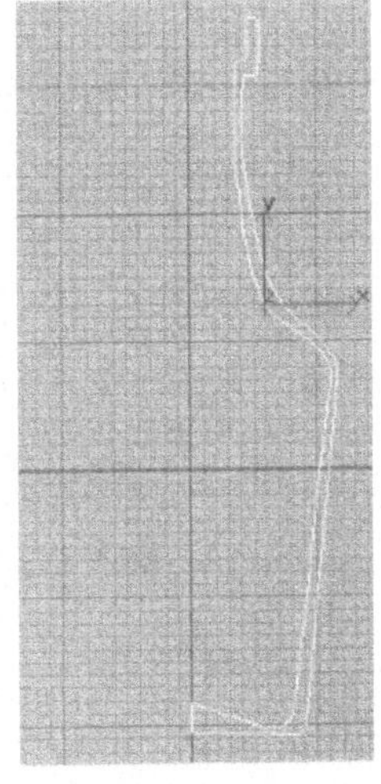

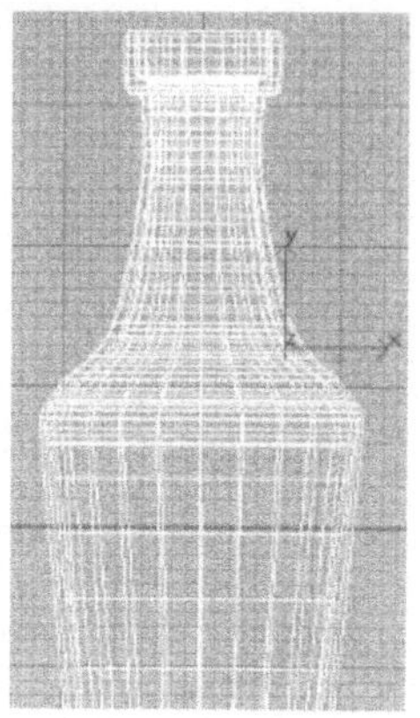

*Oben versiegelt: To Cap or
not to Cap*

brauchen diese Doppelwandigkeit. Der Apfel ist aus der halben Kontur eines Apfels rotiert worden – er ist ein geschlossenes Objekt.

Sie können die *Lathe*-Achse auch manuell festlegen: Klicken Sie auf Sub Object, um in den nächst tieferen Level zu kommen. Die Achse wird durch gelbe Vektoren dargestellt und kann verschoben und rotiert werden.

Liegen Anfang und Ende des Shapes nicht genau auf der Rotationsachse, bleibt der Rotationskörper unten und oben offen, bis ihm mit *Cap Start* und *Cap End* Kappen aufgesetzt werden.

Als *Mesh* ist der Rotationskörper ein normales polygonbasiertes Objekt. Die Facetten und die Vertices eines Mesh-Objekts können individuell bearbeitet werden. Ein *Patch*-Objekt wird von Bézierlinien definiert und kann anhand der Ankerpunkte verformt werden.

Wie fein darf's denn sein?

Rotationskörper erreichen schnell eine hohe Anzahl an Facetten und Vertices – ganz besonders, wenn man sie mit einem geschlossenen Spline modelliert. Aber wenn Objekte in der Szene im Hintergrund stehen, brauchen sie den Aufwand des geschlossenen Splines nicht. Dann spart man sich die Hälfte der Facetten und Vertices und modelliert sie als offene Geometrie.

*Nur halb zu sehen:
Gläser, die aus einem offenen Spline rotiert wurden.
Schalten Sie Backface Cull
im Display-Menü aus, dann
sehen Sie den kompletten
Netzkörper.*

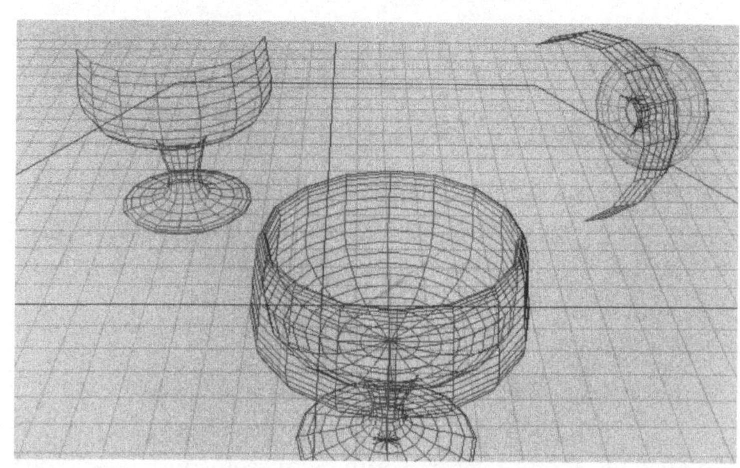

Klassiker der 3D-Konstruktion: die Extrusion

Die Extrusion kopiert einen Umriß, versetzt ihn auf der Z-Achse nach oben und verbindet die beiden Umrisse mit neuen Facetten. So einfach ist das.

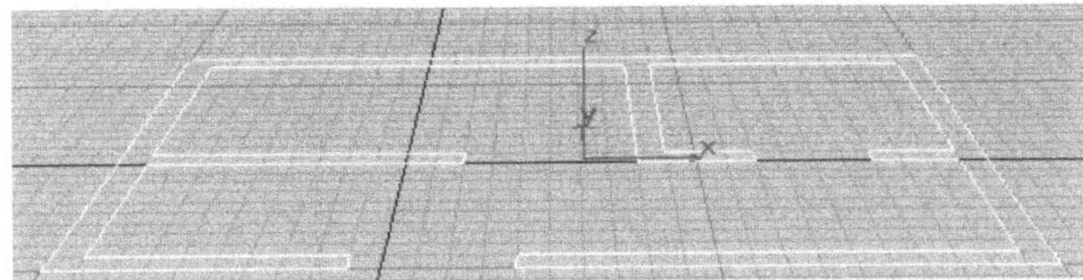

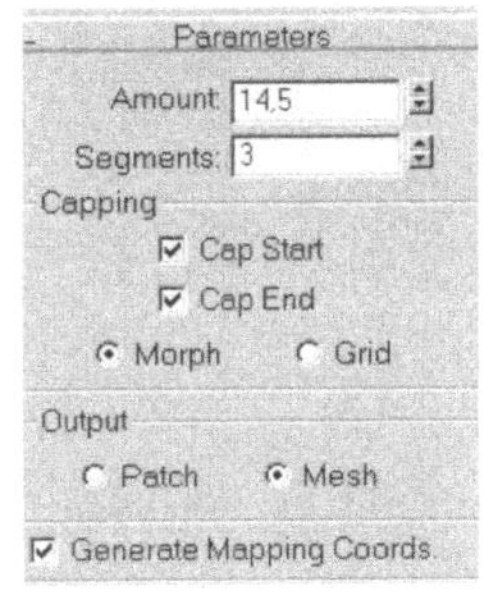

Amount bestimmt die Höhe der Extrusion auf der Z-Achse, Segments ist die Anzahl der Abschnitte, die zwischen dem unteren und dem oberen Ende des extrudierten Objekts eingezogen werden.

Wie schon bei den Rotatationskörpern wird auch der Extrusionskörper mit *Cap Start* und *Cap End* unten und oben geschlossen.

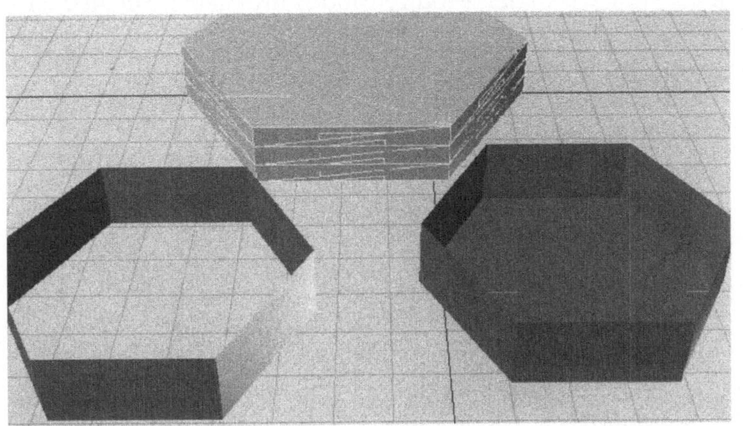

⬜ *Offener, mit Cap End und mit Cap Start geschlossener Extrusionskörper*

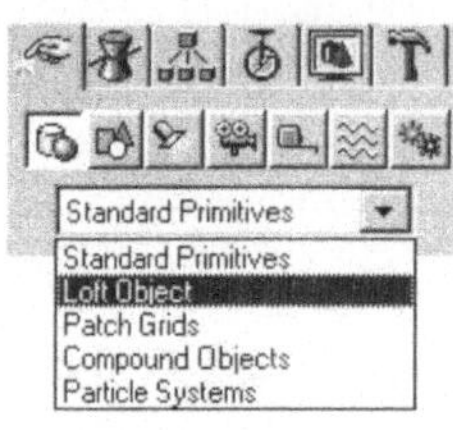

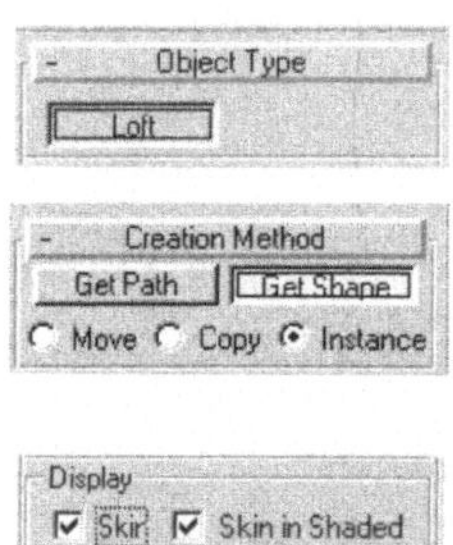

2.3.4 Von Umriß zu Umriß ... Lofts

Lofts bilden eine ausgefeilte Technik des 3D Studios, dreidimensionale Formen aus zweidimensionalen Umrissen zu entwickeln. Der Umriß wird entlang eines Pfades in den Raum gezogen – und dieser Pfad kann jede beliebige Form annehmen. Er ist nichts anderes als ein Spline und wird auch als Spline erzeugt.

Zeichnen Sie einen Umriß und einen Pfad (denken Sie daran, nach dem Umriß *Start New Spline* wieder einzuschalten!). Markieren Sie den Pfad, schalten Sie in den *Create Modus* und wählen Sie *Loft Object* in der Auswahlliste. Mit *Get Shape* markieren Sie den Umriß, der in die dritte Dimension gehoben werden soll. Wenn Sie auch weiterhin nur einen Pfad und einen Umriß sehen, schalten Sie *Display Skin* ein oder setzen Sie den Viewport auf eine solide Ansicht.

Es geht auch anderes herum: Wenn Sie zuerst den Umriß markieren, wählen Sie *Get Path* und erzielen das gleiche Ergebnis.

Mit *Move* werden Pfad und Umriß zum Teil des Lofts. Meistens ist es allerdings besser, eine *Instanz* zu generieren, damit man den Loft später noch einfach ändern kann.

Auch unterschiedliche Formen lassen sich in den Loftpfad einbeziehen. Erzeugen Sie die Umrisse – hier sind es zum Beispiel der Grundriß einer Röhre und ein Sterngrundriß (der ebenfalls »hohl« ist). Markieren Sie zuerst den Pfad, erzeugen Sie den Loft mit des Röhrengrundrisses mit *Get Shape*. Schalten Sie danach in den Modify-Modus und geben Sie die Stelle

Lofts können durchaus auch anhand von Compound Shapes hochgezogen werden.

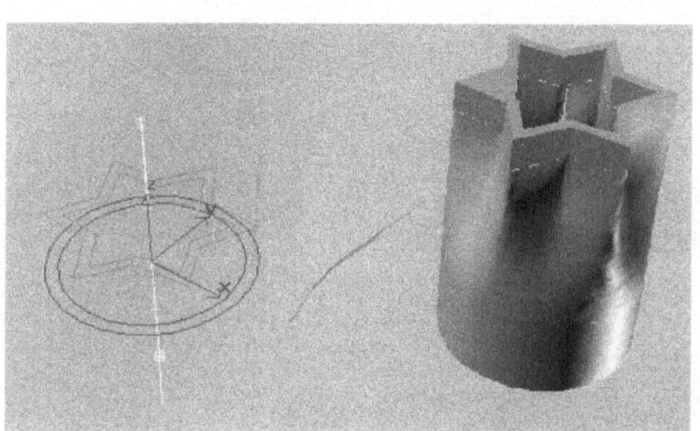

auf dem Loftpfad in *Path* an, an der der nächste Umriß eingebracht werden soll. Ein unauffälliger gelber Punkt auf dem
Pfad gibt Ihnen die optische Kontrolle, wo der nächste Umriß

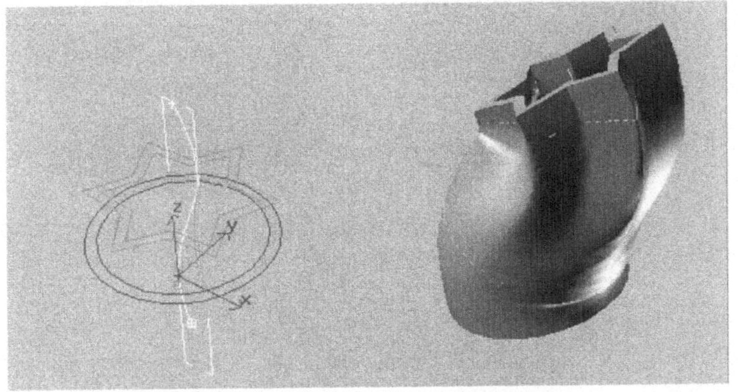

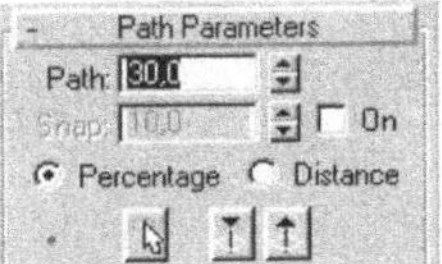

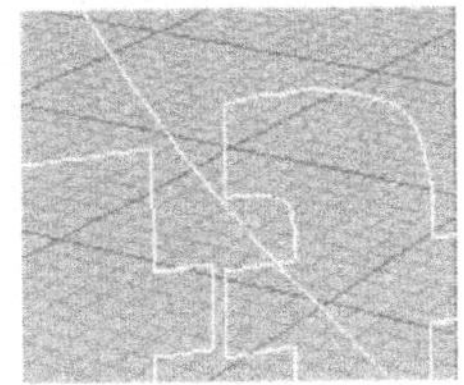

untergebracht wird. Mit *Get Shape* nehmen Sie den zweiten
Grundriß in den Loft auf.

Die Umrisse müssen »zueinander« passen: Es ist nicht
möglich, einen Text mit einem Viereck in einen Loft zu verbinden, da es keine Entsprechungen für jedes Element des Textes gibt. Zueinander passen beispielsweise: ein einfacher Kreis,
ein Viereck und ein Stern oder der »hohle« Röhrengrundriß
und der ebenso hohle Verbund-Grundriß eines Sterns.

Loft-Parameter

✎ Mit *Contour* wird die Normale eines Umrisses an die Pfad-
kurve angepaßt. Wird *Contour* abgewählt, liegen alle Umrisse parallel zueinander auf dem Pfad

✎ *Lineare Interpolation* spannt »die Haut« direkt von Umriß
zu Umriß auf. Die Folge sind eckige Konturen. Ohne Lineare Interpolation wird die Kurve zwischen den Umrissen weich und rund interpoliert

✎ *Smooth Length* sorgt für eine gleichmäßige Glätte über den
gesamten Pfad eines Lofts.

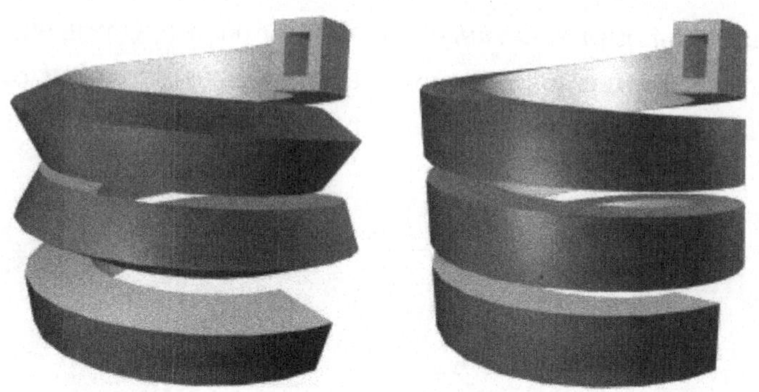

↳ Mit *Banking* legt sich der Umriß in die Kurve wie ein Flugzeug.

↳ *Cap End* setzt dem Ende des Lofts eine Kappe auf. Ohne *Cap End* gähnt Ihnen ein Loch entgegen.

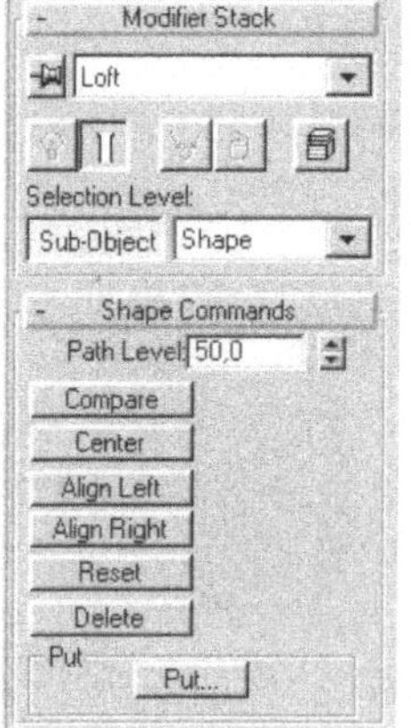

Lofts ändern

Der Loft kann nachträglich in Form gebracht werden. Sie können die einzelnen Umrisse mit *Pick Object* wählen oder sich mit *Previous Object* und *Next Object* von einem Umriß zum nächsten navigieren und sie so auf dem Pfad noch einmal verschieben.

In den Tiefen des Lofts

Mit dem Einstieg in die Tiefen des Lofts können Sie einzelne Umrisse skalieren, rotieren und verschieben. Sie markieren einen Umriß mit dem Auswahlwerkzeug oder direkt mit dem

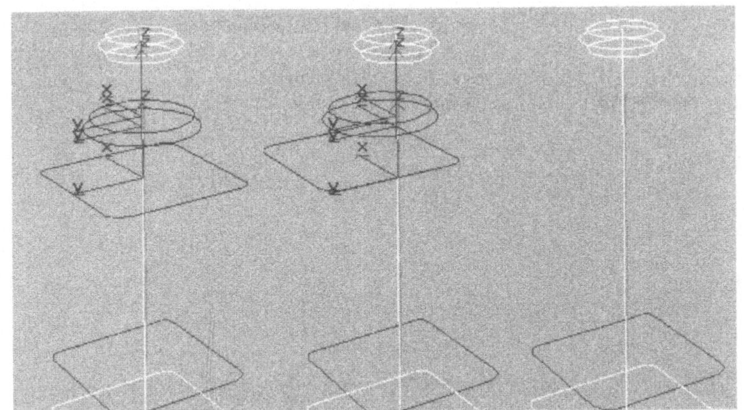

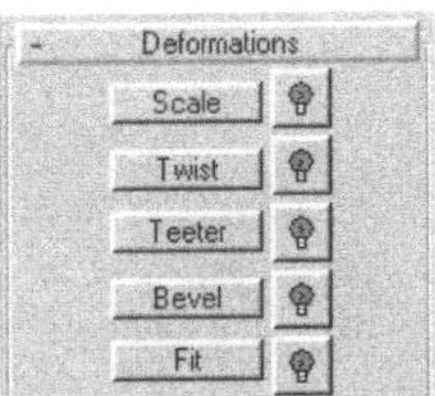

Center, Align und De-
lete haben hier die Umrisse
versetzt und gelöscht.

gewünschten Transform-Symbol. Mehrere Umrisse markieren
Sie wie gewohnt durch Halten der STRG-Taste.

Die *Shape*-Commands richten markierte Umrisse gegeneinander aus, löschen Umrisse und stellen die Ordnung wieder her. *Compare* zeigt Ihnen die Umrisse in einem separaten
Fenster. Zurück auf die Ebene des Lofts kehren Sie mit einem
erneuten Klick auf *Sub Object*.

Deformationen

Die Deformationsfunktionen spielen jede ihr eigenes Dialogfenster ein. Hier richten Sie insbesondere komplexe Lofts kom-
fortabler und exakter ein als über die direkte Manipulation auf
dem Bildschirm.

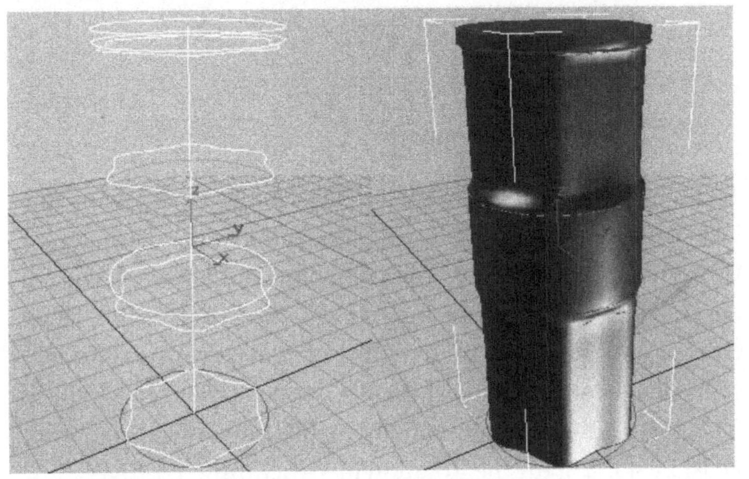

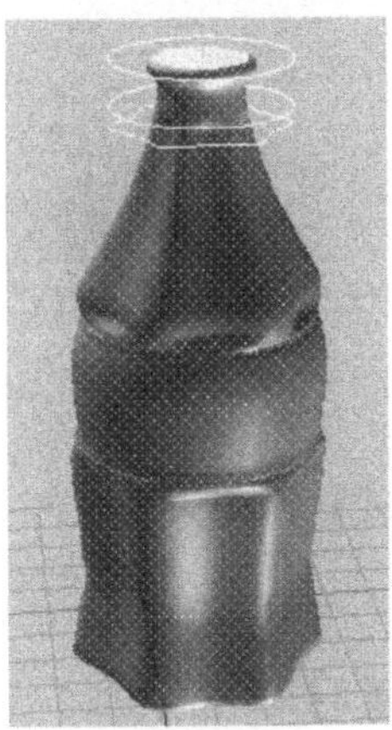

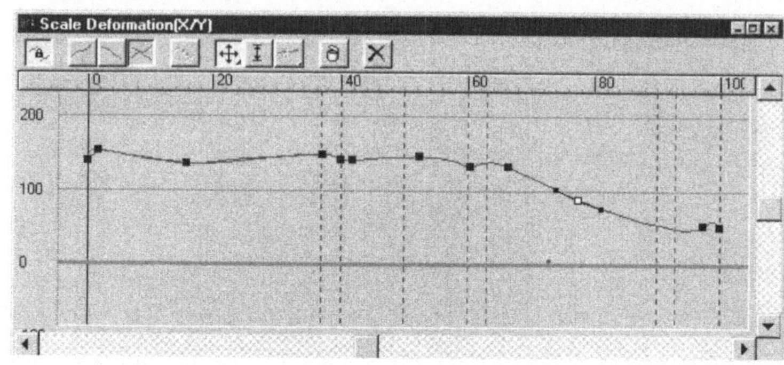

Damit die Flasche auch rundherum geformt wird, schalten Sie »Symmetrical« ein und lassen sich beiden Achsen ins Fenster legen.

Ohne einzelne Umrisse zu vergrößern oder zu verkleinern, werden die Umriß-Grundformen der Coca Cola-Flasche an die Positionen des Pfades gesetzt, an denen die Form sich ändert. Erst im Dialogfenster *Scale Deformation* wird die Kontur der Flasche geformt: Spline-Punkte werden eingefügt, in Position gezogen und in weiche Bézierpunkte umgewandelt.

Twisten und Teetern

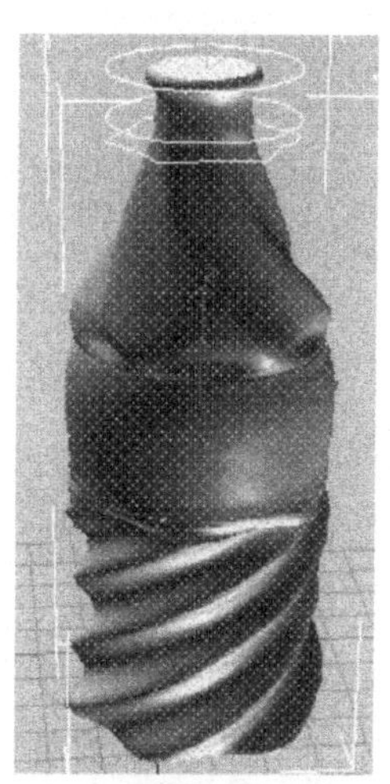

Verdrehen Sie die Cola-Flasche mit Twist zu einem brandneuen Design. Damit der Twist nicht auf die ganze Flasche wirkt, wurde ein zusätzlicher Punkt in den Pfad eingefügt.

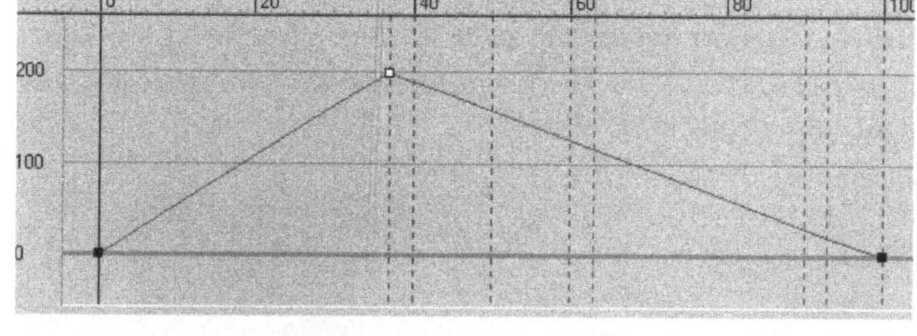

Teeter macht nichts anderes als der Befehl Contour in den Loft-Parametern: Die Deformation richtet die Normale der Umrisse an der Richtung der Kurve aus. Auch hier wurde ein zusätzlicher Splinepunkt in den Pfad eingefügt, damit Teeter eine Kurve vorfindet, an der Umrisse rotiert werden können.

Auch Teeter arbeitet mit zwei Kurven. Die rote Kurve ist zuständig für die Rotation in der X-Richtung, die grünge Kurve ist zuständig für die Rotation in Y-Richtung. Positive Werte

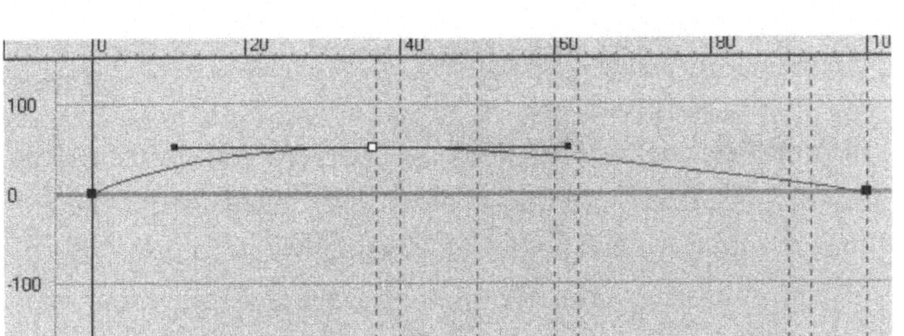

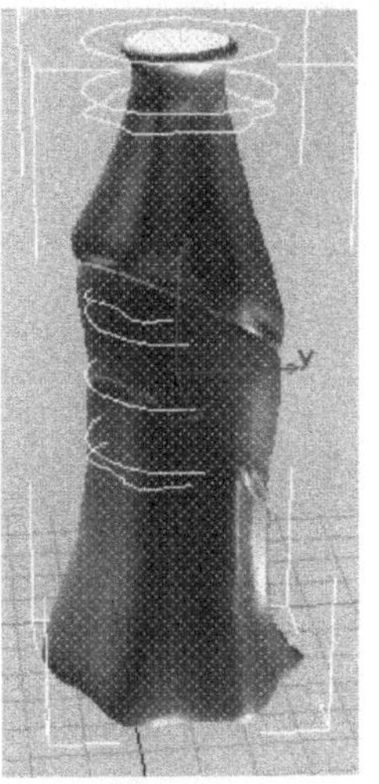

rotieren den Umriss dabei gegen den Uhrzeigersinn, negative
Werte rotieren im Uhrzeigersinn.

Bevel

Bevel kantet die Seiten eines Werkstücks oder die Buchstaben
eines Textes ab, denn nichts auf dieser Welt hat so scharfe
Ecken und Kanten wie die Modelle, die im Computer erzeugt
werden.

Bedenken Sie bei der Festlegung des Bevels, daß die Ab-
kantung sich auf dem schmalsten Streifen des Objekts nicht
überschneiden darf (hier wäre das der Abstrich des Buch-
stabens »M«).

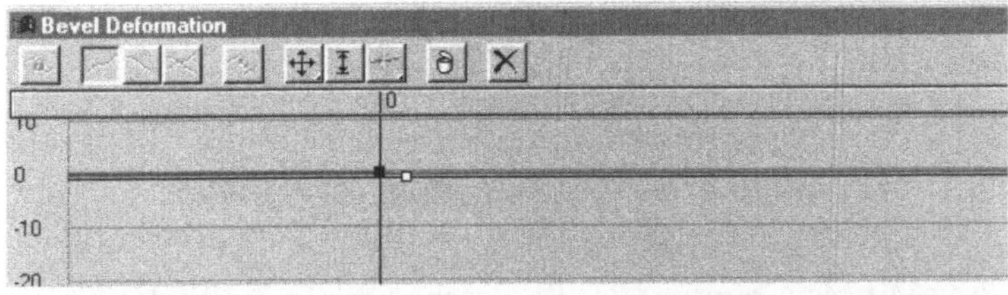

Abgekantete Buch-
staben durch die Bevel-
Deformation

2.3.5 Booleans und Metamorphosen

Mit den Booleschen Operationen schnitzt sich der Konstrukteur seine Werkzeuge quasi selber: Die Sechskantmutter entsteht, wenn man aus einem sechseckigen Loft einen Zylinder und dann das Gewinde herausschneidet, der Ring entsteht als Schnittmenge einer Kugel und eines Würfels, aus dem man einen Zylinder herausschneidet.

Objekte, die aus Booleschen Operationen entstehen, sind Verbund-Objekte in Max, darum werden sie im Create-Modus als *Compound Objects* in der Geometrie-Liste erzeugt.

Die Boolesche Subtraktion

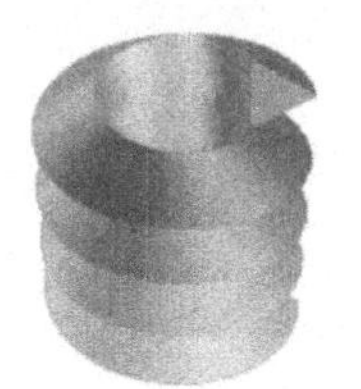
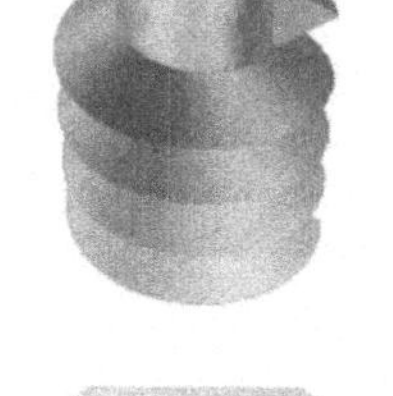

Die Boolesche Subtraktion schneidet einen Körper aus einem anderen heraus. So kommen die Löcher in den Schweizer Käse, oder wie in dem Beispiel auf der linken Seite das Gewinde in die Mutter.

Markieren Sie das Objekt, das verändert werden soll, aktivieren Sie *Pick Operand B* und klicken Sie dann auf das abzuziehende Objekt. Sie haben die Wahl, was mit dem Original passiert:

↳ Mit *Copy* benutzt das Boolesche Objekt eine Kopie des Operanden B. Das Original bleibt unverändert.

↳ Mit *Move* benutzt das Boolesche Objekt direkt das Objekt B.

↳ Mit *Instance* wird eine Instanz des Originals verwendet. Verändern Sie später noch das Original, wird das Boolesche Objekt ebenso verändert. Eine Instanz wird man in der Regel für die Animation von Booleschen Objekten erzeugen.

↳ Wenn die Operation eine *Referenz* des Originals benutzt, wirkt sich jede Veränderung des Originals auf das Boolesche Objekt aus, aber eine Veränderung des Booleschen Objekts verändert das Original nicht.

Die Geometrie des Operanden A wird Teil des Booleschen Objekts, auch wenn Sie im gerenderten Bild und auf dem Bildschirm nicht zu sehen ist – es sei denn, *Operands* im Display-Menü wird aktiviert.

Boolesche Vereinigung und Schnittmenge

Die Boolesche Vereinigung macht Eins aus Zwei. Das Ergebnis sieht zwar in der Berechnung mit soliden Oberflächen nicht anders aus als vorher, aber die Facetten im Innern des neuen Objekts entfallen. Wenn die beiden Objekte sich nicht überlagern, werden Sie trotzdem zu einem neuen Objekt vereint, dessen einzelne Teile an verschiedenen Positionen stehen.

Das gleiche gilt für die Schnittmenge zweier Objekte: Wenn sie sich bei der Operation nicht überlagern, entsteht trotzdem ein Boolesches Objekt.

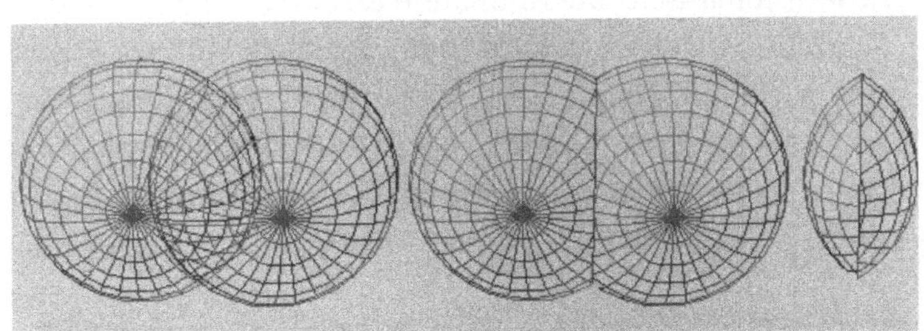

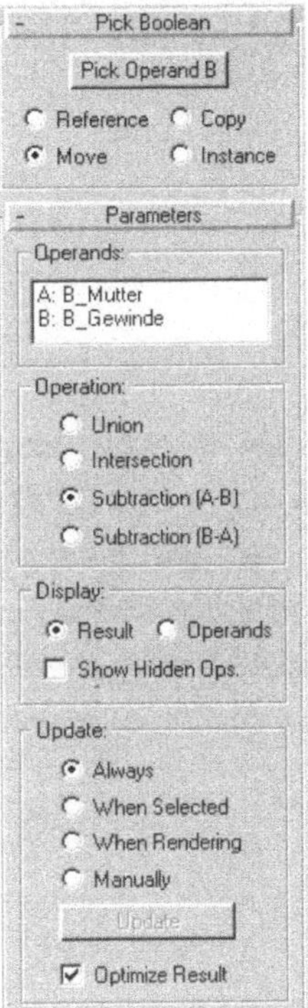
Original, Vereinigung und Schnittmenge zweier Kugeln.

Metamorphosen

Aus der Bildbearbeitung kennen wir den Effekt, zwei Bilder in ein neues verlaufen zu lassen. Jeder hat schon die Bilder des Mädchengesichts mit Katzenphysiognomie gesehen und wie aus einem Kremelchef ein amerikanischer Präsident wird.

Morphing ist ein Effekt für Animationen. Ein Anfangsobjekt (*Seed Object*) verwandelt sich fließend in ein Zielobjekt (*Target Object*) – oder nacheinander in verschiedene Zielobjekte. Dabei müssen Anfangsobjekt und Zielobjekt die gleiche Anzahl von Vertices haben. Üblicherweise erreicht man das, indem man ein Objekt kopiert und verändert.

Markieren Sie das Ausgangsobjekt und wählen Sie *Compound Objects* in der Auswahlliste der Geometrieobjekte. Wählen Sie Morph, stellen Sie den Zeitschieber für Animationen um die gewünschte Anzahl von Frames weiter und klicken Sie mit *Pick Object* das nächste Zielobjekt an. Sie brau-

Die Metamorphose erzeugt ein Compound Objekt – wenn Sie also das Original nicht sichern, ist es anschließend kein »Mesh«-Objekt mehr.

chen nicht auf Animation umzuschalten, da eine Metamorphose automatisch eine Animation erzeugt.

Wenn Sie den Track View für die Animation öffnen (durch einen Klick auf das Track View-Symbol in der Symbolleiste) und das veränderte Objekt in der Liste entfalten, sehen Sie Keyframes der Animation – die Stellen, an denen das Objekt geändert wurde. Sie können die Keyframes direkt mit der

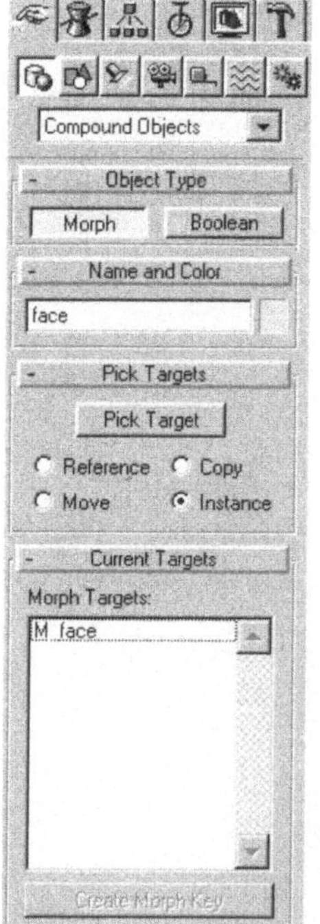

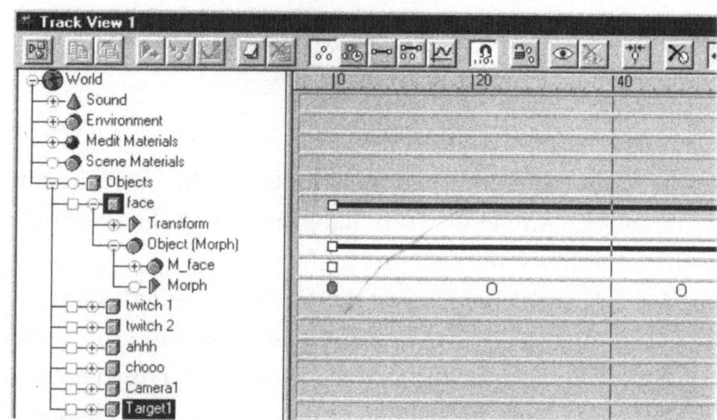

Maus in der Zeit verschieben, um eine Sequenz schneller oder langsamer zu machen.

Kaugummi, Lofts und Boolesche Operationen

Mit der *Affect Region*-Funktion im Menü *Edit Mesh* können Sie die Vertices eines Objekts wie Kaugummi ziehen. Dieser Effekt läßt sich ebenso als Morph-Effekt animieren wie die Komponenten eines Loft-Objekts und Boolesche Operationen.

Wenn Sie Loft-Objekte morphen, achten Sie darauf, daß Morph Caping eingeschaltet und Adaptive Path Steps ausgeschaltet ist.

2.3.6 Partikelsysteme

Max wird mit zwei Partikelsystemen ausgeliefert: *Spray* und *Snow*. Andere Partikelsysteme können als Plugins in Max eingeklinkt werden. Partikel setzt man in Animationen ein, wo sie von Wind und Schwerkraft durch die Szene getrieben werden.

Partikel werden als Geometrieobjekte im Create-Panel erzeugt. Die Partikel werden von einer Emitterfläche ausgeschüttet, die Sie als Viereck in einem Viewport ziehen. Die Größe des Emitterfeldes bestimmen Sie durch die gezogene Fläche oder geben Sie in den Größenfeldern auf der rechten Seite numerisch ein. Position und Rotation veranlassen Sie als normale Transforms und ziehen das Emitterfeld dahin, wo´s schneien soll.

Tiefe des Emitterfeldes

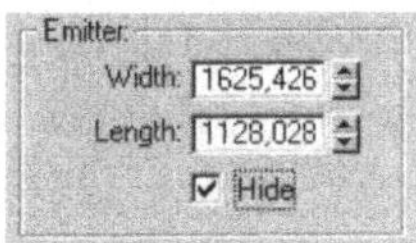

Die Tiefe des Feldes können Sie allerdings nur indirekt über die Geschwindigkeit (*Speed*) und die Lebenserwartung der Partikel (*Life*) festlegen. Je schneller die Schneeflocken fallen und je länger sie dabei leben, um so tiefer wird das Partikelfeld. Das frisch erzeugte Partikelfeld zeigt weißen Schnee, wenn es gerade erzeugt wurde. Der Schnee ist allerdings nur weiß, weil das Emitterfeld markiert ist. Die Schneeobjekte haben – wie alle Geometrieobjekte – eine Farbe, die ihnen zufällig zugewie-

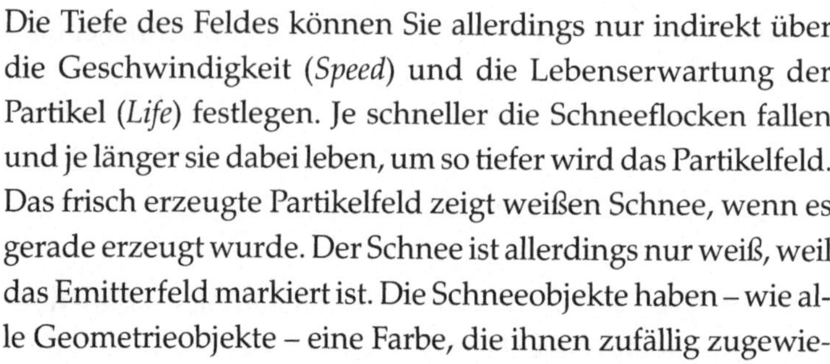

☐ *Große Partikelfelder mit einer hohen Anzahl von Teilchen verlangsamen den Bildschirmaufbau. Nutzen Sie die Möglichkeit, das Emitterfeld mit Hide Object unsichtbar zu machen. Wird »Hide« in der Parameterliste des Emitters angekreuzt, wird nur das Emitterfeld unsichtbar, nicht aber die Partikel.*

sen wurde. Klicken Sie auf die Modify-Sektion und in der Parameterliste des Emitterfeldes auf das Farbfeld neben dem Namen.

Weiß ist in der Farbtabelle nicht vorgesehen, da es für markierte Objekte reserviert ist. Über *Custom Colors* läßt sich allerdings auch der Schnee mit weißen Oberflächen ausstatten.

Weil Partikel einen Animationseffekt darstellen, sieht man in Frame 0 nichts von ihnen. Schieben Sie den Time Slider ein paar Frames weiter, um die Einstellungen für das Emitterfeld zu prüfen.

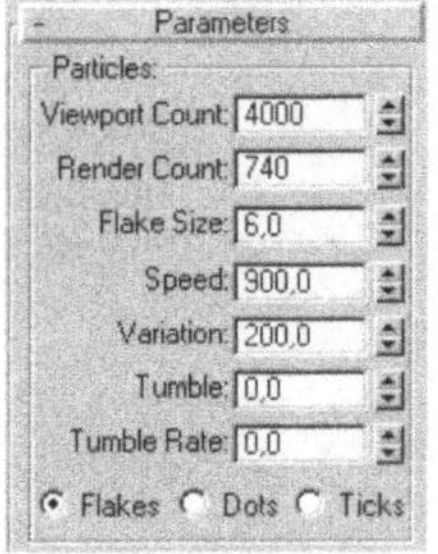

2.3.7 In Form gebracht: Geometric Modifiers

Die geometrischen Verformer in Max biegen, verdrehen und versetzen Teile innerhalb eines Objekts oder eines Umrisses. Sie erreichen die Verformer im Modify-Modus: Wenn ein Objekt markiert ist, sehen Sie anhand der aktiven Funktionen, welche Verformer sich für das jeweilige Objekt einsetzen lassen. Kann ein Verformer nicht auf ein markiertes Objekt angewendet werden, ist die Funktion grau unterlegt und kann nicht aktiviert werden. Dabei werden viele Objekte anhand ihres Gizmos verformt. Das Gizmos ist ein Drahtgitter, das das Objekt, ähnlich wie die Bounding Box, umspannt.

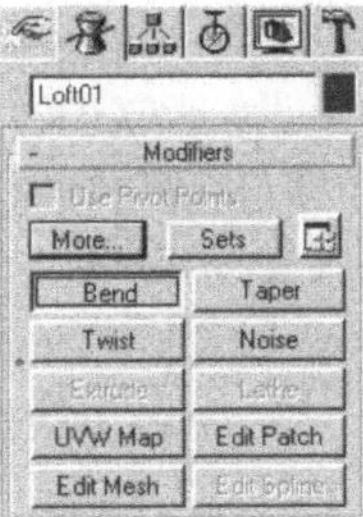

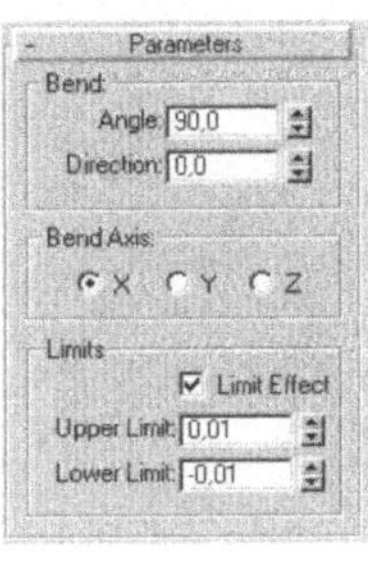

Bend Me Shape Me ...

Bend verbiegt ein Objekt entlang einer der drei Achsen. Der Winkel, die Richtung und die Achse, auf der das Objekt verbogen wird, werden in den *Bend*-Parametern eingerichtet. Dabei begrenzt *Limits* die Biegung auf den Teil des Objekts unterhalb oder oberhalb der Z-Achse der Verformung. Falls Sie diese Stelle verlagern wollen, um beispielsweise den Knick im Rohr an eine andere Stelle zu schieben, wählen Sie den *Sub Object Level* im Modifier Stack und verschieben Sie den Mittelpunkt der Verformung oder das Gizmo, das umhüllende »Korsett« der Verformung.

Wenn Sie den Sub Object-Level eingeschaltet haben, sehen Sie das Zentrum der Verformung als zwei Flächen, die sich kreuzen (eigentlich sehen Sie nur den Umriß der Flächen). Va-

Weich und rund wird die Biegung nur, wenn das Objekt ausreichend unterteilt ist.

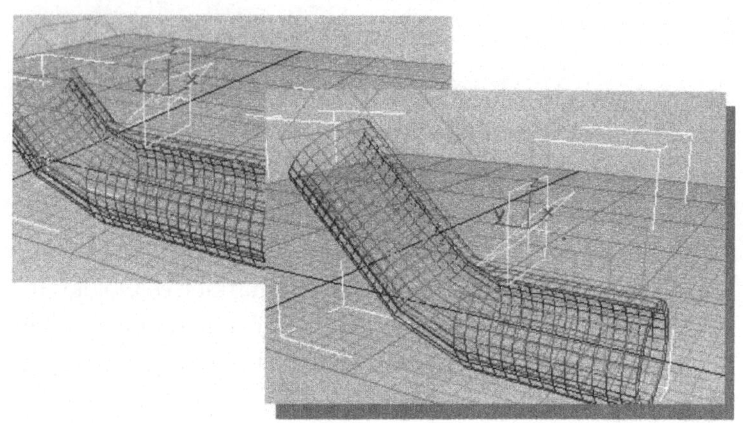

riieren Sie Winkel und Richtung der Verbiegung, dann sehen Sie auch, wie sich Winkel und Richtung der gekreuzten Umrisse ändern.

Konzentrische Wellen – Ripples

Ripple erzeugt konzentrische Wellen – am besten sieht man den Effekt auf einem großen flachen Objekt. *Ripples* erreichen Sie in der Auswahlliste unter *More*.

Wellen

Ein ganz ähnlicher Effekt sind die einfachen Wellen. Auch sie sind in der Auswahlliste *More* zu finden.

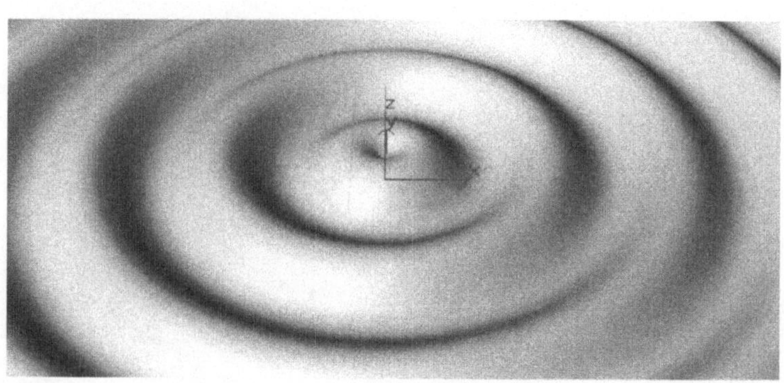

Noch kleine Korrekturen? Der Modifier Stack

Die Objekte, die Sie in Max erzeugen, tragen die Parameter, mit denen sie erzeugt wurden, im wahrsten Sinne des Wortes mit sich herum. Aber auch Modifier, mit denen die Objekte in Form gebracht wurden, bleiben im Zugriff: Die Werte und Parameter, mit denen Objekte erzeugt und verändert werden, sind im Modifier Stack aufbewahrt.

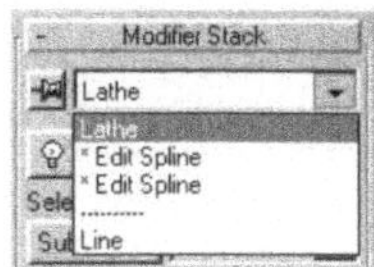

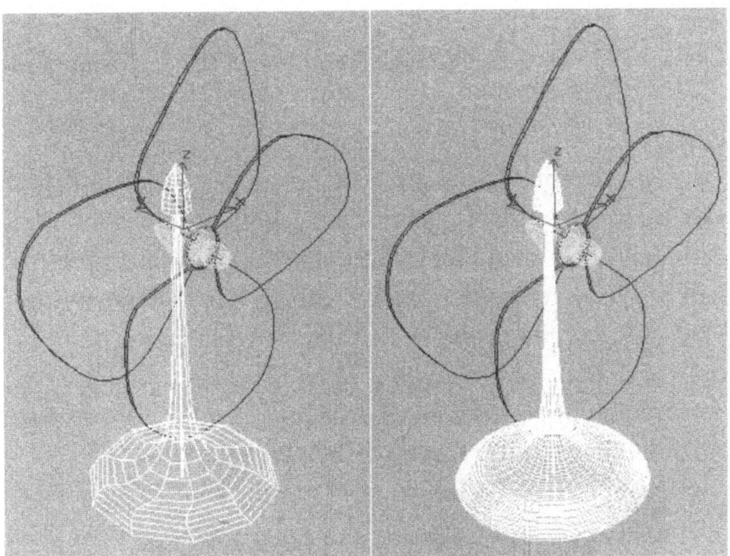

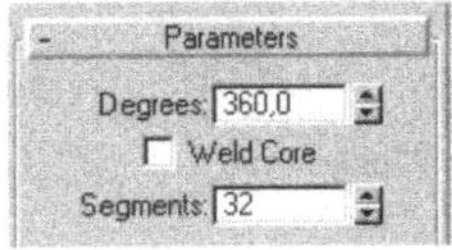

Um einen höheren Detaillierungsgrad zu erreichen, werden Grundriß (Line im Modifier Stack) und Rotationskörper (Lathe im Modifier Stack) verändert.

Sozusagen auf dem Boden des Modifier Stacks – nämlich ganz unten – liegt der Grundriß des Modells. Darüber folgen dann nacheinander die Modifier, die auf das Objekt angewand wurden. Sie können sowohl den Grundriß als auch die Modifier im Modifier Stack ändern, wenn Sie das entsprechende Element markieren.

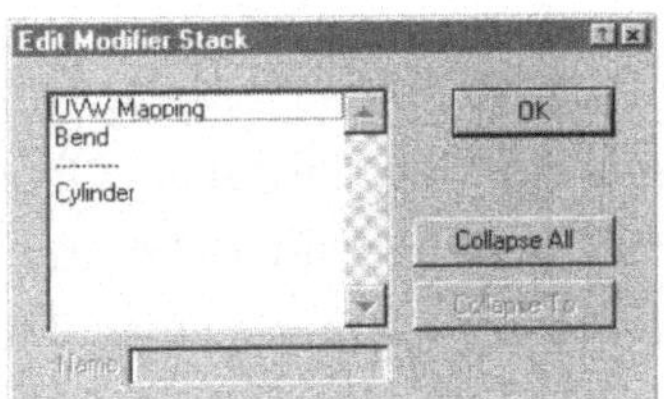

Mit Collape All verwandeln Sie das Objekt in ein Mesh-Objekt – dabei gehen alle Änderungsdaten und die Daten der Erzeugung verloren. Archivieren Sie darum vorher die Szene. Man verwandelt Objekte in Meshes, wenn etwa Boolesche Operationen nicht funktionieren wollen.

2.4 Stoff für die Oberflächen

Kaum ein anderes 3D-Programm bringt eine derart weitreichende Flexibilität der Materialdefinition wie das 3D Studio Max. In gewisser Weise muß das auch so sein: Max ist ein »Scanliner«, kein Raytracing-Programm. Spiegelnde Reflexionen und die Brechung von Licht in Glas kann Max nicht wie die beiden anderen Programme, die in diesem Buch beschrieben werden, auf direktem Wege über die Strahlverfolgung der Lichtquellen berechnen. Statt dessen setzt Max auf Materialien: Alle Kanäle des Shaders können mit »Maps« versehen werden.

Material auf ein Objekt übertragen

Die Materialien der Objekte werden im Materialeditor »gemischt«. Der Materialeditor zeigt Ihnen sechs »Slots« mit Farbmustern. Um einem Objekt eine andere Farbe zu verleihen, markieren Sie das Objekt, wählen das Farbmuster (der Slot bekommt einen weißen Rahmen) und aktivieren das Symbol *Assign Material to Selection*. Wenn Sie im aktiven Viewport die Darstellung mit soliden Oberflächen gewählt haben, sehen Sie die Änderung der Farbe auf dem Objekt direkt.

In den Farbslots werden Materialien zusammengestellt.

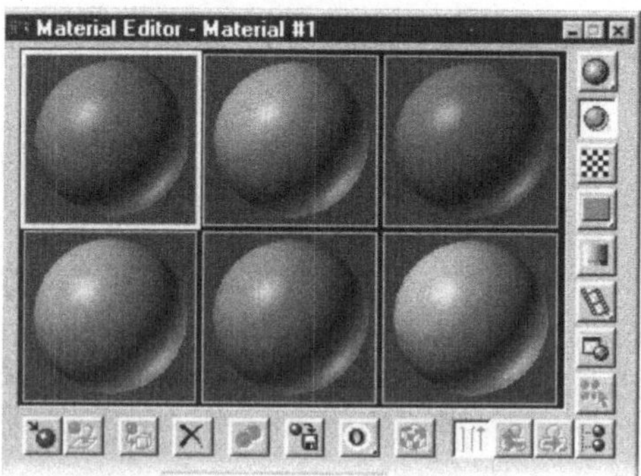

Heiße Materialien

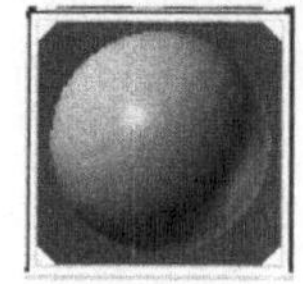

Wenn Sie mit *Assign* ein Material auf ein Objekt übertragen haben, wird es »heiß«. Sein Farbslot bekommt weiße Ecken, um Sie auf diesen Effekt aufmerksam zu machen. Wann immer Sie jetzt das Material im Editor ändern, nimmt das Objekt die heiße Farbe sofort an - und auch alle anderen Objekte, die das gleiche Material tragen, verändern sich sofort. Kopieren Sie

das heiße Material mit *Make Material Copy*, dann hört dieser
Mechanismus auf.

2.4.1 Drei Kanäle braucht die Farbe

Die einfache Farbe in Max besteht aus drei Komponenten:

- *Diffuse Color* – die diffuse Komponente bestimmt die Farbe des Objekts im direkten Licht einer Lichtquelle.

- *Ambient Color* – die ambiente Komponente enthält die Farbe des Objekts im indirekten Licht, das von keiner bestimmten Lichtquelle ausgeht.

- *Specular Color* – das Schlaglicht ist die direkte Spiegelung von Lichtquellen, wie das Sonnenlicht auf einer verchromten Stoßstange.

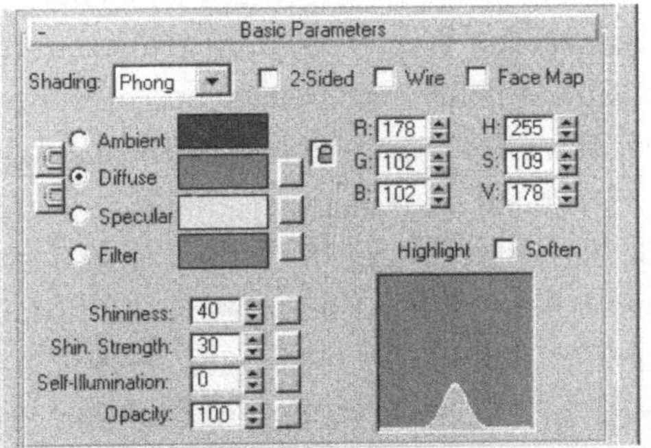

Die Farbauswahl erreichen Sie mit einem Klick auf den Farbkasten einer Komponente.

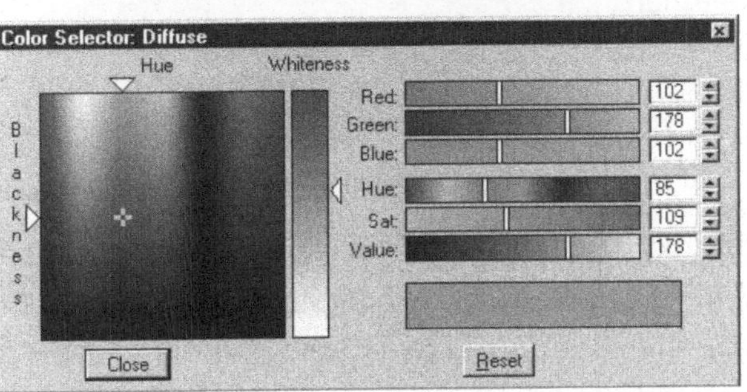

Der Color Selector-Dialog bietet Ihnen drei Modelle, mit denen Sie die Farbe (Hue), ihre Sättigung (Saturation) und ihre Helligkeit (Luminanz) einstellen.

Das Licht, das auf einen Körper auftrifft, stammt nicht nur aus
den direkten Lichtquellen, sondern ein großer Teil stammt von

*Farbeinstellung im RGB-
Modell*

*Farbeinstellung mit Hue,
Saturation und Luminanz*

anderen Körpern in der Umgebung eines Objekts: die diffusen
Reflexionen. Durch die Differenzierung der Basisfarbe einer
Oberfläche simuliert Max diffuse Reflexionen, die ansonsten
nur in Renderprogrammen mit einer Berechnung der Ober-
flächen nach dem Radiosity-Modell wiedergegeben werden.
Wenn Sie etwa eine blaue Vase vor ein rotes Sofa stellen, re-
flektiert die Vase auch einen Teil des roten Lichts, das von dem
Sofa abgestrahlt wird.

Im großen Farbfeld schieben Sie die Markierung direkt auf
die Farbe Ihrer Wahl. Mehr *Blackness* läßt die Farbe dunkler bis
zum Schwarz werden, mehr *Whiteness* läßt sie heller werden –
bis Weiß erreicht ist.

Auf der rechten Seite des *Color Selector*-Dialogs stellen Sie
Farben im RGB-Modell ein. Diese Methode ist zwar nicht so intuitiv, erlaubt Ihnen aber, Farbeinstellungen aus anderen Programmen, die das HSV-Modell nicht unterstützen, numerisch
zu übernehmen. Im RGB-Modell wird jede Farbe aus den drei
Farben Rot, Grün und Blau gemischt. Stehen alle drei Werte
auf 0, erhalten Sie Schwarz. Ein reines Rot hat den Wert 255 auf
dem roten Kanal, den Wert 0 auf dem grünen und dem blau-
en Kanal. Grün und Rot ergeben gelbe Farbtöne, ein reines
Gelb hat also den Wert 255 auf dem roten und auf dem grünen
Kanal, den Wert 0 auf dem blauen Kanal.

Der nächste Dreierpack von Farbschiebern ist das klassische HSL-Modell: Sie stellen die Farbe (*Hue*) ein, dann ihre Sättigung (*Saturation*) und ihre Helligkeit (*Luminanz*). Auch HSL-
Werte können sie auf diese Weise aus anderen Programmen
übernehmen.

Die Natur des Lichts

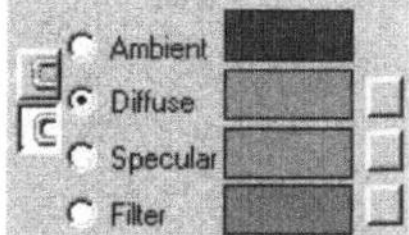

Mit den *Lock*-Symbolen neben den drei Farbkomponenten
können Sie die Differenzierung zwischen *Diffuse*, *Ambient* und
Specular schließen und so allen drei Komponenten die gleiche
Farbausprägung geben. Hiervon sollten Sie nur in Ausnahme-
fällen Gebrauch machen.

Obwohl in Natura nur wenige Oberflächen aus einer einfachen Farbe bestehen, ist es doch wichtig, sich mit den Farb-

zusammensetzungen zu beschäftigen. Zum einem wird man weniger detaillierten Objekten im Hintergrund oft nur eine einfache Farbe geben, um die Bildberechnung nicht durch eine weitere Textur zu belasten, zum anderen kann der eine oder andere Stoff sehr gut durch eine Farbe angenähert werden. Kunststoffe, Emaille und Metalle etwa lassen sich oft durch eine Farbe direkt ins Bild setzen. Der Umgang mit den drei Farbkomponenten Ambient, Diffuse und Specular hängt vom gewünschten Lichtcharakter des Bildes ab.

Sonnenlicht hat einen gelblichen Stich. Darum gibt man Farben in Tageslichtszenen ein gesättigtes Gelb in das Schlaglicht. Die ambiente Komponente bekommt eine Komplementärfarbe, also ein dunkles, gesättigtes Violett, am besten mit einem Schuß der diffusen Farben. (Farbenpaare, die sich gegenseitig zu weißem Licht ergänzen, nennen wir Komlementärfarben. Im Farbkreis stehen sie einander gegenüber.)

Etwas Gelb für die Sonne ins Schlaglicht

Bei künstlichem Licht wird man in der Regel zu weißen Schlaglichtern greifen – es sei denn, man will die Künstlichkeit des Lichtcharakters noch stärker betonen, etwa durch bläuliches oder grünliches Licht. Der ambiente Farbanteil zeigt die gleiche Farbe wie die diffuse Komponente, aber mit weniger Helligkeit.

Etwas Blau für die Lampe ins Schlaglicht

In Animationen muß man also das Material animieren, wenn man unterschiedliche Lichtsituationen optimieren möchte.

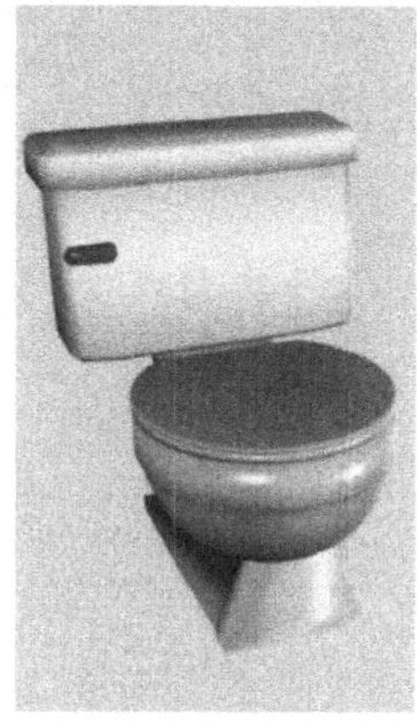

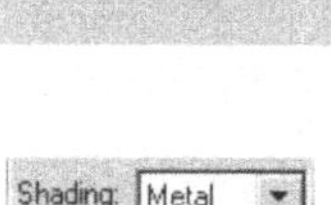

Die Farbnatur der Dinge

Natürliche Materialien haben in der Regel eine matte Oberfläche mit nur einem kleinen Anteil an Schlaglicht. Also wird man für das Schlaglicht die gleiche Farbe (*Hue*), aber mit weniger Sättigung und mehr Helligkeit wählen.

Kunststoffe haben synthetische Farben (wer saß nicht schon mal auf »Bahama Beige«?). Glatten glänzenden Kunststoffen gibt man ein weißes Schlaglicht, um die Künstlichkeit des Materials zu betonen. Auf metallischen Oberflächen beobachtet man anstelle von Schlaglichtern Reflexstreifen. Wenn Ihnen der Unterschied noch nie aufgefallen ist, gehen Sie mal ins Bad und sehen Sie sich den Wasserhahn an. Für Metalle ha-

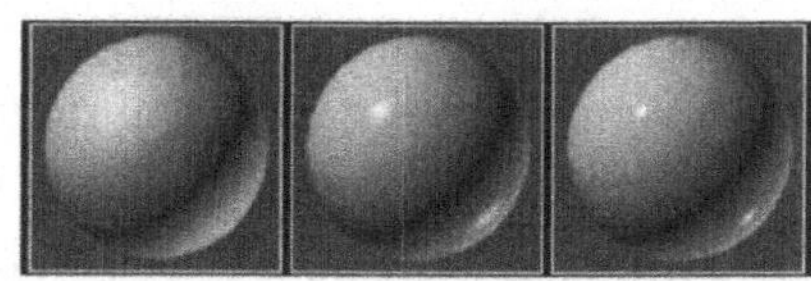

ben die meisten Renderprogramme einen besonderen Schattierungsalgorithmus.

Glänzende Aussichten

Ob ein Körper glatt und polliert ist wie eine Billardkugel oder matt und stumpf wie eine Kartoffel, erkennt man am besten an seinen Schlaglichtern. Sind sie klein mit scharfen Rändern, dann ist es die Billardkugel, ein polliertes Holz hat größere Schlaglichter mit weicheren Rändern und auf einem matten Material sind keine Schlaglichter zu sehen. Vier Einstellungen regeln im Materialeditor Schlaglicht und Glanz eines Objekts: die Farbe des Schlaglichtes, die Größe des Schlaglichts, einzustellen im *Shininess Spinner*, die Stärke des Schlaglichts, einzustellen im *Shininess Strength Spinner* und die Aktivierung von *Highlight Soften* in der Checkbox.

Benutzen Sie *Highlight Soften*, wenn das Schlaglicht klein ist, aber einen hohen Wert in *Shininess Strength* vorweist. Die Phong-Schattierung kann dann unrealistisch harte Grenzen zwischen der Schlaglichtregion und der diffusen Region hervorrufen.

Eine Shininess Map oder Shininess Strength Map können das Schlaglicht noch realistischer oder spektakulärer gestalten, eine Reflection Map sorgt dafür, daß Glas nicht nur durchsichtig ist, sondern das Licht auch reflektiert. Die Benutzung von zusätzlichen Maps ist in Kapitel 2.4.3 beschrieben.

Transparente Materialien reflektieren und leiten das Licht gleichzeitig. Dabei kann das Licht, das durch den transparenten Körper hindurchscheint, eine andere Farbe haben als das Licht, das reflektiert wird.

Opacity Value ist der Grad der Durchsichtigkeit. Und während opakte, also undurchsichtige Körper in Max nur einseitig berechnet werden (die Rückseite sieht keiner), sorgt *2-Sided* dafür, daß auch die Kehrseite des Glases mitberechnet wird.

Die Filterfarbe ist die Farbe des Lichts, das durch ein transparentes Medium strahlt, zum Beispiel durch Bleiglas oder durch eine dunkelgrüne Rotweinflasche. Die Filterfarbe wird per Voreinstellung mit der Farbe hinter dem transparenten Objekt mulipliziert. Diese Farbe ist in Max auf 50% Grau eingestellt, so daß keine Farbwirkung eintritt, bevor Sie nicht selber eine Farbe definieren.

Der Abfall der Transparenz ist neben der Zweiseitigkeit ein weiterer Schritt zu mehr Realismus. Sehen Sie sich eine Glaskugel an: Sie ist in der Mitte, dort wo Sie gerade auf die Fläche der Kugel schauen, durchsichtiger als an den Rändern, wo Sie die Glasfläche in einem starken Winkel sehen. Max simuliert diese Erscheinung mit *Opacity Falloff*. Die Variante *Falloff In* erhöht die Transparenz auf den Facetten, die parallel zum Blick des Betrachters liegen und senkt sie mit zunehmendem Winkel der Oberflächennormalen. *Falloff Out* geht den umgekehrten Weg und hebt die Transparenz an den Seiten. Der *Amount Spinner* setzt den numerischen Wert des Abfalls fest.

Klicken Sie auf das Background-Symbol im Materialeditor, um die Durchsichtigkeit besser zu sehen.

Farbige Durchsichten

Das Schimmern am Rande

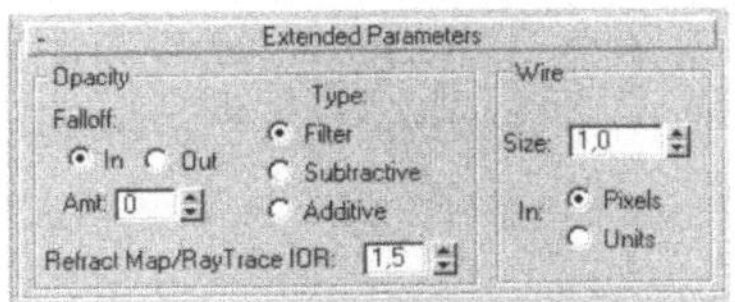

Selbstleuchtende Materialien

Die Lösung für Objekte, die selber Licht ausstrahlen wie der Scheinwerfer eines Wagens oder glühendes Metall, sind die selbstleuchtenden Materialien. Um ein Material leuchten zu lassen, brauchen Sie nur den Wert für *Self Illumination* zu erhöhen. Bei selbstleuchtendem Material wird der ambiente Farbanteil des Materials immer mehr durch den diffusen ersetzt.

Im Gegensatz zu Volumenlicht leuchten diese Materialien die Szene nicht aus. Um eine Lampe oder eine Glühbirne realistischer zu gestalten, setzen Sie eine Lichtquelle, ein Omni Light oder einen Spotlight so in die Szene, daß die Lampe einen sichtbaren Lichtkegel auf ihren Untergrund aussendet oder die Glühbirne mit einem Omni Light ihre Umgebung aufhellt. Für selbstleuchtende Materialien, die auch gleichzeitig transparent sein sollen, setzen Sie am besten *Additive* als Typ im Opacity-Menü ein.

Netzkörper rendern

Und noch ein Parameter im Materialeditor: Der Eintrag *Wire* läßt Max nicht die bunten Oberflächen der Objekte berechnen, sondern die Gitterkonstruktion der 3D-Modelle in der Szene. Mit der Option *Pixel* werden alle Kanten des Modells in gleichbleibender Stärke berechnet, mit der Option *Units* erscheinen weiter vom Blickpunkt entfernte Drähte dünner und bringen mehr Glaubwürdigkeit ins Bild.

Mit der Funktion *Wire* im Materialeditor können Sie – anders als über die Einstellung Wire im Rendering/Environment-Menü – einzelne Objekte in der Szene als Netzkörper rendern.

Da die Drahtgitter Durchsicht verschaffen, stellen Sie *2-Sided* ein, und wenn die Drahtgitter einen Schatten werfen sollen, setzen Sie die schattenwerfende Lichtquelle auf *Raytraced Shadows*.

2.4.2 Der Materialeditor

Die Darstellung der Materialien im Materialeditor wird im *Material Editor Options*-Dialog eingerichtet.

✎ Mit *Anti Alias* werden die Muster in den Farbslots besser dargestellt – allerdings dauert das Einspielen einer Änderung dadurch länger.

Saubere Darstellung der Farbmuster

✎ Wenn Sie trotzdem nicht auf die höhere Qualität verzichten wollen, stellen Sie *Progressive Refinement* ein. Damit werden die Muster schnell, aber grob eingespielt und in einem zweiten Render verfeinert.

Schneller mit Nachbesserung

✎ Mit *Ambient Light Intensity* und *Background Intensity* können Sie die Lichtsituation in den Slots an die Szene anpassen.

Die eigene Beleuchtung für die Farbslots

✎ Durch *3D Sample Scale* erhalten Sie eine größenangepaßte Vorschau von prozedural eingesetzen Maps. Wenn Ihr Objekt 50 Einheiten groß ist, stellen Sie hier 50 Einheiten ein, um die korrekte Größenordnung einer Map schon in der Vorschau besser abzuschätzen.

Vorschau in der richtigen Größenordnung

✎ *Quick Render* berechnet die Farbmuster schneller.

Für die ganz Eiligen

✎ *Scanline Renderer* berechnet die Farbmuster langsamer, aber sauberer.

Die hohe Renderqualität für Farbslots

Materialspeicher

Sie können Materialien, die Sie für eine Szene gemischt haben, an drei verschiedenen Stellen speichern: im Materialeditor, in der Szene und in einer Materialbibliothek. Die Materialien im Editor und in der Szene werden automatisch mitgespeichert, wenn Sie die Szene speichern. Wenn sie allerdings Materialien auch in anderen Szenen verwenden möchten, speichern Sie sie in einer Materialbibliothek.

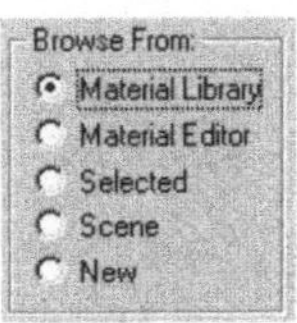

Um ein Material in den Materialeditor zu laden, klicken Sie auf Get Material.

Wählen Sie ein Material und klicken Sie auf Put to Library, um das Material in der aktuellen Materialbibliothek zu speichern.

Mit Delete From Library löschen Sie ein Material aus der Bibliothek – aber bitte mit Vorsicht, denn die Funktion läßt sich nicht rückgängig machen.

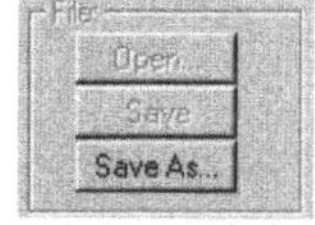

Um ein Material aus der Bibliothek oder aus der Szene in den Materialeditor zu laden, aktivieren Sie einen freien Slot und öffnen den *Material/Map Browser* mit *Get Material*.

✋ Stellen Sie den Browser auf *Material Library* ein, dann bekommen Sie Zugriff auf alle Materialien der aktuellen Bibliothek.

✋ *Material Editor* listet Ihnen die Materialien auf, die sich gegenwärtig in den Slots des Materialeditors befinden.

✋ *Selected* liefert Ihnen das Material des Objekts, das gegenwärtig markiert ist.

✋ *Scene* listet alle Materialien auf, die in der Szene benutzt werden.

✋ Mit *New* bauen Sie ein neues Material aus Grundkomponten auf.

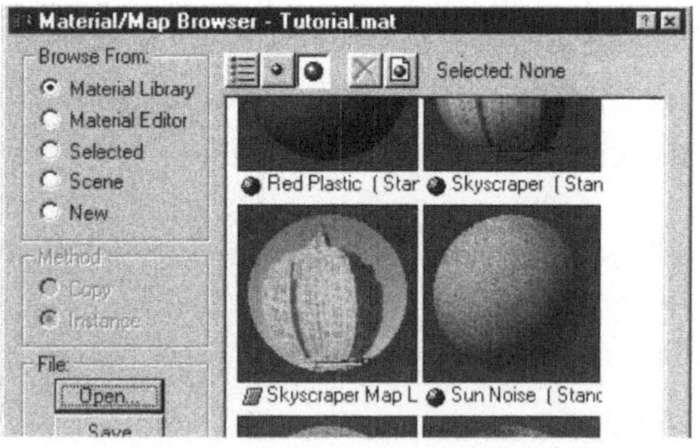

Möchten Sie Ihre Materialien in einer eigenen Bibliothek speichern? Gehen Sie mit *Get Material* in den *Material/Map Browser* und wählen Sie, ob Sie das Material des markierten Objekts, die Materialien in der Szene oder die Materialien aus dem Materialeditor als eigenständige Bibliothek speichern wollen und speichern Sie Ihre Auswahl.

Um gezielter in der Bibliothek nach den passenden Materialien zu forschen, können Sie sich die Materialien nicht nur als Liste, sondern als Farbmuster wie im Materialeditor einspielen lassen.

2.4.3 Mädchen für alles: Maps

Alle Kanäle, die Sie bis hierher kennengelernt haben – Farbe, Glanz, Schlaglicht und Transparenz – können durch Maps (im weitesten Sinne Pixelbilder wie Fotografien) noch erweitert und realistischer gestaltet werden. Dazu kommen noch ein paar neue Kanäle: Strukturmasken (Bump Maps), spiegelnde Reflexionen, die Brechung des Lichts in transparenten Materialien – für sie alle kann in Max eine Map eingesetzt werden.

Mit Hilfe einer Reflection Map gelingt es auch, spiegelnde Reflexionen ins Bild einzurechnen.

Die Bitmap, eine Pixelgrafik wie ein Foto, ist die einfachste aller Varianten der Maps. Mit einem winzigen Ausschnitt aus einem Foto umhüllen Sie ein Objekt mit einer täuschend echt wirkenden Oberfläche aus Ziegelsteinen, mit echtem schweizer Schiffsparkett oder alten Eichenbohlen.

Maps auf allen Kanälen

Diffuse Maps: Texturen wie Ziegelsteine für ein Haus und Gras für den Rasen werden als Bitmap-Grafiken in den diffusen Kanal eingestellt, sie ersetzen die Farbkomponente des Materials.

Der Map-Kanal schlechthin: Texture Maps

Specular Maps ersetzen die Farbe des Schlaglichts. Eine Bitmap mit einem Muster kann im Schlaglicht den Eindruck einer diffusen Reflexion hervorrufen.

Maps im Schlaglichtkanal

Shininess Maps setzen ein Muster auf die Oberfläche des Objekts, das von der Intensität der Pixel in der Bitmap abhängt.

Shininess Strength Maps wirken auf die Intensität des Schlaglichts auf der Objektoberfläche und verwenden dazu die Intensität der Pixel in der Bitmap.

Self Illumination Maps wirken je nach Wert des Parameters und lassen die helleren Stellen der Map leuchten, während die dunklen Stellen der Map die Oberfläche des Objekts nicht beeinflussen. So können Sie Wolken mit weichen Rändern zum Leuchten bringen.

Opacity Maps steuern die Transparenz eines Materials entsprechend der Helligkeit der Pixel der Bitmap. Je heller die Pixel, desto durchsichtiger wird das Material. Mit einer Opacity Map setzt man trübes Wasser in Szene und schafft weiche Grenzen zwischen mehr und weniger durchsichtigen Stellen.

Filter Color Maps ersetzen die Farbe des Filters für transparente Materialien durch die Farben der Bitmap. So entstehen bunte Kirchenfenster.

Maps in die Kanäle laden

Im ersten Schritt legen Sie den Typ der Map fest. Ein Klick auf den Button eines Kanals (der noch mit *None* bezeichnet ist) führt zum *Material/Map Browser*. Der einfachste Fall ist eine Bitmap im diffusen Kanal. Die Bitmap laden Sie über die Aus-

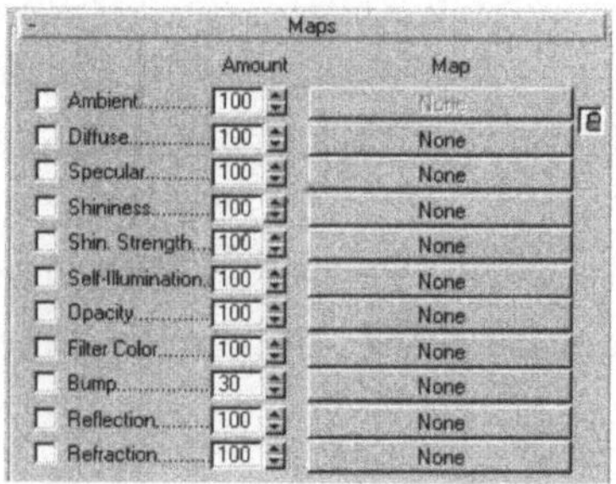

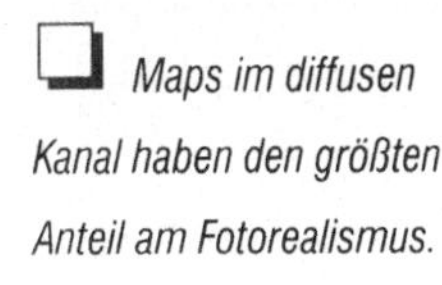 Maps im diffusen
Kanal haben den größten
Anteil am Fotorealismus.

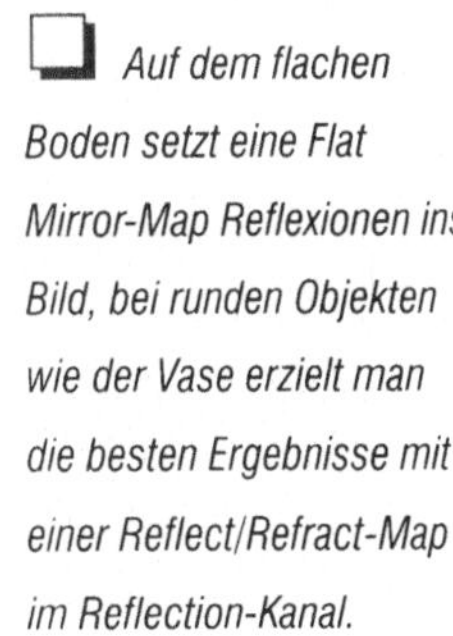 Auf dem flachen
Boden setzt eine Flat
Mirror-Map Reflexionen ins
Bild, bei runden Objekten
wie der Vase erzielt man
die besten Ergebnisse mit
einer Reflect/Refract-Map
im Reflection-Kanal.

Das Kirchenfenster
wird durch eine Filter Color-
Map bunt und durchsichtig
zugleich. Damit die Schatten bunt werden, muß die
Lichtquelle als Raytracing
definiert werden.

Eine Bump Map sorgt
dafür, daß das Eishörnchen
frisch und knusprig aus-
sieht.

wahlliste, und wieder zurück auf die Ursprungsebene gelangen Sie mit dem Symbol *Go to Parent*.

Wenn Sie mehr als eine Map eingestellt haben, dann gelangen Sie von der Parameterliste einer Map zur nächsten mit dem Symbol *Go to Sibling*.

Sobald Sie also eine Map eingestellt haben, arbeiten Sie auf zwei Ebenen: Die obere Ebene ist das Material mit seinen Parametern wie Shininess und Shading, auf der Ebene darunter sind die Maps mit ihren jeweiligen Parametern. Da sich die Maps selber wiederum aus einer Kombination von verschiedenen Faktoren zusammenstellen lassen – Marmor beispielsweise aus der Grundfarbe und der Farbe der Adern, die jeweils mit Maps belegt werden können – entsteht das Material als Baumstruktur.

Kombinationen

Die klassische Zusammenstellung aus zwei Maps ist die Textur mit der Bump Map. Ein Kopfsteinpflaster etwa wirkt unnatürlich, wenn es glatt wie eine Marmorplatte auf dem Boden liegt. Leder bekommt einen ganz anderen Charakter, wenn man die Poren erkennen kann. Als dritte Map kann eine Reflection Map den Fotorealismus steigern.

Poren in Leder oder Fugen in Fliesen wirken natürlicher durch Bump Maps. Sogar die Modellierung von detaillierter Geometrie können kombinierte Maps ersparen.

2.5 Licht und Kamera

2.5.1 Lichtquellen

Bis Sie selber die erste Lichtquelle in die Szene setzen, leuchtet Max die Szene automatisch mit ambientem Licht aus.

Omni Lights – in alle Richtungen strahlend

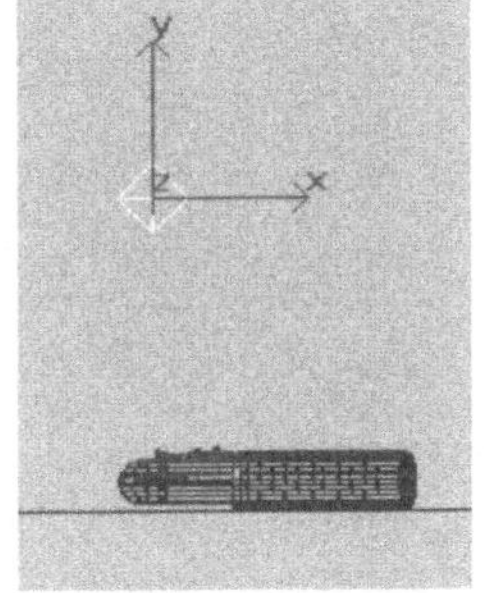

Ein Omni Light wirkt wie eine Glühbirne, die ihr Licht in alle Richtungen abstrahlt. Omni Lights können keinen Schattenwurf bewirken. Darum setzt man sie bevorzugt in Szenen ein, die Räume und Einrichtungen zeigen, oder als zusätzliche Hilfslichter neben dem Führungslicht, das meistens ein Spotlight oder ein direktionales Licht ist.

Omni Lights – sie werfen keinen Schatten und werden darum in der Regel als Hilfslichter eingesetzt.

Spotlights – vom Punkt auf den Kreis gebracht

Spotlights wirken wie echte Spotlights: Sie senden einen Lichtkegel aus. Ein einfaches Spotlight läßt sich frei im Raum drehen. *Target Spotlights* sind eine Variante des Spotlights. Sie bestehen aus zwei Komponenten: der eigentlichen Lichtquelle und einem Zielobjekt, anhand dessen das Spotlight ausgerichtet wird. Egal wohin Sie die Lichtquelle verschieben, der Lichtkegel wird immer auf das Zielobjekt ausgerichtet. Da man

Spotlights: das typische Führungslicht in Max

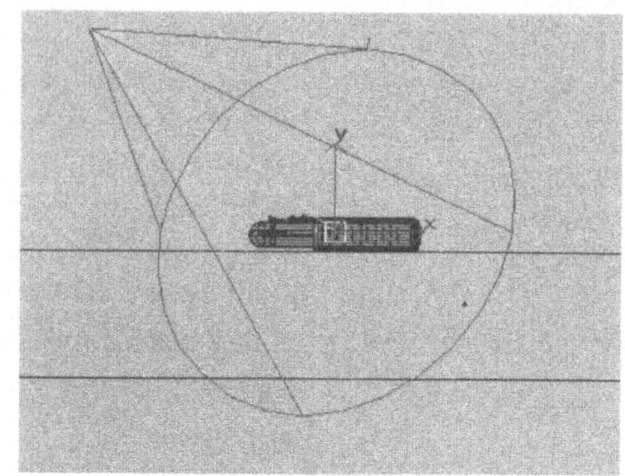

Der sichtbare Netz-
körper eines Target
Spotlights.

das Spotlight nicht immer als Effektlicht mit dem sichtbaren
Lichtkegel einsetzen will und auch den Hintergrund des Motivs nicht ins Dunkel setzen möchte, kann das Spotlight auch
»überzogen« werden. Der Parameter *Overshoot* des Spotlights
erweitert den sichtbaren Lichtkegel auf die gesamte Szene.

Mit der Einstellung
Cast Shadows kommt der
Schatten ins Spiel.

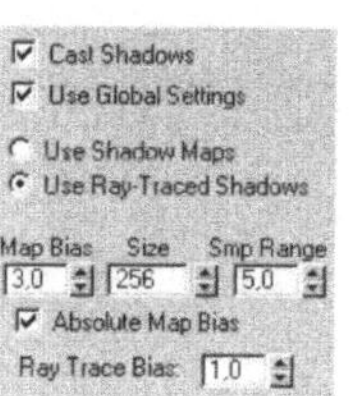

Spotlight mit Over-
shoot – damit auch der
Hintergrund, soweit es die
Reichweite des Spotlights
zuläßt – ausgeleuchtet wird

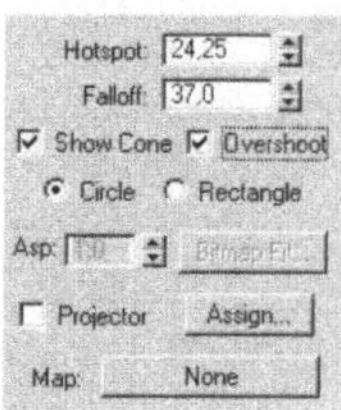

Der sichtbare Netzkörper des Spotlights symbolisiert seinen Lichtkegel. Die Größe des Lichtkegels wird mit den Parametern Hotspot (der innere Kreis) und Falloff (der äußere Kreis) festgelegt.

Directional Light – die Lichtwanne

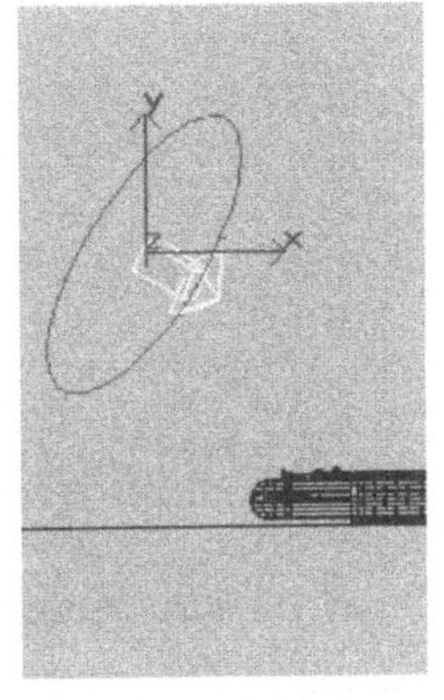

Directional Light - gerichtetes Licht – simuliert das Sonnenlicht und deckt die Szene in einer Richtung mit Licht ab. Das direktionale Licht in Max ist dem freien Spotlight sehr ähnlich – mit dem Unterschied, daß das Licht des Spotlights von einem Punkt ausgeht und streut, während das gerichtete Licht von einer Fläche ausgeht und die Lichtstrahlen parallel verlaufen. Wer schon mal im Fotostudio eine Lichtwanne gesehen hat: das direktionale Licht ist eine Lichtwanne.

Wann ein Spotlight und wann ein direktionales Licht?

Auch das direktionale Licht verursacht einen Lichtkreis mit *Hotspot* und *Falloff* auf dem Untergrund oder kann mit dem Parameter *Overshoot* die Szene auf seiner ganzen Reichweite ausleuchten. Bei so viel Ähnlichkeit stellt sich natürlich die Frage, wann man sinnvollerweise ein Spotlight und wann ein direktionales Licht einsetzt: Das Spotlight ist angebracht, wenn eine künstliche Lichtquelle in der 3D-Szene nachgeahmt werden soll, da es ebenso wie eine künstliche Lichtquelle das Licht streut, während das direktionale Licht eine gute Simulation des Sonnenlichts darstellt.

Die Schlaglichter bringen es an den Tag: hier treffen alle Lichtstrahlen aus der gleichen Richtung auf.

Ambientes Licht – Helligkeit von allen Seiten

Ambientes Licht ist die fünfte Lichtsorte. Ambientes Licht wird von keiner bestimmbaren Lichtquelle ausgesandt, sondern simuliert das Licht, das von anderen Körpern in der Szene wieder abgestrahlt wird. Es deckt die Szene gleichmäßig mit Licht ab. Anders als die vier ersten Lichtquellen wird das ambiente Licht nicht im *Create Light-Rollout* eingerichtet, sondern im Menü Rendering/Environment in der Symbolleiste. Klicken Sie auf das Farbfeld für *Ambient Light*: Die Intensität des ambienten Lichts wird durch den *Value*-Paramter bestimmt. Die

Die Einstellung des ambienten Lichts passiert im Environment-Dialog des Renderingmenüs.

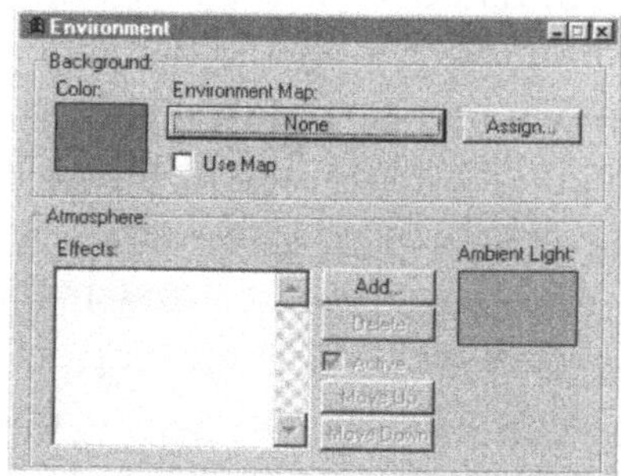

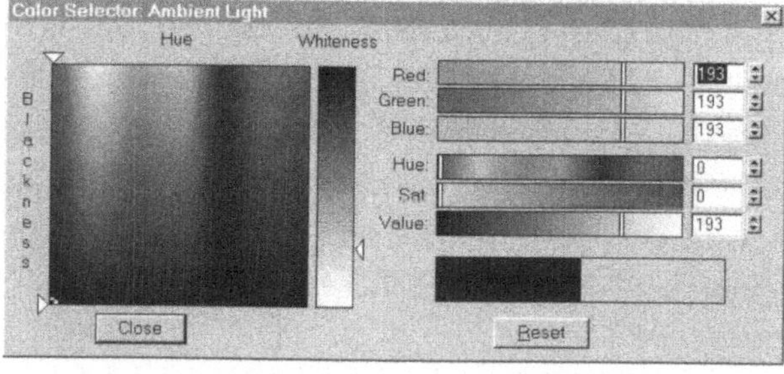

Auswirkung der Einstellungen sehen Sie sofort in einem schattierten Viewport.

Der Einsatz des ambienten Lichts

Ambientes Licht wird eingesetzt, bevor die Szene gezielt ausgeleuchtet wird. Da es von allen Seiten kommt, ist es bestens geeignet, während der Konstruktion von Netzkörpern und während des Arrangements der Szene die Geometrie rundherum zu überprüfen. Während der Ausleuchtung der Szene sollte es vollkommen heruntergeschaltet werden, damit die Wirkung der führenden Lichtquellen und Hilfslichter besser beurteilt werden kann, und erst dann wieder eingesetzt werden, wenn die Ausleuchtung zu kontrastreich wirkt.

Der Lichtcharakter

Der Lichtcharakter einer Lichtquelle wird – außer durch die Richtung, in der sie strahlt – durch eine Reihe von Parametern festgelegt:

✎ Die Intensität ist die Stärke des Lichts und entscheidet über seine Helligkeit. Ein Klick auf das Farbfeld führt in den Color Selector-Dialog: Die Intensität wird durch den Value-Parameter des HSV-Modells festgelegt. Der Multiplier verstärkt die Intensität – im Regelfall sollte er nicht benutzt werden, da die Gefahr sehr groß ist, die Szene durch ein zu helles Licht auszuwaschen.

Intensity – die Stärke des Lichts

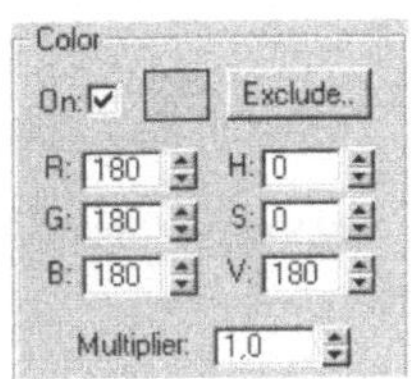

✎ Die Farbe des Lichts – Sonnenlicht etwa hat einen gelblichen Einfall, bei Nachtszenen unterstreicht ein leichter Blaustich die nächtliche Atmosphäre. Die Farbe wird entweder numerisch im Color Rollout oder im Color Selector-Dialog anhand der Schieberegler eingestellt.

Color – die Farbe des Lichts

✎ Der Abfall der Lichtquelle – oder anders herum gesagt, die Reichweite der Lichtquelle. Reale Lichtquellen haben nur eine begrenzte Reichweite und so trägt die Begrenzung der Reichweite einer Lichtquelle zur Glaubwürdigkeit und zum Fotorealismus des Bildes bei. Die Parameter *Start Range* und *End Range* bestimmen den Bereich, in dem der Abfall des Lichts beginnt und wo die Reichweite der Lichtquelle endet.

Attenuation – der Abfall des Lichts

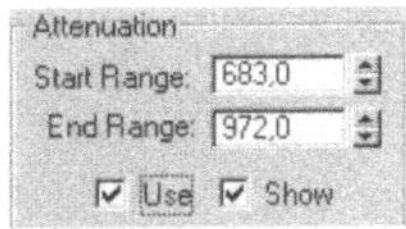

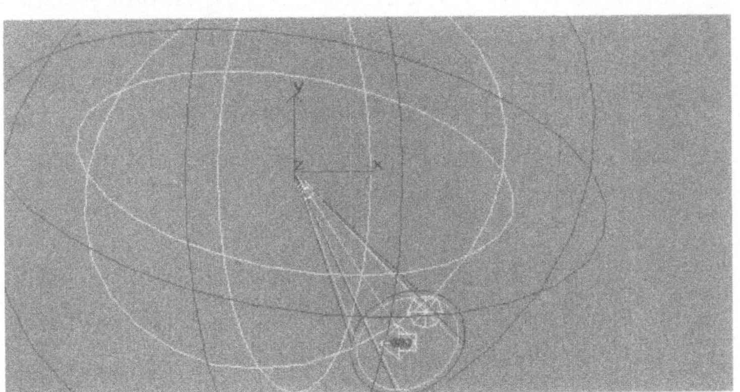

Show macht den Bereich, in dem das Licht abfällt, als umspannende Kugel sichtbar.

*Angle of Intensity – der
Auffallwinkel*

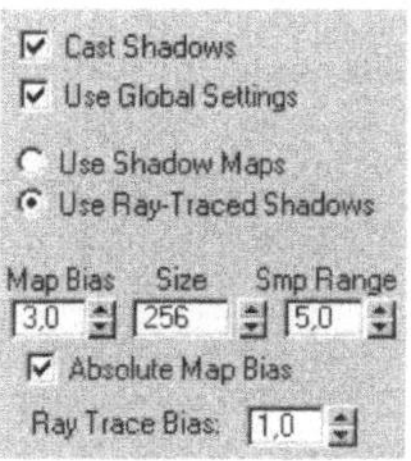

*Cast Shadow – Schatten-
wurf*

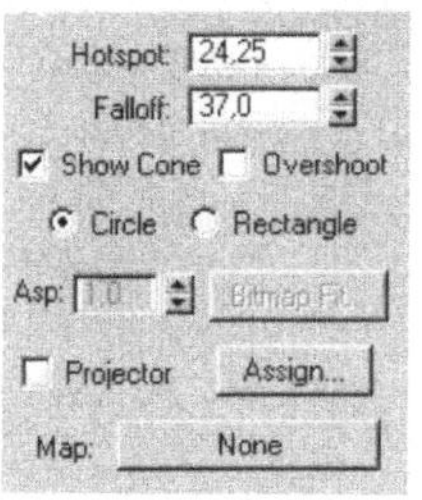

*Hotspot und Falloff – das
Rampenlicht*

✎ Der Winkel, in dem das Licht auf ein Objekt trifft bestimmt das Aussehen des Schlaglichts – bei einem Auffallwinkel von 90° ist das Schlaglicht besonders intensiv. Der Winkel kann mit dem *Place Highlight*-Befehl aus der Symbolleiste (im Align Flyout) optimiert werden: Schalten Sie auf den Viewport, in dem Sie die Szene berechnen wollen, markieren Sie eine Lichtquelle und aktivieren Sie dann *Place Highlight*. Mit dem *Place Highlight*-Cursor markieren Sie den Bereich auf einem Objekt oder auf einer Gruppe von Objekten, den die Lichtquelle gezielt anstrahlen soll.

✎ Der Schattenwurf einer Lichtquelle muß explizit eingeschaltet werden und nur das Spotlight und das direktionale Licht können einen Schattenwurf verursachen. Der Schattenwurf kann nach dem Raytracing oder nach dem Shadow Map-Verfahren eingerechnet werden. Bei Shadow Maps werden die Schatten vor der eigentlichen Bildberechnung berechnet. Raytracing berechnet die Schatten während der Bildberechnung durch die Verfolgung des Lichtstrahls. Schatten, die nach dem Raytracing-Verfahren berechnet werden, sind wesentlich schärfer und »sauberer« in ihren Rändern – das kann allerdings auch wiederum zu einem unrealistischen Eindruck führen. Die Berechnung nach dem Raytracing-Verfahren ist in der Regel wesentlich zeitaufwendiger als das Shadow Map-Verfahren.

✎ Der Wirkkreis von direktionalem Licht und Spotlight wird durch die Parameter *Hotspot* und *Falloff* bestimmt. Je näher Hotspot und Falloff beisammenliegen, desto schärfer wird der Lichtkreis auf dem Untergrund abgegrenzt und je weiter sie auseinander liegen, um so stärker streut das Licht im Grenzbereich und um so weicher fällt der Übergang vom Lichtkreis in den Schatten aus.

✎ Spotlight und direktionales Licht können ein Lichtbild auf die Szene projizieren. Das Lichtbild wird in gleicher Weise wie eine Background Map eingestellt.

Licht ohne Schatten: nicht aufzuhalten

Eine Lichtquelle, die keinen Schattenwurf verursacht, scheint durch Wände und ist durch nichts aufzuhalten. Setzt man zum Beispiel ein Omni Light oder ein Spotlight ohne Schattenwurf in einen Raum eines Hauses, dann wirkt das Licht ohne Rücksicht auf Wände grenzenlos (im Rahmen seiner Reichweite). Das Mittel gegen grenzenloses Licht: Sie müssen alle Objekte, die hinter den Wänden liegen, mit dem *Exclude*-Befehl vom Licht dieser Lichtquelle ausschließen.

Wenn ein einziges Omni Light das ganze Haus erleuchtet

Licht auf nackte Oberflächen

Leuchten Sie Ihre Szenen einmal aus, bevor Sie die Oberflächen der Objekte definieren, oder stellen Sie das Mapping im Renderdialog zur Bildberechnung ab. Auf den einfachen glatten Oberflächen – vor allem in Verbindung mit dem grauen Einheitsmaterial – können Sie am besten kontrollieren, wie effektiv die Ausleuchtung der Szene ist und ob sich Plastizität, Tiefe und Effekte wie gewünscht einstellen.

Nichts zeigt die Wirkung einer Ausleuchtung besser als das matte graue Vorgabematerial.

Der Blick durchs Licht

Der Blick durch ein Spotlight oder ein Directional Light sagt Ihnen, ob die Lichtquelle ihr Motiv auch richtig im Visier hat. In der Viewport-Konfiguration wird der Blick durch Lichtquellen genauso angeboten wie der Blick durch die Kameras.

Der Blick durch ein Spotlight oder durch ein Directional Light sagt Ihnen, ob die Lichtquelle ihr Motiv auch richtig im Visier hat.

2.5.2 Achtung Kamera

Mit jeder Kamera verschaffen Sie sich einen zusätzlichen Blick in die Szene. Der Kamerablick ist der Blick durch den Sucher der Kamera und wie bei einer echten Kamera können Sie die virtuelle Kamera näher an das Motiv verschieben, Sie können die Kamera um das Motiv drehen, nach oben und nach unten schwenken.

Spiegelreflexkamera im Computer

Die virtuellen Kameras in Max weisen viele Charakteristika echter Kameras auf; tatsächlich sind sie den Spiegelreflexkameras nachgebaut. Herz der virtuellen Kamera ist das Objektiv: Ein Zoomobjektiv, das sich vom Weitwinkel- bis zum Teleobjektiv einsetzen läßt.

Zwei Kameratypen werden angeboten: die freie Kamera, die sich beliebig drehen, schwenken und andersweitig ausrichten läßt, und die Target Camera (gebundene Kamera), die als zusätzliches Element ein Ankerobjekt mitbringt, das sie auf ein einmal eingestelltes Ziel ausrichtet. Die Target Camera kann beliebig verschoben, vom Motiv entfernt oder näher zum Motiv gezogen werden – sie fokussiert aber immer ihren Ankerpunkt (Target).

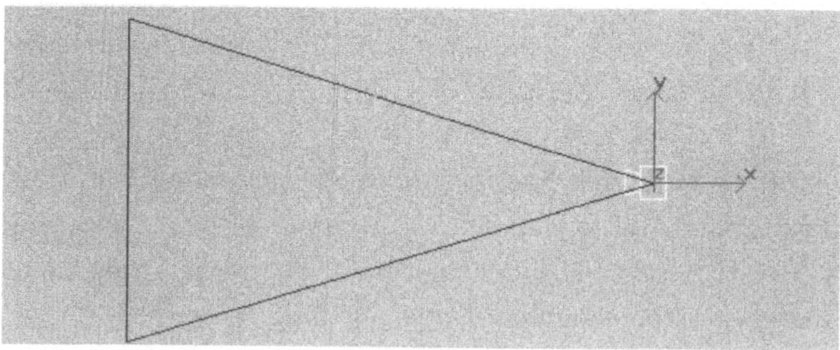

Die freie Kamera wird mit der Maus in der Szene plaziert – sie ist allerdings immer zuerst einmal entlang der negativen Z-Achse ausgerichtet.

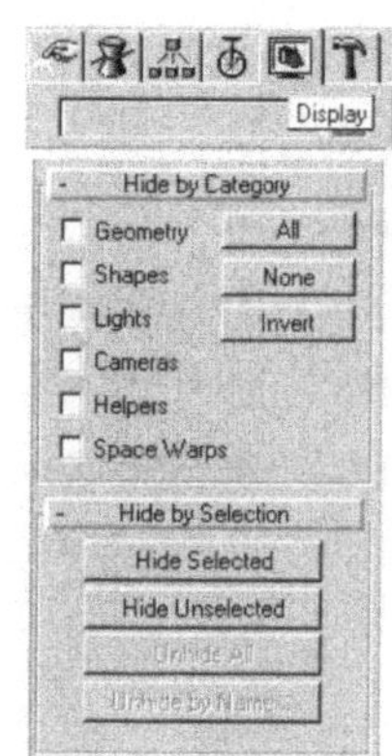

Kameras bleiben genauso wie Lichtquellen immer in der Szene sichtbar, sie werden auch beim Zoomen nie verkleinert oder vergrößert. Um eine Kamera und ihr »Gesichtsfeld« in der Szene unsichtbar zu machen, müssen Sie die Kamera über das Display-Rollout in der Werkzeugleiste mit *Hide by Category* oder *Hide by Selection* unsichtbar machen.

Kameratransformationen

Kameras lassen sich wie jedes andere Objekt mit *Move* und *Rotate* in der Szene verschieben und rotieren. Mit den Funktionen *Non Uniform Scale* und *Squash* läßt sich das Field of View der Kamera einrichten. Der Ankerpunkt einer Kamera läßt sich mit der *Move*-Transform verschieben, wenn der Ankerpunkt markiert ist. Rotation und Skalierung des Ankerpunkts haben keine Auswirkungen auf Bildausschnitt und Blickwinkel der Kamera.

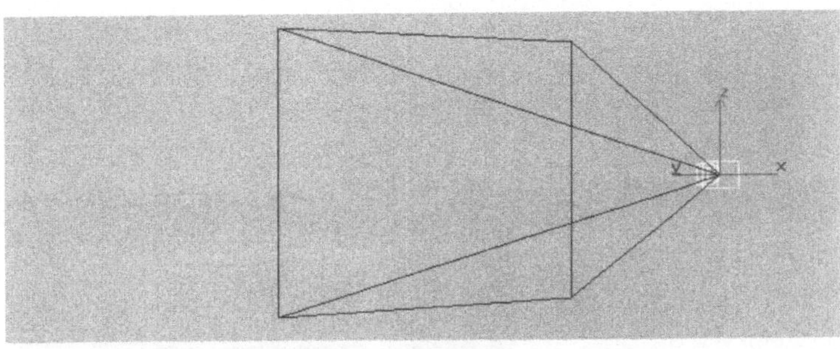

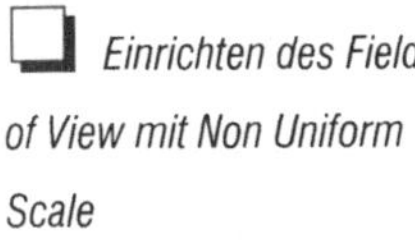

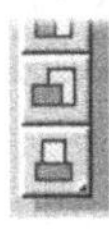

Einrichten des Field of View mit Non Uniform Scale

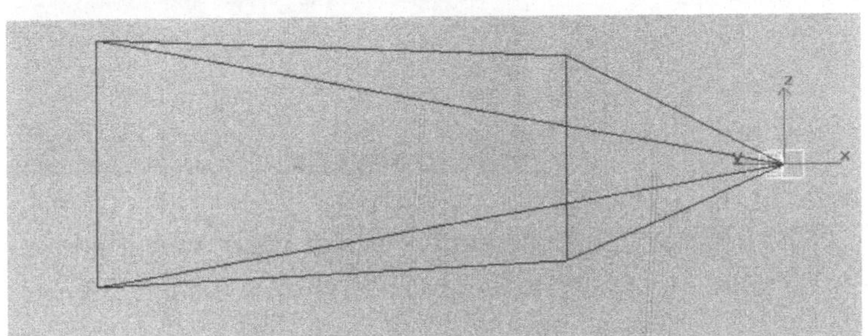

Einrichten von Blickwinkel und Bildausschnitt

Die intuitive Methode, die Kamera einzurichten, ist der Blick durch den Sucher – das Umschalten auf den Kcamerablick. Kamera-Viewports haben ihre eigenen Navigationswerkzeuge.

☞ *Truck Camera* verschiebt mit dem Grabber die Kamera parallel zur sichtbaren Ebene – so wie Sie es bereits aus orthografischen und perspektivischen Viewports kennen.

Den Bildausschnitt nach rechts/links oder unten/oben verziehen

↬ *Dolly* verzieht die Kamera vor und zurück auf der Sichtlinie.

↬ *Field of View* ändert den Bildausschnitt. Wenn Sie den *Field of View*-Cursor nach oben ziehen, zoomen Sie sich in die Szene hinein und engen Ihren Bildausschnitt ein, wenn Sie den *Field of View*-Cursor nach unten ziehen, zoomen

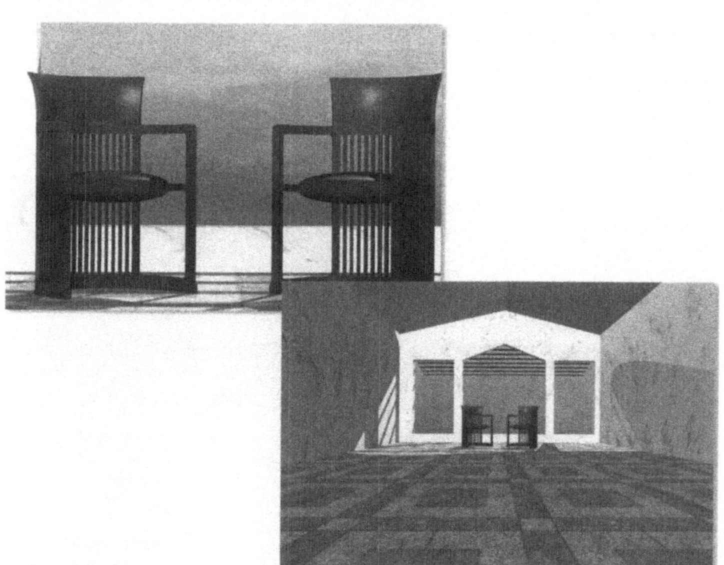

Sie sich aus der Szene heraus und erweitern den Bildausschnitt. Die Kamera bleibt dabei in ihrer Postion: Sie verwandelt lediglich ihr Objektiv und zeigt, daß sie ein Autozoomobjektiv hat.

↬ *Perspective* ändert das Field of View, den Bildausschnitt, und zieht simultan die Kamera vor und zurück, so daß Sie immer das gleiche Bild im Objektiv haben, in dem sich nur die Perspektive ändert. So kommen Sie aus dem extremen Weitwinkel bis in den Telewinkel, scheinbar ohne daß sich der Standpunkt der Kamera ändert.

In den orthogonalen Viewports oder in einem Perspektivenfenster läßt sich eine Kamera genauso transformieren wie jedes andere Objekt auch. Statt die Kamera mit den Werkzeugen zur Kamera-Navigation einzurichten, können Sie auch einen

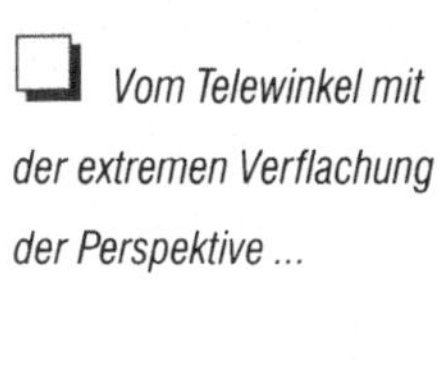

Vom Telewinkel mit der extremen Verflachung der Perspektive ...

.... über den Normalwinkel, wie wir ihn am besten kennen,

bis in den extremen Weitwinkel ohne den Bildausschnitt zu ändern –, sondern hier wird die Kamera simultan so verschoben, daß das Motiv immer im Bilde bleibt.

Viewport mit dem Kamerablick öffnen und aus den orthogonalen Viewports heraus die Kamera auf das Motiv einrichten. Jede Veränderung der Perspektive sehen Sie direkt im Kamera-Viewport.

Auch den Ankerpunkt (Target) der gebundenen Kamera können Sie markieren und verschieben, um der Kamera einen neuen Fokus zu geben.

Der bewußte Umgang mit den Brennweiten

Verzerrte Ansichten?

Gerade dem Einsteiger, der nicht aus der fotografischen Praxis den Umgang mit variablen Brennweiten gewohnt ist, passiert es schnell, daß er die Brennweiten der Kamera verändert – während er eigentlich die Position der Kamera verändern möchte. In der Regel fällt das erst auf, wenn die Brennweiten sehr kurz werden und die Ansicht der Szene im Kamera-Viewport die typischen Auswirkungen eines Weitwinkelobjektivs aufweist: die Verzerrung der Motive.

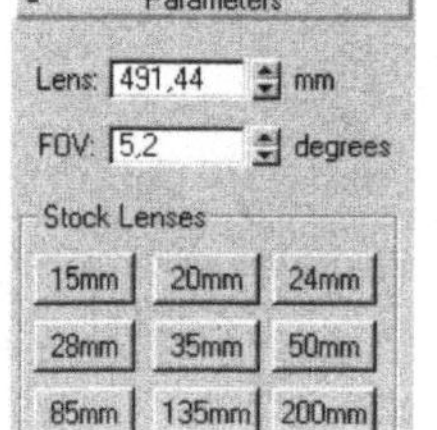

Aktivieren Sie das Modify-Panel der Kamera, um die Einstellungen anhand der numerischen Werte zu kontrollieren. Sie sehen jede Änderung des Bildausschnitts und der Brennweite direkt. Wenn Sie eine extreme Brennweite eingestellt haben, sehen Sie die Auswirkung des Navigationswerkzeugs *Perspective* erst nach langen Wegen mit der Maus, während die numerischen Werte in den Feldern *Lens* und *FOV* sofort jede Änderung wiederspiegeln.

Das Superobjektiv

Vom 9 mm-Weitwinkel bis zum 100.000 mm-Telewinkel reicht die Max-Kamera stufenlos. Im Modify-Rollout der Kamera werden aber auch Standard-Brennweiten von 15 bis 200 mm bereit gehalten.

2.6 Rendern – Bildberechnung

2.6.1 Die Renderparameter

So langsam wird es höchste Zeit über die verschiedenen Renderoptionen in Max zu reden. Mit einem Klick auf das Symbol *Render* in der Symbolleiste laden Sie den Renderdialog, um Bildgröße, Effekte und anderes zu bestimmen.

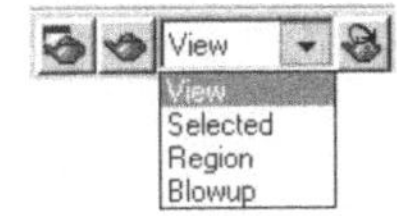

Aktivieren Sie den Viewport, den Sie rendern möchten, und klicken Sie auf das Rendersymbol in der Symbolleiste. Da kleine Bilder nunmal schneller berechnet werden als große, werden Sie für die ersten Bilder eine kleine Auflösung, etwa 320x240 oder 640x480 Pixel, wählen. Klicken Sie noch auf *Render*, damit die Bildberechnung anfangen kann. Sie sehen, wie das Bild zeilenweise in einem separaten Fenster entsteht.

Sie sichern das fertig berechnete Bild mit einem Klick auf das Save Bitmap-Symbol.

Die Renderparameter

Für ein Still, ein einzelnes Bild, wählen Sie *Single*. *Active Time Segment*, *Range* und *Frames* sind Parameter, die sich auf Animationen beziehen, ebenso *Every Nth Frame*.

Ein paar Hintergründe zur Videotechnik finden Sie in Kapitel 7.4.

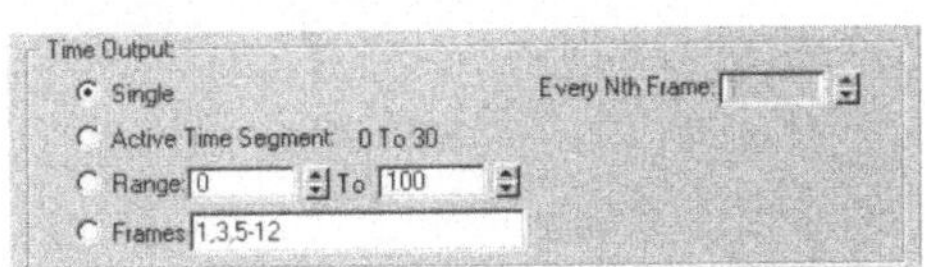

Video Color Check rechnet »illegale« Farben, die in Film und Fernsehen nicht dargestellt werden können, für NTSC oder PAL als schwarze Pixel. Wenn der *Video Check* solche »heißen Farben« – wie etwa das reine Rot – entdeckt, sollten Sie eine geringere Sättigung ansetzen oder versuchen, über eine variierte Ausleuchtung die Farben leicht auszuwaschen.

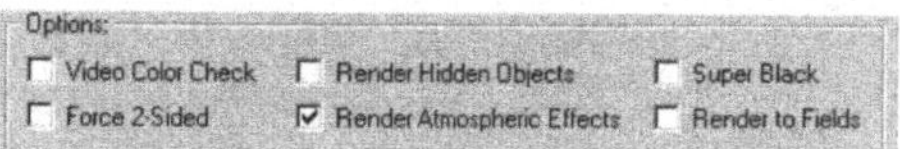

Mit *Force 2-Sided* wird man in der Regel nicht arbeiten, da doppelt so viele Polygone berechnet werden müssen. Die Option ist erst dann erforderlich, wenn im berechneten Bild Fehler auftreten wie etwa nicht berechnete Polygone.

Render Hidden Objects berechnet auch die Objekte, die in der Szene als versteckte Objekte gekennzeichnet wurden.

Die *Rendereffekte* werden in einem separaten Dialog zusammengestellt. Hier wird nur angegeben, ob die Effekte wie Nebel und Volumenlicht mitberechnet werden sollen oder ob Sie eine schnell berechnete Vorschau des Bildes ohne Effekte brauchen.

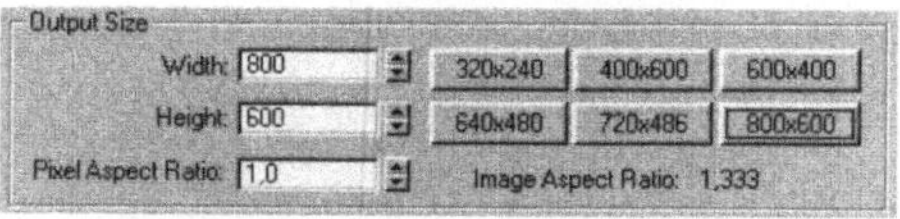

Wenn Sie in der Regel andere Bildmaße verwenden als die auf den sechs Buttons angebotenen, ändern Sie die Vorgabe der Buttons mit einem Klick der rechten Maus auf den Button und Eingabe Ihrer bevorzugten Maße.

Super Black begrenzt die Sättigung. Dunkle Schatten werden etwas heller berechnet als der schwarze Hintergrund.

Render to Fields setzt man an, wenn die Animation für ein Video berechnet wird. Dann enthält jeder Frame die Halbbilder mit den geraden und den ungeraden Bildzeilen.

Max gibt eine Reihe von Bildgrößen vor. Wenn Sie andere Formate verwenden, setzen Sie *Pixel Aspect Ratio* auf 1, falls Sie die Dimensionen der Szene beibehalten wollen.

2.6.2 Die »Rendermaschine«

Max liefert einen Scanline-Renderer mit. Das Scanline-Verfahren bietet Schatten, aber keine Raytraces nach dem Raytracing-Verfahren wie in Caligari trueSpace oder Ray Dream Designer. Alle spiegelnden Reflexionen in Max werden über Reflection Maps eingerechnet.

*Andere Render-
maschinen können als
Plugins in Max eingebracht
werden.*

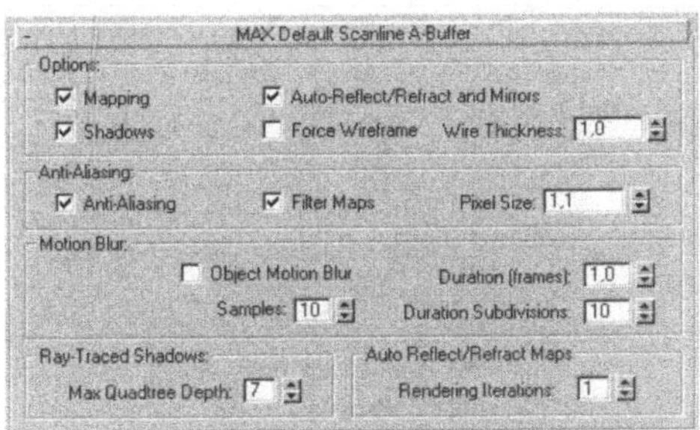

*Mapping schaltet die
Berechnung von Mappings
(Texturen) ein und aus. Gut
für eine schnelle Vorschau
und die Kontrolle der Ausleuchtung.
Die Vorschau wird noch
schneller, wenn Sie
zusätzlich auch Shadows,
den Schattenwurf, und die
spiegelnden Reflexionen
(Auto-Reflect/Refract)
ausschalten.*

Eine interessante Variante des Bildes erhalten Sie mit dem Check von *Force Wireframe*. Dann werden nicht die bunten Oberflächen der Objekte berechnet, sondern die Polygongitter. Mit *Wire Thickness* bestimmen Sie die Stärke der Gitter. Die Berechnung der Polygongitter erfolgt nur, wenn *Anti-Aliasing* eingeschaltet ist.

Antialiasing mildert die unschönen Treppenstufen, die in Pixelbildern bei niedrigen Auflösungen entstehen. Je höher Sie den Parameter *Pixel Size* dabei ansetzen, desto höher wird die Antialiasing-Qualität.

*Insbesondere bei den
»Schrägen« erkennt man in
der Vergrößerung deutlich
den Qualitätsunterschied:
Linkerhand 1,2 und Rech-
terhand 1,8.*

Motion Blur – Bewegungsunschärfe – kann den Eindruck des Fotorealismus ordentlich steigern. Duration ist dabei die Anzahl der Frames, in denen die Blende der virtuellen Kamera geöffnet ist.

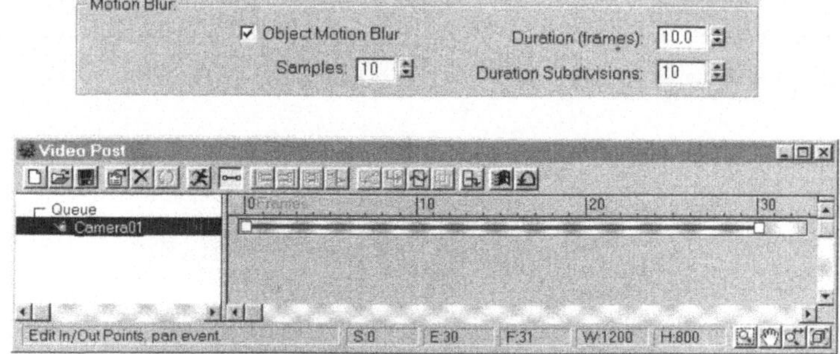

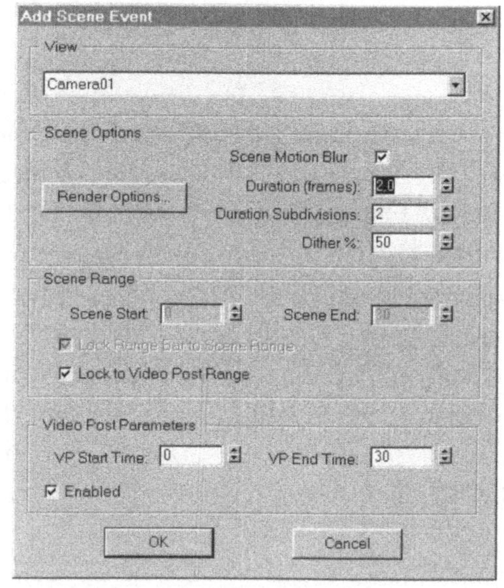

Motion Blur gibt es in zwei Ausgaben: Object Motion Blur für Stills, in denen ein Objekt den Anschein einer schnellen Bewegung und einer lang geöffneten Kamerablende erwecken soll, und Scene Motion Blur, bei dem die Bewegung der Kamera mit eingerechnet wird.

Max Quadtree Depth begrenzt die Tiefe des Baum, der für Raytrace-Schatten angesetzt wird. Weniger Tiefe bedeutet weniger Speicher und weniger Zeit. Wenn allerdings Renderfehler im Schatten auftreten, müssen Sie den Wert wieder erhöhen.

Das gleiche gilt für *Rendering Iterations*, die Tiefe der Reflexionen bei *Reflect/Refract* oder *Mirror*-Materialien: je geringer die Anzahl der Iterationsschritte, desto geringer Speicher- und Zeitaufwand für die Bildberechnung. Eine Frage des Effekts, den Sie mit den Reflexionen erzielen wollen.

2.6.3 Hintergründiges

Und noch ein wesentlicher Beitrag zum Fotorealismus und Basis für Special Effects: Atmosphäre und Lichteffekte.

Damit der Hintergrund im Bild nicht grau und trist wird, läßt sich die Farbe für den Hintergrund durch einen Klick auf das Feld *Color* aussuchen.

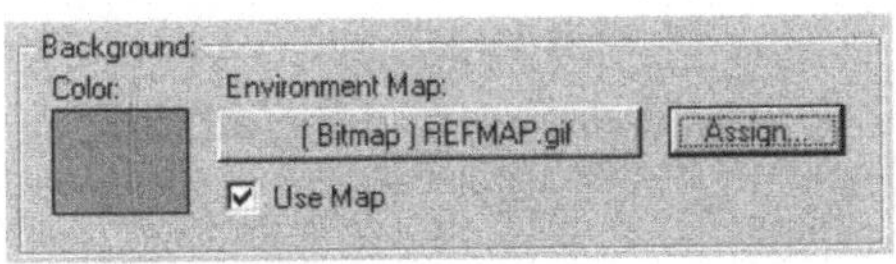

Realistische Hintergründe kommen von den Environment Maps. Bitmapgrafiken wie Fotos und Illustrationen, Max Maps oder Animationen bilden tausendfältige Hintergründe.

Bevor Sie den Hintergrund ins Bild setzen, richten Sie ihn im Materialeditor ein. Der Hintergrund wird als *Map* in den diffusen Kanal geladen. Öffnen Sie im Materialeditor das Maps-Rollout. Mit einem Klick auf den Button des diffusen Kanals (in dem noch *None* steht) gelangen Sie in den Material/-

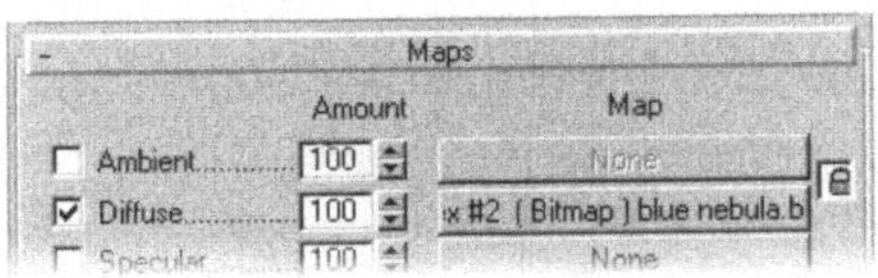

Map Browser. Wenn Sie einen Hintergrund aus der Materialbibliothek einsetzen wollen, aktivieren Sie Material Library und wählen den Hintergrund direkt aus der Bibliothek. Wenn

Sie einen neuen Hintergrund einrichten möchten, wählen Sie *New* und geben *Bitmap* als Typ an.

Einmal tief Luft holen und dann gehts in die nächste Runde. Jetzt können Sie die Grafik für den Hintergrund laden. Klicken Sie auf den (noch leeren) Knopf für die Bitmap und laden Sie aus der Auswahlliste das Bild für den Hintergrund. Die

Den Hintergrund, den Sie im Background-Menü einstellen, sehen Sie nicht so ohne weiteres auf dem Bildschirm, sondern nur im berechneten Bild.

Im Materialeditor den diffusen Kanal in den Maps aktivieren

Bitmap als Typ für einen neuen Hintergrund angeben

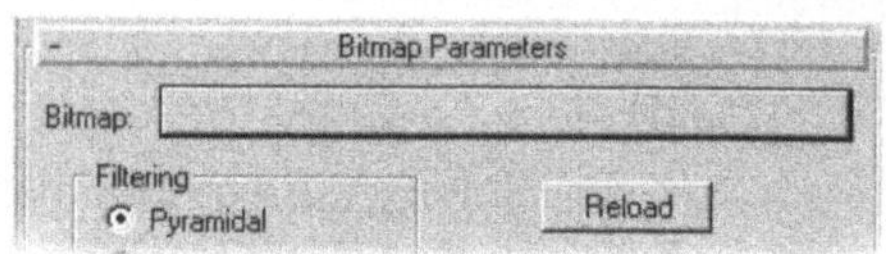

Eine Grafik oder Animation aussuchen

Spannbreite der Dateiformate, die Max dabei zuläßt, ist sehr groß: von der Pixelgrafik im TIF-, TGA- oder GIF-Format bis hin zu Animationen im FLC- oder AVI-Format. Als Koordinaten

Ohne die Aktivierung von Environment Mapping im Materialeditor funktioniert's nicht im Hintergrund.

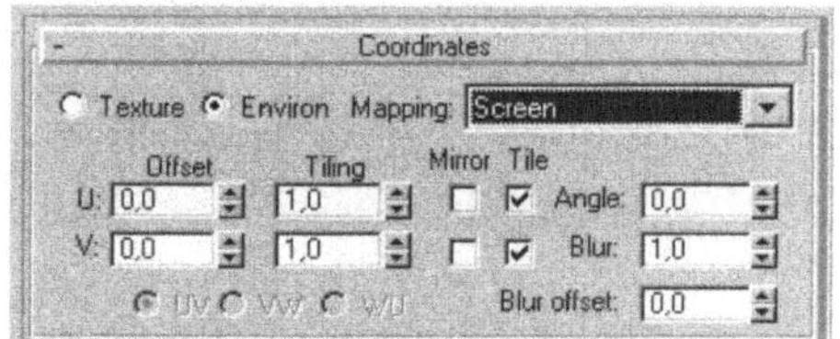

für den Hintergrund müssen Sie *Environment Mapping* aktivieren und eine der vier Mapping-Versionen wählen:

Screen für ein Hintergrund-bild in einem Still

↳ *Screen* legt ein Hintergrundbild auf die gesamte Größe des Bildes, wie es die Kamera einfängt. Das Foto einer Skyline etwa bietet einen passenden Hintergrund für eine Architekturszene. Das Hintergrundbild »steht«, das heißt, in einer Animation verändert sich der Hintergrund nicht und wirkt vollkommen unrealistisch.

Der szenenumspannende Zylinder für Animationen

↳ *Cylindrical* umgibt die gesamte Szene mit einer vertikalen Projektion eines Bildes. In einer Animation rast ein Auto so durch eine Allee und der Hintergrund wirkt echt und realistisch.

Die szenenumspannende Kugel für das Weltall

↳ *Spherical* umgibt die gesamte Szene mit einer riesigen Kugel. Bei einer Weltraumanimation versetzt Sie eine Bitmapgrafik mit Sternen und Milchstraßen in die Tiefen des Raums, auch wenn die Kamera in alle Richtungen rollt.

Eingewickelt

↳ *Shrink-wrapped* umhüllt die gesamte Szene wie eine Klebefolie.

Nun aber wird im Renderingmenü unter dem Eintrag *Environment* der Hintergrund scharf gemacht. Mit *Assign* landen

Sie wieder im *Material/Map Browser*. Im Materialeditor steht dieses Mal das Hintergrundbild bereit.

Wenn Sie später das Material für die Background Map im Materialeditor ändern, müssen Sie wieder zurück in Render/En-

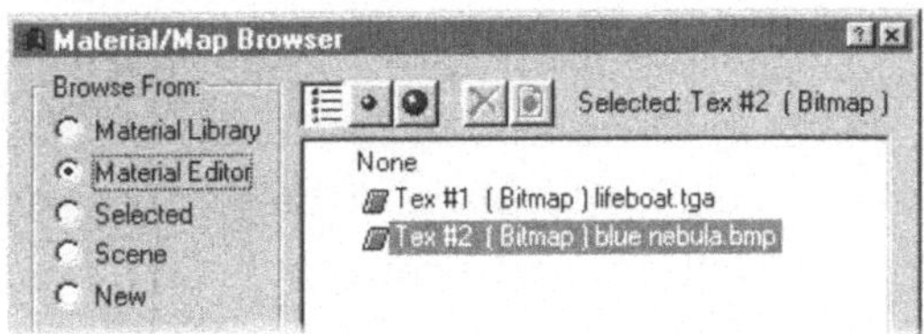

Letzter Schritt: die Zuweisung des Hintergrunds

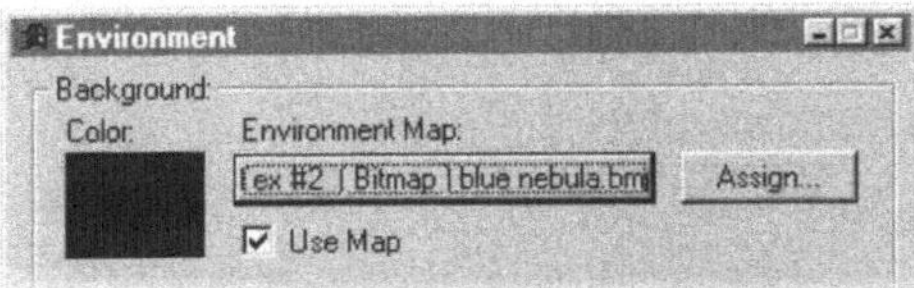

Screen Background für Stills

Sie können eine Background Map auch in einem Viewport sichtbar machen. Im Viewmenü läßt sich ein Hintergrund zuschalten. Wählen Sie das Hintergrundbild aus der Dateiliste.

vironment und erneut *Assign* aktivieren, um die Änderungen auch in der Background Map zu übernehmen.

Wetterwarte: welcher Nebel darf´s denn sein?

Im Background-Dialog werden auch die Atmosphären-Effekte eingestellt, die Max mitliefert. Weitere Effekte können wieder als Plugins eingebunden werden.

Wichtig für alle Piloten ohne Autopilot: Nebel kommt in zwei Arten vor: *Fog* und *Volume Fog. Fog* ist ein 2D-Effekt, der zwischen Szene und Betrachter gelegt wird, *Volume Fog* ist ein 3D-Effekt, der mit Tiefe und Zeit variiert werden kann.

Der ganz normale Nebel

✎ *Fog* gibt es als *Standard Fog* und als *Layered Fog*. *Standard Fog* ist der »ganz normale« Nebel, der aber durch Environment Maps zu Nebelschwaden oder Wolken aufgelockert werden kann. Wenn Sie eine *Environment Opacity Map* angeben, die stellenweise durchsichtig ist, erscheint der Nebel nur an den undurchsichtigen Stellen. *Layered Fog* ist ein Bodennebel, bestens geeignet für Szenen in der Gruft und frisch entdeckte Planeten. Wenn im Bild ein sichtbarer Horizont zu sehen ist, sollten Sie die Nebellinie durch *Horizon Noise* weichzeichnen.

Nebel in allen Dimensionen: Volume Fog

✎ Auch *Volume Fog* läßt sich als Bodennebel und als normaler Nebel erzeugen. Hier ist *Size* die Größe der Nebelwolken, *Density* die Dichte des Nebels. *Uniformity* variiert die Dichte des Nebels. In Animationen lockert man den Nebel durch Wind auf: wenn *Wind Strength* größer ist als Null, weht der Wind in Animationen und seine Geschwindigkeit wird durch *Phase* kontrolliert. *Step Size* steht für die Größe der Berechnungsschritte und *Max Steps* ist die Anzahl der Berechnungsschritte. Wird *Max Steps* klein angesetzt, kann der Nebel »ausgefranst« aussehen.

Volumennebel wirkt nicht nur auf den Hintergrund, sondern legt sich in die Tiefe des Raumes.

Volume Fog kann nur einem perspektivischen Viewport oder in einem Kamera-Viewport berechnet werden, nicht aber in den orthogonalen Sichten.

Nur wenn Sie transparente Objekte in der Szene berechnen wollen, benutzen Sie die Option *Exponentiell* beim Standard Fog. Mit der Option *Exponentiell* verdichtet sich der Nebel mit der Tiefe der Szene.

Fog und Volume Fog lassen sich auch kombinieren.

Volumenlicht

Volumenlicht gibt einer Lichtquelle eine sichtbare Aura, wie sie reale Lichtquellen durch Staubpartikel, durch Nebel und Regen aufweisen.

Fügen Sie im Background-Dialog den *Volume Light*-Effekt hinzu. Aktivieren Sie *Pick* und wählen Sie dann eine der Lichtquellen in der Szene, um sie in ein Volumenlicht umzuwandeln – ein Prozeß, den Sie für jede Lichtquelle, die Sie in ein Volumenlicht verwandeln wollen, wiederholen müssen.

⬐ *Density* ist die Dichte des Nebels. Je dichter der Nebel, um so stärker kommt der Effekt des Volumenlichts zum tragen.

Nebeldichte

⬐ *Color* ist die Farbe des Nebels. Für realistische Effekte sollten Sie die weiße Farbe unverändert lassen, da sich die Farbe des Nebels und die Farbe des Volumenlichts addieren.

Nebelfarbe

⬐ *Max Light %* ist die Stärke des Lichts. Wenn die Lichtquelle die Farben der Szene »auswäscht«, sollten Sie einen niedrigeren Wert ansetzen.

Stärke des Volumenlichts

⬐ *Min Light %* ist die minimale Stärke des Lichts. Bei Werten über Null leuchtet die Umgebung des Lichts in der Nebelfarbe. Sie brauchen nur dann einen Wert über Null anzugeben, wenn die Szene vollkommen von Geometrie umgeben ist. An Stellen ohne Geometrie füllt die Nebelfarbe die Umgebung wie beim Einsatz von Volumennebel auf.

Licht in der Geometrieumgebung

⬐ *Filter Shadows* erhöhen die Qualität der Schatten.

Da Volumenlicht genauso wie Volume Fog ein 3D-Effekt ist, brauchen Sie einen perspektivischen Viewport oder einen Kamerablick auf die Szene.

↳ *Attenuation* gilt nur für Spot Lights und zeigt bei Omni Lights keine Wirkung. Je kleiner *Start* ist, desto enger legt sich das Volumen um die Lichtquelle, je weiter *End* verkleinert wird, desto weiter wirkt das Volumenlicht.

Auch bei Volumenlicht sollten Sie die Option *Exponentiell* nur wählen, wenn Sie transparente Objekte in der Szene berechnen lassen wollen.

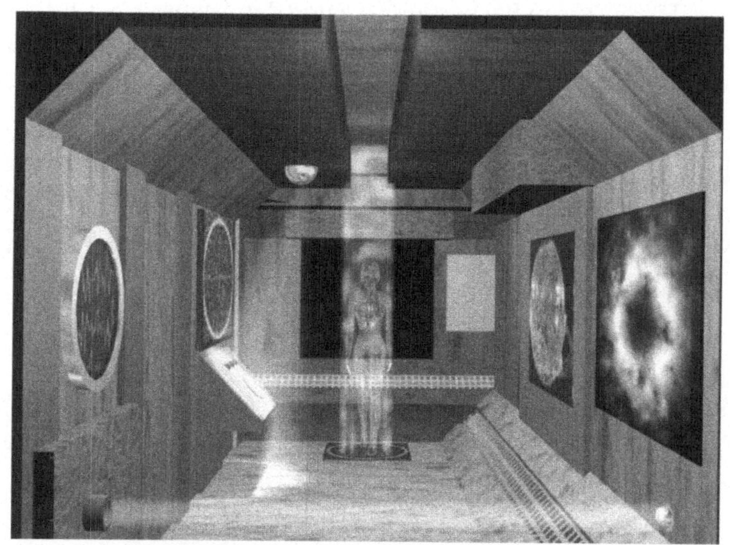

Abwarten oder nicht?

Sie können die Bildberechnung mit Cancel abbrechen, wenn Sie einen Fehler während der Berechnung feststellen oder Einstellungen Ihnen nicht gefallen. Mit der Esc-Taste geht es allerdings wesentlich schneller.

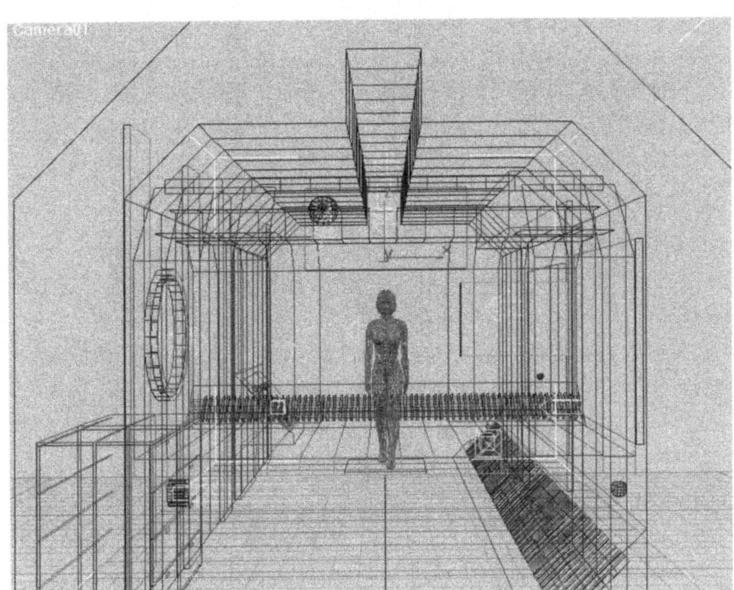

☐ *Lichtquellen mit*

Volumeneffekt

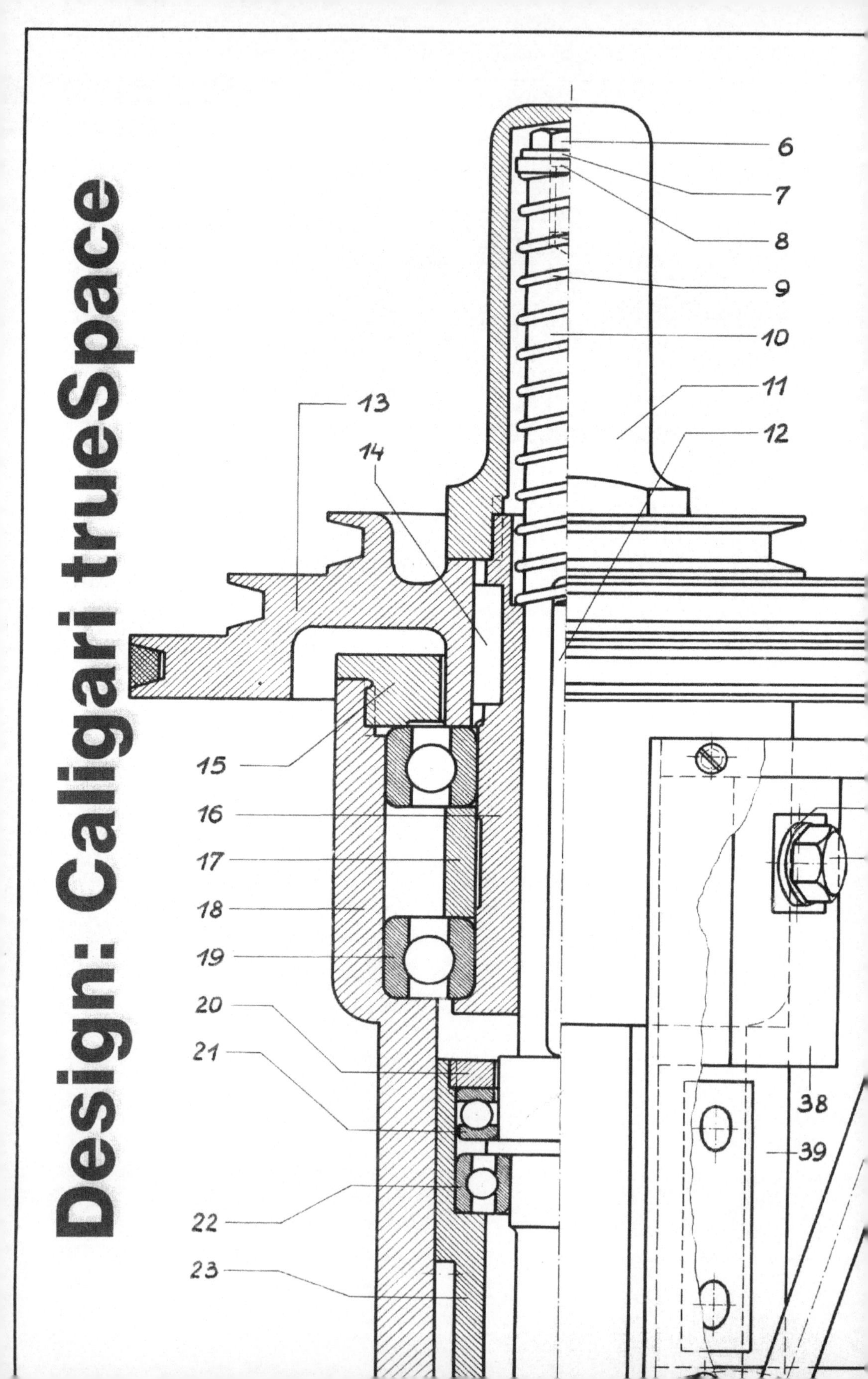

Design: Caligari trueSpace
6
7
8
9
10
11
12
13
14
15
16
17
18
19
20
21
22
23
38
39

Caligari trueSpace

»Altgediente Konstrukteure raufen sich die Haare,
Designer atmen erleichtert auf«
frei nach Ulrich Eike

Caligari trueSpace – das ist Fotografie im Rechner in eine genial einfache Oberfläche gepackt. Das trueSpace Shader-Konzept und das trueSpace-Lichtmodell machen die ersten Schritte in den dreidimensionalen Raum so einfach wie die Benutzung einer modernen Spiegelreflexkamera.

Sein sehr realistisches Lichtmodell, seine einfache Handhabung und seine Bescheidenheit in den Hardwareanforderungen

machen trueSpace zu einem willigen Werkzeug für Designer, für Fotografen und Grafiker, die Illustrationen und Animationen ohne den extremen Aufwand eines Programms wie 3D Studio Max erstellen wollen. trueSpace ist ein Raytracer – es berechnet spiegelnde Reflexionen auf der Basis von Licht und nicht von Maps – , kann aber Bilder und Animationen auch einfach rendern. Dazu bietet trueSpace folgende Funktionalitäten:

⍦ Splinebasierte Erstellung von zweidimensionalen Konturen für die Grundrisse von Körpern – damit können Grundrisse für Modelle eine beliebig gerundete Form bekommen.

⍦ Boolesche Operationen auf Netzkörpern – damit werden Modelle selber zu Werkzeugen, d.h. es kann beispielsweise eine Kugel aus einem Quader herausgeschnitten werden.

⍦ Organische Verformungen von Netzkörpern, mit denen Morph-Effekte in Animationen verwirklicht werden.

⍦ Prozedurale Texturen für Marmor, Stein und Holz, die sich nahtlos und ohne Wiederholung aneinanderfügen.

⍦ Animationen im VIDEO FÜR WINDOWS (AVI)- und Autodesk FLC-Format.

⍦ Komplett hierarchische Gruppierung von Objekten für die Erstellung komplexer Bewegungsabläufe in Animationen.

Inverse Kinematik ist eine Funktion, die in trueSpace völlig fehlt. Die Inverse Kinematik vereinfacht die Erstellung von Bewegungsabläufen komplexer Modelle in Animationen. Allerdings sind die Dialogstruktur und die Philosophie des Programms so gut durchdacht, daß ein Umweg mit trueSpace oft einfacher ist als der direkte Weg in vielen anderen Programmen.

Mit seiner Geschwindigkeit braucht sich Caligari trueSpace hinter keinem anderen 3D-Programm zu verstecken. Sowohl der Bildschirmaufbau als auch die Bildberechnung sind schon auf Mittelklasserechnern erwähnenswert flott – mit der richtigen Ausstattung wird trueSpace zu einer »heißen Kiste«.

3.1 trueSpace »Look & Feel«

3.1.1 Ein Fenster für alles

Alle Arbeitsschritte eines 3D-Projekts finden unter der gleichen Oberfläche statt – dem großen trueSpace-Fenster: Hier erstellen Sie Netzkörper, hier definieren Sie Materialien für die Oberflächen der Körper, hier arrangieren Sie Objekte zu einer Szene, bauen Animationen auf und berechnen Einzelbilder (Stills) und Animationen. Diese Oberfläche ist »What You See

Der Blick in den Raum: 3DR-Ansicht der Szene Default.SCN

is What You Get« – sie vereinfacht den Einstieg in die dreidimensionale Welt.

Nachdem trueSpace gestartet wurde, befinden Sie sich in einem dreidimensionalen Raum. Ein Fliesenmuster bildet den Boden und erleichtert die Navigation – die Bewegung im Raum.

Einen besonderen Touch bringt die Funktionsleiste. Sie ist im Caligari trueSpace unten im Fenster. Das birgt den Vorteil, daß man nicht immer mit dem Cursor durch die Szene fahren muß, um sie zu erreichen. (Wer sich daran nicht gewöhnen möchte, kann die trueSpace-Oberfläche so konfigurieren, daß die Menüleiste wie üblich am oberen Bildrand erscheint.)

Die Funktionsleiste: markant knapp und tief unten

*Funktionsleiste und
Standardfunktionen*

Die Funktionsleiste ist knapp gehalten und entspricht den Windows-Konventionen: *File* beherbergt die üblichen Funktionen des Speicherns und Ladens von trueSpace-Objekten und das Beenden des Programms; ein Klick auf *Edit* lädt die Funktionen zum Bearbeiten von Objekten wie in allen Standard-Windowsanwendungen: Rückgängig (*Undo*), Wiederholen (*Redo*), Löschen (*Erase*) und Kopieren (*Copy*).

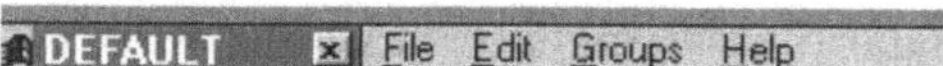

*Einrichten der
Werkzeuggruppen*

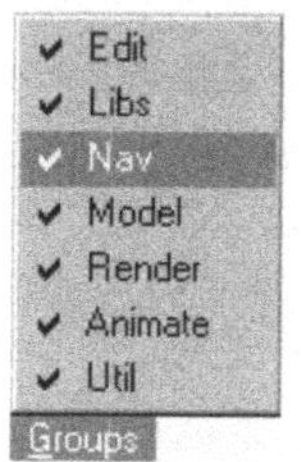

Die Liste aller trueSpace-Werkzeuge klappt bei einem Klick auf *Groups* hoch. Mit den einzelnen Elementen des Groupmenüs stellt der Benutzer die Funktionsleiste für seine Arbeit zusammen. Wenn Sie eine Gruppe deaktivieren, verschwinden die Symbole für ihre Werkzeuge aus dem Bildschirm. Die Werkzeuggruppen lassen sich nicht im Fenster verschieben und ihre Position richtet sich nach der Reihenfolge, in der sie aufgerufen wurden. Bei einer Auflösung von 1024x760 passen sie alle in eine Reihe.

Die Symbolleiste

Auf der rechten Seite der Funktionsleiste befindet sich die Symbolleiste für alle Funktionen, die die Bildberechnung und die Handhabung des trueSpace-Fensters betreffen.

Die Hilfeleiste

Über der Funktionsleiste liegt die Hilfeleiste. Sie zeigt Shortcuts und einen kurzen Hilfetext für Befehle an, wenn man mit der Maus über ein Werkzeug fährt. Auf der rechten

Seite der Hilfeleiste werden die Koordinatensysteme gebändigt: solange die Symbole für die Achsen als eingedrückte Tasten erscheinen, ist die Bewegung auf der Achse unbeschränkt. Wird die Bewegung auf einer Achse durch einen Klick der Maustaste deaktiviert (das Symbol erscheint wie eine erhabene Taste), kann auf dieser Achse keine Transformation mehr durchgeführt werden.

Über der Hilfeleiste ist die Werkzeugleiste angebracht. Die verschiedenen Werkzeuge sind funktionell gruppiert und zu Themen zusammengefaßt. Die Symbole der Werkzeuge wirken

Die Werkzeugleiste

wie Tasten: Einige werden gedrückt, um einen Arbeitsschritt anzustoßen, andere aktivieren einen bestimmten Modus und erscheinen dann wie eingedrückt, solange der Modus aktiv ist. Alle Werkzeuge werden mit der linken Maustaste benutzt.

Viele der Werkzeugsymbole haben kleine Dreiecke in den rechten oder linken oberen Ecken. Ein Dreieck in der linken Ecke eines Symbols zeigt an, daß es Varianten hat, die als Flyout auftauchen, wenn man die linke Maustaste ein paar Sekunden lang auf dem Symbol festhält. Das Dreieck in der rechten Ecke weist auf zusätzliche Einstellmöglichkeiten und Dialoge für die numerische Eingabe von Werten hin, die mit einem Klick der rechten Maustaste auf das Symbol geladen werden.

Flyouts und Dialogfenster

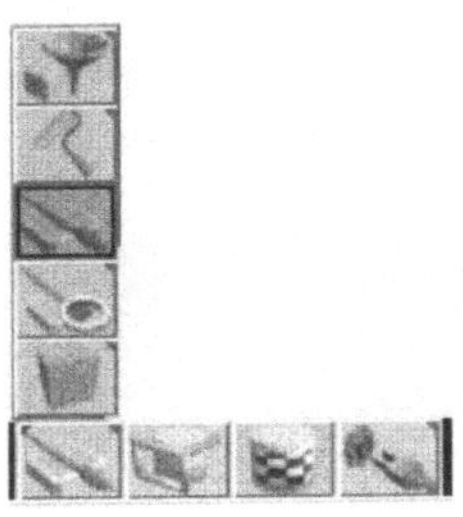

Dialogfenster können frei auf dem Bildschirm verschoben werden. Sie verschwinden wieder vom Bildschirm, wenn Sie geschlossen werden oder das entsprechende Werkzeug deaktiviert wird. Sie können ein Dialogfenster aber auch mit der

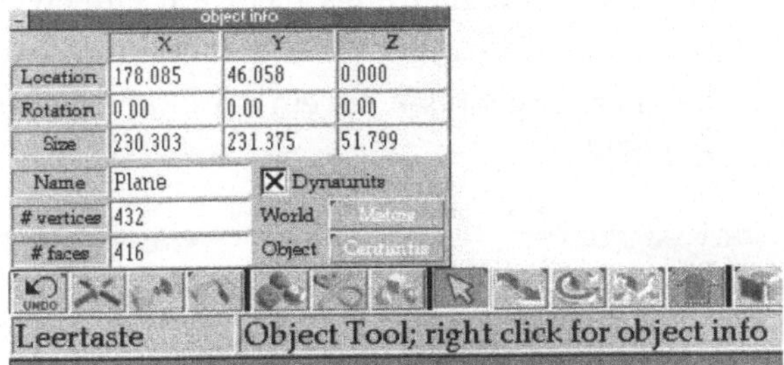

rechten Maustaste aus dem Bildschirm herausziehen, um es zu schließen.

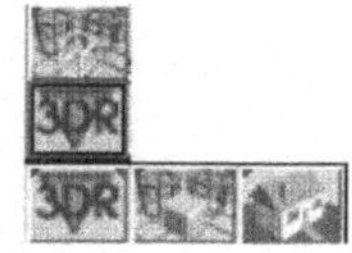

3.1.2 Solide Ansichten – 3DR

Die Gitterdarstellung der 3D-Programme erschwert die Orientierung, denn sie enthält keine Tiefeninformationen. Sie können nicht entscheiden, ob Sie ein Objekt von vorn oder hinten sehen, ob das Objekt über dem Gitternetz der Welt liegt oder darunter. Wie alle 3D-Programme der neuen Generation kommt auch trueSpace mit soliden Ansichten.

Wenn Sie sich noch in der Gitternetzdarstellung befinden, klicken Sie auf das *3DR*-Symbol in der Funktionsleiste. Sie erhalten eine Ansicht der Szene, in der die Objekte mit soliden Oberflächen dargestellt werden. Mit einem schnellen Rechner und insbesondere mit einer Grafikkarte, die 3DR unterstützt, können Sie den Blick auf die Szene in Realzeit ändern oder ein Objekt verschieben, rotieren und skalieren. Sie können auch ohne spezielle 3D-Grafikkarte mit der »soliden« Ansicht arbeiten – allerdings wird der Bildschirmaufbau langsamer und die Bewegungen rucken.

3DR in trueSpace bringt nur eine Beschleunigung des Bildaufbaus mit soliden Texturen – die Berechnung der Illustrationen und Animationen wird davon nicht beeinflußt.

Auch Texturen, Glas und Metall können in der 3DR-Ansicht dargestellt werden. Bump Maps, Brechung des Lichts und Reflexionen werden allerdings nicht mit eingerechnet. Ansonsten liefert die 3DR-Ansicht in den meisten Fällen bessere und schnellere Ergebnisse als ein im Draft-Modus berechnetes Probebild.

Ist ein Objekt in der Szene markiert, so wird die Markierung durch einen großen Pfeil auf das Objekt dargestellt.

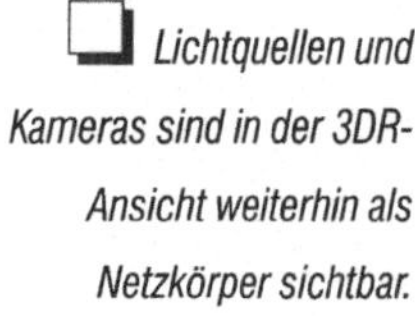

Lichtquellen und Kameras sind in der 3DR-Ansicht weiterhin als Netzkörper sichtbar.

3.1.3 Navigation im 3D-Raum

Als erstes gilt es, sich in der scheinbar endlosen dreidimensionalen Welt zurechtzufinden. Dabei sehen Sie die Welt immer durch den Sucher einer Kamera, die Sie in jede Richtung verschieben und schwenken können und mit der Sie sich stufenlos an Ihr Motiv heranzoomen können.

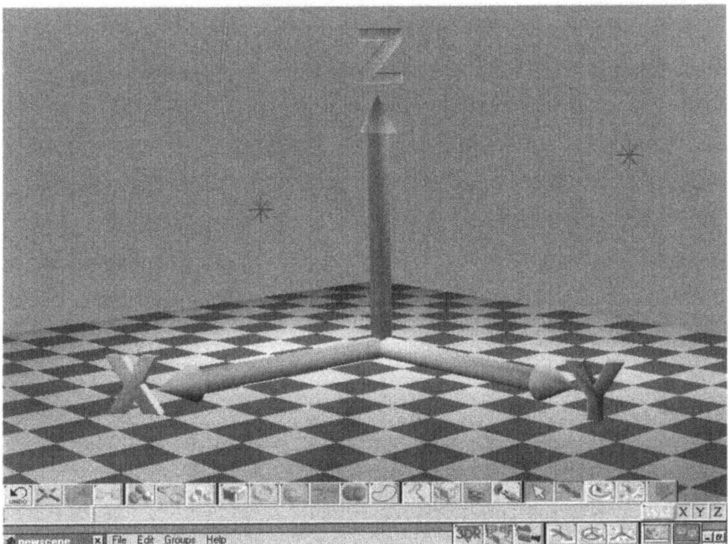

Die X-Achse läuft von unten links nach oben oben, die Y-Achse von unten rechts nach oben links und die Z-Achse von unten nach oben.

Das Gitternetz oder der Fliesenboden in der 3DR-Darstellung ist der Bezug in der dreidimensionalen Welt. Auf dem Gitternetz läuft die X-Achse beim Start von trueSpace von unten links nach oben rechts, die Y-Achse läuft von unten rechts nach oben links und die Z-Achse läuft geradewegs senkrecht von unten nach oben. Auf diesem Gitternetz liegt auch der Nullpunkt der trueSpace-Welt, von dem aus die Position eines Körpers angegeben wird und der den Dreh- und Angelpunkt des trueSpace-Welt bildet.

Durch die Welt im Fenster bewegen Sie sich mit der Maus auf drei Achsen – in drei Richtungen. In der Funktionsleiste ganz unten (nicht mit den Werkzeugen zur Objektnavigation auf der oberen Leiste verwechseln!) sind die Werkzeuge für die Navigation untergebracht, mit denen der Blick auf die Welt verschoben, verdreht und gezoomt werden kann:

Wenn Sie am Anfang noch Probleme mit der Orientierung und der Navigation haben, stellen Sie sich vor, Sie hätten ein Spielzeugauto in der Hand, das Sie durch die Szene schieben.

✎ *Eye Move* – den Blickpunkt bewegen. Damit bewegen Sie sich durch den Raum und verändern ihre Position relativ zu den Objekten der aktuellen Szene.

✎ *Eye Rotate* – den Blickpunkt drehen. Eine Drehung wirkt wie der Schwenk der Kamera auf dem Stativ.

✎ *Zoom* – in die Szene hinein- und wieder hinauszoomen

Orientieren Sie sich bei den Bewegungen am Gitternetz der Welt oder – wenn Sie eine Szene geladen haben – an den Objekten in der Szene. Mit der linken Maustaste bewegen Sie sich auf der X- und auf der Y-Achse nach rechts und links, mit der rechten Maustaste bewegen Sie sich auf der Z-Achse nach unten und oben. Auch wenn Sie jetzt selber noch keine Kamera in die Szene geladen haben: der Blick ins Perspektivenfenster ist der Blick durch den Sucher einer Kamera.

Kamerabewegung

Ran ans Motiv oder Abstand gewinnen

Klicken sie auf *Eye Move* – das Navigationswerkzeug für die Szenenkamera – in der unteren Funktionsleiste: Mit der linken Maustaste schieben Sie sich in den Raum hinein und wieder zurück, mit der rechten Maustaste fahren Sie wie mit einem Pater Noster in der Szene noch oben oder unten.

Kameraschwenk

Drehen und wenden

Mit *Eye Rotate* schwenken Sie den Blick der Kamera auf die Szene. Wenn Sie die Maus mit gedrückter linker Maustaste nach rechts oder links schieben, drehen Sie sich um Ihre Achse, schieben Sie die Maus mit gedrückter linker Maustaste nach oben oder unten, kippen Sie die Perspektive nach vorn oder hinten, mit der rechten Maustaste kippen Sie die Perspektive nach rechts oder links.

Kamerazoom

Zoom wirkt wie der Zoom einer Kamera. Schieben Sie die Maus von sich weg, auf den Bildschirm zu, zoomen Sie sich damit in die Szene hinein, ziehen Sie die Maus zu sich hin, zoomen Sie sich aus der Szene hinaus. Wenn Sie sich in die Szene hineinzoomen, entsteht der Effekt eines Teleobjektivs, wenn Sie sich zu stark aus der Szene hinaus zoomen, sehen Sie bei einem extremen Zoom einen Weitwinkeleffekt: das Gitternetz und die

Verzerrungen

Objekte der aktuellen Szene verzerren sich wie bei dem Blick durch ein Weitwinkelobjektiv.

Eye Move ist also die Bewegung der Kamera, *Eye Rotate* der Schwenk der Kamera und *Zoom* der Zoom einer Kamera. Darum sind die anfänglich gleich aussehenden Navigations-arten *Eye Move* und *Zoom* auch getrennt.

Der typische Weitwinkelblick: Eine kleine Falle in trueSpace, in die Sie geraten, wenn Sie Zoom statt Eye Move benutzen.

Der Navigator lernt schwimmen

Um sich mit der Navigation im trueSpace-Raum vertraut zu machen, laden Sie ein Objekt auf das Gitternetz. Klicken Sie auf das Symbol *Primitives Panel* in der Werkzeugleiste und in

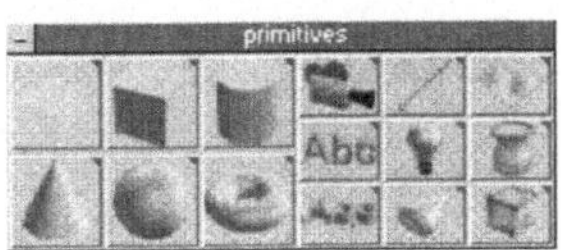

Auf der linken Seite des Primitives Panels stehen geometrische Grundformen zur Verfügung.

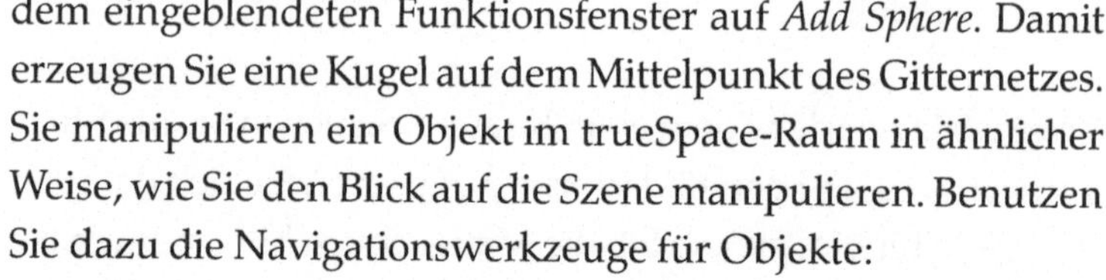

dem eingeblendeten Funktionsfenster auf *Add Sphere*. Damit erzeugen Sie eine Kugel auf dem Mittelpunkt des Gitternetzes. Sie manipulieren ein Objekt im trueSpace-Raum in ähnlicher Weise, wie Sie den Blick auf die Szene manipulieren. Benutzen Sie dazu die Navigationswerkzeuge für Objekte:

✥ Mit *Object Tool* markieren Sie ein Objekt. Das Netzgitter eines markierten Objekts wird weiß und in der 3DR-Ansicht weist ein großer Pfeil auf das Objekt.

✥ Mit *Object Move* bewegen Sie ein markiertes Objekt.

✥ Mit *Object Rotate* rotieren Sie ein markiertes Objekt.

✥ Mit *Object Scale* vergrößern und verkleinern Sie ein markiertes Objekt.

Werkzeuge für die Objekt-navigation

Klicken Sie auf *Object Move*. Sie können jetzt die Kugel mit der Maus durch die Szene bewegen. Schieben Sie den Mauszeiger bei gedrückter linker Maustaste in eine Richtung – Sie sehen, daß die Kugel kleiner wird, wenn Sie sie von sich wegschieben und größer, wenn sie auf Sie zukommt.

Mit der linken Maustaste verschieben Sie das Objekt nach hinten und vorn und von links und rechts. Um es nach unten oder oben zu schieben, bewegen Sie das Objekt mit gedrückter rechter Maustaste. Die linke Maustaste ist für die Bewegung auf den X- und Y-Achsen, die rechte Maustaste für die Bewegung auf der Z-Achse zuständig.

Bewegungen einfacher koordinieren

Um die Navigation zu vereinfachen und exakte Manipulationen zu ermöglichen, werden einzelne Achsen fixiert, so daß eine Navigation auf dieser Achse nicht mehr möglich ist. Sie können ein Objekt bei eingefrorener X-Achse nur noch auf der Y- und auf der Z-Achse bewegen, skalieren oder um seine Y- und Z-Achse rotieren. So werden gezielte Transformationen erst möglich.

3.1.4 Andere Ansichten

trueSpace startet mit einem perspektivischen Blick auf die Szene, aber Sie können Objekte in der perspektivischen Sicht nicht gezielt plazieren. Es sind in der Regel zwei orthogonale Sichten erforderlich, um ein Objekt im dreidimensionalen Raum korrekt in Szene zu setzen.

Das Umschalten des Hauptfensters und Zuschalten weiterer Fenster bieten die beiden Popup-Leisten Perspective View und New Perspective View in der Menüleiste.

In jedem Fenster und in allen Ansichten können die Objekte manipuliert und berechnet werden. Nicht nur die Symbole der kleinen Ansichtsfenster hier, sondern auch alle Funktionen aus der Werkzeugleiste.

trueSpace bietet zwei Möglichkeiten, andere Perspektiven der Szene zu sehen und in anderen Perspektiven zu arbeiten: das Umschalten des großen Hauptfensters auf einen orthogonalen Blickwinkel und das Öffnen weiterer Fenster auf dem Hauptfenster. Sowohl das große trueSpace-Fenster als auch die kleinen Zusatzfenster lassen sich auf verschiedene Sichten umstellen. In jeder Sicht können die Objekte verschoben, rotiert und skaliert werden.

Mit *New Perspective Window* öffnet trueSpace zusätzliche Fenster, in denen Sie sich eine Szene aus einer beliebigen Per-

spektive ansehen können. trueSpace erlaubt bis zu drei zusätzliche Fenster.

In den Ansichtsfenstern bewegen Sie sich auf die gleiche Art durch die Welt wie im großen trueSpace-Fenster. Auch in den kleinen Fenstern können Sie ein Objekt oder die gesamte

In den orthogonalen Sichten von vorn, von links und von oben sind Y- und Z-Achsen vertauscht – die Z-Achse würde in den Bildschirm, also in die Tiefe führen. In den orthogonalen Sichten können Sie die Welt auch nicht rotieren.

In den Perspektivenfenstern arbeiten

Szene berechnen. Alle Werkzeuge werden in den Ansichtsfenstern auf die gleiche Weise wie im Hauptfenster benutzt: Mit den Navigationswerkzeugen markieren und bewegen Sie Objekte im aktiven Perspektivenfenster, mit den Paint-Werkzeugen ändern Sie das Material, und auch kleinere Konstruktionsarbeiten können hier durchgeführt werden. Die Perspektivenfenster können auch für eine Probeberechnung einer Szene herhalten, d.h. die Szene kann direkt im Perspektivenfenster berechnet werden. Auch Animationen kann man hier im Drahtgittermodus ablaufen lassen und dabei von allen Seiten das Geschehen beobachten und kontrollieren.

3.1.5 Vom Netzkörper zum ersten Bild

Klicken Sie auf *File* – die Funktionen unter *File* sind die Befehle, die Sie in den meisten Windowsanwendungen finden: das Laden und Speichern von trueSpace-Dateien. Klicken Sie auf Scene – Load und öffnen Sie im Verzeichnis SCENES von trueSpace die Szene DEFAULT.SCN.

Mit *Object Tool* markieren Sie Objekte für die Bearbeitung. Markieren Sie alle Objekte nacheinander und löschen Sie alle bis auf den Schriftzug »trueSpace«, indem Sie auf das *Erase*-Symbol in der Werkzeugleiste klicken (fahren Sie mit der Maus über die Symbole, die Funktion des jeweiligen Symbols wird Ihnen in der Hilfeleiste über der Menüleiste angezeigt).

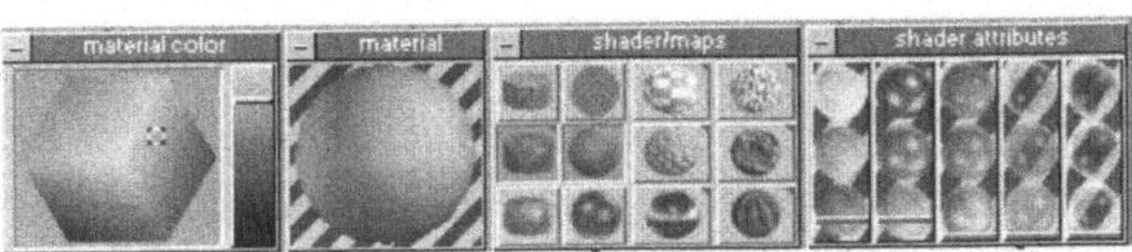

Jetzt steht nur noch der Schriftzug in der Szene. Wollen sie ihn in einer anderen Farbe sehen? Klicken Sie auf das *Paint*-Symbol und halten die Maus eine Sekunde lang gedrückt. Ein Flyout klappt hoch und zeigt Ihnen weitere Werkzeuge zum Bemalen von Oberflächen. Wählen Sie *Paint Object*.

trueSpace öffnet Ihnen damit eine Reihe von Funktionsfenstern, in denen Sie das »Material« für einen Körper zusammenstellen können: seine Farbe, sein Glanz, seine Transparenz und mehr.

Fahren Sie mit gedrückter Maustaste über den Farbwürfel. Wenn Sie die Farbe ihrer Wahl gefunden haben, lassen Sie die Maustaste los – Sie sehen das Resultat auf der Kugel im Fenster *Material*. Wenn Sie jetzt mit dem Farbroller auf das markierte Objekt klicken, wird das Objekt mit der ausgesuchten Farbe direkt in die Szene hinein gerechnet. Sie sehen, daß in dem Schriftzug jeder einzelne Buchstabe ein neues Material bekommen kann. Wenn zwei Buchstaben vorher schon die gleiche Farbe hatten, dann bekommen auch beide gleichzeitig das neue Material zugewiesen.

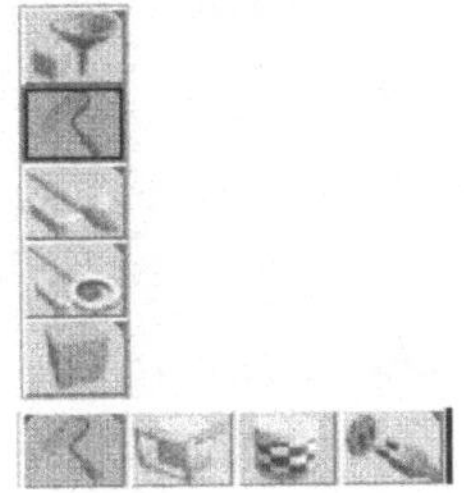

Sie können die Veränderung des Materials sowohl in der 3DR-Vorschau als auch in der Netzkörperdarstellung sofort sehen. Wenn Sie in die Netzkörperdarstellung umschalten und einem Objekt eine neue Materialdefinition zuweisen, wird es neu berechnet. Alle anderen Objekte bleiben in der Netzkörperdarstellung. In der Netzkörperdarstellung dauert der »Überzug« mit einem neuen Material länger als in der 3DR-Vorschau, dafür ist er aber auch genauer und zeigt komplexe Materialien besser an.

Transformationen beenden die Rendervorschau

Wenn Sie in der Netzkörperdarstellung das Objekt bewegen, Ihre Sicht auf die Welt ändern oder ein anderes Objekt markieren, sehen Sie wieder den Netzkörper. Aber die Materialdefinition ist mit dem Objekt verbunden, auch wenn sie nicht mehr auf dem Bildschirm sichtbar ist.

Wollen Sie danach das Objekt noch einmal in solider Darstellung sehen, klicken Sie auf das Rendersymbol. Das Objekt wird sofort berechnet. Sie können die Berechnung eines Objekts jederzeit mit der Esc-Taste abbrechen, die Materialdefinition ist trotzdem gültig. Mit *Undo* können sie aber die alte Materialdefinition wiederherstellen.

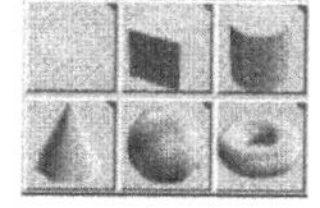

trueSpace liefert eine Bibliothek einfacher Grundformen für Netzkörper mit, die Sie direkt in die Szene laden können – die *Primitives Library* . Laden Sie eine Kugel in die Szene.

Die Bildberechnung

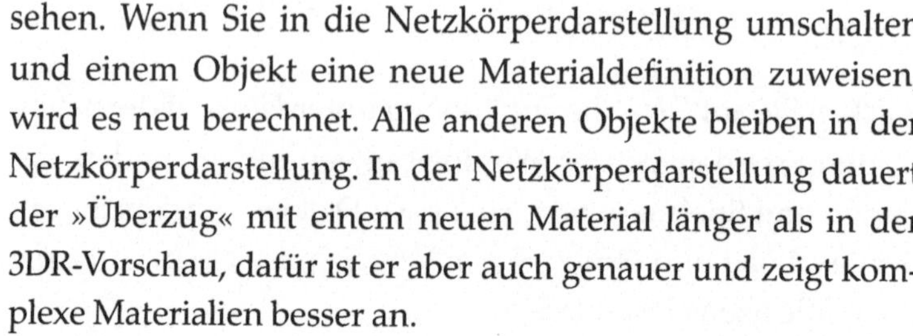

trueSpace bietet keine Möglichkeit, mehrere Objekte gleichzeitig auszuwählen. Es kann immer nur ein Objekt markiert sein und bearbeitet werden. Darum können Sie immer nur ein Objekt mit seinem Material sehen oder gleich die ganze Szene. Wollen Sie sich also die ganze Szene in Farbe ansehen, klicken Sie eine Sekunde lang auf das Rendersymbol. Es öffnet sich eine Flyout-Leiste. Eine der Funktionen ist *Render Scene*. Damit wird die komplette Szene berechnet. Mit *Render to File* wird eine Szene berechnet und in einer Datei gespeichert, während Sie die Bildberechnung auf dem Bildschirm verfolgen und kontrollieren können.

Sie können die Bildberechnung jederzeit mit der Esc-Taste abbrechen. Eine Möglichkeit, die Bildberechnung an dieser Stelle wieder aufzusetzen, bietet trueSpace allerdings nicht. Sie müssen wieder von vorne anfangen.

In der Szene sehen Sie auf dem fertig berechneten Bild zwei Objekte, die vor einem grauen Hintergrund schweben. Jetzt brauchen Sie noch einen Untergrund und einen Hintergrund. Beides holen Sie sich aus der *Primitives Library*, der Bibliothek der Grundformen: mit *Add Plane* laden sie eine ebene

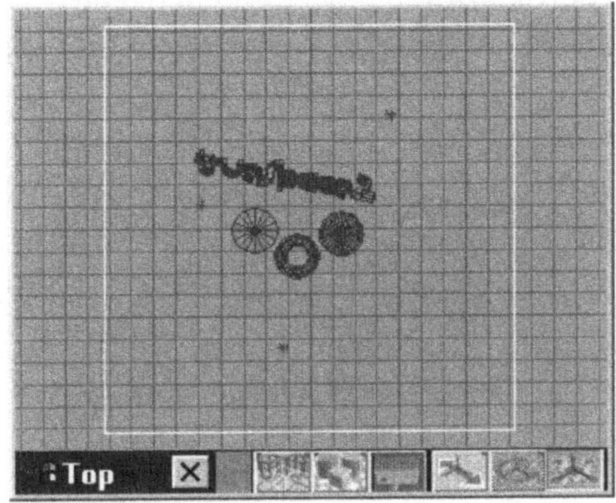

Ob die Fläche groß genug ist, kontrollieren Sie am besten, wenn Sie auf eine andere Sicht umschalten und sich die Szene von oben ansehen.

Fläche in die Szene, die Sie mit *Object Scale* so weit vergrößern, daß sie den Boden für die Szene bildet.

Als »Rückwand« der Szene laden Sie einen Würfel aus dem Primitives Panel. Vergrößern und verkleinern Sie den Würfel in der frontalen Sicht und in der Sicht von oben, bis Sie einen vollständigen Hintergrund für die Szene haben. Mit *Render to File* berechnen Sie das Bild und speichern es gleichzeitig als Bitmapbild ab.

Damit das Motiv nicht im leeren Raum steht

Sie können ein »Stilleben« als TARGA-Datei (TGA), Windows Bitmap (BMP) oder JPEG-Datei speichern. Die Größe des

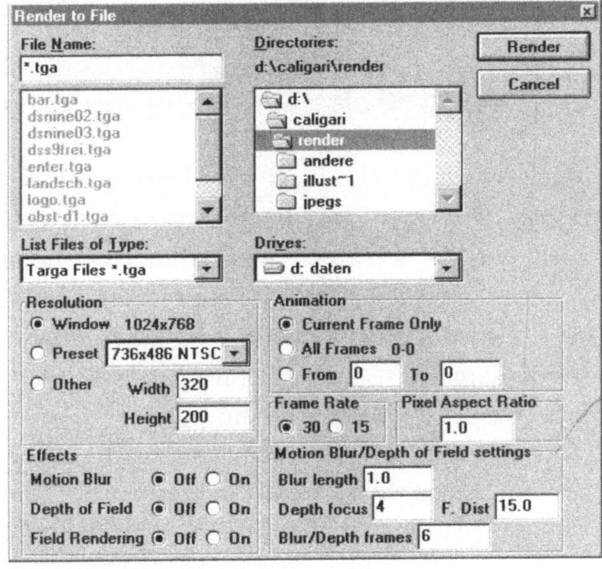

Dialogfenster für das Speichern von Grafiken. Die Liste der Dateiformate unter Presets ist im wesentlichen für Animationen gedacht. Hier werden die typischen Film- und TV-Formate aufgeführt.

Ein Bild im JPEG-Format wird komprimiert. Die Kompressionsrate bei JPEG-Bildern ist sehr hoch, geht aber auch mit dem Verlust von Bild-informationen einher.

zu berechnenden Stillebens geben sie unter *Resolution* an, indem Sie eine der vorgegebenen Auflösungen anklicken oder Ihr eigenes Format unter *Other* eingeben. Die Druckauflösung des Bildes können Sie nicht angeben – sie richtet sich nach der Bildschirmauflösung.

Wählen Sie *Current Frame Only*. Die anderen Einstellung sind wieder für Animationen vorgesehen.

Der Schatten macht´s

Dem Bild fehlen noch einige perspektivische Aussagen: Weder dem Torus noch dem Schriftzug sieht man an, daß sie über dem Boden schweben; es gibt keine Hinweise darauf, ob Würfel und Kugel über dem Boden schweben oder auf dem Boden liegen. In einem zweidimensionalen Bild sind Licht und Schatten nötig, um Räumlichkeit darzustellen.

Wie Sputniks im Raum: Schatten sind viel wichtiger für die Orientierung im Raum, als wir glauben.

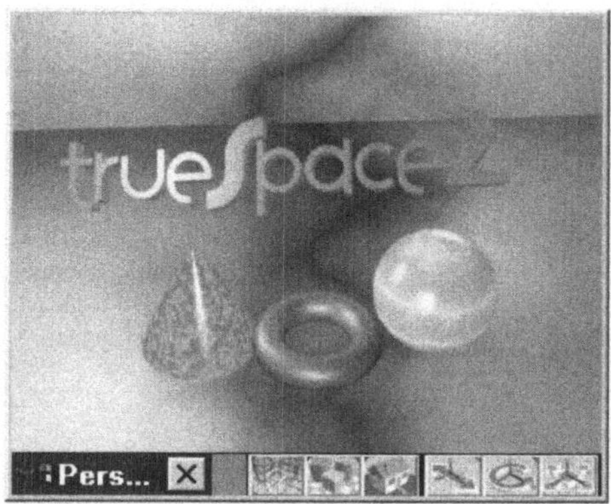

Die vorgegebene Beleuchtung erzeugt keine Schatten. Laden Sie mit *File – Preferences* das Lichtmodell *Color Light* (falls es noch nicht geladen ist). Diese Beleuchtung besteht aus drei sternförmigen Objekten. Markieren Sie eine der Lichtquellen – genauso wie jedes andere Objekt wird die markierte Lichtquelle weiß dargestellt. Im Funktionsfenster der Lichtquelle wählen Sie *Cast Shadows* with *Current Light*.

Klicken Sie mit der rechten Maustaste auf die Taste für den Schattenwurf. In einem weiteren Funktionsfenster können Sie den Schattenwurf genauer spezifizieren. Wählen Sie *Map*, die Berechnung der Schatten nach dem *Shadow Map*-Verfahren.

Dieses Verfahren ist in der Regel schneller als eine Berechnung in einem Raytrace.

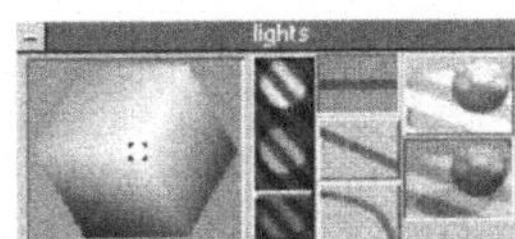

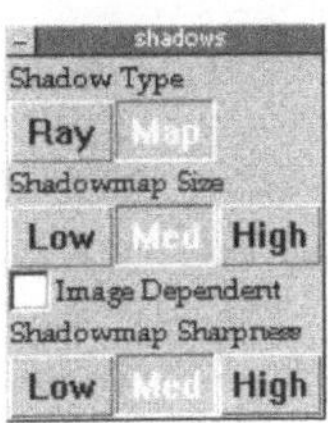

Erst ein Bild mit Schattenwurf zeigt, daß die Kugel direkt auf dem Untergrund liegt (sie berührt ihren Schatten) und Text und Torus über dem Untergrund schweben. Die Richtung der Schatten schließlich besagt, daß die Lichtquelle vom Betrachter aus gesehen hinter Torus und Kugel steht, aber noch vor dem Kegel.

trueSpace bietet keine Möglichkeit, das Bild zu drucken. Sie müssen das Bild von einem Bildbearbeitungsprogramm ausdrucken lassen.

Die ersten Probleme?

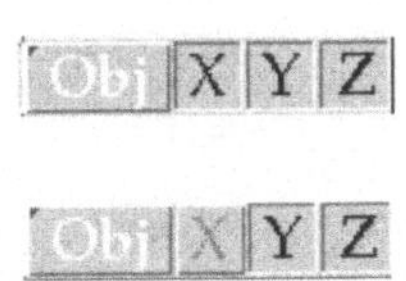

➷ Wenn sich ein Objekt nicht bewegt, nicht dreht oder sich nicht skalieren läßt – Sehen Sie in der Hilfeleiste nach, ob die Achsen für die Manipulation von Objekten freigegeben sind. Sehen X, Y oder Z erhaben aus, dann sind die Achsen abgeschaltet und das Objekt läßt sich nicht auf diesen Achsen manipulieren. Überprüfen Sie auch, ob *Grid* – das Raster – eingeschaltet ist. Das Raster ist eine Zeichenhilfe für extrakte Konstruktionen und fängt den Mauszeiger an den Rasterpunkten ein. Ist das Raster eingeschaltet, sieht das Symbol aus wie ein gedrückter Knopf. Bei eingeschaltetem Raster bewegt sich das Objekt

ruckweise und Sie müssen die Maus viel weiter bewegen, um das Objekt zu manipulieren.

Wenn sich die Sicht nur widerstrebend einrichten läßt

↳ Das gleiche gilt für den Blick auf die Szene: Wenn Sie sich dem Motiv nur ruckweise und unter großem Aufwand nähern können, wenn alle Aktionen lange Wege mit der Maus erfordern, dann schauen sie nach, ob Achsen für die Bewegung abgeschaltet sind oder ob das Raster (Grid) aktiviert wurde.

Wenn ein Objekt versehentlich transformiert wurde

↳ Mit *Undo* können Sie nicht nur die letzte, sondern meistens eine Reihe von Manipulationen rückgängig machen und wiederherstellen.

Wenn keine Schatten auftauchen wollen

↳ Wenn Sie keine Schatten im fertigen Bild sehen können, schauen Sie nach, ob Sie den Schattenwurf für wenigstens eine Lichtquelle aktiviert haben und ob Schattenwurf nach dem Shadow Map-Verfahren ausgewählt wurde. Wenn alles richtig eingestellt ist, überprüfen Sie, ob im

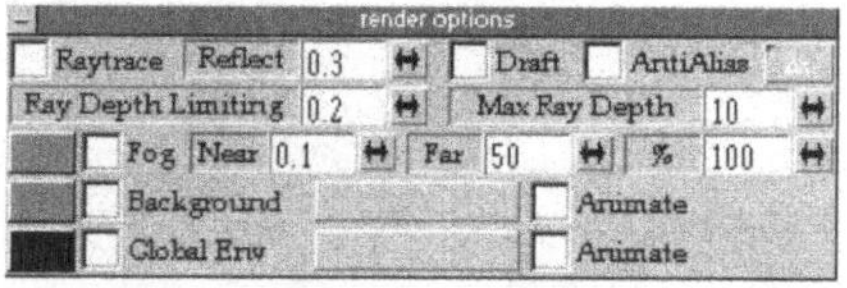

Rendermenü (Klick mit der rechten Maustaste auf das Rendersymbol) Raytrace aktiviert ist. Wenn ja, deaktivieren Sie den Raytrace, denn in einer Bildberechnung nach dem Raytrace-Verfahren werden die Schatten von Lichtquellen mit Shadow Maps nicht berechnet.

Beschäftigung während der Bildberechnung

↳ Sie können während der Bildberechnung nicht an der Szene weiterarbeiten. Allerdings können Sie das trueSpace-Fenster zum Symbol verkleinern oder mit *Alt Tab* auf eine andere Anwendung umschalten und dort arbeiten. Bei aufwendigen Bildberechnungen in hohen Auflösungen, insbesondere bei Raytraces mit Glas und Lichtbrechung werden allerdings die Antwortzeiten quälend lang.

3.1.6 Die erste Werkzeugebene

Beim ersten Blick sieht die Werkzeugleiste im Vergleich zu einer Textverarbeitung einfach aus. Aber hinter den Symbolen für die Werkzeuge befinden sich weitere Werkzeuge und Dialogfenster.

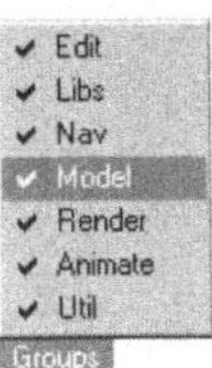

Die Werkzeuggruppen erscheinen auf dem Bildschirm, wenn sie im Popup-Menü *Group* ausgewählt werden und verschwinden wieder, wenn sie ausgeschaltet werden. Die Gruppen lassen sich allerdings nicht auf dem Bildschirm verschieben. Die Werkzeugtasten können zwei kleine Dreiecke in den oberen Ecken der Taste vorweisen:

✎ Ein rotes Dreieck in der rechten oberen Ecke weist darauf hin, daß das Werkzeug ein Funktionsfenster für besondere Einstellungen hat, das mit der rechten Maustaste geöffnet wird.

✎ Ein grünes Dreieck in der linken oberen Ecke weist darauf hin, daß das Werkzeug Varianten hat, die dann aufklappen, wenn der Mauszeiger eine Sekunde auf der Werkzeugtaste festgehalten wird.

Der Weg zum Dialogfenster

Alle Werkzeuge werden mit der linken Maustaste benutzt. Wenn ein Werkzeug unterschiedliche Einstellungen erlaubt, erscheinen automatisch Dialogfenster, in denen diese Einstellungen vorgenommen werden können, wenn das Werkzeug angeklickt wird. Sobald ein anderes Werkzeug benutzt wird, werden die Dialogfenster wieder geschlossen. Bei einigen Werkzeugen muß die Taste mit der rechten Maustaste angeklickt werden, um das Dialogfenster zu erreichen. Das sind Einstellungen, die selten gebraucht werden.

Werkzeuggruppen einrichten

Die Werkzeuge sind in Gruppen zusammengefaßt, die durch einen Klick auf die entsprechende Gruppe in der Menüleiste in die Werkzeugleiste eingespielt und entfernt werden, sich aber nicht im Fenster verschieben lassen. Wenn Sie eine andere Reihenfolge bevorzugen, deaktivieren Sie alle Werkzeuge im Popup-Menü der Funktionsleiste und aktivieren Sie sie wieder in der gewünschten Reihenfolge. Die Werkzeuge werden so einsortiert, wie sie gewählt werden.

Von links nach rechts tauchen beim ersten Laden von true-Space die folgenden Gruppen auf:

Edit Group

Edit Group/Bearbeiten: Diese Gruppe enthält die typischen Werkzeuge, wie man sie in den meisten Windowsanwendungen findet: *Undo – Rückgängig, Erase – Löschen, Copy – Kopieren* und die Funktion *Glue*, die sich mit dem Gruppieren von Objekten in Grafikprogrammen vergleichen läßt.

Library Group

Library Group/Bibliotheken: Hier findet man ein Album mit Materialien für die Oberflächen von Objekten, erzeugt Grundformen wie Kugeln und Flächen, setzt Lichtquellen und Kameras in die Szene, kann Schriftarten in Polygone umwandeln und speichert für Extrusionen und Animationen.

Object Naviagation Group

Object Navigation Group/Objekt-Navigation: Mit den Werkzeugen dieser Gruppe erreicht man die Befehle zum Markieren, Bewegen, Rotieren und Skalieren von Objekten.

Model Group

Model Group/Modellgruppe: Diese Gruppe enthält die Befehle für die Extrusion und die Rotation, für die Manipulation von Elementen eines Objekts (also seiner Punkte, Kanten und Facetten) und für Boolesche Operationen auf Objekten.

Render Group

Render Group/Rendergruppe: Diese Gruppe enthält die Befehle für die Oberflächendefinition (*Paint*), die Festlegung der Projektionsarten (*UV Projection*) und eine Funktion, um Bilder auf ein Objekt zu projizieren (*Material Rectangle*).

Animation Group

Animation Group/Animationsgruppe: Diese Gruppe enthält die Befehle zum Erstellen und Bearbeiten von Animationen.

Utility Group

Utility Group/Zubehörgruppe: Diese Gruppe enthält Werkzeuge zum Ein- und Ausschalten des Rasters (*Grid*), zur Normalisierung der Position und Größe (*Normalize*), zur Visualisierung der Achsen eines Objekts (*Axes*), zur Optimierung der

Oberfläche (*Quad Divide*) und zum Spiegeln von Objekten (*Mirror*).

Wie die trueSpace-Hilfe so schön sagt: Das war's! Ansonsten gibt es keine weiteren Ebenen in der Benutzeroberfläche. Alle Funktionen sind direkt mit der Maus erreichbar, es gibt keine verschachtelten und kontextsensitiven Menüs. Wie kein anderes 3D-Programm hat Caligari es geschafft, dem Benutzer viel Funktionalität mit wenigen Aktionen zur Verfügung zu stellen. Es gibt aber für viele Befehle auch Shortcuts, Tastaturkürzel, die statt eines Klicks mit der Maus die entsprechende Funktion aktiveren oder ausführen. Die Shortcuts erscheinen ganz links in der Hilfeleiste, wenn die Maus über ein Werkzeug fährt.

Schnell zum Ziel: Shortcuts und mehr

Die Shortcuts sind in der Regel die gleichen, wie sie in vielen Windows-Programmen zu finden sind: CTRL C kopiert ein markiertes Objekt, die ENTF-Taste löscht ein Objekt. Sie können auch eigene Tastaturkürzel definieren, wenn Sie mit der Maus auf ein Werkzeug zeigen und STRG F1 auf der Tastatur gleichzeitig drücken.

Stellt man beim Blick auf die Varianten fest, daß man sie momentan doch nicht braucht, bewegt man den Mauszeiger einfach aus der Tastenleiste heraus. Die Varianten verschwinden dann sofort wieder.

Ein Dialogfenster schließt man über den dafür vorgesehenen Button oben links oder zieht es einfach mit der rechten Taste aus dem Bildschirm. Sobald ein großes Kreuz über dem Dialogfenster erscheint, kann man die Maus loslassen und das Fenster verschwindet.

Wollen Sie alle Kontrollfenster mit einem Schlag loswerden, klicken Sie auf *Close all Panels* am rechten unteren Rand in der Funktionsleiste.

Im Anhang finden Sie eine Beschreibung der einzelnen Werkzeuge und ihrer Varianten. Die Dialogfenster werden in den weiteren Kapiteln im Zusammenhang mit ihren Werkzeugen detailliert beschrieben.

Eigene Shortcuts

Unerwünschte Werkzeuge loswerden

Den Bildschirm aufräumen

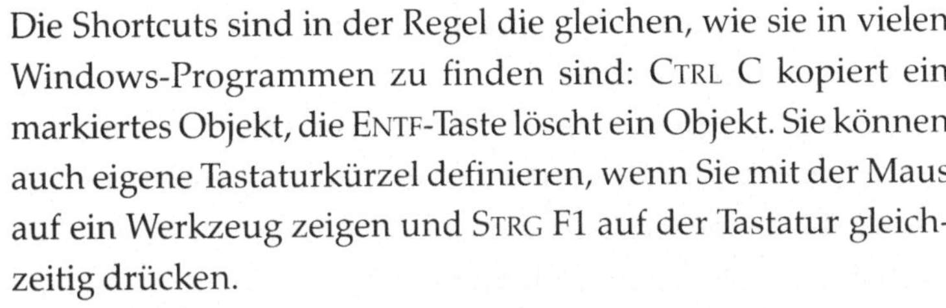

Mit maßgeschneiderter Oberfläche

Platz zum Konstruieren und Arrangieren

Mehr Platz auf dem Bildschirm bedeutet eine größere Arbeitsfläche und mehr Überblick. Da sind die vielen Dialogfenster schnell im Weg. Weniger Platz nehmen sie ein, wenn *Titles* im *Preference*-Dialog deaktiviert wird: dann haben die Dialogfen-

Den Preference-Dialog erreichen Sie im Filemenü in der Funktionsleiste

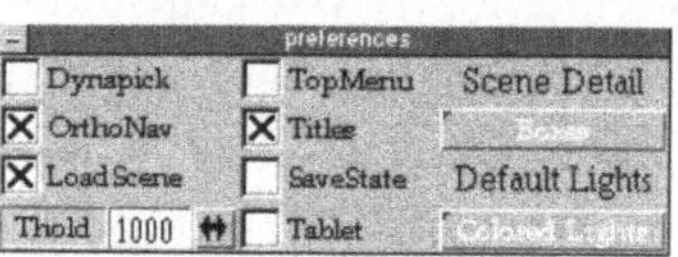

ster keine Titelleiste mehr. Wenn sie nicht mehr gebraucht werden, muß man sie dann entweder mit der rechten Maustaste aus dem Bildschirm herausziehen oder mit *Close all Panels* aus der Funktionsleiste alle gleichzeitig schließen.

Die Titelleiste ... unten oder oben?

Wenn Sie lieber wie gewohnt mit Funktionsleiste und Werkzeugleiste am oberen Bildschirmrand arbeiten, schalten Sie den Bildschirmaufbau mit *TopMenu* um.

Achsen für orthogonale Sichten

OrthoNav schaltet die Z-Achse in den orthogonalen Sichten ab. So können Sie Objekte nur in den Bildschirmkoordinaten transformieren.

Letzte Szene automatisch laden

Load Scene lädt beim Start von trueSpace die Szene, an der Sie zuletzt gearbeitet haben (wenn die Szene irgendwann vor dem Schließen gespeichert wurde), *Save State* lädt Ihnen alle Einstellungen der letzten Sitzung.

Vereinfachte Darstellung während der Navigation

Mit den Alternativen der Auswahlliste *Scene Detail* richten Sie den Bildschirmaufbau für schnelles und produktives Arbeiten an Ihrem System ein: Bei großen Szenen, die sich nur noch mühsam auf dem Bildschirm aufbauen, schalten Sie die Darstellung mit *Allways Boxes* um. Wenn die Kameraeinstellung geändert wird, sehen Sie die Objekte während der Kamerabewegung nur noch als objektumspannende Boxen. Die Einstellung *Boxes* schaltet erst ab einer gewissen Komplexität der Szene die Bounding Boxes ein – je niedriger Sie den Wert *Threshold* ansetzen, desto schneller schaltet trueSpace die Darstellung um.

Voll schattiert in die Kurve

Render All stellt die Objekte in der soliden Ansicht immer schattiert dar, auch wenn die Sicht verändert wird.

3.2 Modelle konstruieren

Die Konstruktion von 3D-Modellen im dreidimensionalen Raum wird schnell zu einem komplexen Vergnügen. Zwar be-

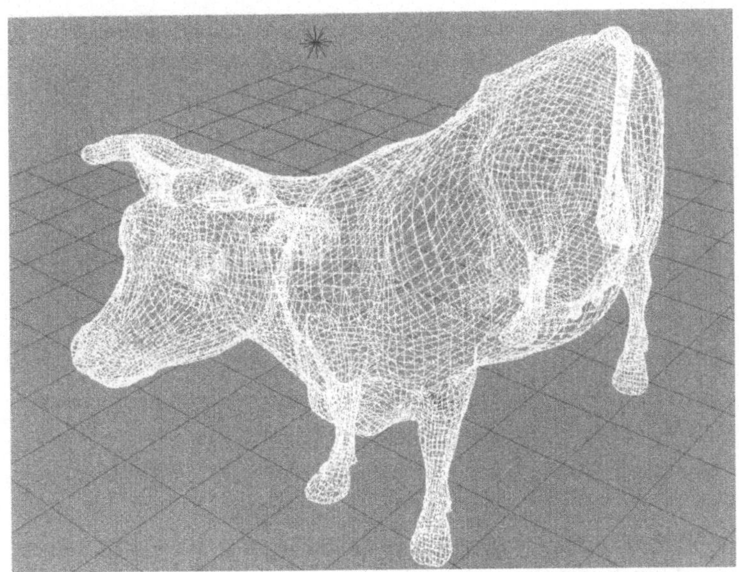

Bevor Sie bei solchen 3D-Modellen die Flinte ins Korn werfen: derart lebensechte Modelle werden gescannt.

kommt man aus vielen Quellen Objekte, aus denen man Szenen zusammenstellen kann, aber das Ziel vieler Benutzer wird es sein, eigene Modelle zu konstruieren.

Netzkörper mit einer einfachen geometrischen Struktur aufzubauen, gelingt mit den Funktionen aller 3D-Programme problemlos. Die Darstellung von Natur und organischen Formen ist dagegen ein ganz anderes Thema – wenn die Modelle organisch werden, wie ein Gesicht oder ein Tier, wird die Umsetzung zu einer Bildhauerarbeit im freien Raum. Caligari trueSpace bietet schon seit der Version 1 Hilfsmittel zur organischen Verformung an, mit denen sich geometrische Formen wie ein Klumpen Lehm schnell in organische Formen kneten lassen.

Wie man den einen oder anderen Körper am besten als Netzkörper aufbaut, ist nicht nur eine Frage der Funktionen, die ein 3D-Programm anbietet, sondern eine Frage der Erfahrung, des Talents und der Phantasie, des räumlichen Vorstellungsvermögens sowie der Kreativität des Grafikers. Jeder

Das große Geheimnis: wie man schnell komplexe Modelle konstruiert

Netzkörper läßt sich auf unterschiedliche Art und Weise, umständlich, einfach, elegant und gediegen hochziehen. Es gibt Zeichner, die einen komplizierten Netzkörper wie etwa ein Waschbecken mit allen Feinheiten mit einfachsten Mitteln über DOS-ähnliche Kommandos hochziehen – die Erfahrung macht's.

3.2.1 Geometrische Formen

Grundformen für den täglichen Bedarf

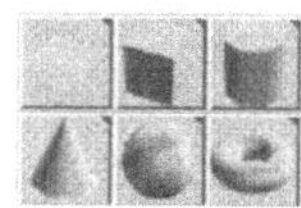

Der einfachste Weg, einen Körper in die Szene zu setzen, ist das Laden einer *Primitive*, einer einfachen Grundform. Das *Primitive*-Fenster von trueSpace bietet Fläche, Würfel, Zylinder, Kegel, Kugel und Torus an.

Jedes Objekt erscheint sofort auf dem Gitternetz der dreidimensionalen Welt und läßt sich verschieben, rotieren, vergrößern und verkleinern. Ein Klick mit der rechten Maustaste auf das Symbol für die Grundform ermöglicht die Eingabe einer Auflösung des Körpers, d.h. wie fein sein Gitternetz erzeugt werden soll.

Längen- und Breitengrade

Der Parameter *Longitude* definiert die Anzahl der vertikalen Einteilungen. Vorgabe für den Zylinder ist 16, für Kugel, Torus, Kegel, Konus und Zylinder ist die Vorgabe 20. Der kleinste Wert für die Longitude ist 3, einen maximalen Wert gibt es (rein theoretisch) nicht.

Der Parameter *Latitude* bezieht sich nur auf Kugel und Torus. Er definiert die horizontale Einteilung des Körpers. Der kleinste Wert für die Kugel ist 2 und der kleinste Wert für den Torus ist 3. Eine Beschränkung nach oben gibt es (theoretisch) nicht. Je größer die Werte für *Longitude* und *Latitude* sind, desto runder erscheint der Körper. Allerdings steigt der Rechenaufwand für die Darstellung des Drahtgitters auf dem Bildschirm mit der Größe dieser Parameter.

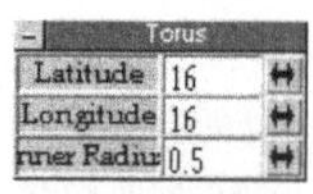

Torus und Zylinder

Der innere Radius gilt nur für den Torus und gibt die Größe des Lochs im Torus an. Dabei beeinflußt er gleichzeitig die Dicke des Torus – je kleiner der Wert, desto dicker wird der Torus. Die Vorgabe ist 0.5, der größte mögliche Wert ist 0.999. Der Zylinder hat einen dritten Parameter: *Top Radius*. Ein *Top Radius*, der kleiner ist als 1, erzeugt einen Konus.

3.2.2 Rund ums Objekt

Mit den Grundformen kann man die Manipulationen üben, die für die Konstruktion komplexer Modelle nötig sind. Funktionen, die am Anfang kompliziert wirken, vereinfachen die Konstruktion – wie etwa das Einschalten der Achsen, das Einschalten des Fangs und das Fixieren der Achsen in eine bestimmte Richtung.

Objekte markieren

Erzeugen Sie eine Kugel aus der *Primitives Library*. Ein frisch erzeugtes Objekt wird mit einem weißen Gitter dargestellt. Markierte Objekte werden von trueSpace als weiße Gitter dargestellt, während alle anderen Objekte aus einem blauen Gitter bestehen. In der 3DR-Ansicht mit den soliden Oberflächen weist ein Pfeil auf das markierte Objekt. Erzeugen Sie jetzt einen Würfel. Die Kugel wird blau, der neu erzeugte Würfel ist weiß. Um wieder die Kugel zu markieren, klicken Sie auf das Gitter der Kugel.

Rahmenlose Freiheit

Das Objekt bekommt keinen Markierungsrahmen, wenn es gewählt wird, wie das in vielen Grafikprogrammen der Fall wäre. Man muß nicht mit dem Mauszeiger auf das Objekt oder seinen Markierungsrahmen klicken, um das Objekt zu manipulieren, sondern einfach irgendwohin in den Bild-schirm. So ist der Mauszeiger beim genauen Positionieren auch nicht im

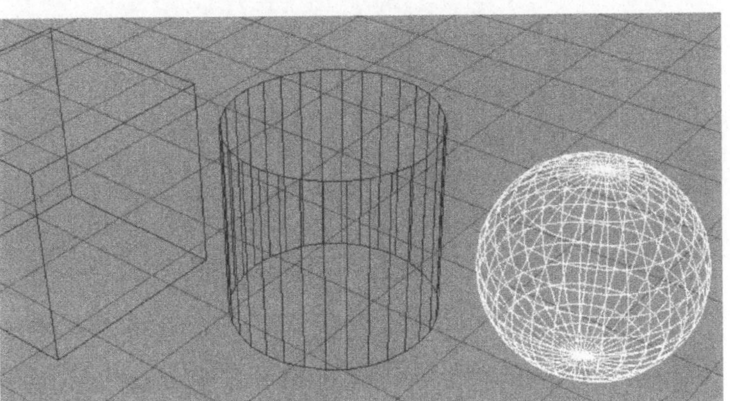

Kein Markierungsrahmen, keine »Bounding Boxes« ... ein markiertes Objekt wird einfach nur weiß dargestellt.

Weg, und Sie können das Objekt auch über den sichtbaren Ausschnitt der Szene hinausschieben.

Mit den Navigationswerkzeugen werden Objekte markiert, verschoben, gedreht und skaliert. Ein markiertes Objekt läßt sich verschieben, wenn man auf Object Move klickt, es läßt sich nach einem Klick auf Object Rotate drehen, und seine Ausmaße lassen sich vergrößern und verkleinern, wenn man auf Object Scale klickt. Verschieben Sie die Kugel, so daß sie nicht mehr auf der gleichen Stelle liegt wie der Würfel.

Die Kugel wird mit der linken Maustaste auf den X- und Y-Achsen und mit der rechten Maustaste auf der Z-Achse bewegt. Nach dem gleichen Modus wird die Kugel rotiert. Die linke Maustaste rotiert die Kugel um die X- oder Y-Achse, die rechte Taste rotiert die Kugel um die Z-Achse.

Einfache Transformationen

Objekte skalieren

Durch das Vergrößern und Verkleinern lassen sich die Grundformen weiterentwickeln. Aus der Kugel wird ein Ei, wenn man sie auf der X- und Y-Achse verkleinert. Zur besseren Kontrolle der Transformationen führt man die Manipulationen entweder in den orthogonalen Sichten durch, oder man stellt

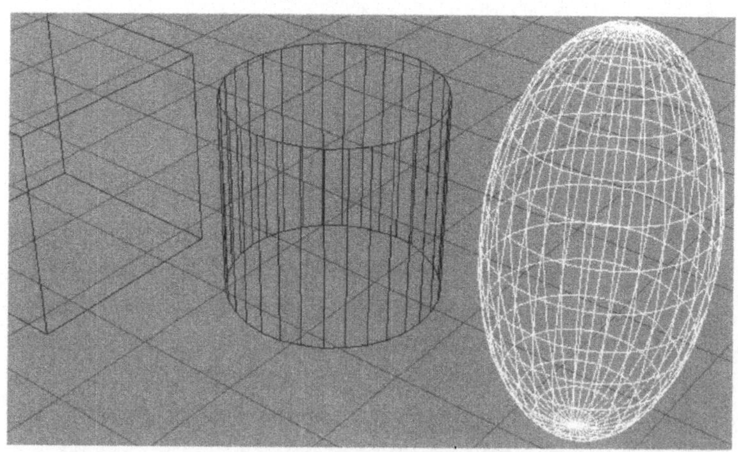

Die einfachen Transformationen: bewegen, rotieren, skalieren

in der perspektivischen Sicht zuerst die X-Achse fest, verkleinert die Kugel auf der Y-Achse, und stellt dann die Y-Achse fest, um die Kugel in der X-Achse zu verkleinern. Will man die Kugel nur nach oben vergrößern, zieht man sie mit der rechten Maustaste auf der Z-Achse nach oben. Will man die ganze Kugel gleichmäßig vergrößern, hält man die rechte und linke Maustaste gedrückt und zieht sie bis auf die gewünschte Größe.

Zentrale Informationsstelle

Ein Klick mit der rechten Maustaste auf das Objekttool gibt die exakte Position, Rotation und Skalierung der Kugel an. Sie können jedem Objekt auch einen Namen geben, der mit dem Objekt gespeichert wird.

object info	X	Y	Z
Location	-1.489	0.972	1.000
Rotation	0.00	0.00	0.00
Size	2.000	2.000	4.028

Name	Sphere	☒ Dynaunits	
# vertices	482	World	Meters
# faces	512	Object	Meters

Die Position eines Objekts

Die Position (*Location*) eines Objekts bezieht sich auf seine Position relativ zum Nullpunkt der trueSpace-Welt. Die Rotation (*Rotation*) und die Größe (*Size*) eines Objekts beziehen sich auf die Rotation und Skalierung des Objekts seit seiner Erzeugung. Die Anzahl der Angelpunkte eines Objekts (# Vertices) und die Anzahl der seiner Facetten (# Faces) sind ein Maß für die Komplexität des 3D-Modells.

Detailtiefe und Komplexität

Um Modelle nach Vorlage zu konstruieren, läßt sich das trueSpace-Maßsystem auf unsere heimischen Meter und Millimeter einstellen.

Numerische Operationen und Funktionen

In der Objektinfo lassen sich auch einfache Funktionen anwenden: So kann man ein Objekt in eine beliebige Richtung um einen Faktor vergrößern, indem man seine Größe in die-ser Richtung mit dem entsprechenden Faktor multipliziert. Die Operation kann man direkt in der Objektinfo durchführen: Man schreibt die Formel in das Feld für die Größe, also zum Beispiel 4.000x2 oder 4.000-2. Um ein Objekt gleichmäßig in alle Richtungen auf die halbe Größe zu verkleinern, multipliziert man alle Werte der dritten Zeile, der Objektgröße, mit dem Faktor 0.5. Auf die gleiche Weise kann man ein Objekt um eine feste Größe verschieben oder rotieren.

Objektachsen und Pivotpunkt

Wie kann man die Lage eines dreidimensionalen Objekts durch einen einzigen Punkt im Raum beschreiben? Denn die drei Werte für die Position des Objekts in der Objektinfo bilden ja nur einen Punkt im Raum.

Jedes Objekt hat – zunächst mal nicht auf dem Bildschirm sichtbar – drei Achsen. Der Punkt, an dem diese drei Achsen sich treffen, ist der »Pivotpunkt«. Alle weiteren Positionspunkte des Objekts werden durch die Entfernung seiner einzelnen Punkte von seinem Pivotpunkt beschrieben.

Dauerhaft sichtbare Achsen helfen besonders bei Animationen: Die Achse an die Stelle geschoben, an der sich beim menschlichen Arm das Gelenk befindet – so läßt sich der Arm am einfachsten in eine andere, natürliche Position drehen und in einer Animation schwenken.

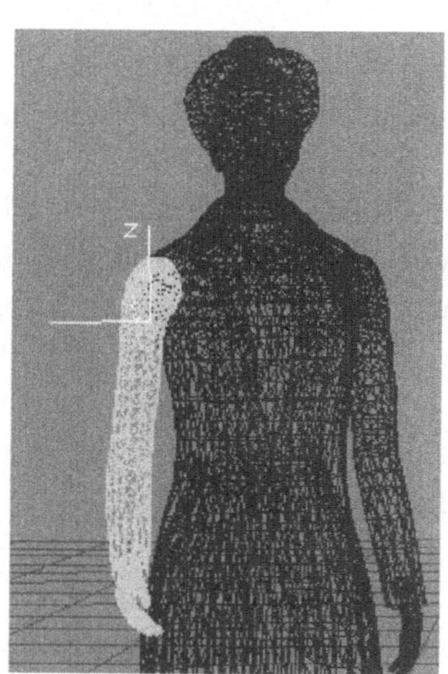

Mit einem Klick der Maus auf *Axes* in der Gruppe *Util* werden die Achsen eines Objekts sichtbar gemacht und können verschoben und rotiert werden. Einfache Netzkörper wie eine Kugel haben den Pivotpunkt, also den Schnittpunkt ihrer Achsen, in der Mitte. Anders sieht es aus, wenn das Objekt unregelmäßig und komplex ist oder wenn es aus mehreren Objekten zusammengesetzt ist. Wenn die Rotation dann sehr aufwendig wird, verschiebt man die Achsen an den Punkt des Objekts, um den es gedreht werden soll – den Pivotpunkt eines menschlichen Armes wird man in die Höhe seines Schultergelenks ziehen, den Dreh- und Angelpunkt einer Türe auf die Seite der Tür, an der auch ihre Angeln sind.

Markieren Sie dazu das Objekt und klicken auf *Axes*. Die Achsen werden weiß markiert und das Gitternetz hellorange. Sie können jetzt mit den *Object Navigation*-Werkzeugen die Achsen verschieben, rotieren und skalieren. Ein weiterer Klick auf *Axes* entfernt die sichtbaren Achsen und markiert wieder das Objekt. Sie können die Achsen auch mit *Erase* ausschalten. In der 3DR-Vorschau werden die Achsen eines Objekts auf die gleiche Weise sichtbar gemacht. Allerdings können sie hier den Pivotpunkt der Achsen nicht sehen, wenn der Pivotpunkt innerhalb des Objekts liegt.

Die Achsen dauerhaft sichtbar machen

Gerade am Anfang helfen die sichtbaren Achsen eines Objekts, bei einer Drehung des Körpers die Achse zu bestimmen, um die der Körper gedreht werden soll. Schalten Sie die Achsen mit dem Klick auf *Axes* ein und klicken Sie dann auf *Hierarchie Up* in der *Object Navigation*-Gruppe. Damit bleiben die Achsen sichbar. Ein doppelter Klick auf *Axes* entfernt die Achsen wieder, wenn sie nicht mehr als Anhaltspunkt gebraucht werden.

Gruppenbildung

trueSpace markiert immer nur ein Objekt. Will man mehrere Objekte zusammen manipulieren, »klebt« man sie mit *Glue* zusammen. Die Gruppierung läßt sich durch *Unglue* wieder aufheben. *Glue* gibt es in zwei Varianten: *Glue as Child* und *Glue as Sibling*. *Glue as Child* baut einer Körperhierarchie auf, während *Glue as Sibling* die Objekte gleichberechtigt auf einer Ebene verbindet. Objekte, die mit *Glue* verbunden wurden, lassen sich im gleichen Ausmaß vergrößern, zusammen verschieben und rotieren.

Objekte zusammenfassen

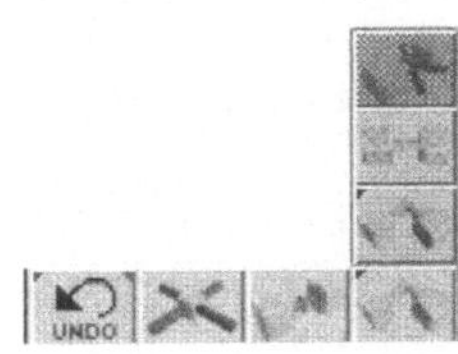

Zurück zum Anfang: Normalisierung

Normalize – die Normalisierung – plaziert ein Objekt auf den Mittelpunkt des Gitternetzes. Die Rotation, die Position und die Skalierung können wieder auf die Werte nach der Erzeugung des Objekts zurückgesetzt werden. Wenn etwa eine Sze-

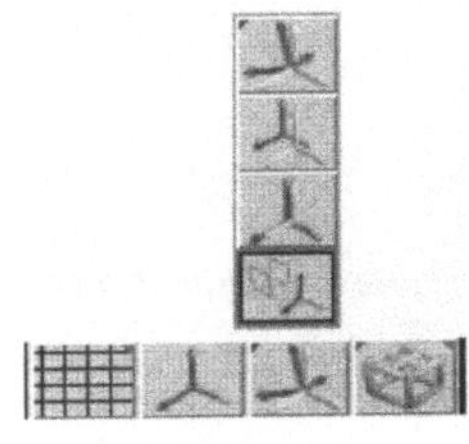

ne oder ein Objekt weit entfernt vom Nullpunkt der trueSpace-Welt liegt, wird die Einrichtung der Kamera oder des Perspektivenblicks sehr unkomfortabel. In solchen Fällen wird man alle Objekte der Szene gruppieren und mit *Normalize Location* zum Nullpunkt der Welt schicken.

Das Geheimnis der verschwundenen Netzkörper

Besonders bei importieren Objekten kann der Pivotpunkt schon mal vollkommen außerhalb des Objekts liegen – und zwar soweit, daß Pivotpunkt und Objekt kaum noch zusammen auf den Bildschirm zu setzen sind. Auch ein *Normalize Location* hilft da nicht: Das Objekt ist auch mit der Funktion *Look at Current Object* nicht aufzufinden, denn die Funktion benutzt den Pivotpunkt des Objekts zur Ausrichtung. In dieser Situation hilft *Move Axes to Center of Object*, um den Pivotpunkt wieder in den Mittelpunkt des Objekts zu verlagern.

Objekte laden und speichern

Objekte speichern, laden und plazieren

trueSpace speichert Objekte als Netzkörper mit der Materialdefinition ihrer Oberflächen, mit ihren Namen in der Objektinfo, als Gruppe von Objekten, wenn mehrere Objekte mit Glue gruppiert sind. Markieren Sie ein Objekt, das sie speichern wollen, und wählen Sie *File – Save Object As* in der Funktionsleiste.

Objekte im ASCII-Format speichern

Als ASCII-Objekt wird das Objekt gespeichert, wenn eine Weiterbearbeitung mit anderen Programmen geplant ist. So braucht zum Beispiel das Partikelsystem EXPLODE, das ein trueSpace-Objekt explodieren läßt, die Objekte im ASCII-Format. Außerdem wird die Objektdatei des Modells durch die Speicherung als ASCII-Datei mit einem Texteditor wie NOTEPAD lesbar und ein erfahrener Konstrukteur, der das trueSpace-Format beherrscht, kann Modelle direkt in der Modelldatei ändern.

Als ASCII-Datei gespeicherte Modelle verbrauchen wesentlich mehr Speicherplatz und werden von trueSpace langsamer geladen.

Modelle in andere Programme exportieren

trueSpace-Objekte lassen sich auch als 3D Studio-Objekte (ASC)-für die Weiterbearbeitung im 3D Studio und im CAD-

Standardformat DXF speichern. Diese Formate werden von fast allen 3D-Programmen als Importformat akzeptiert.

Modelle aus anderen Programmen importieren

trueSpace kann Objekte direkt aus einer Reihe von anderen 3D-Programmen laden: 3D Studio 3DS und ASC-Format, 3D Studio-Projektdateien PRJ, AutoCad-Objekte im DXF-Format, Modelle im IOB-Format von IMAGINE, im LIGHTWAVE LWB-Format, im WAVEFRONT-Format OBT. Damit eignet sich trueSpace auch hervorragend zur Konvertierung von Modellen.

Verlorene Layer beim DXF-Format?
»DXF is a moving target«

Allerdings kann es beim Import zu kleinen Problemen kommen. Beispielsweise können die Layer von DXF-Dateien nicht immer identifiziert werden, so daß trueSpace aus dem DXF-Modell ein einziges, zusammenhängendes Modell macht, dessen Einzelteile nicht mehr mit *Hierarchie Down* zu identifizieren sind. Dabei liegt der Fehler nicht in trueSpace, sondern in der Tatsache, daß es sehr viele verschiedene Spezifikationen des DXF-Formats gibt.

Probleme mit den Texturen bei importierten Modellen?

Sehr oft lassen sich keine Texturen für importierte Objekte zuweisen – das Objekt nimmt nur die Grundfarbe der Textur, nicht aber die tatsächliche Bitmap an. Wenn sich ein importiertes Modell nicht mit einer Textur belegen läßt, müssen Sie dem Modell einen neuen UV-Raum zuweisen, dann klappt´s auch wieder mit der Textur. Aktivieren Sie die Funktion *UV Projection* in der Werkzeugleiste, und wählen Sie die Projektionsart für die Textur, die der Form des importierten Objekts am nächsten kommt. Klicken Sie auf *Apply*, um dem Objekt die Projektionsart zuzuweisen.

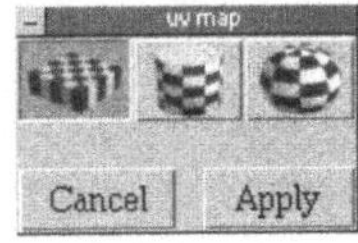

Das Animationsskript – schnelles Markieren

Wenn Szenen groß und komplex sind, kann das Markieren eines Objekts mühsam werden. Aktivieren Sie das Animationsskript *Animation Project Window* aus der Animationsgruppe in der Werkzeugleiste. Hier sind alle Objekte oder Gruppen der Szene aufgelistet. Ein Objekt, das Sie im Animationsskript markieren, wird auch in der Szene markiert. Spätestens hier merkt man, daß es Vorteile bringt, allen Objekten und Gruppen in der Szene einen Namen mit Wiedererkennungswert zu geben.

Kein Versteck für´s Objekt

Objekte verstecken

truespace bietet keine Funktion Hide oder Verstecken wie Autodesk Max, mit der Sie ein Objekt oder eine Gruppe von Objekten, die Sie momentan nicht in der Szene brauchen, verstecken können. Versteckte oder deaktivierte Objekte würden den Bildschirmaufbau beschleunigen und könnten nicht aus Versehen verändert werden. Anstelle dessen können Sie ein Objekt oder eine Gruppe sichern und aus der Szene löschen, solange die Objekte nicht benötigt werden. Wenn Sie die zwischengespeicherten Objekte wieder laden, erscheinen Sie an der Stelle der Szene, an der sie gespeichert wurden und haben noch die gleichen Eigenschaften: Materialien und Transformationen bleiben beim Speichern erhalten.

Ein Modell verschwindet schnell aus dem sichtbaren Szenenausschnitt, wenn Sie seine Position in der Objektinfo um einen entsprechenden Wert ändern. In der Objektinfo kann man einfache numerische Funktionen eingeben: Addieren Sie z.B. 100 (oder einen anderen passenden Wert) auf die Positionsdaten auf einer Achse dazu. Wenn das Objekt wieder in der Szene auftauchen soll, subtrahieren Sie den gleichen Wert wieder und stellen so sicher, daß das Objekt wieder genau an der gleichen Stelle auftaucht.

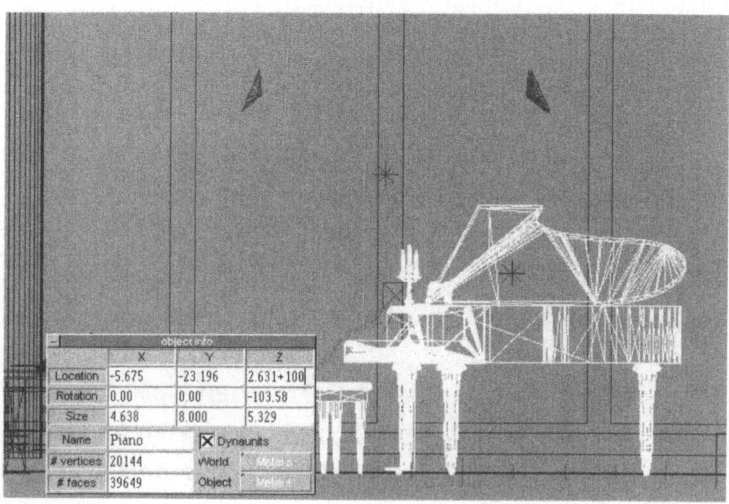

Der Flügel verschwindet gleich aus dem sichtbaren Szenenausschnitt und sorgt so für einen schnelleren Bildschrimaufbau.

3.2.3 Grundrisse – die Basis des 3D-Modells

Die Arbeit an einem eher geometrisch ausgelegten 3D-Modell
wie einem Haus oder einem Schiffsrumpf beginnt mit der
Konstruktion seines Grundrisses als Polygon. Die Grundrisse
werden mit den Polygonwerkzeugen auf das Gitternetz der
trueSpace-Welt gezeichnet und dann wie ein Haus Schicht für
Schicht nach oben gezogen – extrudiert.

trueSpace bietet drei Arten von Polygonen an: Unregelmäßige Vielecke wie der Grundriß eines Hauses oder eines
Zimmers werden als *Polygon* gezeichnet, Kreise mit *Regular Polygon*. Mit *Splines* werden Umrisse mit weichen Rundungen
gezeichnet, etwa der Umriß eines Herzens.

⤷ Ein ungleichseitiges Polygon beginnen Sie von einem beliebigen Eckpunkt aus mit einen Klick der linken Maustaste, ziehen die Maus und damit die Kante bis zum nächsten Eckpunkt und lassen die Maustaste los – die erste
Kante ist damit festgelegt. Sie zeichnen alle Kanten bis auf
die letzte Kante – die setzen Sie entweder durch einen
Klick auf die rechte Maustaste oder lassen die Form von
trueSpace schließen, indem Sie ein anderes Werkzeug
wählen. Wenn Sie mit einer neuen Kante zu nahe an den
ersten Punkt des Polygons gelangen, verweigert trueSpace das Setzen der Kante. Sie können die Aktion rückgängig machen und die Kante entweder weiter weg vom Ursprung setzen oder mit einem Klick der rechten Maustaste
schließen.

⤷ Für einen Kreis wählen Sie *Regular Polygon* und legen den
Mittelpunkt des Kreises mit der linken Maustaste fest, halten die Maustaste gedrückt und ziehen den Kreis auf seinen endgültigen Umfang. Der Kreis ist tatsächlich ein
Vieleck mit gleich langen Kanten. Die Anzahl der Segmente, die Sie im Dialogfenster *Poly Modes* eingeben, bestimmt, wie rund der Kreis aussieht.

⤷ *Splines* zeichnen Kurven zwischen zwei Punkten, die Sie
nacheinander setzen. Sie schließen eine Splinekontur ge-

*Alle Polygone lassen
sich nur in der Sicht von
oben und in der
perspektivischen Sicht
zeichnen.*

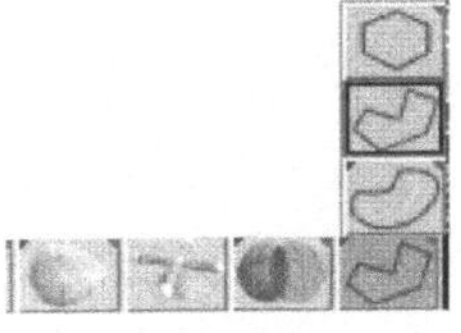

*Die Anzahl der Segmente,
die sich im Poly Modes-
Fenster einstellen läßt, hat
für einfache Polygone keine
Bedeutung.*

*Sechsecke und Kreise
für Säulen, Tassen und
Schirme*

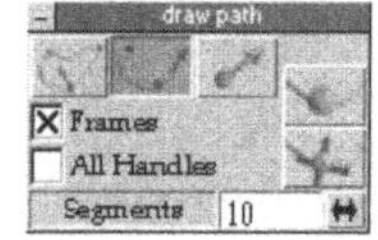

Splines sind an die Bézierkurven der 2D-Illustrationsprogramme angelehnt, sind aber keine echten Bézierkurven. Hier entstehen nicht wirkliche Kurven. Wenn Sie das Polygon stark genug zoomen, dann sehen Sie die einzelnen Punkte und die Kanten dazwischen.

nauso wie ein ungleichseitiges Polygon mit einem Klick der rechten Maustaste, durch die Wahl eines neuen Werkzeugs oder mit einem Klick auf *New Spline* (in diesem Fall können Sie direkt das nächste Splinepolygon zeichnen). Mit einem Hebel an den Splinepunkten – der Tangente – wird die Krümmung der Kurve verändert.

Das fertige Polygon liegt flach auf dem Gitternetz. Es ist kein leerer Umriß aus Kanten und Ecken, sondern es ist eine Fläche, wie man in der 3DR-Ansicht sofort sehen kann.

Mehr über Splines

Der Klick auf *Spline* öffnet ein Dialogfenster, in dem die Anzahl der Segmente zwischen zwei Splinepunkten festgelegt wird. Diese Zahl bestimmt, wie weich die Kurve wirkt, und kann von Splinepunkt zu Splinepunkt verändert werden.

Der Splinepunkt wird durch Anklicken aktiviert und sein Hebel wird sichtbar. Mit *Point Move* im *Draw Path*-Fenster lassen sich Splinepunkte verschieben und die Hebel drehen und ziehen.

Die Hebel werden an den Endpunkten gedreht, vergrößert und verkleinert. Je länger der Hebel ist, um so stärker

Lange Hebel sorgen für weiche Kurven, kurze Hebel sorgen für spitze Kurven

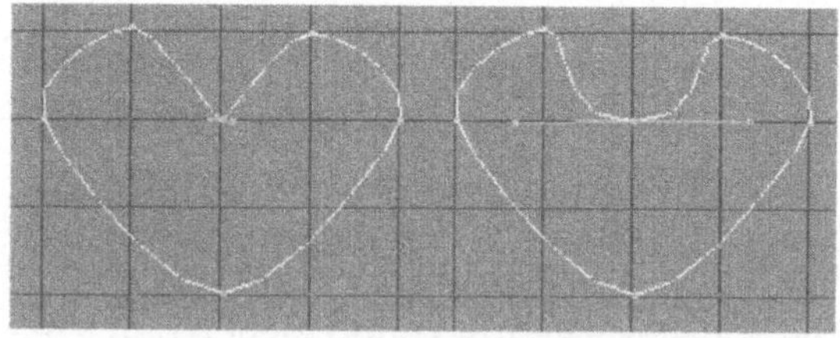

schmiegt sich die Kurve an den Hebel an und um so weicher wird die Kurve.

Die Einstellung *All Handles* im *Draw Path*-Dialog aktiviert die Tangenten aller Splinepunkte gleichzeitig. So kann die Lage der Tangenten zueinander korrigiert und verglichen werden, etwa um die Bögen einer Rosette gleichmäßig zu gestalten.

Mit einem Klick der rechten Maustaste auf das *Spline*-Symbol in der Modellgruppe öffnet sich ein weiteres Dialogfenster, in dem die Splineparameter automatisch geändert werden. Für jeden Punkt kann man die Schärfe einer Krümmung festlegen. So setzt man scharfe Ecken oder weiche Rundungen in einen Splineumriß.

Im *Spline*-Dialog wiederum liefert ein Klick mit der rechten Maustaste auf eines der drei Symbole für die Rundung der Kurve die Parameter zur individuellen numerischen Einstellung:

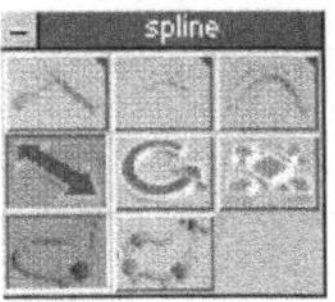

Die drei Knöpfe im Splinefenster haben die gleiche Wirkung wie das Verkürzen und Verlängern des Splinehebels. Die Voreinstellung ist die mittlere Rundung der Kurve.

✎ *Tension* ist die exakte Länge des Splinehebels. Dabei hat *Tension* den Wert Null, wenn der Splinepunkt auf die mittlere Rundung eingestellt wird. Bei kleineren Werten als Null wird der Hebel verlängert und bei größeren Werten verkürzt.

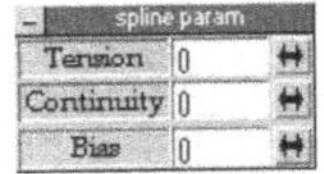

✎ *Bias* ist die Richtung der Kurve. Mit dem Bias wird gleichzeitig der Hebel auf eine Seite der Kurve zu gedreht und mit wachsendem Wert für Bias immer stärker an diese Kurvenseite angepaßt.

✎ *Continuity* bestimmt, wie weit sich die Kurve an die Tangente schmiegt. Ist *Continuity* größer oder kleiner als 0, entsteht eine Ecke, die um so spitzer ist, je größer oder kleiner der Wert für *Continuity* ist.

Im Gegensatz zu Freihandpolygonen, die eine Kreuzung der Kanten nicht zulassen, kann der Hebel eines Splinepolygons so weit gedreht werden, daß die Splinekurve eine Schleife bildet. Diese Möglichkeit ist allerdings in erster Linie für die Erstellung von Splines für Animationspfade gedacht.

Die Splinepunkte können verschoben und gekrümmt werden, bevor und nachdem der Splineumriß geschlossen wird. Der Splineumriß kann mit den Navigationswerkzeugen verschoben, skaliert und rotiert werden, darf aber nicht mit dem *Object Tool* gewählt werden.

Ändern der Splinepunkte

Wird ein anderes Werkzeug angeklickt, verlieren Splines ihre Splineeigenschaften, also den Hebel, an der man die Spli-

Paß auf, sonst werde ich zum Polygon

nekontur beeinflussen kann, und können nur noch wie ein Polygon verändert werden. Dieser Vorgang läßt sich nicht rückgängig machen – unter Umständen heißt das, den ganzne Umriß noch einmal neu zu zeichnen.

Kofferecken

Für das Viereck mit Kofferecken werden in den Ecken jeweils Splines mit 5 Segmenten gesetzt, für die gerade Strecke zwischen zwei Kofferecken Splines mit je einem Segment. Alle Hebel sind zwei Einheiten lang und liegen genau auf der Geraden zwischen den Kofferecken.

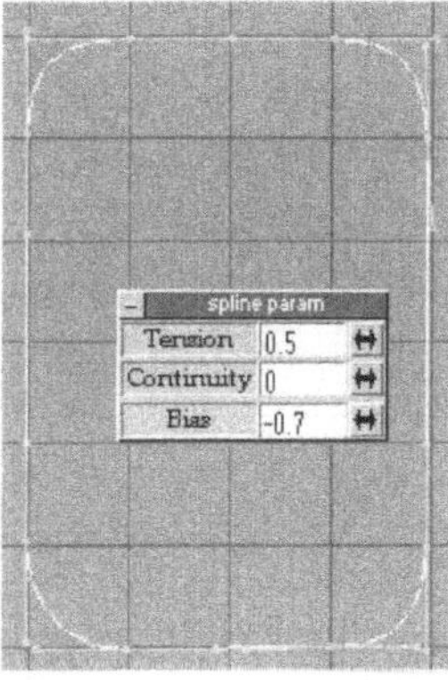

Damit alle Ecken (mäßig) exakt werden, werden Sie durch die numerische Eingabe der Splineparameter nachjustiert. Exaktes Konstruieren mit Splines ist dadurch allerdings nur sehr beschränkt möglich.

Splinekonturen archivieren

Splinekonturen, die man bei anderer Gelegenheit noch einmal brauchen kann, speichert man in der Pfadbibliothek – solange sie noch Splines sind. *Add Path* fügt die aktive Splinekontur zur Bibliothek hinzu und nennt sie einfach *Path*. Klicken Sie

den Namen auf der rechten Seite des Kontrollfensters an, und
geben Sie dem Splinepfad einen sinnvollen Namen.

Lädt man einen Pfad aus der Bibliothek, so erhält man ein
Polygon. Aktiviert man jedoch das Splinewerkzeug, bevor
man den Pfadnamen wählt, wird die Splinekontur als Spline
mit Tangenten geladen und kann weiter verändert werden. Ei-

Splinekonturen speichern

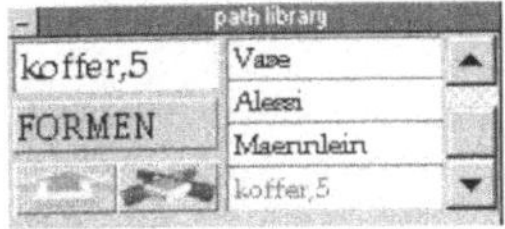

ne Splinekontur kann man auch speichern, bevor sie geschlossen wird: so kann man Animationspfade sichern und
auf andere Objekte übertragen.

Praktiken für Splines

Abgepaust

🖐 Komplexe organische Umrisse scannt man als zweidimensionale Vorlage ein. Das Bild wird als Hintergrundbild in trueSpace geladen, und der Modus *Show Backgro-
und* wird aktiviert (ein Klick mit der rechten Maustaste auf
das 3DR-Symbol liefert das Funktionsfenster). *Show Background* zeigt das Hintergrundbild dauerhaft im Fenster an.
Der Umriß kann jetzt mit dem Splinewerkzeug gezeichnet werden oder als Hilfestellung beim Extrudieren komplexer Konturen benutzt werden.

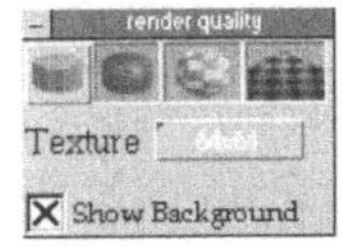

*Die Konturen eines
Kirchenfensters werden
hier »durchgepaust«, um
die passende Bleifassung
des Fensters zu
konstruieren.*

Konturen als Vektor erfassen

↳ Wenn Sie ein 3D-Illustrationsprogramm wie Adobe Illustrator, Macromedia Freehand oder Corel Draw! haben, können Sie Bitmapgrafiken in Vektoren umwandeln und als DXF- oder AI-Format in trueSpace importieren. Stellen Sie dabei sicher, daß Sie alle Konturen mit der *Combine*-Funktion in eine einzige Kurve verwandelt haben.

Konturen in Illustrationsprogrammen zeichnen

↳ Wenn Sie nicht über ein CAD-Programm verfügen, können Sie komplexe Grundrisse – besonders dann, wenn sie exakt werden sollen – in Illustrationsprogrammen zeichnen. Da alle diese Programme mit echten Bézirkurven arbeiten, ist es manchmal wesentlich einfacher und exakter, den Grundriß in einem dieser Programme zu zeichnen und als DXF- oder AI-Format zu importieren, als ihn in trueSpace zu konstruieren.

Eingescannte Vorlage für einen 3D-Bleisoldaten.

3.2.4 Vom Grundriß zum Modell

Die Extrusion

Die Polygone bilden die Basis für den Aufbau von Netzkörpern. Aus ihnen werden durch Extrusion und Rotation dreidimensionale Körper aufgebaut.

Den Ausdruck *Sweep*, die trueSpace-Bezeichnung für die Extrusion, sollte man übrigens nicht, wie das Wörterbuch es vorschlägt, mit »fegen« übersetzen. *Sweep* bedeutet so viel wie »hochziehen«. Tatsächlich wird bei jedem Extrusionsschritt das Polygon kopiert, ein Stück auf der Z-Achse nach oben verschoben und dann werden die Ecken miteinander verbunden.

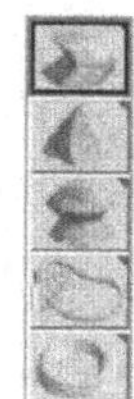

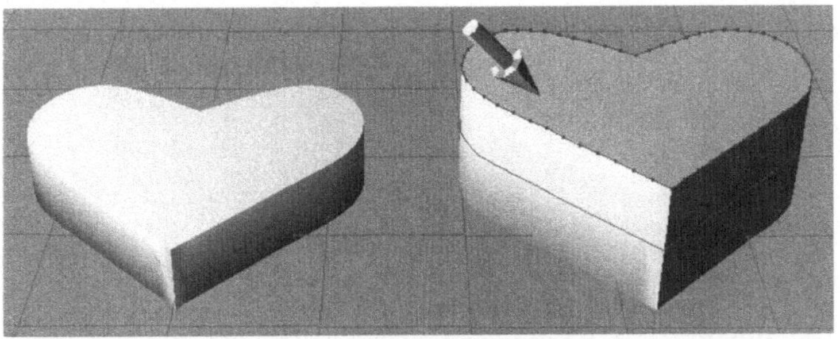

Die neu erzeugte Oberfläche des Modells wird grün dargestellt. Die Flächen, aus denen extrudiert wurde, sind blau markiert.

Die neue, grüne Fläche kann jetzt verschoben, gedreht und skaliert werden. Um aus einem Quadrat einen Würfel zu extrudieren, wird man also die grüne Fläche so weit hochziehen, daß der Würfel genauso hoch ist wie breit.

Gleichzeit mit dem Klick auf *Sweep* öffnet sich das *Point Navigation*-Fenster. Der Mauszeiger hat, solange *Point Navigation* aktiv ist, ein kleines »P« neben sich.

Den Sweep kontrolliert man am besten in der Sicht von vorne und von der Seite (*Front View* und *Left View*). Vor allem, wenn Sie den Sweep auf der ganzen Fläche vergrößern oder verkleinern, müssen sie sich aus der Seiten- und der Frontansicht oder aus der Sicht von oben vergewissern, ob das Verhältnis der Vergrößerung stimmt.

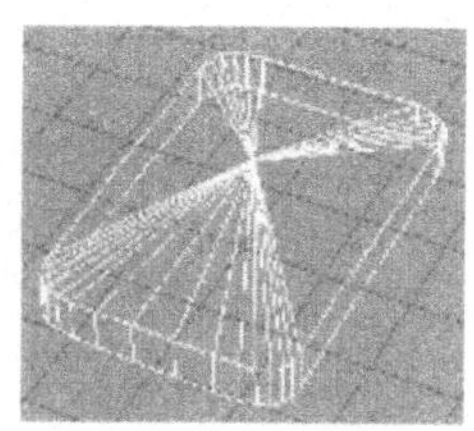

Ein Sweep, also die neue Fläche des Modells, läßt sich in alle Richtungen gleichmäßig vergrößern oder verkleinern, wenn man linke und rechte Maustaste gleichzeitig gedrückt hält.

In der Regel zieht man den Sweep in einem einzigen Segment so weit hoch, bis sich die Form wieder ändert. Zwar ergibt sich die gleiche Form, ob man nun einen Sweep zweimal oder nur einmal mit doppelter Höhe durchführt. Aber vor allem bei detaillierten Modellen versucht man, die Anzahl der Facetten zu optimieren, da sie die Dauer der Bildberechnung maßgeblich mitbestimmen. Und auch im reinen Gittermodus wird eine Szene bei jeder Änderung des Blickwinkels um so träger, je mehr Facetten die Modelle haben.

Exakte Sweeps

Ein Klick mit der rechten Maustaste auf Sweep öffnet den Dialog für exakte Sweeps. Die Höhe, mit der ein Sweep durchgeführt wird, ist durch die Größe des gegenwärtigen Rasters (*Grid*) voreingestellt. Mit der Anzahl der Segmente legt der Benutzer fest, um wieviele Segmente ein Sweep den Körper in einem Schritt hochzieht.

Dem Sweep eine Spitze aufsetzen

Tip schließt einen Körper, indem es alle Punkte der grün markierten Fläche in einen einzigen Punkt zusammenzieht. Dieser Punkt läßt sich verschieben, aber nicht rotieren und skalieren. Diese »Spitze« eines Sweeps kann nicht mehr extrudiert werden.

Das Gedächnis des Sweeps

Zeichnen Sie noch einmal ein Viereck und gehen in die Frontansicht, extrudieren das Vierreck und vergrößern das neu entstandene Segment in der X-Richtung. Das Sweep-Werkzeug merkt sich den Weg jedes Sweeps und wendet ihn beim nächsten Sweep wieder an. Der nächste Sweep wird also nicht senkrecht nach oben gehen wie der voreingestellte allererste Sweep, sondern wird genauso weit nach oben und mit dem

gleichen Vergrößerungsfaktor durchgeführt. Das ist das »Gedächtnis« des Sweepwerkzeugs mit der gleichzeitigen Interpolation des nächsten Sweepschrittes.

Das gebogene Rohr ist auf diese Weise entstanden. Die Grundfläche ist ein Kreis, aus dem ein zweiter, kleinerer Kreis herausgeschnitten wurde, um den Grundriß für einen Hohlkörper zu erzeugen. Der zweite Sweep wird rotiert – die folgenden Rotationen bei den einzelnen Sweeps führt trueSpace automatisch durch, so daß die Biegung des Rohrs direkt durch wiederholte Benutzung des Sweeps zustande kommt, ohne daß auf jeder Stufe die Rotation neu festgelegt werden mußte.

Extrusionen nachbearbeiten

Werden mehrere Sweeps hintereinander durchgeführt, so bleiben die Flächen der vorangegangenen Sweeps blau markiert. Sie können nachträglich einfach verändert werden. Wenn Sie sie mit der linken Maustaste anklicken, werden die Sweeps als aktives Element grün markiert·und können verschoben, rotiert und skaliert werden. Auf diese Weise kann die Kontur eines Objekts während der Extrusion noch einmal überarbeitet und angepaßt werden. Diese Möglichkeit besteht so lange, bis ein anderes Werkzeug gewählt wird.

Eine Hilfestellung zur Automatisierung der Konstruktion von 3D-Modellen ist das Speichern der aufeinanderfolgenden Schritte einer Extrusion als Makro. Das Makro kann den Weg, auf dem ein Netzkörper extrudiert wurde, für beliebige Polygone wiederholen. Dabei werden auch Rotationen und Skalierungen der Flächen in den einzelnen Extrusionsschritten mitgespeichert. Ein gespeicherter Sweeppfad kann auf andere Objekte und auch in anderen Szenen eingesetzt werden.

Ein Klick auf die Pfadbibliothek öffnet das Dialogfenster für Pfaddefinitionen. Sie fügen die Sweepschritte für die Halbkugel in die Bibliothek ein, wenn Sie auf den Pfeil klicken.

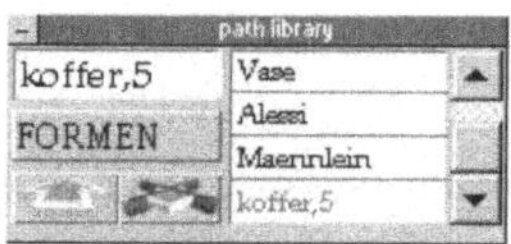

trueSpace nennt jeden Sweeppfad, der mit dem Pfeil in die Bibliothek eingefügt wird, erst einmal *Macro*. Der Name (über dem Namen der Bibliothek) kann sofort überschrieben werden. Eigene Bibliotheken legen Sie an, indem Sie auf den Button mit dem Namen der Bibliothek klicken und *New* wählen.

Das Makro für den weichen Abschluß

Die Extrusion eines Kreises zu einer Halbkugel liefert ein nützliches Makro, mit dem man viele Netzkörper weich abschließen kann. Als »Hilfskonstruktion« laden Sie eine Kugel und zeichnen dann ein gleichseitiges Polygon über die Kugel. Extrudieren Sie den Kreis zu einer Halbkugel, die Sie mit *Tip* abschließen. Speichern Sie den Extrusionspfad in einer Pfadbibliothek.

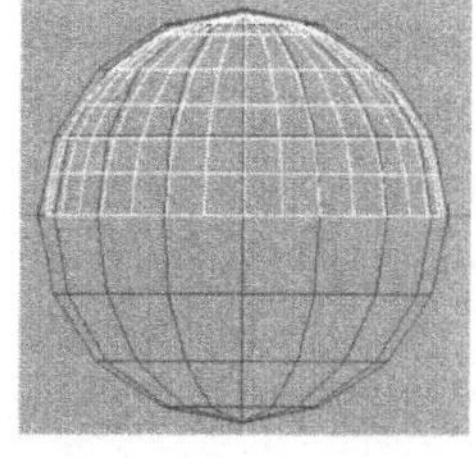

Das Herz entstand aus dem Herzspline in der mitgelieferten Pfadbibliothek. Markieren Sie den Umriß mit *Point Edit Faces* (er wird grün markiert), erst dann kann das Makro gewählt werden. Der Sweeppfad taucht als Spline in der Mitte des Herzpolygons auf. Das Sweepsymbol ist jetzt durch das Symbol für *Makro/Sweep* ersetzt. Der Klick auf *Makro/Sweep* extrudiert den Umriß des Herzens mit den gleichen Schritthöhen und Skalierungen wie die Halbkugel – aber mit dem neuen Umriß. Damit ist eine Hälfte des Herzens entstanden. Die Herzhälfte wird kopiert, gedreht und mit Glue werden die beiden Herzhälften zusammengeklebt.

Der Regenschirm beginnt mit einem sechseckigen Polygon. Mit *Point Edit Faces* markieren Sie das Polygon für den Sweeppfad. Wählen Sie in der Pfadbibliothek das Makro für die Halbkugel durch einem Klick der linken Maustaste auf den Namen des Makros. Der Sweeppfad erscheint in der Mitte des Polygons. Mit Makro/Sweep bekommt das Polygon die Form eines Regenschirms.

Immer am Pfad lang

Makros für Sweeps lassen sich nicht nur durch »Vormachen« aufzeichnen. Alle Splines können als Sweepmakros verwendet werden – sowohl »offene« Splinepfade als auch geschlossene Splinepfade. Selbst entlang von Animationspfaden kann man »sweepen«.

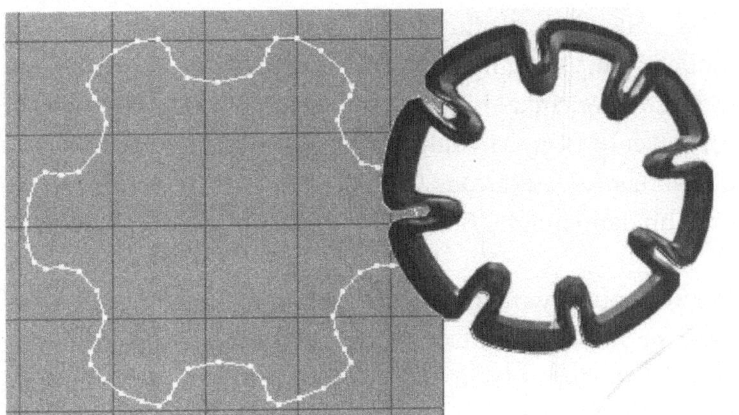

Die Rosette entstand aus einem geschlossenen Splinepolygon. Der Splinepfad wurde für ein Sechseck benutzt – so entsteht der Rahmen für ein Rosettenfenster.

Nur Extrudieren, sonst nichts

Das »Gedächtnis« eines Sweeps reicht nur so lange, wie Standardextrusionsschritte durchgeführt werden, also so lange, wie die neuen Flächen des Polygons erzeugt, bewegt, rotiert und skaliert werden. Wird zwischendurch der Kontext geändert – zum Beispiel um einzelne Punkte oder Kanten zu manipulieren – endet der Sweeppfad an dieser Stelle.

Transformationen während der Extrusion

Ein Verschieben, Rotieren oder Skalieren des Netzkörpers stört das Gedächtnis des Sweeps nicht, wenn das Objekttool nicht benutzt wird. Ein Netzkörper in Bearbeitung kann manipuliert werden, indem nur das entsprechende Navigationswerkzeug angewählt wird. Der Netzkörper ist ja bereits markiert.

Rendern während der Extrusion

Das Gedächtnis des Sweeps überlebt ein dazwischengeschobenes Rendern, mit dem man etwa die Weichheit der Form und die Konsistenz der Oberfläche prüfen möchte. Das Objekt darf allerdings nur mit den Renderwerkzeugen bearbeitet werden. Ein Rendern durch *Paint* beendet die Markierung der Sweepfläche.

Korrupte Netzkörper aus Makros

Gerade bei Netzkörpern, die aus Makros extrudiert wurden, passiert es schon mal, daß die gerenderten Netzkörper ganz anders aussehen, als ihr Netz verspricht. Zu Fehlern im 3D-Modell kann es kommen, wenn sich die Flächen eines Sweeps kreuzen. Manchmal hilft es dann, einen Quader, der so groß ist, daß er das Objekt vollkommen einschließen könnte, so zu positionieren, daß er das Objekt an keiner Stelle überlagert und ihn dann mit der Booleschen Funktion zu subtrahieren.

Nur eine einzige Größe

Der Sweeppfad wird in seiner Originalgröße angewendet, daß heißt, er wird nicht entsprechend der neuen Ausgangsfläche vergrößert oder verkleinert (seine Größe in der Z-Achse ändert sich nicht). Legen Sie darum die Grundflächen neuer Netzkörper nicht entsprechend ihrer Endgröße an, sondern benutzen Sie eine Art von Einheitsgröße, wenn Sie Sweeppfade in den originalen Größenverhältnissen verwenden wollen.

Während der Extrusion einmal ausprobieren, ob ein Makro hier hin paßt? Kein Problem – *Point Edit Context* anklicken, so daß nur noch die oberste, zuletzt extrudierte Fläche grün markiert ist, den Sweeppfad wählen und dann den Sweep durchführen. Wenn's nichts war, *Undo* und wieder *Point Edit Context* wählen. Jetzt kann der nächste Sweeppfad ausprobiert oder neue manuelle Sweeps durchgeführt werden.

Genauso wie man ein Polygon von einem permanent angezeigten Hintergrund abpausen kann, kann man den gleichen Trick auch beim Hochziehen des Körpers anwenden. Mit Fotos, die einen Körper von der Seite oder in der Frontalen zeigen, ist es möglich, ein Objekt gut angenähert zu modellieren.

Rotation – die Drehscheibe

Die Rotation ist eine einfache Methode, gleichmäßig runde Körper zu erzeugen. Vasen, Flaschen und Gläser werden auf diese Art schnell aus einem Umriß gewonnen. In allen 3D-Programmen ist die Konstruktion runder Körper ein besonderes Vergnügen, denn die Rotation ist eine perfekte Drehscheibe, auf der man Körper schnell und (mehr oder minder) mühelos erstellen kann.

Vor der Rotation eines Umrisses muß man sich überlegen, ob der Körper ein Hohlkörper oder ein geschlossener Körper werden soll. Ein Glas zum Beispiel wird in der Regel als Hohl-

Die Kontur der linken Vase ist geschlossen, die Kontur der rechten Vase hingegen ist offen – der Blick von oben offenbart die Hohlheit.

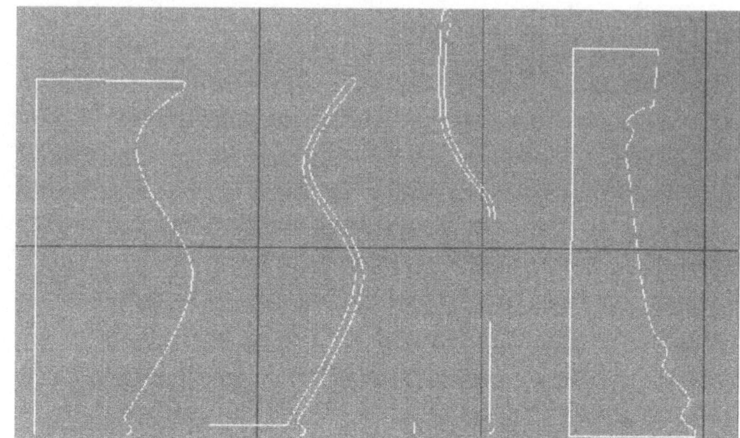

Von links nach rechts: die Kontur der geschlossenen Vase, die Kontur einer offenen Vase, die Kontur einer Flasche, die Kontur des Turms eines Schachspiels.

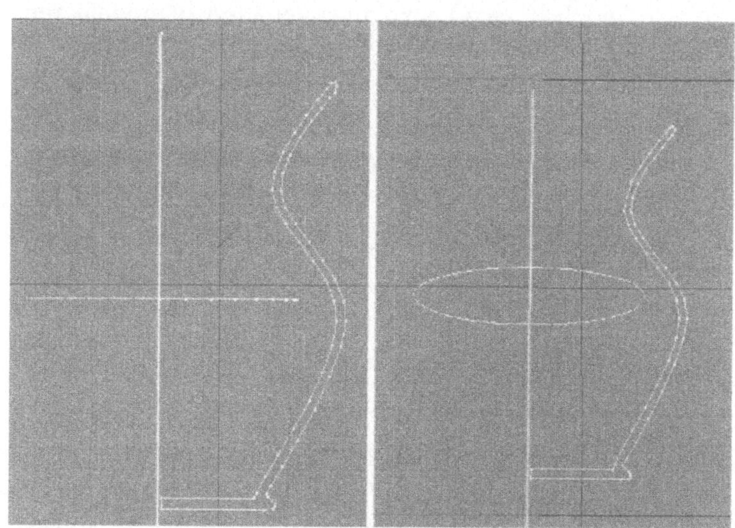

Rotationsachse aus der Sicht von oben und aus der perspektivischen Sicht.

Lathe – die Drehscheibe

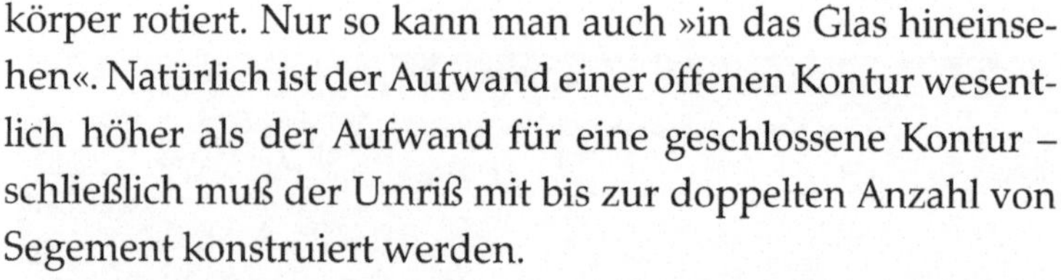

körper rotiert. Nur so kann man auch »in das Glas hineinsehen«. Natürlich ist der Aufwand einer offenen Kontur wesentlich höher als der Aufwand für eine geschlossene Kontur – schließlich muß der Umriß mit bis zur doppelten Anzahl von Segement konstruiert werden.

Der erste Aufruf von *Lathe* (mit der rechten Maustaste) liefert eine waagerechte blaue Linie mit vielen Punkten und einen senkrecht dazu stehenden Hebel. In der perspektivischen Sicht erkennt man, daß die blaue Linie der Kreisbogen ist, auf dem die Rotation durchgeführt wird. Die einzelnen Punkte auf dem blauen Kreis sind die Segmente der Rotation. Der Hebel in der Mitte der Kreislinie bestimmt den Rotationswinkel

und die Rotationsachse – an der Mitte des Hebels läßt sich die
Rotationsachse verschieben und an den Endpunkten des Hebels läßt sich die Rotationsachse rotieren.

Die Rotationsparameter

Die Anzahl der Segmente (*Segments*) bestimmt, wie weich der
Kreisbogen ausfällt. Je größer die Anzahl der Segmente, desto
weicher wird der Kreisbogen. Sie lassen sich von 3 bis 10.000
einstellen In der Regel reichen 20 bis 30 Segmente aus.

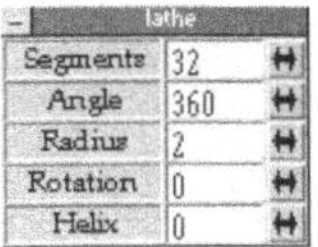

Der Winkel (*Angle*) bestimmt, wie weit der Kreisbogen geschlossen wird. 360° machen einen geschlossenen Kreis aus.
Die Voreinstellung für den Winkel ist 270°.

    Ein Klick mit der rechten Maustaste auf das Lathewerkzeug öffnet das Kontrollfenster für die Rotation.

Der Radius ist die Entfernung zwischen Hebel und Kreisbogen. Er kann (theoretisch) auf jeden beliebigen Wert gesetzt
werden. Der Radius wird über den Parameter Radius genauso
verstellt wie über das manuelle Verschieben des Hebels.

Die Rotation bestimmt die Position des Kreisbogens zum
Umriß. Ein Wert von 180 rotiert den Bogen, so daß er jetzt in die
entgegengesetzte Richtung zeigt. Der Wert kann zwischen 0
und 360 liegen.

Der verbleibende Parameter ist Helix für eine Spirale.
Helix ist der Abstand zwischen zwei parallelen Punkten auf
der Spirale. Je größer dieser Wert, desto größer wird die Spirale.

Der zweite Klick auf *Lathe* erzeugt den Drehkörper. Ei-
gentlich ist es der gleiche Vorgang wie bei der Extrusion – der
Umriß wird kopiert, rotiert und an der Kontur werden neue
Facetten aufgespannt.

Den Spiraleffekt erkennt man erst, wenn der Kreisbogen über 360° hinausgeht.

Organische Verformungen

Ein Kapitel für sich sind die organischen Formen unter den Modellen. Eine Hilfe bei der Konstruktion organischer Formen sind die »freistehenden Verformungswerkzeuge« *Freestanding Plane*, *Freestanding Cube* und *Freestanding Pipe*. Sie bilden eine Art von Kuchenform, in denen Körper zusammengestaucht werden. Sie finden ihre wesentliche Anwendung in Animationen, in denen mit Hilfe der Verformungswerkzeuge Körper dynamisch ihre Form verändern können.

Das Deform-Werkzeug

Ein Werkzeug für die Konstruktion von organischen Formen ist *Deform Object*, mit dem ein Netzgitterkörper wie ein Stück Ton geknetet werden kann, bis er die gewünschte Form hat. Das Werkzeug arbeitet wie eine dreidimensionale Bézierkurve im Raum.

Verfeinern des Netzgitters

Deform Object legt ein grünes Netzgitter über das Objekt. Die Unterteilung des grünen Netzgitters wird verfeinert, wenn man mit gedrückter linker Maustaste die Maus auf den Achsen verschiebt. Eine Verschiebung der Maus längs der X-Achse verfeinert die Unterteilung in die X-Richtung, das Schieben längs der Y-Achse unterteilt die Y-Richtung und bei einem Würfel würde die rechte Maustaste die Unterteilung längs der Z-Achse verfeinern.

Richten Sie die Anzahl der grünen Deformationslinien an der Unterteilung der Fläche aus – wenn die grünen Linien in die Nähe einer weißen Unterteilung kommen, rasten sie leicht ein.

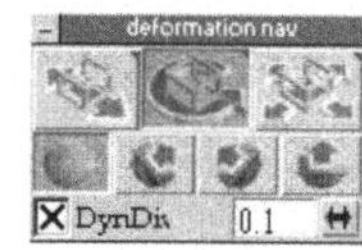

Das Funktionsfenster *Deformation Nav* enthält drei Tasten für die Deformation entlang der Achsen. Wenn Sie eine dieser Tasten drücken, können Sie die Unterteilung in nur eine Richtung durchführen – so wie im Funktionsfenster auf der rechten Seite.

Klicken Sie auf die Taste *Local Deformation* und dann auf einen Ankerpunkt, einen Schnittpunkt der grünen Linien. Ein grüner Hebel mit gelben Endpunkten markiert den Ankerpunkt, der jetzt manipuliert werden kann – ähnlich wie der Hebel einer Bézierkurve.

Schieben Sie in der Seiten- oder Frontansicht den Hebel ein Stück nach oben, so wirkt die Deformierung wie das Zup-

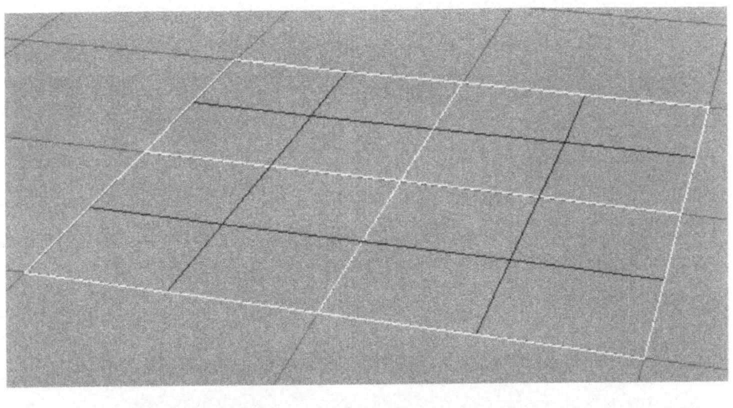

Ein Landschaft mit Hügeln und Tälern knetet man sich so aus einer Fläche – Plane – zurecht. Erzeugen Sie eine Fläche und unterteilen Sie die Fläche mit Quad Divide mehrere Male.

Bis hierher hatte die Deformierung eine ähnliche Wirkung, als hätte man mit Point Edit einen einzelnen Punkt der Fläche verschoben.

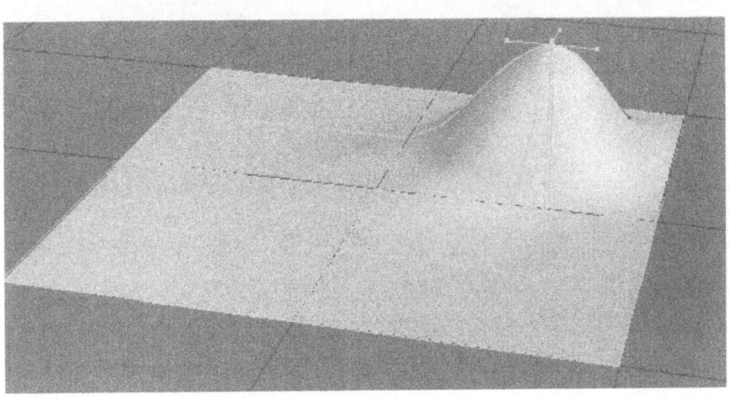

Schalten Sie jetzt aber zusätzlich die dynamische Unterteilung DynDiv ein, werden die betroffenen Polygone so unterteilt, daß die Deformierung den so entstandenen Hügel auf der Fläche weich unterteilt.

fen an einer Stelle in einem Maschendraht: die Deformierung zieht nicht nur den gezupften Punkt, sondern zieht ihre Umgebung mit.

Eine Drehung des Hebels wirkt wie ein Verdrillen des betroffenen Ankerpunktes, eine Vergrößerung des Hebels läßt den Kegel flacher abschließen. Die Manipulationen eines ein-

Vergrößerung des Hebels

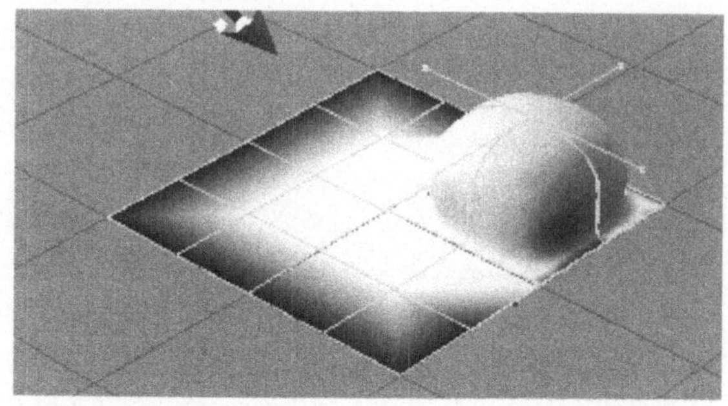

Drehen des Hebels

Anspannung eines Hebels

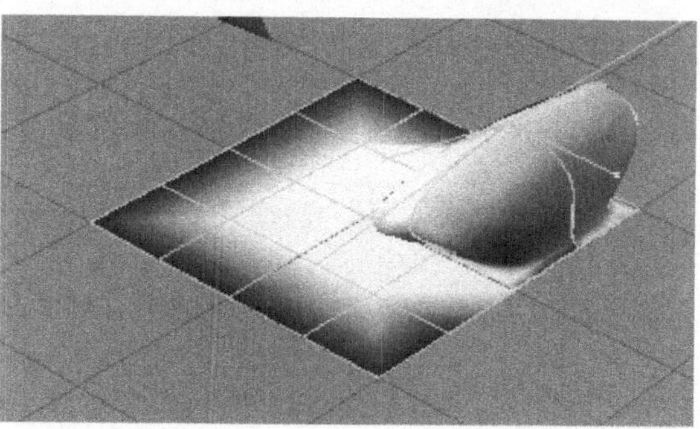

zelnen Hebels an einem der gelben Endstücke wirkt wie das Anspannen und Lockern eines Bézierhebels.

Terraformer

Die Fläche unterteilen

Mit den Deformierungswerkzeugen lassen sich Landschaf-ten mit Bergen, Flüssen und Seen formen. Beginnen Sie mit einer Fläche aus der Grundformenbibliothek und unterteilen Sie die Fläche mit *Quad Divide* einige Male. Wählen Sie das *Deform Ob-ject*-Werkzeug und unterteilen Sie die Deformationslinien so weit, bis sie mit der Unterteilung der Fläche übereinstimmen –

sowohl auf der X- als auch auf der Y-Achse. Am einfachsten ist das, wenn Sie dazu die entsprechende Achse mit *Deformation Nav*-Fenster einstellen.

Klicken Sie jetzt mit der linken Maustaste auf *Local Deformation*. Mit *Local Deformation* wird ein einzelner Kreuzungspunkt der grünen Linien zum Ankerpunkt, an dem Sie die Fläche manipulieren können. In der frontalen Sicht können Sie den Ankerpunkt nach oben schieben, um einen Berg oder einen Hügel zu formen, oder nach unten ziehen – etwa um einen See aus der Fläche herauszuarbeiten.

Mit Local Deformation Punkte herauszupfen

Mit dem Kreuz für *Dynamic Quadrangle Subdivision* entscheiden Sie, ob die deformierten Flächen weich unterteilt werden sollen. Da die automatische Unterteilung der Polygone das Modell extrem verfeinert und die Bewegung und Manipulation des Modells auf dem Bildschirm qualvoll langsam gestalten kann, ist es besser, mit der automatischen Unterteilung so lange zu warten, bis die groben Züge der Landschaft festgelegt sind. Je höher der Wert in dem Kästchen rechts von *DynDiv* angesetzt wird, um so feiner und weicher wird die Unterteilung und um so schwerfälliger wird die Manipulation der Landschaft auf dem Bildschirm.

Danach: die dynamische Unterteilung einschalten

Texturen für Landschaften

Der Terraformer benötigt natürlich Texturen, die die Landschaft fotorealistisch aussehen lassen. Die Berge aus Stein, die Hügel mit grünem Gras, die Bergspitzen mit weißem Schnee. Ein Bemalen der einzelnen Facetten der Landschaft ist nicht nur mühsam, sondern liefert auch keine besonders befriedigenden Ergebnisse.

Eine passende Textur für die Landschaft läßt sich mit einem Programm zur Bildnachbearbeitung oder einem Mal-programm gestalten. Schalten Sie das trueSpace-Fenster in die Sicht von oben und machen Sie einen Screenshot. Preiswerte Programme für Screenshots findet man in der Shareware, oder man benutzt das Windows-Clipboard (die Tastenkombination <ALT> <DRUCK> in Windows 3.1, 3.11 oder Windows 95).

Laden Sie das Bild in das Bildbearbeitungsprogramm und schneiden Sie die Fläche heraus. Suchen Sie sich ein Foto oder mehre-

Landschaft aus Netzgitter und Fotoschnitzeln ... Wenn Sie die Fotoschnitzel gleichzeitig als Bump Map unterlegen, steigert das noch den Fotorealismus.

Zusammengeschnipselt

re aus, die dem Landschaftstyp entsprechen, den Sie sich für die 3D-Landschaft vorstellen. Besonders gut eignen sich natürlich Luftaufnahmen und Vogelperspektive. Schneiden Sie aus dem Foto entsprechende Teile heraus, und kopieren Sie die Flicken auf den Ausschnitt des Screenshots. Die Ränder zwischen den einzelnen Flicken werden gut verwischt. So geben Sie Bergen Texturen von Stein, den Hängen Waldansichten, und den Hügeln Gras und Wiesen.

Das Textwerkzeug

Texte können in der perspektivischen Sicht und in der Sicht von oben erzeugt werden und werden direkt in die Szene gesetzt.

Mit dem Textwerkzeug lassen sich schnell und einfach Texte in Szene setzen. trueSpace setzt alle TrueType-Schriften in Polygonumrisse um, die sofort extrudiert werden können.

Text kommt in zwei Varianten vor: liegend und stehend – der fertige Textumriß und der extrudierte Text lassen sich frei im Raum positionieren. Die Möglichkeiten der Bearbeitung als normale Objekte erlauben faszinierende Effekte.

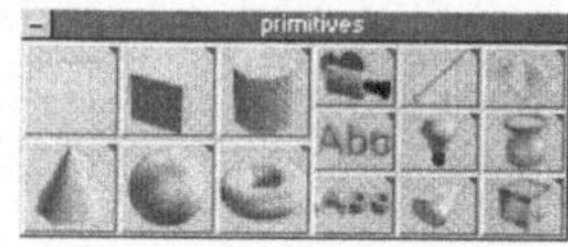

Ein Klick mit rechts auf das Textwerkzeug öffnet das Dialogfenster, in dem Schriftart, -stil und -größe festgelegt werden. Auch die Symbol- und Schmuckschriften lassen sich schnell und locker als Polygone in eine Szene holen. Sie sind übrigens eine hervorragende Vorlage, um komplizierte Umrisse einfach in trueSpace zu laden.

Der Detaillierungsgrad der Texte richtet sich nach der Punktgröße der Buchstaben. Sie sollten also immer in der endgültigen Größe erzeugt werden – Vergrößern führt zu sichtbaren Facetten, Verkleinern zu einem überflüssigen Detaillierungsgrad.

trueSpace gruppiert die Buchstaben, die in einem Absatz eingegeben werden. Wenn einzelne Buchstaben gesondert bearbeitet werden sollen, wird die Gruppe mit *Unglue* aufgelöst oder man geht mit *Hierarchie Down* in die Gruppe und wählt den Buchstaben an, den man manipulieren will.

Schmuckbuchstaben wie Davy´s Dingbats lassen sich genauso einsetzen wie »seriöse« Schriftarten.

Durch einen Klick mit der rechten Maustaste auf das Bevel-Symbol in der Modellgruppe läßt sich die Bevel-Funktion einstellen. Der Bevel-Parameter bestimmt gleichzeitig die Größe des Sweeps und die Schrägung. Wird der Bevel zu groß eingestellt, können sich auf dem Text unerwünschte Kanten einstellen.

Texte abkanten

Bevel		
Bevel	0.01	
Angle	45	

3.2.5 Modelle bearbeiten

Modellhierarchien – Objekte gruppieren

Ein Stuhl oder ein Haus werden nicht als ein komplexer Netzkörper aufgebaut, sondern bestehen aus einfacheren Grundteilen: Stuhlbeine, Lehne und Sitz werden als einzelne Netzkörper modelliert. Um die Einzelteile gemeinsam einfacher zu bewegen, zu rotieren und zu skalieren, werden sie zu einem umfassenden Objekt gruppiert.

Dabei gibt es zwei Methoden, die Objekte zusammenzukleben: einmal gleichberechtigt als einfache Gruppe von Objekten (*Glue as Sibling*) und einmal hierarchisch in verschiedenen Hierarchieebenen (*Glue as Child*). Klebt man einfach nur zwei Objekte zusammen, dann arbeiten beide Methoden gleich.

Wählt man das erste Objekt an und klickt dann auf *Glue as Child* oder *Glue as Sibling*, erscheint der Cursor als kleine Klebstofflasche. Mit der Klebstofflasche kann man jetzt nacheinander weitere Objekte ankleben. Sind alle Objekte in die Gruppe aufgenommen, klickt man wieder auf das Objektwerkzeug.

Wozu zwei verschiedene Klebetechniken? Damit dieser Battletech-Roboter besser gehen und schießen kann. Seine Arme und Beine sollen in einer Animation bewegt werden und er soll dabei vorwärtslaufen.

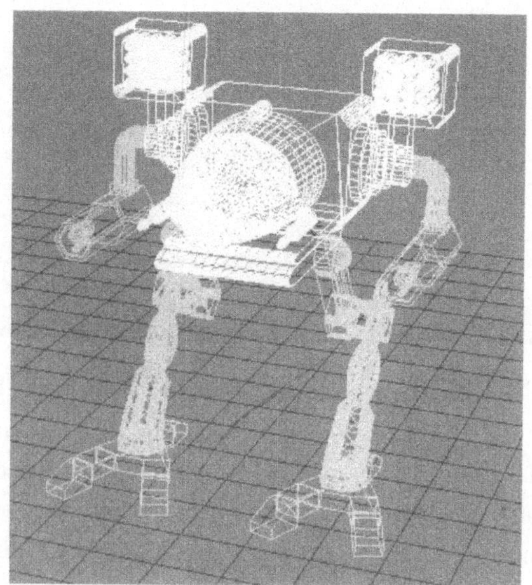

Bei beiden Verfahren können Sie jedes Element der Gruppe markieren und manipulieren, als wäre es weiterhin ein selbständiges Objekt: bewegen, rotieren, Material definieren, verformen, animieren – alles ist für jedes Element möglich.

Der Unterschied liegt in der Frage, in welcher Reihenfolge man an die einzelnen Elemente der Gruppe herankommt und welche Elemente in der Regel zusammen animiert werden.

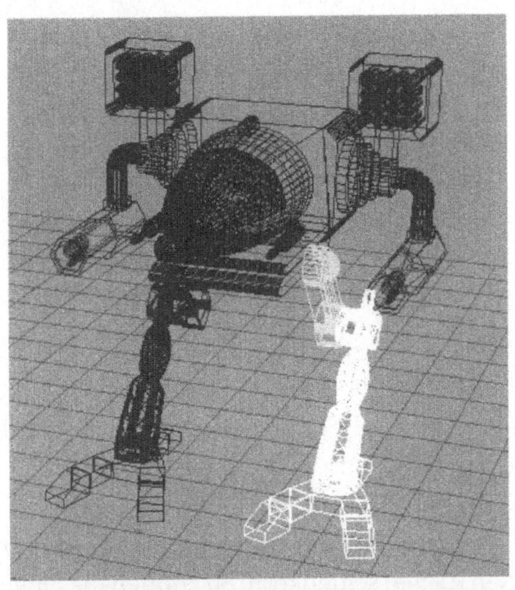

Den Fuß markieren, zuerst das mittlere Beinelement, dann das obere Beinelement mit Glue as Child dazubinden – so liefert ein Hierarchy Down als erstes Element das obere Beinelement und als zweites Element das mittlere Beinelement und den Fuß.

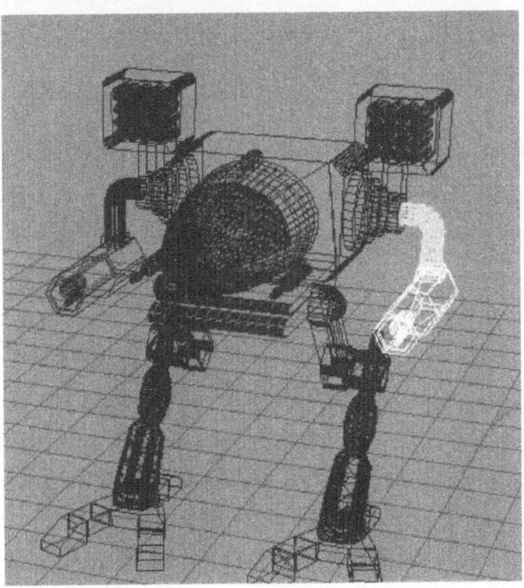

Damit er die Arme heben und drehen kann, werden die Arme eine Gruppe. Da die Gruppe nur zwei Elemente hat, ist es egal, ob sie durch Glue as Child oder Glue as Sibling verbunden werden.

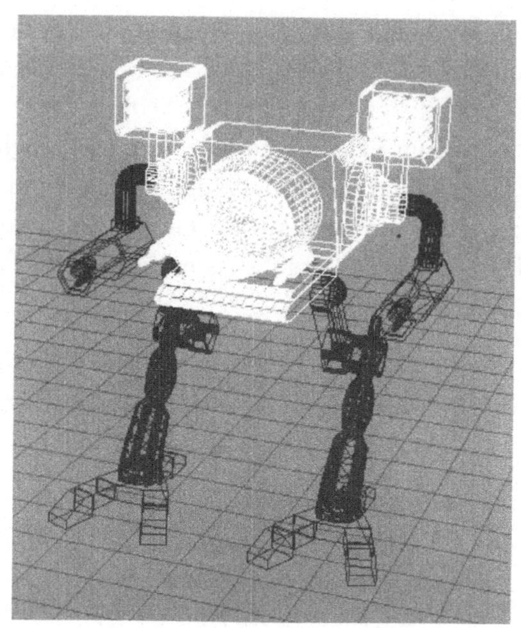

Einstiegspunkt in die Hierarchie ist der Oberbau. An ihn werden mit Glue as Sibling Arme und Beine angehängt. So aktiviert ein erstes Hierarchy Down den Oberbau, mit den Pfeiltasten kommt man zu Armen und Beinen.

Eine Gruppe von Objekten kann wie ein einzelnes Objekt manipuliert werden, d.h. bewegt, rotiert, bemalt, verformt oder animiert werden. Die Flächen von Objekten, die durch *Glue* gruppiert wurden, kann man gemeinsam extrudieren.

So kann sich ein Schiff fortbewegen, während sich seine Schiffsschraube dreht oder ein menschlicher Körper beim Gehen mit den Armen schlenkern. So können die Flügel des Ventilators rotieren, während sich Zylinder und Flügel auf dem Mittelpunkt des Fußes drehen.

Kleine Überraschung: Boolesche Operationen auf eine Gruppe angewandt, vereinen alle Elemente der Gruppe zu einem echten Gesamtobjekt ohne jede weitere Hierarchie.

Gruppen und Materialdefinitionen

Elemente einer Gruppe kann man bemalen, ohne die Gruppe aufzuheben oder in die Gruppe mit *Hierarchy Down* einzusteigen, wenn die einzelnen Objekte vor der Gruppierung unterschiedliche Oberflächen hatten. In diesem Fall braucht man nur mit *Paint Over Existing Material* auf das Objekt in der Gruppe zu klicken. Hatten allerdings Elemente der Gruppe die gleichen Oberflächen, wird *Paint Over Existing Material* auch alle diese Objekte übermalen.

Boolesche Operationen

Ein sehr mächtiges Werkzeug für die Konstruktion von Netzkörpern bilden die Booleschen Operationen auf Netzkörpern. Sie arbeiten im Grunde genommen genauso wie die Booleschen Operationen auf Polygonen: Mit ihnen können Sie einen Netzkörper aus einem anderen herausschneiden, zwei Netzkörper zu einem neuen Körper zusammenfügen und die Schnittmenge von Netzkörpern bilden.

Klassischer 2D-Modelleditor

Der Bleistift ist eine Form, die sich einfach durch eine Boolesche Operation konstruieren läßt. Sein Grundriß ist ein sechsseitiges Polygon. Das Sechseck wird mit einem Schritt in die endgültige Länge des Bleistifts extrudiert.

Erzeugen Sie einen Quader und einen Kegel aus der Bibliothek der Grundformen (*Primitive Library*). Selektieren Sie den Quader und klicken dann auf das *Subtract*-Symbol. Der Cursor verwandelt sich in eine kleine Flasche. Wenn Sie mit der Flasche auf den Kegel klicken, wird die Form des Kegels aus dem Quader herausgeschnitten. Das wird der Bleistiftanspitzer.

Markieren Sie jetzt den Bleistift und setzen ihn – am besten aus der Sicht von oben – in die Mitte der Form des Bleistiftanspitzers. In der Sicht von vorn stellen Sie sicher, daß der ausgeschnittene Kegel in der richtigen Höhe liegt. Subtrahieren Sie die Quaderform – damit ist der Bleistift angespitzt.

Anspitzer im Cyberraum

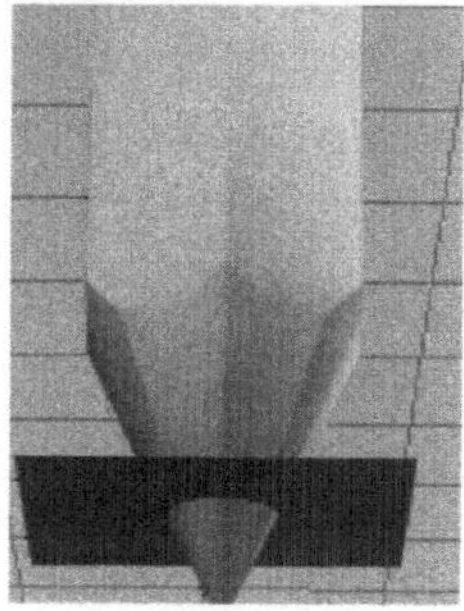

Damit er auch eine bunte Spitze bekommen kann, wird eine einfache Fläche aus der Bibliothek erzeugt. Sie wird in die Höhe der Bleistiftspitze verschoben, in der die Mine des Bleistifts beginnt. Wieder wird der Bleistift markiert, und die Fläche wird subtrahiert. Durch die Subtraktion der einfachen Fläche werden die Polygone der Bleistiftspitze unterteilt, und der Bleistift läßt sich jetzt mit *Paint Faces* passend bemalen.

Boolesche Operationen und Materialien

Die Schnittflächen, die bei einer Subtraktion, einer Vereinigung oder der Schnittmenge zweier Körper entstehen, behalten nicht das Material, das der zuerst selektierte Körper be-saß:

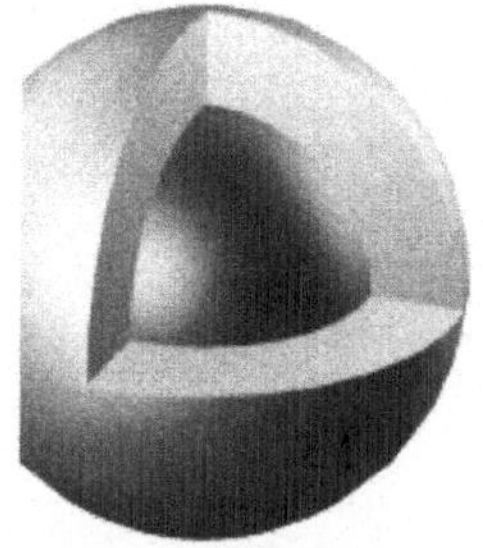

↪   Bei der Subtraktion bekommt die neue Schnittfläche die Materialeigenschaften des subtrahierten Körpers.

↪   Bei der Schnittmenge und der Vereinigung bekommt die Schnittfläche die Materialeigenschaften des originalen Körpers.

Bei der Subtraktion eines Körpers von einem anderen bekommt der neue Körper die Farben der Schnittflächen der beiden Körper – d.h. die Farbe der Schnittfläche des zweiten Körpers. Also lassen sich auch noch Objekte, die durch eine Vereinigung zweier Körper entstanden sind, unterschiedlich einfärben – man muß nur vor der Vereinigung der beiden Körper beiden Körpern eine jeweils andere Materialdefinition geben.

Die Parfümflasche entsteht aus einer Kugel und einem Torus, die über eine Boolesche Operation vereinigt werden. Der Stöpsel der Flasche ist ein Zylinder. Dieser Teil der Parfümflasche bekommt eine Materialdefinition für transparentes, brechendes Glas. Der schwarze Teil der Parfümflasche beginnt mit einem Torus, der etwas oberhalb der Mitte durch Subtraktion geteilt wird. Dazu kommt ein Fuß, der aus seinem Grundriß extrudiert wird und mit dem Resttorus vereinigt wird.

Dieser Teil der Parfümflasche wird schwarz, undurchsichtig und glänzend definiert. Jetzt können beide Teile – die innere Kugelform und der äußere Ring – vereinigt werden. Obwohl die Parfümflasche jetzt nur noch ein einziges Objekt ist, können die Oberflächen der inneren Kugelform und des äußeren Teiltorus weiterhin separate Materialdefinitionen bekommen.

Boolesche Weisheiten

✎ Die Vereinigung von Körpern, die man ansonsten übereinander positionieren würde, um die gleiche Form zu erreichen, verringert in der Regel die Anzahl der Facetten.

✎ Auch mit der Booleschen Subtraktion können Sie die Anzahl der Facetten von 3D-Modellen optimieren. Insbesondere, wenn Sie 3D-Modelle aus anderen 3D-Programmen importiert haben, die eine Triangulierung der Facetten erzwingen, arbeiten Sie mit der doppelten Menge an Facetten und handeln sich damit auch eine längere Zeit für die Bildberechnung ein. Um die Anzahl der Facetten eines 3D-Modells zu optimieren, erzeugen Sie einen Quader und vergrößern ihn so weit, daß er jeden Teil des Modells aufnehmen kann. Bevor der Quader vom Modell subtrahiert wird, wird er so weit verschoben, daß er das Modell nicht mehr berührt und komplett neben dem Modell steht. Wenn der Quader vom Modell subtrahiert wird, hat das 3D-Modell keine triangulierten Poly-

Anzahl der Facetten minimieren durch Vereinigung

Anzahl der Facetten minimieren und Triangulierungen beseitigen

Der Quader muß das Objekt vollkommen umspannen und vollkommen daneben stehen.

gone mehr, und im günstigsten Fall hat das Modell nach diesem Trick nur noch die Hälfte der Facetten.

Boolesche Operationen und Körperhierarchien

Vorsicht ist geboten bei Booleschen Operationen auf zusammengesetzten Objekten. Wird ein hierarchisch aufgebautes Modell durch eine Boolesche Operation verändert, dann wird die Hierarchie aufgelöst und alle Teile des Modells zu einem einzigen Teil verschmolzen, so als wäre es durch die Boolesche Operation »Vereinigung« entstanden.

Boolean Identitiy

Bei sehr komplexen Körpern gelingen Boolesche Operationen nicht immer. Wenn der Körper nicht für einen zweiten Versuch anders gelagert werden kann, weil er in exakt diesem Winkel auch ausgeschnitten werden muß, oder auch die Verlagerung nicht hilft, dann kann der Wert für *Identity* nach einem Klick mit der rechten Maustaste auf die Booleschen Operationen niedriger angesetzt werden.

Die Operatoren skalieren – manchmal hilft´s

Wenn auch das nicht hilft, kann man noch versuchen, einen der Körper um einen kleinen Faktor zu vergrößern oder zu verkleinern.

Schuld an allem: die kolinearen Polygone

Wenn parallele Seiten eines Polygons zu nah zusammen kommen, degenerieren sie – je nach der Genauigkeit des Modelleditors – zu einer Linie. Diese Erscheinung nennt man kolineare Polygone. Wird die Funktion *Delete Edges* eingeschaltet, werden die kolinearen Polygone gelöscht, die bei der Booleschen Operation entstehen können.

Trotzdem – oft genug gelingen Boolesche Operationen mit trueSpace nur nach vielen Versuchen oder gar nicht. Damit steht trueSpace aber nicht alleine: Boolesche Operationen sind eine verzwickte geometrische Aufgabe, die in den meisten Programmen nicht einfach zu lösen ist.

Punkte und Kanten

Das dreidimensionale Gerüst des Netzkörpers kann durch die Manipulation seiner einzelnen Elemente weiter verändern werden. Jeder einzelne Punkt, jede Kante zwischen zwei Punkten und jede Fläche kann mit dem *Point Navigation*-Werkzeug verschoben, verdreht und skaliert werden. Dafür wird das Element mit dem entsprechenden *Point Edit*-Werkzeug gewählt, so daß es grün markiert erscheint.

Mit den Point Edit-Werkzeugen ermöglicht trueSpace den Zugriff auf die Elemente eines Netzkörpers:

☙ Einen Punkt markieren: *Point Edit Vertices* wählen und auf den Punkt klicken.

☙ Eine Kante markieren: *Point Edit Edges* wählen und auf die Kante klicken.

☙ Eine Fläche markieren: *Point Edit Faces* wählen und auf die Fläche klicken.

☙ *Point Edit Context* ist das Allroundwerkzeug, mit dem man Punkte, Kanten und Flächen markieren kann, ohne zwischen den Markierungswerkzeugen umzuschalten. Allerdings muß man jetzt etwa in die Mitte einer Kante klicken, bzw. in die Mitte einer Fläche.

☙ *Delete Faces* löscht Polygone.

Die Konstruktion des Zahnrades beginnt mit einem Kreis mit 30 Segmenten, aus dem ein kleinerer Kreis für das Loch in der Mitte mit *Subtract New Polygon From Selected* herausgeschnitten

Elemente markieren

Mehrere Elemente markiert man gleichzeitig, wenn man die STRG-*Taste gedrückt hält, während man ein Element nach dem anderen markiert.*

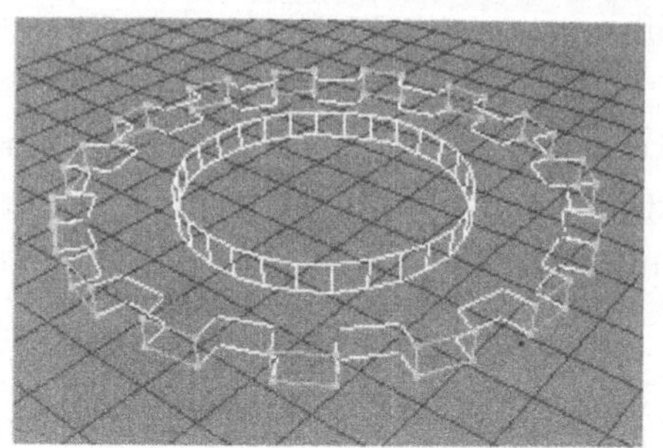

wird. Die entstandene Fläche dient als Grundriß und wird extrudiert. Die Zähne entstehen, wenn man jede zweite Fläche auf dem äußeren Ring mit *Point Edit Faces* nacheinander mit gedrückter STRG-Taste markiert und dann extrudiert.

Will man aber eine bestimmte Fläche markieren, passiert es schnell, daß sie in jedem Blickwinkel von anderen Flächen überlagert wird. Außerdem müßte man immer wieder den Blickwinkel ändern, das Objekt bewegen und rotieren. Eine mühselige Arbeit.

Die »Einzelteile« eines Objekts markieren

Das trueSpace-Verfahren, Elemente eines Netzkörpers mit wenigen Mausklicks schnell zu markieren, heißt *Dimensional Promotion*, was sich mit »Beförderung in die nächste Dimension« übersetzen läßt, denn es befördert einen Punkt, der ja gar keine Dimension hat, in die erste Dimension, die Kante zwischen zwei Punkte in die zweite Dimension, die Fläche zwischen drei Punkten in die dritte Dimension innerhalb des Netzkörpers:

🖎 Um eine Kante zu markieren, klickt man mit gedrückter Shifttaste auf die beiden Punkte, zwischen denen die Kante liegt: zwei Punkte definieren eine Kante. Gibt es zwischen den beiden Punkte keine Kante, dann wird eine neue Kante erzeugt.

🖎 Um eine Facette zu markieren, klickt man mit gedrückter Shifttaste zuerst zwei nebeneinander liegende Punkte der Facette an und dann einen dritten Punkt, der nicht direkt neben den beiden ersten Punkten liegt: drei Punkte definieren eine Fläche. Gibt es zwischen diesen drei Punkten keine Facette, dann wird eine neues Segment erzeugt.

Neue Segmente entstehen auf dem Zylinder, wenn Sie zunächst zwei nebeneinander liegende Punkte mit gedrückter Shifttaste auf dem unteren Kreissegment des Rohrs markieren und dann einen dritten Punkt auf dem oberen Kreissegment. Damit sind neue Kreuzungspunkte auf dem Zylinder entstanden, die man jetzt mit *Paint Vertices* bemalen kann.

Neue Flächen einziehen

Die kleinen Helfer – Funktionen rund ums Polygon

Quad Divide unterteilt Polygone in so viele Segmente, wie das Polygon Seiten hat. Wird *Quad Divide* auf einen Körper angewendet, dann wird jede Facette des Körpers unterteilt. Ein Würfel hat nach *Quad Divide* 24 Segmente – 4 Segmente auf jeder der 6 Flächen, ein sechseckiges Polygon hat nach *Quad Divide* 6 Segmente. Eine nützliche Funktion, wenn man Kreuzungspunkte für Paint Vertices braucht oder um ein Modell mit den Deformierungswerkzeugen in Form zu bringen.

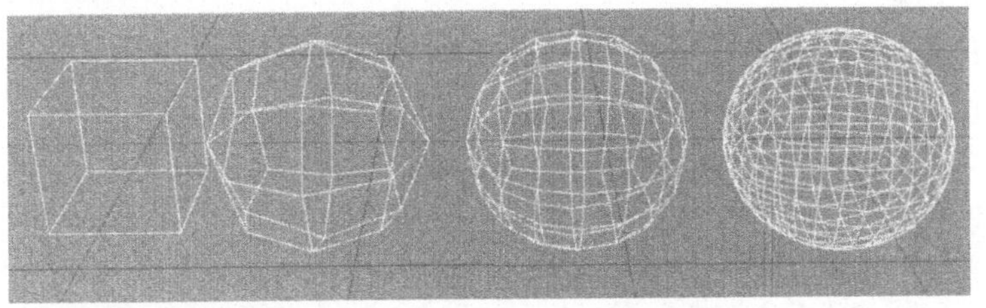

Klickt man mit der rechten Maustaste auf das Smooth Quad Divide-Symbol, öffnet sich ein Dialogfenster, in dem der Winkel eingestellt wird, von dem ab Smooth Quad Divide

Mit *Smooth Quad Divide* nutzt man die höhere Auflösung des Objekts durch eine Unterteilung der Segmente aus. Dann lassen sich Objekte näher an die Kamera setzten, ohne daß Ecken und Kanten sichtbar werden. Ob *Smooth Quad Divide* für ein Objekt funktioniert oder nicht, hängt von dem Winkel zwischen den benachbarten Polygonen ab.

Die Kugel entstand durch Smooth Quad Divide aus einem Würfel. Um einen Würfel »weich« zu unterteilen, muß der Winkel für Smooth Quad Divide größer als 90° sein – dann entsteht nach dem wiederholten Aufruf von Smooth Quad Divide nach und nach eine Kugel.

Wenn Quad Divide nicht auf ein Objekt angewendet werden kann – das ist zum Beispiel bei konkaven Polygonen der Fall – hat der Aufruf von Quad Divide keine Wirkung.

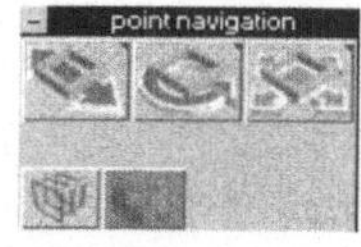

Mit NoSubDiv unterdrücken Sie eine weitere Unterteilung der Polygone in kleinere, plane Flächen.

Triangulierung

Immer weniger 3D-Softwarepakete erzwingen die Triangulierung. Caligari bietet die Triangulierung von Objekten aber weiterhin als Option an. Man verwendet sie im wesentlichen, um Probleme mit nichtplanaren Flächen bei einer Deformation zu verhindern. Bei der Deformierung kann es passieren, daß die Normale eines Polygons invertiert wird – sie führt weg von der Kamera und wird darum nicht berechnet. Das Ergebnis einer fälschlicherweise invertierten Normalen sind schwarze Stellen im deformierten Objekt oder der fehlerhafte Abbruch der Bildberechnung. Dem deformierten Netzmodell ist dieser Fehler nicht anzusehen. Sie vermeiden die schwarzen Löcher im deformierten Objekt, wenn Sie das Objekt vor der Deformierung triangulieren.

Dynamische Unterteilung

Ebenfalls der Vermeidung von Fehlern bei der Deformation eines Objekts dient die Option *Dynamic Subdivision* in verschiedenen Funktionen wie der organischen Deformation von Objekten, Sculpture und der Manipulation einzelner Punkte, Kanten und Flächen.

Zusätzlich sorgt die dynamische Unterteilung während der Deformation dafür, daß der Körper »weich« deformiert wird und natürlicher aussieht. Sie steigert die Qualität der deformierten Objekte – wie immer auf Kosten einer höheren Rechenzeit. Die dynamische Unterteilung legt fest, ob und wie trueSpace Polygone unterteilt, die durch eine *Point Navigation*-Operation unplanar werden.

Scheibchenweise

Ein Zylinder aus der Sicht von oben bietet – je nach Textur – keinen schönen Anblick. Mit einem »Deckel« schaffen Sie Abhilfe: Markieren Sie die obere Fläche des Zylinders mit Point Edit Faces, und wählen Sie *Separate Selected Part of Object* im

Point Navigation-Dialog. *Separate Selected Part* kopiert ein markiertes Element und macht daraus ein selbständiges Objekt. Der Zylinder hat einen Deckel bekommen.

Dem UV-Raum ein
Schnippchen schlagen

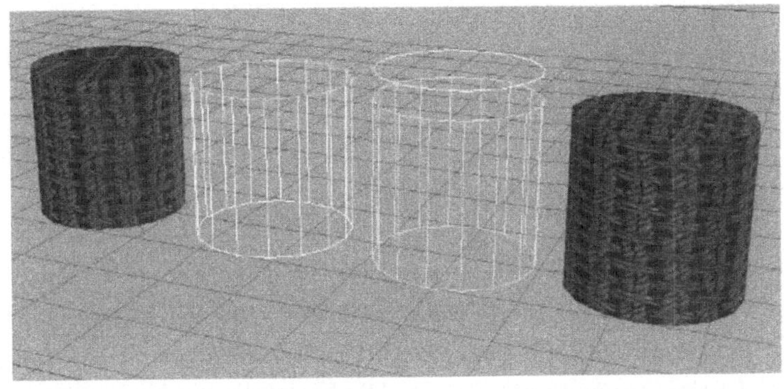

Damit sich der Zylinder mit Textur besser darstellt, bekommt er einen Deckel aufgesetzt.

Nicht nur für den Zylinderdeckel gibt es eine Lösung. Einen Zylinder mit *Paint Vertices* zu bemalen – wie, wenn er keine Ankerpunkte, *Vertices*, bietet? Oder einen Zylinder durch eine Deformation in Form bringen? Zwar unterteilt *Quad Devide* den Zylinder, aber die Anzahl der Facetten steigt dabei exponentiell. Zur Lösung des Problems ziehen Sie einfach neue Segmente mit *Slice Object by Selected Plane/Line* ein: Dazu markieren Sie die oberste Facette des Zylinders mit *Edit Faces* und klicken auf *Slice* im Point Navigation-Fenster. Dann ziehen Sie die grün markierte Facette auf dem Zylinder nach unten und wiederholen das für die gewünschte Anzahl von Segmenten.

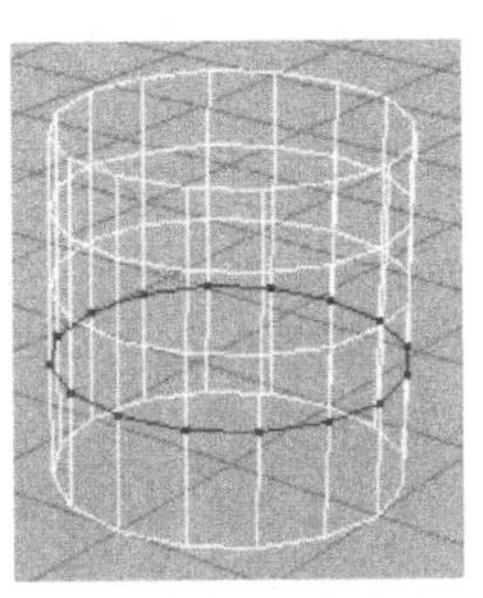

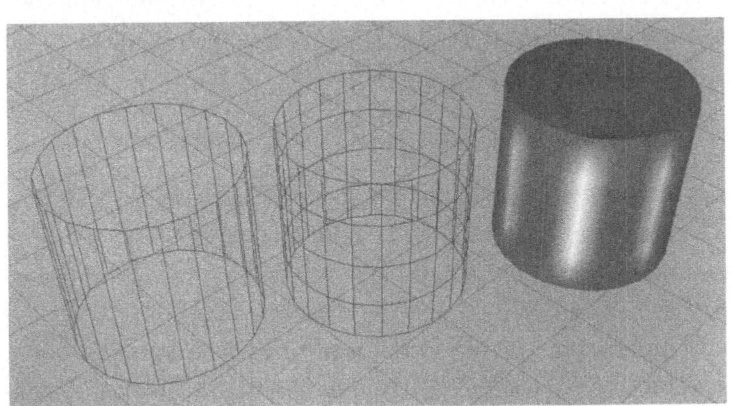

Damit sich Ankerpunkte mit Paint Vertices bemalen lassen, werden neue Ebenen in den Zylinder eingezogen.

Kleine Hilfsfunktionen

Normalisierung – alles zurück auf die Plätze

Wenn Sie ein Objekt zur Bearbeitung zwischenzeitlich skalieren, rotieren und bewegen, können Sie es immer wieder auf seine ursprüngliche Position zurückführen, indem Sie es normalisieren. *Normalize Location* wird das Objekt immer wieder an seinen Ursprungsort zurückführen, *Normalize Rotation* wird zwischenzeitlich durchgeführte Rotationen zurücknehmen und *Normalize Scale* wird ihm seine ursprüngliche Größe zurückgeben.

Achsen einfrieren – Vereinfachung von Transformationen

Eine weitere Vereinfachung gerade beim Konstruieren komplexer Objekte ist das *Feststellen von Achsen*, so daß sich ein Objekt oder Elemente eines Objekts nur noch in eine be-stimmte Richtung manipulieren lassen. Die Feststellung der X- und Z-Achse zum Beispiel erlaubt dann nur noch eine Rotation um die Y-Achse des Objekts oder des Elements. Wird zudem auch noch der Fang eingeschaltet, dann läßt sich das Objekt nur noch in einem bestimmten Winkel rotieren. Der Vorgabewert für den Fang bei der Rotation ist 45°.

Ein Objekt fokussieren

Look At Current Object holt das markierte Objekt in die Mitte des Bildschirms. *Reset View* holt die letzte Ansicht auf den Bildschirm. Zusammen erlauben diese beiden Funktionen ein schnelles Wechseln zwischen zwei Szenenausschnitten.

Alle Funktionsfenster schließen

Mit *Close all Panels* schließt trueSpace alle Dialogfenster auf dem Bildschirm. *Dock all Panels* schafft Ordnung auf dem Bildschirm, denn es sortiert alle Dialogfenster, die gerade geöffnet sind und auf dem Bildschirm herum geschoben wurden, in ordentliche Reihen über der Werkzeugleiste.

Objekte spiegeln und kopieren

Ein markiertes Objekt wird durch einen Klick auf *Copy* kopiert (die Kopie wird genau auf das Original gelegt, so daß es zuerst einmal so aussieht, als hätte *Copy* nichts bewirkt). Es kann sofort bearbeitet werden. *Copy* kopiert ein Objekt mit allen seinen Eigenschaften: den Netzkörper, die Materialdefinitionen, seinen Animationspfad, seinen Namen in der Objektinformation.

Mirror spiegelt ein Objekt an der XZ-Fläche. Um ein Objekt an der XY-Fläche zu spiegeln, setzen Sie ein Minuszeichen vor den Object Scale-Wert der Z-Achse.

Ein Objekt spiegeln

Ein Klick auf *Axes* macht die Achsen eines markierten Objekts sichtbar. Klickt man bei angezeigter Achse auf das *Hierarchie Up*-Symbol, bleiben die Achsen am Objekt sichtbar. Das erleichtert vor allem bei der Einarbeitung die Entscheidung, um welche Achse ein Objekt rotiert werden soll. Ein erneuter Klick auf *Axes* läßt die Achsen wieder verschwinden.

Die Achsen sichtbar machen

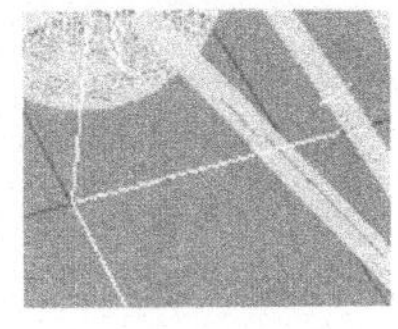

Das *Raster* erlaubt präzises Arbeiten. Es fängt den Mauszeiger bei den Rasterpunkten ein und erlaubt so das Verschieben, Rotieren und manipulieren von Objekten nur in bestimmten Schritten. Die rechte Maustaste liefert die Einstellung des Rasters. Beim Verschieben und Skalieren eines Objekts arbeitet das Raster in trueSpace-Einheiten, beim Rotieren eines Objekts ist das Raster in Grad angegeben.

Grid – Das Raster

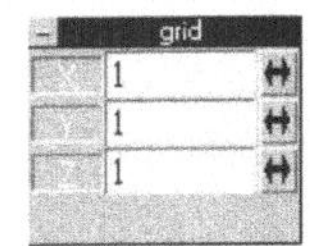

In einer umfangreichen Szene kann man Objekte schnell mit Hilfe des *Animation Project Windows* markieren, des Animationsskripts. Das Fenster zeigt eine Liste aller Objekte in der Szene. Ein Klick auf den Namen eines Objekts markiert das Objekt im *Animation Project Window* und in der Szene.

Objekte schnell markieren

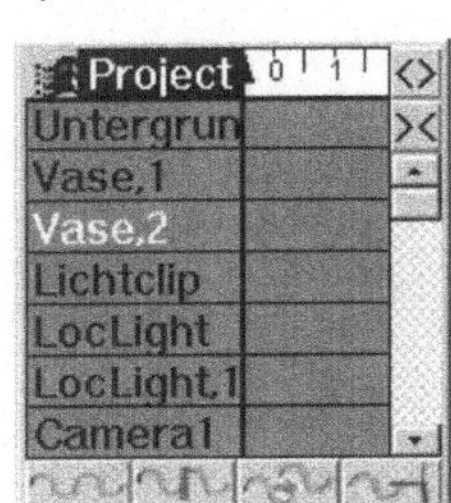

Zwar läßt sich ein Fang einstellen, mit dem Objekte nur in festgelegten Einheiten transformiert werden können, der Gitterboden der trueSpace-Welt selber läßt sich nicht verändern: weder läßt sich seine Unterteilung ändern, noch läßt er sich verschieben oder vergrößern.

Move Axes to Center of Object setzt den Pivotpunkt in die Mitte des Objekts. Besonders nützlich ist die Funktion bei importierten Objekten, deren Axen oft im Nirwana liegen.

3.3 Kamera und Lichtquellen

3.3.1 Die trueSpace-Kamera

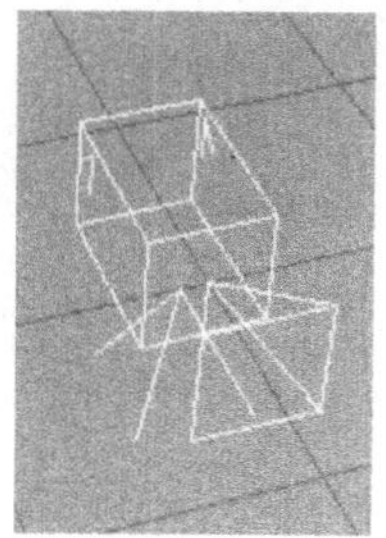

Die Kamera erreicht man in der *Primitive Library*, der Bibliothek der Grundformen. Sie wird im Mittelpunkt des Gitternetzes erzeugt und als ganz normales Gitterobjekt dargestellt.

Wie jedes andere Objekt in trueSpace läßt sich die Kamera bewegen, rotieren und skalieren. Position und Rotation der Kamera bestimmen die Perspektive, aus der das Bild berechnet wird. Zusätzlich kann man die Kamera markieren und dann das Fenster auf die Kameraperspektive umschalten, um die Perspektive mit der Weltnavigation zu ändern – der intuitive Weg, da man auf diese Art die Wirkung der Perspektivenänderung direkt kontrollieren kann.

Die Skalierung in die X/Y-Richtung läßt sich nur in der Objektinfo durchführen. Sie vergrößert und verkleinert den sichtba-

Das numerische Einrichten der Kamera geschieht in der Objektinfo (Klick mit der rechten Maustaste auf das Objektwerkzeug).

object info	X	Y	Z
Location	0.000	0.000	0.000
Rotation	90.00	-90.00	0.00
Size	50.000	100.000	100.000
Name	Camera1	X Dynaunits	
# vertices	0	World	Meters
# faces	0	Object	

ren Netzkörper der Kamera für arbeitstechnische Belange – sie hat keine Auswirkung auf die Perspektive und den Bildausschnitt. Die Skalierung in Z-Richtung vergrößert oder verkleinert die Brennweite der Kamera – sie bestimmt damit den Bildausschnitt.

Einstellen der Brennweite

Die Brennweite der trueSpace-Kamera ist 250–4000 mm. Sie wird eingestellt, wenn man entweder

☞ durch die Kamera in die Szene sieht und den Blickwinkel mit Object Scale bestimmt

🕈 oder indem man in der Objektinfo die Kamera in die Z-Richtung vergrößert (Telebrennweite) oder verkleinert (Weitwinkel);

🕈 auch mit dem Zoom aus der Weltnavigation erreicht man eine Verkürzung und Verlängerung der Brennweite.

Die kleinen Brennweiten der trueSpace-Kamera (250–800 mm) entsprechen dem Einsatz eines Weitwinkelobjektivs bei der Kamera. Die Normalbrennweite der Kamera, mit der sie auch erzeugt wird, ist 1.000 mm. Die großen Brennweiten (1.500–4.000 mm) wirken wie das Teleobjektiv einer Kamera. Eine direkte Eingabe des Field of View, des Aufnahmewinkels, gibt es bei trueSpace nicht. In trueSpace arbeitet man wie der Fotograf ausschließlich mit den Brennweiten des Objektivs.

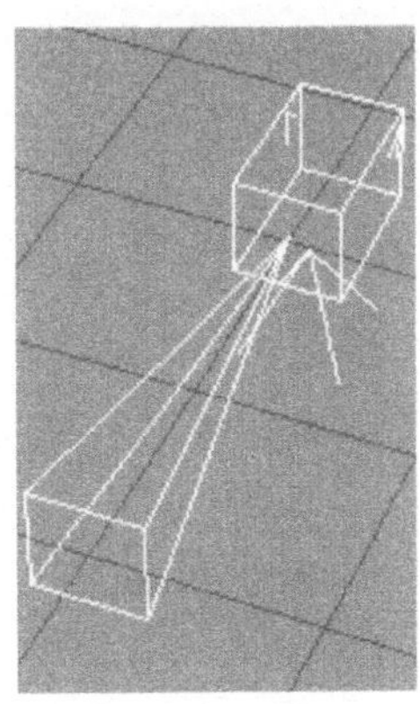

Eine exakte Umrechnung der trueSpace-Brennweiten in einen Aufnahmewinkel ist nicht möglich, da die Angaben zum gedachten Filmformat der trueSpace-Kamera fehlt.

Verzerrte Perspektiven?

Mit *Eye Move* und *Object Move* verändert man den Abstand der Kamera zum Motiv, mit *Scale* und *Zoom* verändert man die Brennweite der Kamera. Dabei können gerade für den Anfänger beide Aktionen – die Positionierung der Kamera oder die Veränderung des Bildausschnitts durch den Zoom – so ähnlich aussehen, daß beide Aktionen auf den ersten Blick scheinbar die gleichen Auswirkungen haben. (Wenn der Zoom »hakt« und sich der Blick auf die Szene im Fenster nicht mehr ändern läßt, ist die maximale oder minimale Brennweite der Kamera erreicht. Sie stellen das fest, wenn Sie die Kamera markieren und die Objektinfo durch einen Klick der rechten Maustaste aktivieren: die Skalierung in der Z-Richtung zur Regelung der Brennweite ist größer als 4000 mm oder kleiner als 250 mm.)

Jede Menge Kameras

Sie können jede beliebige Anzahl von Kameras in einer Szene einrichten. So können Sie ohne Aufwand Einstellungen speichern und neue Kameraeinstellungen ausprobieren.

3.3.2 Lichtquellen in Caligari trueSpace

trueSpace läßt dem Benutzer die Wahl zwischen einer vorgegebenen Beleuchtung der Szene mit *White Light* durch vier Distanzlichter oder *Color Light* durch drei farbige Punktlichter. Die Vorgabe *No Lights* versetzt den trueSpace-Raum ins Dunkel. Die Einstellung einer dieser drei Vorgaben löscht alle Lichtquellen in der Szene – ob sie nun aus einer anderen Vorgabe stammen oder vom Benutzer selber definiert worden sind.

Die Lichtquellen der Vorgaben werfen zunächst keine Schatten. Will man eine dieser Lichtquellen als schattenwerfend benutzen, muß man den Schattenwurf für die entsprechende Lichtquelle selber definieren.

Color Light   Wenn Sie *Color Light* wählen, setzen Sie Ihre Objekte am besten um den Mittelpunkt des Gitternetzes, denn die drei Lichtquellen sind so positioniert und eingefärbt, daß sie eine Szene um den Mittelpunkt sehr plastisch ausleuchten.

White Light   Die Vorgabe *White Light* liefert durch die Aufstellung der vier Lichtpfeile eine raumweite Beleuchtung von Szenen. Man kann sie auch als Grundhelligkeit – ähnlich dem ambienten Licht im Autodesk Studio MAX – einsetzen, wenn man die Werte der einzelnen Infinite Lights senkt.

Die vorgegebene Beleuchtung mit Color Light ist eine gute Hilfe bei der Konstruktion von Netzkörpern. Durch die drei unterschiedlichen Farben der Beleuchtung werden die Strukturen des Objekts besonders gut differenziert.

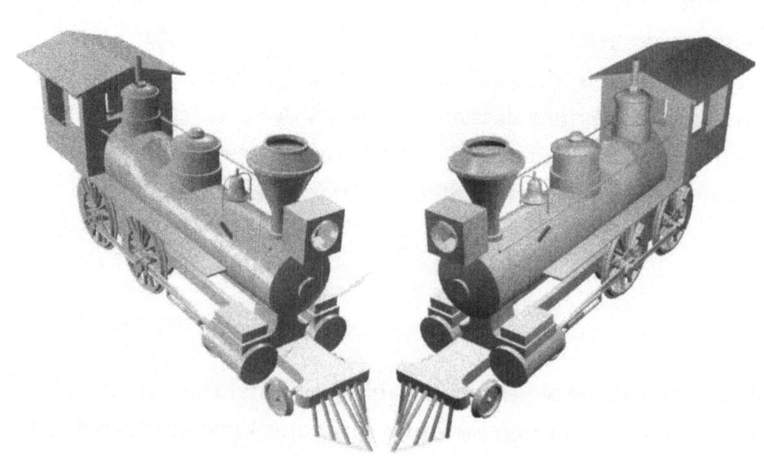

Das *Infinite Light* in trueSpace ist ein Distanzlicht (auch Flächenlicht genannt), das das Sonnenlicht simuliert. Das Infinite Light ist gerichtet, kann also einen Schatten werfen. Es wird durch einen Klick auf die Infinite Light-Taste in der Grundformenbibliothek erzeugt und als pfeilförmiges Objekt dargestellt, das sich frei im Raum bewegen läßt.

Der Pfeil deutet in die Richtung der Lichtquelle. Ein Infinite Light kann in der Szene bewegt, rotiert und vergrößert werden. Dabei spielt aber nur die Rotation der Lichtquelle eine Rolle. Bewegung und Skalierung dienen nur dazu, die Lichtquelle in der Netzkörperdarstellung der Szene besser sichtbar zu machen. Also spielt auch die Entfernung des Infinite Lights von den Objekten einer Szene keine Rolle.

Stellen Sie sich das Infinite Light in trueSpace wie eine Lichtwand vor, die ein Lichtpfeil vor sich herschiebt. In der Regel reicht ein Infinite Light aus, um eine Richtung in der Szene mit Grundhelligkeit auszustatten. In dieser Hinsicht ist das Infinite Light im trueSpace ein Flächenlicht. Mit drei bis sechs Infinite Lights, die jedes in eine andere Richtung scheinen, kann man das ambiente Licht anderer 3D-Programme simulieren.

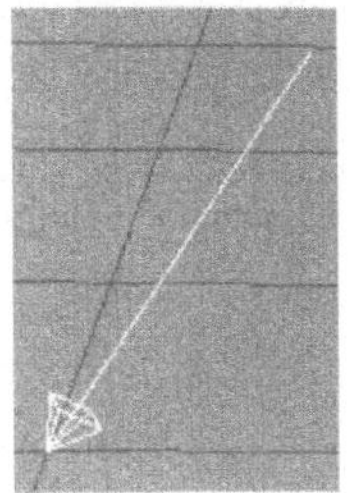

Falloff – der Abfall der Intensität einer Lichtquelle – wirkt nicht bei Infinite Lights, die, so wie der Name es sagt, unendlich weit mit gleicher Intensität scheinen.

Mit einem einzigen Infinite Light kann man zwar die gesamte Szene ausleuchten, der Effekt wäre allerdings zu kontrastreich. Das Infinite Light in trueSpace eignet sich sehr gut als »Keylight« für Außenszenen, etwa für Visualisierungen in der Architektur.

Local Light – Diffuses Licht

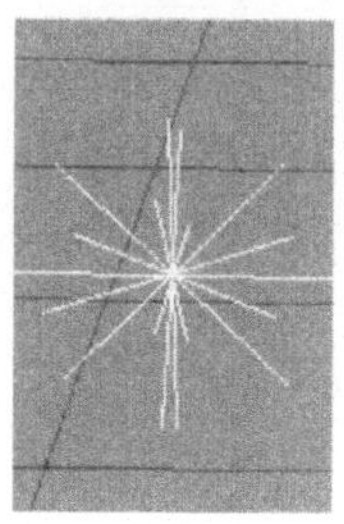

Local Light ist ein diffuses Licht, ähnlich dem Omni-Light im 3D Studio MAX. Das lokale Licht strahlt in alle Richtungen so gleichförmig wie eine Glühbirne.

Ein lokales Licht wird in die Szene eingesetzt, wenn man auf Local Light in der Grundformenbibliothek klickt, und erscheint als gezackter Stern in der Szene. Es läßt sich in gleicher Weise wie jedes andere Objekt bewegen, rotieren und skalieren. Die Vergrößerung macht das Local Light-Objekt in der Szene besser sichtbar – ändert aber nichts an den Eigenschaften der Lichtquelle. Die Rotation eines Local Lights hat keinen Einfluß auf seine Funktionen.

Anders als in den meisten 3D-Programmen können alle Lichtquellen in trueSpace einen Schatten werfen – und zwar im Raytrace und im Render.

Das Local Light in trueSpace eignet sich besonders als zusätzliches Hilfslicht für Szenen im Innenraumbereich zur gezielten Aufhellung der Schatten. Werden nur einzelne Objekte in Szene gesetzt, ergeben Local Lights auch sehr gute Führungslichter.

Ein lokales Licht kann auf drei verschiedene Weisen strahlen: Unendlich weit ohne Abfall der Lichtintensität, mit einem linearen Abfall, oder mit einem quadratisch mit der Entfernung abnehmenden Abfall. Der letzte Fall – der quadratische Abfall der Lichtintensität mit der Entfernung – kommt der Realität am nächsten. Er liefert nicht nur die feinsten Tonwertabstufungen, sondern auch den realistischen Schattenwurf einer realen Lichtquelle, deren Schatten mit dem Abstand zur Lichtquelle und zum Objekt immer heller wird.

Das Local Light kann Schatten nach dem Shadow Map-Verfahren und im Raytrace erzeugen.

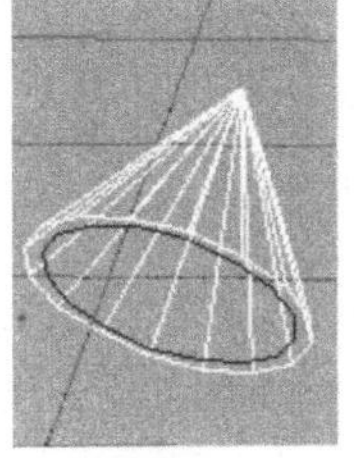

Spotlight – Der Strahler

Das *Spotlight* ist ein gerichteter Lichtstrahl und verhält sich genauso wie das Spotlight im 3D Studio MAX. Es erzeugt einen Lichtkegel, der sich – am besten in der Kameraperspektive – genau auf einen Szenenausschnitt einrichten läßt.

☐ *Das Spotlight setzt einen sichtbaren Lichtkreis auf den Untergrund. Je kleiner der blaue, innere Ring des Spotlight-Objekts im Verhältnis zum äußeren Ring ist, desto weicher fällt der Übergang aus.*

Ein Spotlight wird durch einen Klick auf *Spotlight* erzeugt. Es läßt sich verschieben, rotieren und skalieren. Der Lichtkegel des Spotlights wird durch Rotation auf den Teil der Szene gedreht, der im wahrsten Sinne des Wortes im Scheinwerferlicht stehen soll. Gut geeignet ist das Spotlight außerdem als Führungslicht in einer Szene, wenn künstliches Licht simuliert werden soll. Sieht man durch das Spotlight auf die Szene, kann der blaue Ring des Spotlights vergrößert oder verkleinert werden (er wird während der Skalierung grün dargestellt), um den Kegel größer oder kleiner und damit gleichzeitig weicher oder schärfer zu machen.

Die Intensität des Spotlights läßt sich von unendlicher Reichweite bis zum linearen bzw. quadratischen Abfall einrichten.

Das Spotlight kann für Schattenwurf sowohl nach dem Shadow Map-Verfahren als auch im Raytrace eingerichtet werden.

Der Lichtcharakter

Das Dialogfenster für die Einrichtung einer Lichtquelle öffnet sich, wenn die Lichtquelle markiert wird. Eine Lichtquelle hat folgende Parameter:

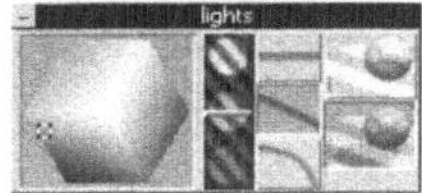

    Die Farbe des Lichts. Farbe und Sättigung des Lichts werden mit dem Hue-Würfel geregelt. Die Vorgabe ist weiß. Die Helligkeit des Lichts wird über den Schieberegler eingestellt. Ein Klick mit der rechten Maustaste auf den Würfel öffnet ein weiteres Dialogfenster, in dem sich Farbe (Hue), Sättigung (Saturation) und Helligkeit (Intensity) numerisch einstellen lassen.

    Der Abfall der Lichtintensität. *No Falloff* läßt die Lichtquelle unendlich weit scheinen, während sie bei linearem und quadratischem Falloff mit wachsender Entfernung schwächer wird. Der quadratische Abfall der Lichtintensität kommt einer realen Lichtquelle am nächsten.

    Schattenwurf oder kein Schattenwurf? Der Vorgabewert ist »kein Schattenwurf«. Für jede Lichtquelle muß explizit *Cast Shadows by Current Light* angeklickt werden, wenn die Lichtquelle Schatten erzeugen soll. Ein Klick mit der rechten Maustaste läßt den Schattenwurf noch weiter definieren.

Shadowmaps und Raytrace

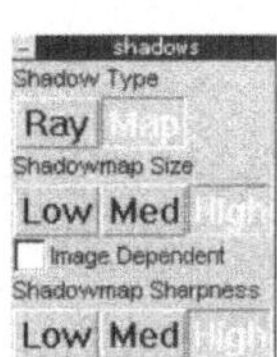

Für jede schattenwerfende Lichtquelle wird angegeben, ob die Schatten für einen Raytrace oder nach dem Shadowmap-Verfahren berechnet werden sollen. Schatten einer Lichtquelle, für die Raytrace gewählt wird, erscheinen nur in einem Raytrace, wenn im Rendermenü auch *Raytrace* angekreuzt wird.

Die Größe der Shadowmap ist ein Wert, der nur für Bildberechnungen nach dem Shadowmap-Verfahren von Bedeutung ist. Mit *Shadowmap Size* wird festgelegt, wie groß der Speicher sein soll, der für die Berechnung der Schatten zur Verfügung gestellt wird. Je größer der Speicher ist, desto feiner werden die Schatten herausgearbeitet.

Wird *Image Dependant* angekreuzt, wird die Größe der Shadowmap nach der Bildgröße festgelegt. Will man die Größe der Shadowmap selber regulieren, so setzt man die Größe der Map niedrig – *Low* – an, um einen Speicher von 1/16 der endgültigen Bildgröße für die Shadowmap zu reservieren, mit *Middle* reservieren Sie ¼ der endgültigen Bildgröße, *High* reserviert die volle Bildgröße als Speicher für die Shadowmap.

Shadowmap Sharpness bestimmt den Umfang des Antialiasing, das auf den Schatten angewandt wird. Mit einer geringen Shadowmap Sharpness wirkt der Schatten körniger.

Speicher für Shadowmaps

Lichtspiele

Wenn sie mit der rechten Maustaste auf den *Set Intensity of Current Light*-Regler klicken, gelangen Sie in das Dialogfenster für die numerische Eingabe der Lichtintensität. Hier können Sie die Intensität auf größere Werte setzen, als das mit dem Schieberegler möglich ist. Auch negative Werte sind möglich, mit denen sich interessante Effekte verwirklichen lassen.

Numerische Eingabe der Intensität

Gels nennt man Bitmapbilder, die von einer Lichtquelle in die Szene projiziert werden. Jalousien für einen interessanten Einfall des Sonnenlichts in ein Zimmer oder bunte Lichtkreise wie von der Spiegelkugel in der Diskothek sind typische Effekte solcher Gels. Um Gels in trueSpace zu simulieren, erzeugen Sie eine Fläche, die Sie direkt vor eine schattenwerfende Licht-

Lichtprojektionen

quelle setzen. Für die Fläche wandeln Sie ein Bitmapbild in eine semitransparente Textur um.

Licht ohne Grenzen

Licht, das keinen Schattenwurf erzeugt, geht durch alle Wände. Das kann zu verwirrenden Effekten bei Innenraum-Szenen führen. Richten Sie den Abfall der Lichtintensität so ein, daß die Lichtquelle nur ihre nähere Umgebung ausleuchtet.

Probleme mit der Unendlichkeit

Ist das Führungslicht einer Szene etwa ein Infinite Light mit Schattenwurf und befindet sich hinter dem Infinite Light eine Fläche, dann steht die gesamte Szene »im Dunkeln«, da das Infinite Light-Objekt ja nur für die Richtung des Lichts steht, nicht aber für den Anfang der Lichtwand. Das gleiche passiert, wenn die Szene für eine Animation in eine große Kugel gepackt wird: Wenn also ein Infinite Light mit Schattenwurf als Führungslicht in der Szene steht, dann ist die gesamte Szene im Dunkeln, da das Infinite Light in der virtuellen Unendlichkeit beginnt.

3.3.3 Sichtbares Licht

Der trueSpace-Raum hat keine Atmosphäre und es gibt kein Volumenlicht wie in Autodesk MAX. Darum sind 3D-Grafiken erst einmal so klar und rein wie eine klirrende Winternacht.

trueSpace besitzt keinen »Atmosphären«-Zusatz. Darum muß der Lichtkegel einer Lampe simuliert werden, wenn man das Licht der Lichtquelle im Render sehen will.

Eine einfache Lösung ist ein Kegel aus einem transparenten Material, der im Mittelpunkt der sichtbaren Lampe beginnt. Der Kegel wird in die Lichtrichtung positioniert – zusammen mit einem Spotlight. Der untere Kreis des Kegels muß entweder bis unter den Untergrund der Szene reichen oder mit *Delete Faces* herausgeschnitten werden (sauberer wäre es, den Kegel direkt als reinen Umriß zu modellieren, aber die Doppelwandigkeit kann im Bild auffallen). Genau dort, wo der Kegel den Untergrund schneidet, muß der Untergrund mit dem Kegel des Spotlights ausgeleuchtet werden.

Ohne Atmosphäre sieht man kein Licht – man sieht nur seine Auswirkung auf den Körpern einer Szene. Einen Lichtkegel, wie etwa bei einer Straßenlaterne bei Nieselregen oder Nebel sieht man nicht. Das Licht, das wir sehen, sind die Partikel in der Luft, die von einer Lichtquelle angestrahlt werden.

Halos – Lichtgloriolen

trueSpace kann keine selbstleuchtenden Materialien berechnen wie das 3D Studio. Allerdings ist auch das selbstleuchtende Material des 3D Studios kein wirklich leuchtendes Material

Gloriolen von Licht und Lens Flares

Die »Lichtscheibe« simuliert das Leuchten. Die gleiche Lichtscheibe kann auch Lens Flares nachahmen.

– es scheint zwar zu strahlen, es leuchtet die Szene aber nicht aus.

Eine Scheibe aus einem halbtransparenten Material kann eine Gloriole von Licht oder einen Lens Flare-Effekt simulieren. Die Scheibe wird als gleichseitiges Polygon – als Kreis – gezeichnet und mit *Quad Divide* unterteilt. Bemalen Sie mit *Paint*

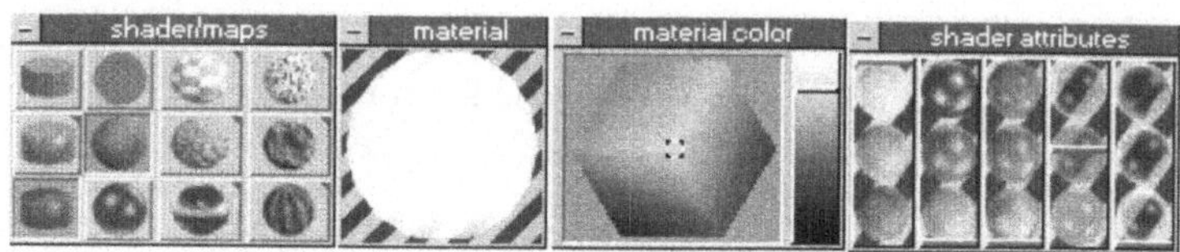

Einstellung für ein semitransparentes, leuchtendes Material. Für das vollständig transparente Material ziehen Sie den Transparenzregler auf volle Transparenz.

Vertices die Mitte der Scheibe mit einem semitransparenten Material und die Scheibe insgesamt volltransparent. Hinter einer Laterne oder Lampe – direkt auf die Kamera gerichtet – erzeugt die Scheibe einen Lichthof um die sichtbare Lichtquelle.

Wenn Sie mit *Paint Faces* einzelne Facetten der Scheibe voll transparent auslegen, entsteht ein Strahleneffekt.

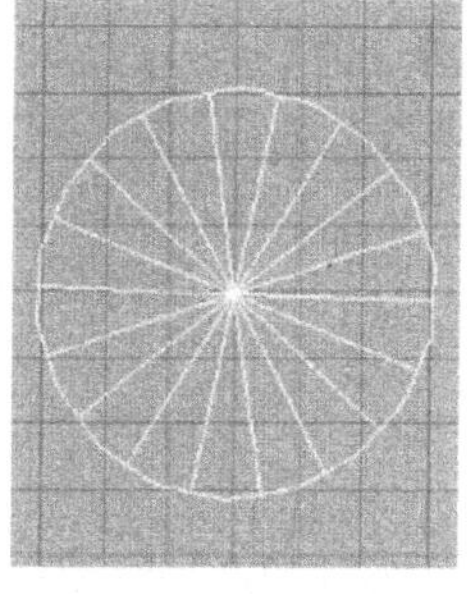

Einen Lens Flare-Effekt, wie er in Filmen wie BABYLON 5 und DEEP SPACE NINE so beliebt ist, simuliert man in trueSpace mit einer Reihe von Lichtscheiben, die hintereinander auf der Achse eines Infinite Lights liegen. Die Scheiben werden für den

Lens Flares – die Umkehrung der Lichtscheibe

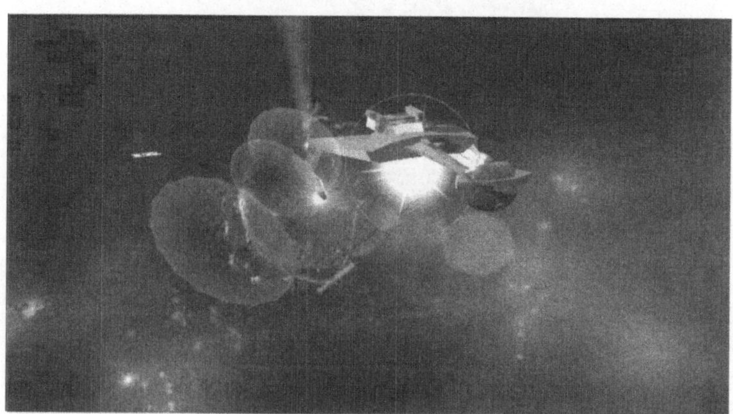

Das Prinzip der Licht-
scheibe läßt sich für eine
ganze Reihe von Effekten
einsetzen: vom beleuchte-
ten Fenster bis zum Raum-
schiffantrieb.

Lens Flare-Effekt radial semitransparent, d.h. das innere Feld
der Scheibe wird mit *Paint Vertices* 100% transparent, der Rand
mit *Paint Over Existing Material* semitransparent.

Benebelt

In einem »Stimmungsbild« mit Nebel funktioniert die Simulation nicht, da transparente Materialien in trueSpace beim Einsatz von Nebel (Fog) sichtbar werden. Etwas aufwendiger, aber
sehenswert: Eine 100% transparente Fläche wird direkt vor die
Linse der Kamera plaziert. Ein Spotlight wird neben die Kamera hinter die Scheibe gesetzt und auf die sichtbare Lichtquelle im Bild gerichtet.

Wird Nebel, Fog,
eingesetzt, geht die Transparenz in trueSpace baden
– der Umriß transparenter
Flächen wird sichtbar.

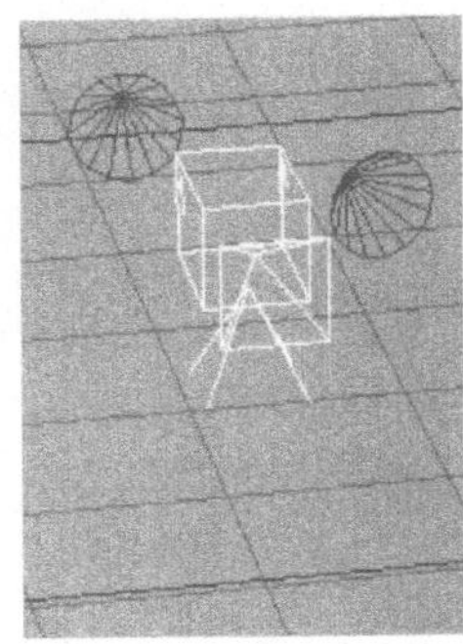

3.4 Material für die Oberfläche

3.4.1 Der Malkasten

Ein trueSpace-Objekt beginnt sein farbiges Leben immer erst einmal mit dem Material, das gerade aktiv ist, wenn das Objekt erzeugt wird. In einer neuen Szene, in der noch kein Material definiert wurde, setzt trueSpace sein Vorgabematerial ein: ein matt weißes, plastikähnliches Material. Auf diese Weise wird ein Objekt schon während des Aufbaus seines Netzkörpers sozusagen »mit Oberfläche« geboren. Objekte, die gespeichert wurden, haben beim erneuten Laden natürlich wieder das Material, mit dem sie gespeichert wurden.

trueSpace bietet eine Palette von Möglichkeiten, ein Objekt oder Teile des Objekts neu zu »bemalen«. Beim Aufruf eines Malwerkzeugs – *Paint over Existing Material*, *Paint Faces*, In-

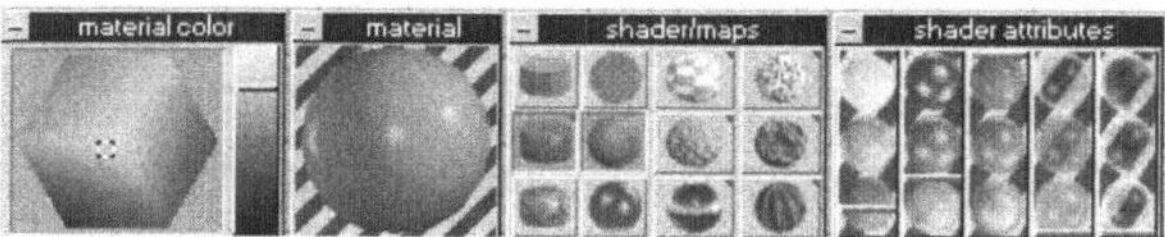

spect oder *Paint Vertex* öffnen sich die Funktionsfenster für die Materialdefinition:

Die Funktionsfenster werden auch durch den Klick mit der rechten Maustaste auf ein Malwerkzeug aktiviert.

✎ Mit *Paint Over Existing Material* bemalen Sie ein markiertes Objekt neu. Das Objekt muß nach der Zusammenstellung des Materials explizit noch mit dem Farbroller angeklickt werden, damit seine alte Farbe mit der neuen übermalt wird. *Paint Over Existing Material* ist der Farbroller, mit dem die Farbe aus dem Eimer auf das Objekt aufgetragen wird. Das Objekt wird sofort neu berechnet. Ist das Objekt ein verbundenes Objekt, wird nur der Teil aus der Gruppe neu bemalt, auf den man mit dem Farbroller klickt. Das gleiche gilt für Objekte, die durch Boolesche Operationen zusammengesetzt worden sind. *Paint Over Existing Material* übermalt nur Teile des Objekts mit gleicher Materialdefinition – also keine Facetten, die vorher mit *Paint Faces* oder *Paint Vertex* bemalt wurden.

✥ *Paint Faces* färbt einzelne Facetten des Objekts ein. Das erspart oft den Aufbau eines gesonderten Netzkörpers für eine zweite Farbe und erlaubt es, einem Objekt wie einem Gesicht, das aus nur einem Objekt gebildet wird, rote Lippe und Augenbrauen anzumalen. Bei dem Sportwagen wurde das Material für die Radkappen mit Paint Faces aufgetragen.

✥ *Paint Vertex* bemalt alle Polygone, die einen Ankerpunkt – einen Vertex – teilen, wenn man mit dem Farbroller auf den Vertex klickt. Die Farbe, die für *Paint Vertex* definiert wurde, verläuft dabei gegen den Rand der Polygone hin in die Originalfarbe des Objekts, so daß keine harten Ränder entstehen.

✥ Mit *Inspect* läßt sich die Farbinformation aus einem Objekt herauslesen, um sie zum Beispiel auf ein anderes Objekt anzuwenden. Die Materialdefinition wird sofort in den Funktionsfenstern übernommen.

✥ *Paint* bemalt ein markiertes Objekt mit der aktiven Materialdefinition. Dabei muß das markierte Objekt nicht noch einmal explizit mit dem Farbroller angeklickt werden. *Paint* überschüttet das Objekt komplett mit dem Inhalt des Farbeimers, alle Polygone werden neu bemalt, auch wenn vorher einzelne Facetten mit *Paint Faces* oder *Paint Vertex* eine eigene Materialdefinition hatten, auch wenn es sich um ein gruppiertes Objekt handelt oder wenn es aus Booleschen Operationen entstanden ist. Alles wird bedingungslos überschüttet.

Am Rande

Will man bei gruppierten Objekten sichergehen, daß auch das richtige Objekt den neuen Materialüberzug bekommt, dann steigt man in die Gruppe mit *Hierarchie Down* ein und wählt sich mit der Pfeil-nach-rechts- oder Pfeil-nach-links-Taste durch die einzelnen Objekte der Gruppe durch. Auf diese Wei-

Elemente von Gruppen
einzeln bemalen

se wird dann auch bei einem *Paint Objekt* nur immer das eine Objekt, das jetzt weiß markiert ist, neu bemalt, nicht mehr die ganze Gruppe.

Die Berechnung der Oberfläche unterbrechen

Wenn die Berechnung des Objekts zu lange dauert und Sie genug gesehen haben, können Sie den Renderprozeß mit der Esc-Taste unterbrechen. Das Material wird der Oberfläche trotzdem zugewiesen.

Zurück zum letzten Material

Das alte Material eines Objekts stellen Sie mit der *Undo*-Funktion wieder her, wenn das neue Material dann doch nicht die Wirkung zeigt, die Sie sich erhofft haben.

3.4.2 Farben, Muster und Strukturen

Der Begriff des Materials beinhaltet nicht nur Farben – sondern umfaßt die Möglichkeit, Ausschnitte aus Fotos, Effekte aus der Bildbearbeitung und nach mathematischen Formel generierte Texturen einzusetzen.

Die Oberfläche eines 3D-Modells wird durch die Art der Berechnung der Farben auf seinen Facetten und durch seine Textur festgelegt. Die Berechnungsverfahren unterscheiden sich nach ihrer Interpolation (sichtbare Facetten bis zu weichen Biegungen) und dem Algorithmus für die Schattierung, dem Shader (Flat, Geraud, Phong oder Metall). Dazu kommen die

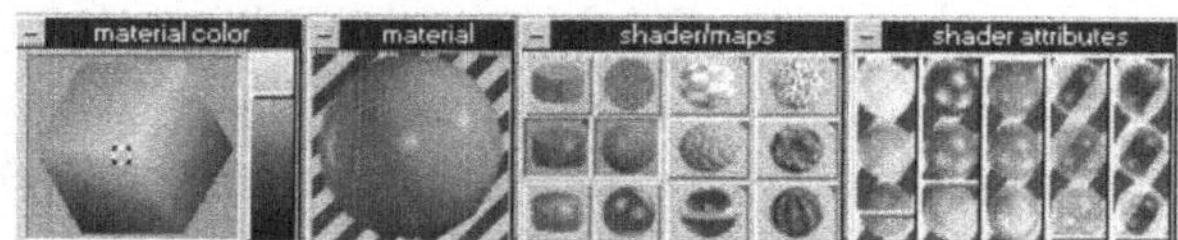

Materialien, die Farben und Texturen, die auf die Oberflächen »geklebt« werden.

Material Color stellt die Farbe, ihre Sättigung und Helligkeit ein (16 Millionen Farben sind möglich). Im ersten Fenster wird die Farbe mit dem Mauszeiger im HSL-Farbmodell verändert.

Der HLS-Würfel ist ein intuitives Farbmodell, mit dem Einsteiger sehr schnell klarkommen, denn es bietet die Qualifizierung von Farben durch drei Regler an: Farbton (*Hue*), Helligkeit (*Luminance*) und Farbsättigung (*Saturation*).

Der Farbton wird auf dem Farbwürfel eingestellt. Die Farbsättigung bestimmt die Reinheit der Farbe. Verringert man

die Sättigung, indem man die Maus mehr in die Mitte des
Würfels zieht, dann erhöht sich der Grauanteil – die Farbe erscheint trüber. Der Schieberegler auf der rechten Seite reguliert
die Helligkeit. Ohne Helligkeit wird die Farbe schwarz, mit
voller Helligkeit wird die Farbe weiß.

Wer das traditionelle RGB-Farbmodell bevorzugt, klickt
mit der rechten Maustaste auf den Farbwürfel und bekommt
die Schieberegler des RGB-Farbmodells, mit dem Farben numerisch exakt übernommen werden können. Das RGB-Farbmodell arbeitet mit drei Filtern für Rot, Grün und Blau.

Mit den RGB-Reglern erhält man Schwarz, wenn alle drei
Farben auf Null eingestellt werden, Weiß, wenn alle drei Reg-
ler auf 255 stehen. Einen Rotton erzielt man, wenn man den
Regler für die rote Farbe auf die gewünschte Sättigung einstellt
und den Grün- und Blauanteil reduziert (kleinere Werte für
Grün und Blau). Ein Gelbton entsteht aus der Mischung von
Rot und Grün, wenn zugleich der Blauton reduziert wird.

Der Vorteil des RGB-Models liegt in der leichten Über-
tragbarkeit einer Farbe – etwa aus einer Vorlage im Photoshop
– indem man die numerischen Werte für Rot, Grün und Blau
einfach übernimmt.

RGB-Farben mischen

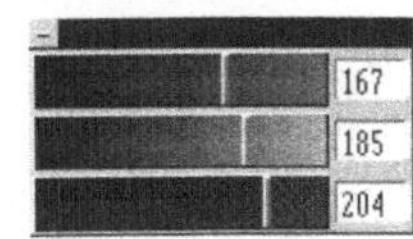

Schattierungsmethoden und Maps

Die Schattierungsmethoden werden im Dialogfenster *Shader/
Maps* eingestellt und können miteinander kombiniert werden.
Es gibt drei Qualitätsstufen für die Schattierung der Facetten:
Facetted, *Auto Facet* und *Smooth*.

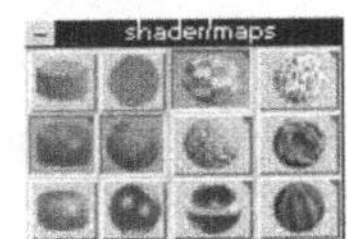

✎ *Facetted* – einfache Facetten – die schnellste Methode, ein
Objekt zu berechnen, aber qualitativ auch die Schlech-
teste. Jede Facette erhält die Tonwertabstufungen entsprechend ihrer Lage und der Lage der Lichtquellen im
Raum. Wenn die Oberfläche des Objekts berechnet wird,
kann man die Facetten des Objekts deutlich erkennen,
falls es nicht besonders fein modelliert wurde. Anderer-
seits kann der Effekt, die Facetten eines Objekts zu sehen,

auch gewünscht sein. Ein Beispiel dafür ist die Oberfläche eines Diamanten.

Auto Facet

🖑 *Auto Facet* – abgestufte Facetten bringen einen Weichzeichnungseffekt, wenn der Winkel zwischen zwei Polygonen kleiner ist als der vom Benutzer definierte *Threshold* (Einstellung mit der rechten Maustaste auf das *Auto Facet*-Symbol). Facetten, zwischen denen ein größerer Winkel liegt, werden nicht automatisch interpoliert. Der *Threshold* für *Auto Facet* läßt sich durch einen Klick mit der rechten Maustaste auf das *Auto Facet*-Symbol ändern. Mögliche Werte liegen zwischen 0 und 120; der Vorgabewert ist 40.

Smooth

🖑 Wird *Smooth* – weichgezeichnete Facetten – eingestellt, werden alle Polygonwinkel interpoliert. Diese Methode eignet sich am besten für Objekte mit einer weichen runden Oberfläche ohne scharfe Ecken und Kanten, so wie die kleine Teekanne. Ecken mit einem Winkel von 90 Grad weichzuzeichnen, macht sich für gewöhnlich gar nicht gut.

Die Renderingmethode

Die zweite Spalte wählt die Renderingmethode aus – d.h. nach welchem Verfahren das Material auf der Oberfläche ausgerechnet wird. *Flat Shading*, *Phong Shading* und *Metal* werden angeboten.

Flat Shading

🖑 *Flat* – Flach. Alle Flächen werden nur mit einer einzigen Farbe dargestellt. Innerhalb der Flächen gibt es keinen Farbverlauf, deswegen wirken alle Körper sehr eckig, auch wenn ein Smoothing-Verfahren angewendet wurde. *Flat* eignet sich also in der Regel nur für einfache Flächen, die keine Schattierung erfahren sollen, zum Beispiel für Reflexionsflächen, die außerhalb der sichtbaren Szene aufgestellt werden.

Facetted:
Unerwünscht ist der Facetteneffekt auf dem Ring, auf der Teekanne und auf der Schrift.

Auto Facet ist die
beste Einstellung für Objekte, die sowohl runde als auch eckige Partien haben, etwa abgekantete Buchstaben wie ein S und die Teekanne.

Smooth:
Der Diamant wirkt aufgeblasen und verwischt. Auch mit Bevel weichgezeichnete Buchstaben sehen meistens nicht gut aus, wenn sie mit Smooth berechnet werden.

✎ *Phong* ist für die meisten Zwecke die beste Lösung. *Phong* berechnet für jeden Punkt die exakte Helligkeit und Farbe – bringt also die Tonabstufungen, die den Körper plastisch und räumlich darstellen.

Phong Shading

✎ *Metal* – eigentlich das gleiche wie die Phong-Schattierung. Durch Mischen der ambienten und diffusen Farbanteile

213

sowie durch einen erhöhten Kontrast des Schlaglichts ergibt sich ein metallischer Effekt. Metallschattierungen wird man im wesentlichen für stark reflektierende Oberflächen wie Glas und Metall einsetzen. Ihren Effekt beim Raytracing sehen Sie erst, wenn andere Objekte drum herum vorhanden sind, die reflektiert werden können.

Texturen, Bump Maps und Environment Maps

Texturen, Bump Maps und Environment Maps bilden eine weitere Möglichkeit, die Oberfläche eines Modells noch realistischer aussehen zu lassen. Die dritte Spalte im Shader/Maps-Fenster bestimmt Muster und Struktur der Oberfläche. Bitmapgrafiken werden mit einem Klick der rechten Maustaste auf das Symbol im Shader/Maps-Fenster in die entsprechenden Kanäle geladen.

- *Texture Maps* können Holzmaserungen sein, Marmor oder ein Phantasiemuster. In der Regel entstehen sie aus Fotoausschnitten realer Oberflächen.

- *Bump Maps* beeinflussen scheinbar die Oberflächenstruktur des Objekts – ob es glatt und eben ist wie feines Porzellan oder ob es eine Struktur hat wie eine Orange, Leder oder Holz.

- *Environment Maps* werden in ähnlicher Weise benutzt wie die Reflection Maps im 3D Studio – sie simulieren die Reflexionen eines Raytraces, ohne daß man die ganze Szene als Raytrace berechnen muß.

Nur diese drei Möglichkeiten bietet trueSpace, um Bitmaps in Shaderkanäle zu legen. Alle anderen Eigenschaften wie Transparenz, Brechung des Lichts und Glanz werden als rein numerische Werte »beigemischt«.

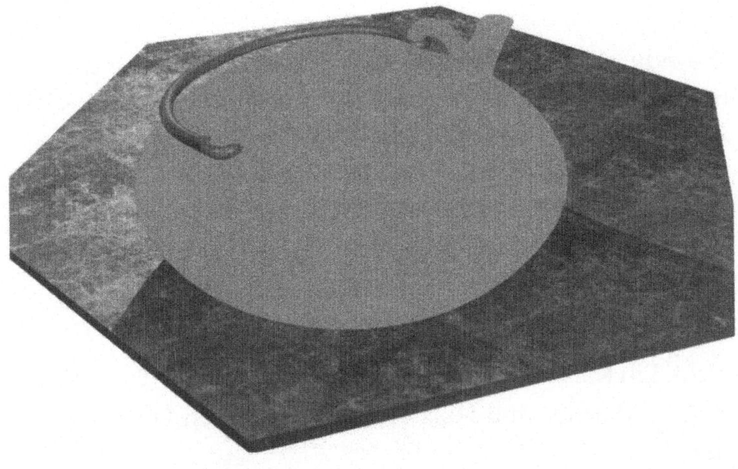

Flach schattierte Objekte erfahren im fertig berechneten Bild keine perspektivische Darstellung.

Phong Shading erreicht Effekte vom matten Ton bis zum gebürsteten Metall und glänzenden Kunststoff.

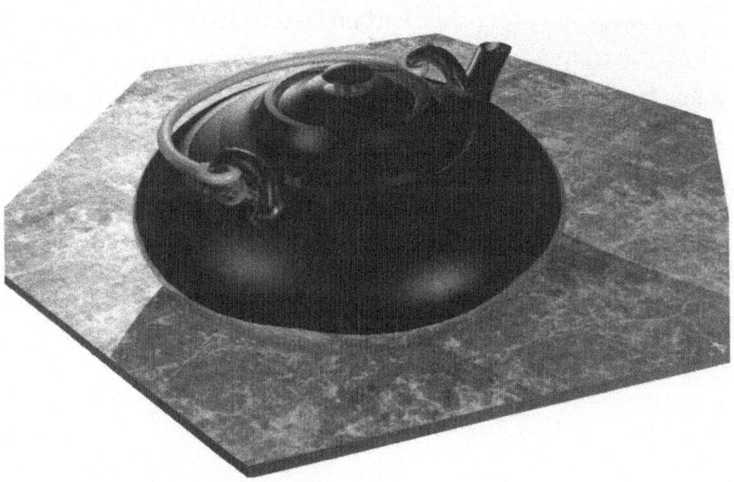

Metal Shader bringen besonders intensive Reflexionen für Glas und spiegelnde Metalle an die Oberfläche.

Prozedurale Texturen haben keine Nahtstellen wie fotografierte oder gescannte Texturen, sondern arbeiten nahtlos. Vor allem aber wiederholen sie sich im Gegensatz zu Bitmaps

granite settings				granite color 2
color 1	amount 1	0.5	scale X	1.5
color 2	amount 2	0.5	scale Y	1.5
color 3	amount 3	0.5	scale Z	1.5
color 4	amount 4	1	sharpness	0.6

nicht. Ein Klick mit der rechten Maustaste auf die Symbole für Granit, Marmor und Holz öffnet die weiteren Funktionsfenster:

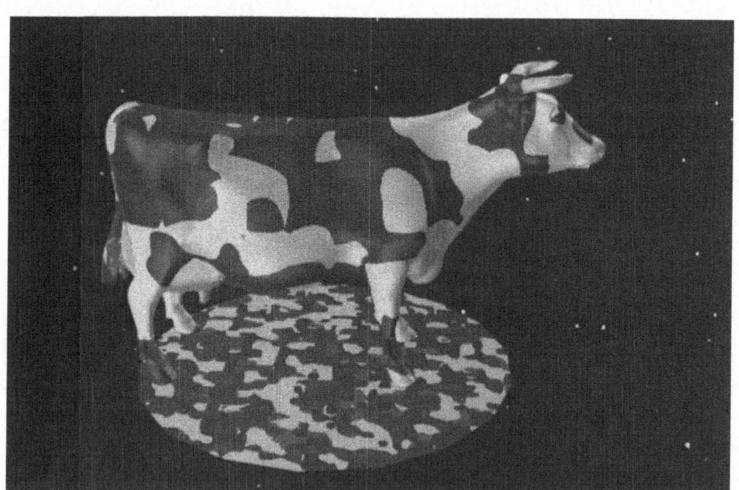

Granit hat vier Farben. Die Farben lassen sich nach einem Klick auf ein Farbfenster im Hue-Würfel einstellen oder mit einem Klick der rechten Maustaste auf den Hue-Würfel im RGB-Modell regeln. Für jedes Farbfeld der Granittextur läßt sich ein Grad an Transparenz einstellen. Die Schärfe (*Sharpness*) regelt, wie scharf die einzelnen Farbfelder voneinander abgegrenzt werden. Eine Schärfe von 0 liefert eine einheitliche Mischfarbe. Die relative Größe der Farbfelder wird durch die Amount-Regler bestimmt.

Marmor hat zwei Farben: die Farbe des Steins und die Farbe der Adern. Ein Klick auf *Set Basic Colors* bzw. auf *Set Vain Colors* öffnet das Hue-Fenster der Marmortextur. Hier werden Farbe und Sättigung in bekannter Manier auf dem Hue-Würfel eingestellt. Zusätzlich läßt sich für die Basisfarbe und für die

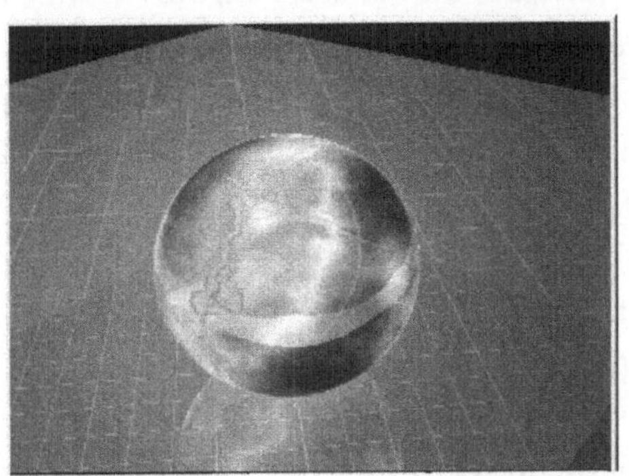

Alle prodzeduralen Texturen lassen sich auch semitransparent definieren.

Adern die Transparenz bestimmen. Auf diese Weise entstehen zum Beispiel Gas- und Wolkentexturen.

- Der Schärfenregler bestimmt die Schärfe der Adern auf dem Stein. Je kleiner der Wert, um so feiner werden die Adern.

- *Grain* legt die Richtung der Adern fest, wobei diese Richtung den Achsen des Objekts zur Zeit seiner Erzeugung entspricht.

- Die Skalierung in X-, Y- und Z-Richtung bestimmt die Richtung der Adern.

Die Brechung (Refraction) der transparenten oder semitransparenten Farbfelder wird im Funktionsfenster für die Schattierungsattribute eingestellt.

Holz – wie selbst gesägt

Holz hat zwei Farben – Sommerholz und Winterholz genannt – sie bilden die Ringe im Holz. Die Einstellung der Transparenz von Frühlings- und Sommerholz funktioniert genauso wie bei Mamor und Granit.

- *Grain* legt wieder die Schärfe fest, mit der die Ringe gegeneinander abgegrenzt sind. Anders als beim Marmor legen sich die Ringe um die Grainachse. Die Skalierung auf der X-, Y- und Z-Achse ändert die Größe der Ringe und ihre Anzahl.

- Das Verhältnis der Größen von Sommer- und Winterringen wird von *Spr:Sum* geregelt.

- Die Ringdichte wird mit *Ring Density* festgelegt. Höhere Werte bedeuten mehr Ringe.

- Die Größenvariation *Width Vary* legt fest, wie stark die Größe der Ringe variiert werden soll. Ein Wert von 1 bedeutet fast gleichmäßige Ringe.

- Der Wert für *Seed* variiert die Textur auf zufälliger Basis. Die Wirkung von *Seed* kann nicht vorhergesagt werden.

Schattierungsattribute

Das vierte Dialogfenster der Materialdefinition gibt Zugriff auf diverse Schattierungsattribute:

Eigenhelligkeit

- *Ambient Glow* bestimmt, wieviel Licht aus der Umgebung von dem Objekt aufgenommen wird. Ambient Glow simuliert eine indirekte Beleuchtung des Objekts, so daß für Effekte keine gesonderten Lichtquellen eingebracht und auf das Objekten ausgerichtet werden muß. Verfällt man der Versuchung, mit *Ambient Glow* Texturen aufzuhellen, nimmt Ambient Glow den Kontrast aus der Oberfläche des Objekts, da Ambient Glow Lichtquellen simuliert.

↳ *Shininess* – die Stärke der Reflexion bei Phong- und Metallschattierungen – bestimmt die Stärke der spiegelnden Reflexionen und gleichzeitig die Menge des diffusen Lichts, das von einer Oberfläche zurückgeworfen wird. Shininess legt also fest, ob das Material seine Umgebung reflektiert wie ein Diamant oder das Licht verschluckt wie eine Kartoffel. Zusammen mit einer Oberflächenberechnung nach Phong gibt Shininess auch an, wieviel diffuses Licht das Material wieder abstrahlt.

Reflexionsverhalten

↳ *Roughness/Specularity* – definiert die »Körnigkeit« eines Materials. Je feiner die Körnung ist, desto glatter wird das Material. Wie glatt eine Oberfläche ist, das vermitteln am besten Lichtpunkte, die Highlights auf der Oberfläche. Hohe Werte liefern kleine, scharf umrissene Lichtpunkte für glatte Objekte wie Klavierlack und polierte Metalle, niedrige Werte erzeugen eine rauhe Oberfläche. Auf pla-

Körnigkeit und Glätte

Je höher Shininess – die Glätte des Materials – desto klarer umrissen wirken die Schlaglichter auf den Kugeln.

nen Flächen wie dem Untergrund der Kugeln erkennt man die Glätte eines Materials erst anhand der Reflexionen auf der Fläche.

↳ *Transparency* gibt an, wieviel Licht durch einen Körper hindurch geht und wieviel Licht verschluckt wird – ob der Körper also durchsichtig ist wie Glas oder kompakt wie Holz.

Transparenz

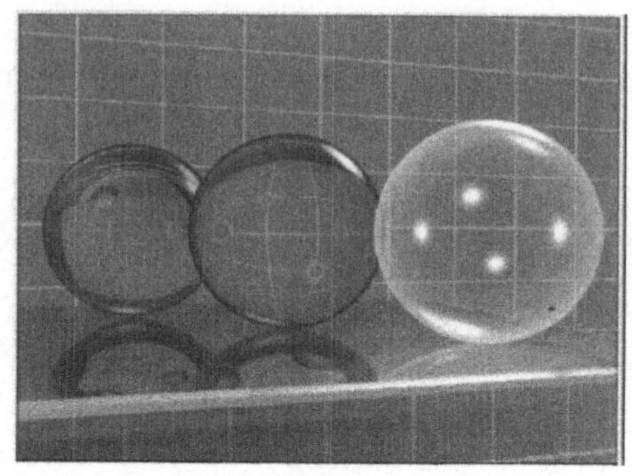

Die Brechung der rechten Kugel ist 1 – das Material bricht das Licht nicht. Sie wirkt flach und falsch. Der Brechung der mittleren Kugel ist 1.4, die der linken Kugel 1.7.

Luft	1.0
Wasser	1.33
Alkohol	1.36
Quarz	1.46
Salz	1.6
Glas	1.52
Bernstein	1.55
Brillenglas	1.6
Diamant	2.44

Index of Refraction – die Brechung des Lichts bei transparenten Materialien wie Glas, Plastik und Wasser verstärkt den realistischen Eindruck. Die Brechung wird nur in einem Raytrace berechnet und wird auch erst dann sichtbar, wenn der Hintergrund durch den transparenten Körper gebrochen dargestellt wird. Jeder größere Wert als 1 für die Brechung verlängert die Rechenzeit für einen Raytrace stark. Um wieviel die Brechung größer ist als 1, spielt dann allerdings kaum noch eine Rolle.

3.4.3 Maps – die Bitmapkanäle

Geht nicht gibt's nicht – mit einem bißchen Phantasie und etwas Bildbearbeitung ist alles möglich.

Texturen geben einem 3D-Modell den letzten Schliff. Wie der Bezug eines Sofas passen sie sich jeder Form perfekt an und bringen jedes nur denkbare Muster auf die Oberfläche: vom biederen Ziegelstein bis zum rostigen Weltraumkreuzer.

Texturen sind Ausschnitte aus Fotografien oder werden als Bitmaps mit Programmen wie Fractal Design Painter und Kai´s Powertools erstellt. Damit sie sich an jede Modellgröße anpassen, werden sie entweder als »Kacheln« erzeugt oder die Fotoschnipsel werden in einem Bildbearbeitungsprogramm so behandelt, daß sie sich wie Musterfliesen nahtlos aneinander fügen können und so jede beliebig große Fläche überzeugend vortäuschen können.

Um eine Textur für ein Objekt zu laden, klicken Sie mit der rechten Maustaste auf *Use Texture Map* im Funktionsfenster *Shader/Maps* und öffnen damit das Dialogfenster für Texture Maps. Mit einem Klick auf *Get Texture Map* können Sie Bilder im Windows-Bitmap-Format (.BMP), Targa-Format (.TGA), JPEG, trueSpace-Texturen (.TXR) und Video für Windows (AVI)-Format laden. Eine AVI-Datei kann in einer Animation einen bewegten Hintergrund bilden oder eine Kinoleinwand zum Leben erwecken, TXR-Dateien sind Bitmaps für Transparenzeffekte.

U-/V-Repts legen fest, wie oft eine Textur auf einem Objekt wiederholt wird, U-/V-Offset gibt die Verschiebung der Textur vom linken Rand an, mit Overlay werden Transparenzinformationen einer Textur durch die eingestellten Farbwerte überlagert.

trueSpace speichert nur den Pfad zu der Texturdatei, nicht die Textur selber in der Szenendatei oder mit einem Objekt. Wenn Sie Texturen verschieben, geht der Pfad zur Textur verloren und Sie müssen dem Objekt die Textur erneut zuweisen.

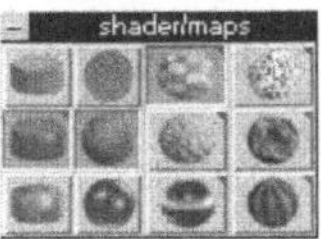

Wiederholungen und Verschiebungen

Wenn die Textur auf eine andere Platte wandert ...

Materialbibliotheken

trueSpace bietet Materialbibliotheken, mit denen Sie Materialien zur Auswahl auf den Bildschirm laden und gleichzeitig sortieren können. Ein Klick auf *Material Library* in der Gruppe *Libraries* öffnet eine Materialbibliothek. Sobald eine Materialbibliothek geöffnet ist, können Texturen hinzufügt oder aus der Materialbibliothek entfernt werden. Jede Textur ist auf eine Kugel projiziert und wird durch Anklicken aktiviert. Die aktive Textur ist mit einem kleinen roten Balken gekennzeichnet. Sie erstellen eigene Materialbibliotheken, indem Sie auf das Namensfeld der Materialbibliothek klicken (hier im Bild »Kachel2«) und *New* wählen. Eine leere Materialbibliothek erscheint, in die sofort Materialien eingefügt werden können.

Es kann immer nur eine Materialbibliothek geöffnet sein. Ein Material kann aber in verschiedenen Bibliotheken gespeichert werden.

Gespeichert werden Materialbibliotheken mit einem Klick auf das Namensfeld und *Save*. Sie werden mit der Dateiendung .MLB gespeichert.

Bump Maps

Die meisten Materialien sind nicht glatt, sondern haben ihre charakteristische Struktur. Paradebeispiel ist die Orange mit ihrer Orangenhaut. Solche Strukturen werden aus Bilddateien gelesen, in denen Grautöne die entsprechenden Informationen liefern: Dunklere Stellen in der Bilddatei scheinen tiefer zu liegen als helle. Der Effekt ähnelt dem Relief (Emboss)-Filter in Bildbearbeitungsprogrammen. Die glatte Oberfläche eines 3D-Objekts erscheint komplexer.

Der linke Quader ist mit einer Bump Map belegt, der rechte Quader wurde aus einzelnen Steinen modelliert.

Für Bump Maps gelten die gleichen Regeln wie für Texturen: Durch die Anzahl der Wiederholungen (*U-Repts-* und *V-Repts*) werden Bump Maps an die Größe des Objekts angepaßt, ihre Grenzen werden mit *U-* und *V-Offset* verschoben, und sie unterliegen der gleichen Projektionsrichtung wie das Material auf dem Körper (*UV-Projection*).

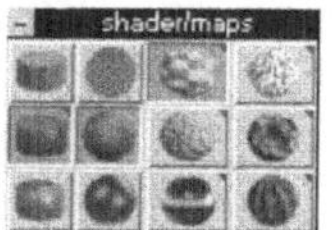

Durch die *Amplitude* wird die Stärke der Vertiefung festgelegt. Die Amplitude entscheidet auch, ob dunkle Stellen eine Vertiefung oder eine Erhöhung bilden: Ist die Amplitude positiv, werden dunklere Stellen höher dargestellt als helle, ist die Amplitude negativ, werden helle Stellen gegenüber dunklen Stellen erhöht.

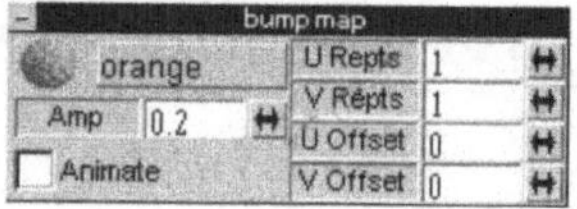

Für Detailaufnahmen reichen die projizierten Bump Maps nicht immer aus – sie liefern keine entsprechend strukturierte

Besonders echt wirken Bump Maps, wenn man sie mit der passenden Textur projiziert.

Kontur, die Konturen des Objekts bleiben glatt. Wird eine strukturierte Kontur zur Steigerung des Fotorealismus gebraucht, greift man also wieder zur geometrischen Modellierung.

Environment Maps

Die *Environment Map* ist die Simulation eines Raytraces für einzelne Objekte im Bild – sie bringt eine spiegelnde Reflexion der Umgebung des Modells ohne den Zeitaufwand, das ganze Bild als Raytrace zu berechnen. Die Environment Map besteht aus sechs Bildern, die aus der Sicht des Objekts von der Umgebung aufgenommen werden – eines in jede Richtung. Sie wird zusammen mit der Textur auf den Körper aufgebracht – im Gegensatz zur Textur kann sie nicht rotiert, skaliert oder verschoben werden, denn als Reflexion bleibt sie immer an derselben Stelle.

Vorspiegelung echter Spiegelungen

Wenn der Körper rotiert wird, wird auch die Textur rotiert – die Textur ist quasi auf den Körper aufgeklebt. Die Environment Map hingegen behält scheinbar ihre Position auf dem Körper und erzeugt so den Anschein einer spiegelnden Reflexion der Umgebung.

Bei jeder Bewegung – die Environment Map bleibt

Derart simulierte Reflexionen müssen also für jedes Objekt mit spiegelnder Oberfläche einzeln erzeugt werden, während beim Raytrace alle Objekte mit spiegelnden Oberflächen ihre Umgebung reflektieren.

Gespiegelt wird immer an derselben Stelle

trueSpace erstellt zwei Arten von Enironment Maps: 1D- und 2D-Environment Maps. 1D-Environment Maps erzeugen die

Das Original: die echte Reflexion durch Raytrace

Die schnelle Kopie: die Reflexion per Environment Map

1D Environment Maps – Horizonte für mehr Leben auf der Oberfläche

Spiegelung eines einfachen Horizonts. Horizontstreifen bringen mehr Leben auf die Oberfläche, ohne die Gefahr der optischen Überfüllung (die bei spiegelnden Reflexionen schnell dabei ist). Insbesondere, wenn das Objekt eine glänzende Oberfläche hat, wirkt es ohne Reflexionen flach und leblos. Sie brauchen einen Gradienten, einen Verlauf, wie man ihn beispielsweise mit Kai´s Powertools oder mit 2D-Illustrationsprogrammen erstellen kann. Sie wählen *Edit – Image Utilities* in der Funktionsleiste und lassen Ihren Gradienten in eine Envrionment Map verwandeln. 1D-Environment Maps bekommen die Endung 1TD.

Mit der 1TD-Map auf der rechten Seite können Sie eine diffuse Reflexion in einem Render simulieren.

Für eine dreidimensional wirkende Reflexion brauchen Sie keine Eingabedatei anzugeben, sondern Sie markieren den

Körper, für den die Reflexion erstellt werden soll. trueSpace berechnet sechs Bilder aus dem Mittelpunkt des Körpers – Sie se-

Sie können für eine 1TD-Environment Map nur waagerecht verlaufende Gradienten benutzen.

hen die kleinen Render in Briefmarkengröße im trueSpace-Fenster, sechs Stück an der Zahl. Damit eine Environment Map gelingt, muß es in der Umgebung des Körpers etwas zu spiegeln geben.

Die Environment Map läßt sich auf der Oberfläche eines Körpers nicht verschieben, vergrößern und verkleinern. Auch eine Änderung der Projektionsart ändert nichts an der Projektion der Environment Map auf den Körper. Wenn das Objekt im Laufe des Szenenarrangements verschoben oder rotiert wird, muß auch die Environment Map neu aufgenommen werden.

Environment Maps wirken am besten auf gekrümmten Flächen. Auf einem Würfel mit harten Kanten oder auf einer Fläche entsteht nicht der Eindruck einer Reflexion.

Reflexstreifen im Render

Gut geeignet sind die Environment Maps für die Reflexstreifen auf Glas und Metall. Sehen Sie sich einmal ein Glas oder einen Wasserhahn an – sie haben die typischen Reflexstreifen hochspiegelnder Oberflächen. Fotografen betreiben einen großen Aufwand, um die Reflexstreifen auf Motiven aus reflektierenden Materialien zu fotografieren. Denn dem Fotografen ist immer seine eigene Ausrüstung (und er selber) im Weg und in Gefahr, auch als Reflexion auf dem Körper aufzutauchen.

Im Fotostudio baut man ein Zelt um den Gegenstand herum auf, das alle störenden Reflexionen ausschaltet. Damit dann aber doch wieder der begehrte Reflexstreifen auf dem Gegenstand auftaucht, klebt man Streifen auf die Plastikfolie des Zeltes.

Auch in der 3D-Grafik wirken Reflexstreifen edler und lenken nicht von der Form eines Motivs ab, sondern betonen sie. Für Reflexionsstreifen auf Metall und Glas erzeugen Sie eine Kugel als Lichtzelt rund um das Objekt – so groß, daß Objekt und Kamera in die Kugel passen. Alle anderen Objekte in der Szene werden mit ihrer Position gespeichert und vorübergehend gelöscht, damit sie sich nicht in dem Objekt spiegeln. Die Kugel wird gleichmäßig mit ambientem Licht beleuchtet. Das vermeidet Helligkeitsunterschiede in der Environment Map.

Die Reflexstreifen werden in einer Kontrastfarbe auf die Kugel gemalt. Dann wird das Objekt markiert und die Environment Map für das Objekt berechnet.

Die fertige Environment Map wird zur Materialdefinition des Glases geladen und die Objekte werden in die Szene zurück geladen. Dann kann die Szene beleuchtet und berechnet werden.

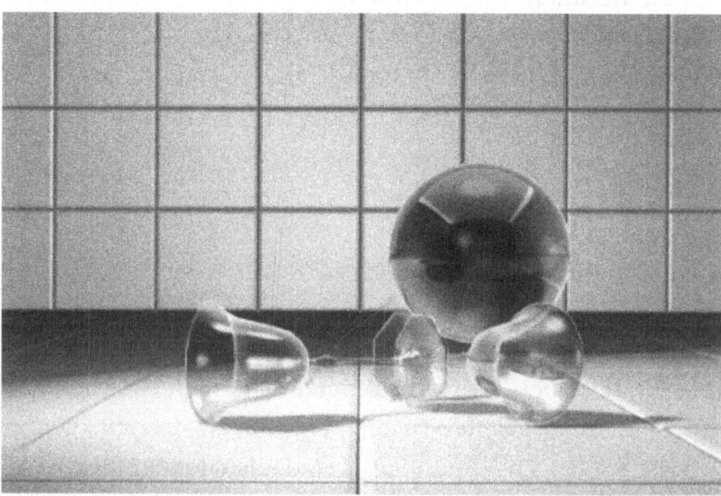

3.4.4 Effekte mit Transparenz

Texturen, die sowohl Transparenzinformationen als auch Farbinformationen enthalten, liefern Muster, die stellenweise oder nur leicht durchsichtig sind wie z.B. ein buntes Kirchenfenster oder ein Lochmuster. Sie bieten die Grundlage für Effekte, die einen sehr hohen Modellieraufwand und den damit verbundenen Rechenaufwand einsparen.

Transparenzmasken lassen sich aus Bitmapdateien mit den Image Ultilies erzeugen. Targa, Bitmap, JPG, TXR- und AVI-Dateien können als Vorgaben für semitransparente Texturen dienen.

Folgende Konvertierungsfunktionenen bietet trueSpace an:

↳ Die Konvertierung entsprechend der Intensität der Bildfarben; dabei werden die Bildstellen um so transparenter, je dunkler und gesättigter sie sind. Farbige Bildteile bleiben farbig, werden aber transparent.

↳ Die Konvertierung aller 100%ig schwarzen Bildteile – *Black* – in vollständig transparente Bildteile.

↳ Die Konvertierung aller 100%ig weißen Bildteile – *White* – in vollständig transparente Bildteile.

↳ Die Konvertierung *TopLeft*; dabei wird die Information, welche Farbe im Bild transparent werden soll, aus dem ersten Pixel oben links genommen.

✎ Keine Konvertierung – *None* – wandelt das Bild in eine TXR-Textur oder in eine Mipmap-Bump Map-Datei mit der Endung Tab um. Txr-Texturen sind glatter – der Effekt entspricht der Antialiasing-Funktion eines Bildbearbeitungsprogramms. Die Qualität einer Textur wird durch die Konvertierung zwar gesteigert, allerdings wird die Datei auch um ein Vielfaches größer. Tab-Dateien für Bump Maps werden in der Bildberechnung schneller berechnet als »normale« Bump Map-Dateien.

✎ Die Konvertierung *Image* wandelt eine Bitmap in eine Mipmap-TXR oder -TAB-Datei entsprechend den Informationen in einer anderen Bitmap um.

Overlay

Der Parameter *Overlay* ist für semitransparente Texturen bestimmt. Über ihn wird eingestellt, ob der transparente Teil der Textur vollkommen unsichtbar sein soll (*Overlay Off*) oder ob ein Material unter dem transparenten Teil »durchschimmern« soll (*Overlay On*).

Um eine Bitmap für die Konvertierung in eine TXR-Textur vorzubereiten, werden die Bildteile, die anschließend transparent werden sollen, in einem Bildbearbeitungsprogramm maskiert und mit 100% Schwarz oder 100% Weiß gefüllt.

Für die Weltkarte wurde eine schwarze Füllung gewählt, da das Bild weiße Bildstellen enthält, die nicht transparent werden sollen, und als Konvertierungsmodus wurde in den Image Utilities *Black* eingestellt. Ein Klick auf Convert Image wandelt das Bild in eine Transparenztextur im .Txr-Format um.

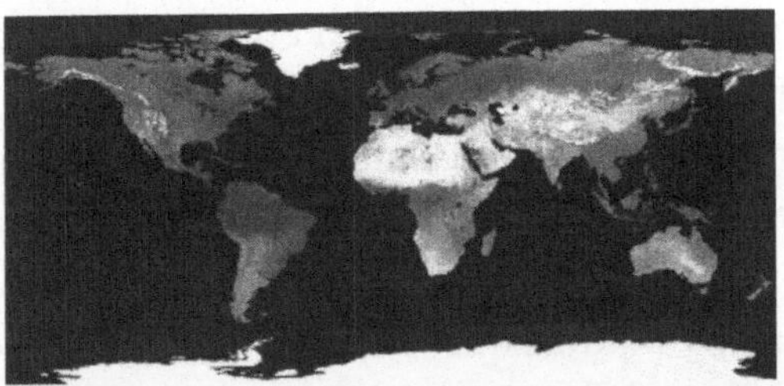

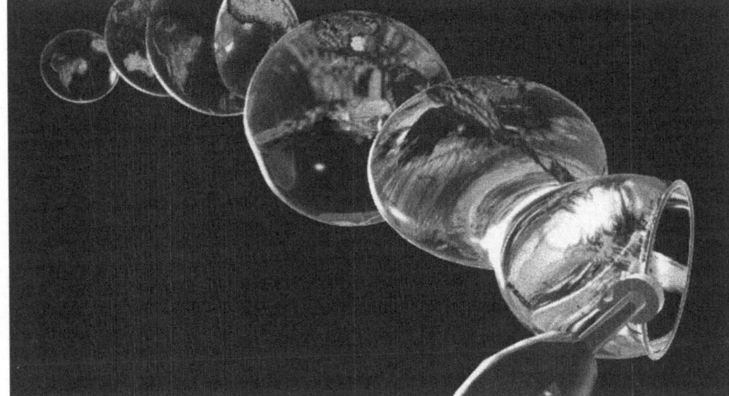

Wird die Datei in die Materialbibliothek geladen, sieht man nur noch Kontinente und die weißen Pole. Alle Seifenblasen sind Texturen mit Overlay – so bekommen sie eine leichte Einfärbung. Die Textur wird mit einem hohen Faktur an Ambience (0.5), Reflection (1,0) und Shininess (1,0) definiert.

Gepfuscht... Freisteller statt 3D-Modell

Transparenzmasken sparen Arbeit beim Modellieren – wenn man nämlich ein Objekt nicht modelliert, sondern das Motiv aus einem Foto ausschneidet, seine Umgebung schwarz oder weiß auffüllt und in eine Transparenzmaske umwandelt. Auf

Die Bäume sind nicht modelliert, sondern mit einem Bildbearbeitungsprogramm aus einem Foto ausgeschnitten.

eine einfache Form projiziert, wirkt das Bild wie eine ausmodellierte Form.

Die Bäume sind auf jeweils zwei Flächen projiziert, die sich in einem Winkel von 90° in der Mitte schneiden. Auf diese Weise kann die Kamera bewegt werden, ohne daß die Fläche mit der Baumtextur jedesmal neu zur Kamera ausgerichtet werden muß.

Durch die gekreuzten Flächen wirken die Bäume plastischer – auf dem fertigen Bild reichen die Zweige des Baums durch den Zaun.

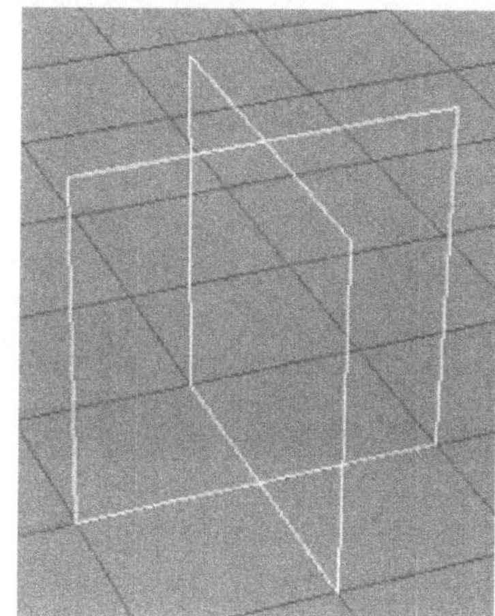

Bunte Kirchenfenster

Das Foto eines Kirchenfensters wird für ein farbiges Fenster mit den Image Utilities über die Funktion Intensity konvertiert. Mit Intensity werden alle schwarzen Bildteile vollständig

In einem Raytrace werfen farbige Transparenztexturen nicht nur den »durchsichtigen« Schatten eines Glases, sondern der Schatten ist auch farbig.

transparent, während die bunten Bildteile farbig bleiben, aber auch einen Grad an Transparenz erhalten – je nach Intensität der Farben.

Freisteller für die Fotomontage

trueSpace kann die Bildberechnung in einem 32-Bit-Bild speichern. Die zusätzlichen 8 Bit werden als Kanal für eine Bildmaske benutzt. Diese Bildmaske setzt alle Objekte der Szene gegen ihren Hintergrund »frei«.

Das Raumschiff kann direkt in das Foto eingesetzt werden – die Maskierung ist wesentlich genauer als eine manuelle Maskierung.

Eine große Fläche mit dem Landschaftsfoto wurde in die 3D-Szene gesetzt, in der der Freisetzer des Raumschiffs berechnet wurde. So spiegelt sich das Foto in Raumschiff, und das Raumschiff paßt sich besser in die Farben des Fotos ein.

3.4.5 UV-Projektionen

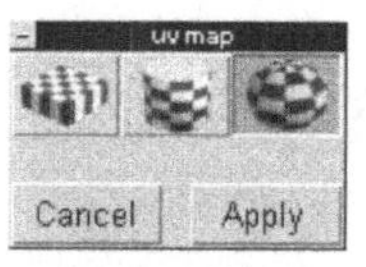

Der UV-Raum von Caligari trueSpace ist ein »zweidimensionaler Raum« im dreidimensionalen Raum. Die Texturen werden wie mit einem Diaprojektor auf die Flächen geworfen.

Die Textur Map oder die Bump Map wird auf ein 3D-Modell gebracht wie ein Stück Stoff auf ein Möbel. Stellen Sie sich vor, der Polsterer dürfte den Stoff nicht in Form schneiden, sondern müßte für jedes Möbelstück ein rechteckiges Stück Stoff komplett auf dem Möbel unterbringen.

Bezieht man eine Kugel mit Stoff, könnte man den Stoff um die Mitte der Kugel wickeln und dann oben und unten wie ein Bonbonpapier zusammenfassen. Bei einem Zylinder blieben die beiden Kreisflächen unten und oben frei.

Bezieht man einen Würfel mit Stoff, kann man den Stoff auch wieder um den Würfel legen. Die obere und untere Fläche des Würfels bleibt frei. Oder der Stoff wird auf die obere Fläche des Würfels gelegt und die Seiten bleiben frei. Die UV-Projektion ändert die Koordinaten und die Richtung, in der ein Material auf ein Objekt aufgetragen wird. Ein Material

Die Würfel sind (von links nach rechts) mit flacher, zylindrischer und sphärischer Projektion berechnet.

kann plan, zylindrisch oder sphärisch auf einen Körper aufgebracht werden. Ein Klick auf die Taste *UV Projection*, und das *UV MAP*-Fenster erscheint auf dem Bildschirm.

Die flache Projektion

Bei der flachen Projektion wird – wie mit einem Diaprojektor – das Bild flach von oben auf den Körper geworfen und auf den Seitenflächen nicht »umgeknickt«, sondern die Farbe des Randes wird nach unten gezogen. So wird die volle Textur auf die nach oben weisende Fläche aufgebracht (bei *U-* und *V-Rept* =1).

✎ Bei der zylindrischen Projektion wird das Muster waagerecht um den Körper gewickelt und nach oben umgeknickt.

Zylindrische Projektion

✎ Bei der sphärischen Projektion wird das Muster ebenfalls um den Körper gewickelt und oben an den Körper angepaßt, wie man Staniolpapier auf eine Schokoladenkugel anpassen würde (nur sehr viel perfekter).

Sphärische Projektion

Körper, die man aus einem zweidimensionalen Polygon durch Extrudieren hochzieht und nicht durch Tip abschließt, haben immer eine flache oder eine zylindrische Projektionsrichtung, bis Ihnen eine andere Projektionsrichtung zugewiesen wird. Sie zeigen das volle Bild der Textur auf dem oberen Polygon oder zeigen das volle Bild der Textur einmal um den Körper gewickelt. Werden sie mit Tip abgeschlossen, haben sie eine sphärische Projektion.

Projektionen rotieren

Die Richtung der Projektion wird mit den orange-blauen Markierungen geändert, die das Objekt nach der Aktivierung der UV-Projektion umgeben. Hier eine Drehung der Projektionsfläche auf der X/Y-Fläche.

Wählen Sie *UV Projection*, so wird die Projektionsrichtung durch orange-blaue Linien sichtbar gemacht. Die orange-blaue

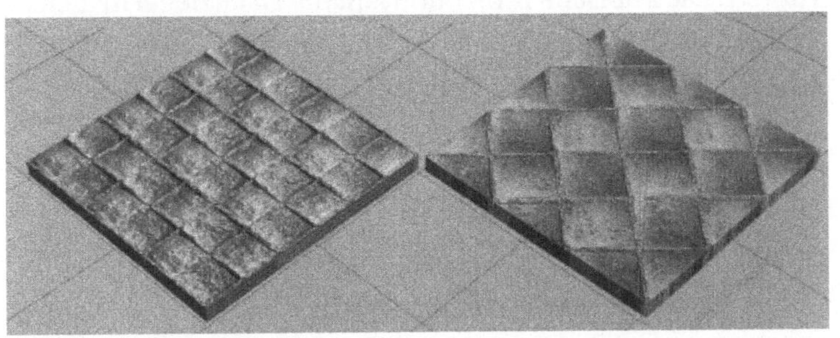

Wollen Sie eine andere Richtung für das Muster auf einer Fläche? Zum Beispiel die Fliesen auf dem Boden eines Badezimmers diagonal legen, obwohl die Textur vertikal verläuft?

Markierung (und bei zylindrischer und sphärischer Projektion die orange Fläche in der blauen Markierung) wirkt wie ein Diaprojektor. Das Bild wird von der Markierung aus auf die Fläche geworfen.

Klicken Sie auf *Object Rotate* (ohne *Object Tool* vorher anzuklicken), um die orange-blaue Markierung zu drehen. Klicken Sie im Funktionsfenster auf *Apply*, um die Änderung zu fixieren.

Einen Körper mit einer kubischen Projektion kann man nur auf eine Weise erzeugen: Holen Sie einen Würfel aus der Bibliothek der Grundformen. Sie müssen den gewünschten Körper aus dem Würfel schnitzen – d.h. mit Booleschen Operationen herausschneiden.

Die kubische Projektion gibts nur bei Würfeln aus der Grundformenbibliothek

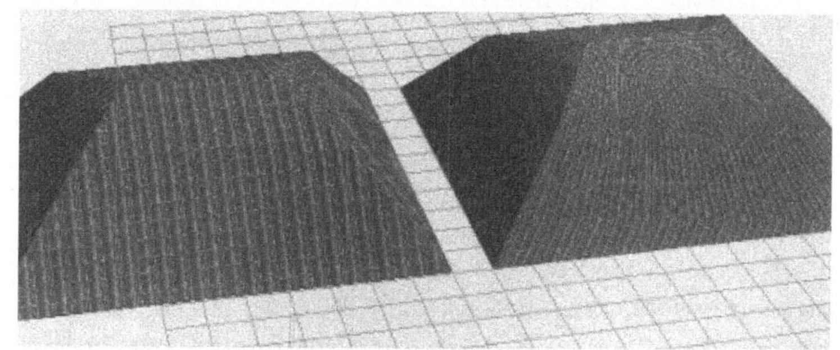

Kubische und flache Projektion

Der Wechsel der Projektionsart kann nicht rückgängig gemacht werden.

Das linke Hausdach wurde aus einem Würfel modelliert, von dem mit Booleschen Operationen die Schrägen subtrahiert wurden. Das rechte Hausdach wurde aus einem Recht-eck extrudiert. Die kubische Projektion läßt die Dachziegel in gleichbleibender Größe auf dem Körper liegen, die planare Projektion paßt die Textur an die Form an – läßt sie so zum Dachfirst hin immer schmaler zulaufen.

Texturen haben also ihren eigenen, zweidimensionalen Raum im dreidimensionalen Raum der Modelle. In diesem Raum läßt sich nicht nur die Art ändern, in der Texturen auf ein 3D-Modell aufgebracht werden, die Texturen können auch in

ihrem eigenen Raum verschoben und gedreht werden, damit
sie in eine angegebene Richtung laufen.

Wenn eine Textur an einer Kante mit einer bestimmten
Partie des Musters anfangen soll – zum Beispiel mit der Fuge
zwischen Ziegelsteinen, dann muß die Textur auf dem Körper
mit dem *U-* oder *V-Offset* (U- und V-Verschiebung) verschoben
werden (U und V sind die Koordinaten der Projektion).

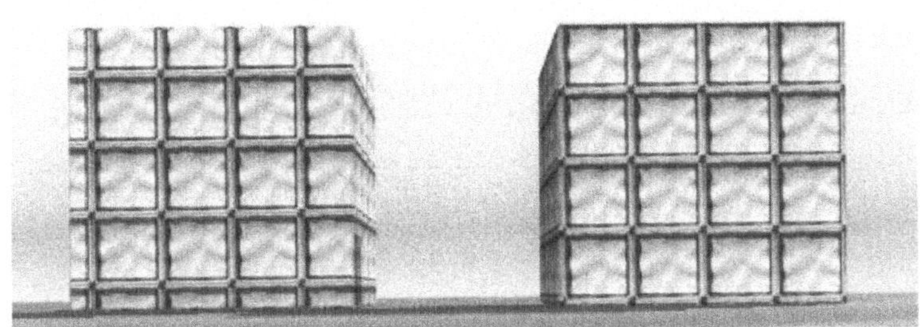

*Die Textur auf dem
linken Würfel hat einen
störenden Versatz. Die gleiche Textur auf dem rechten
Würfel wurde in die U-Rich-
tung um 0.3 (60% der Ka-
chel) verschoben.*

Feinarbeit wird erforderlich, wenn ein Muster auf mehrere
Objekte projiziert wird, die zusammen ein komplexeres Objekt bilden. Auf die verschieden großen Teile wird die Textur
verschieden groß projiziert und die Musterteile gehen nicht
mehr nahtlos ineinander über, obwohl die Textur sorgfältig gekachelt wurde.

Kein Problem hat man mit unterschiedlichen Projektionen bei
Flächen von Objekten, die durch Boolesche Operationen entstanden sind. Bei Booleschen Operationen bekommt das neu
entstandene Objekt einen neuen Projektionsraum – darum
wird die Textur auf der gesamten Fläche des Netzkörpers aufgebracht; es entstehen keine unterschiedlichen Größen in der

*Texturen auf zusammenge-
setzten Körpern*

*Im Beispiel sieht
man, daß die Textur im unteren Teil der Mauer we-
sentlich breiter aufgebracht
wurde – trueSpace bringt
die Textur entsprechend der
Größe der Teilobjekte auf.
Danach muß die Feinein-
stellung manuell über U-
und V-Repts und über den
U- und V-Offset vorgenom-
men werden.*

Texturprojektion. Während die Mauer im ersten Bild aus zwei Teilen zusammengefügt wurde (per *Glue*), wurde die Mauer im zweiten Bild als ein Quader modelliert, aus dem ein Ausschnitt herausgeschnitten wurde.

3.4.6 Material Rectangle – Etikettenschwindel

Viele Gegenstände des täglichen Lebens sind nicht einfach nur bunt oder haben ein Muster – sie haben Etiketten wie eine Weinflasche, sie haben ein Bild in der Mitte wie eine Kaffeetasse, sie haben Aufdrucke wie ein Geschäftswagen oder ein Muster nur in der Mitte.

Beim Klick auf *Material Rectangle* öffnet sich das Funktionsfenster. Die Taste *New* legt ein neues Viereck auf dem Objekt an. Das Viereck ist in 3x3 Facetten unterteilt und läßt sich mit *Material Move* und *Material Scale* im Dialogfenster ver-

Material Rectangle projiziert ein Viereck auf ein Objekt – so als würde man ein Bild mit dem Diaprojektor auf den Körper werfen.

Die Weinflasche ist ein Rotationskörper mit zylindrischer U/V-Projektion. Die Projektionsart muß dem Objekt zugewiesen werden, bevor das Etikett projiziert wird.

schieben und skalieren. Mit der Taste *Del* wird eine Projektion wieder gelöscht.

Ein Klick mit der rechten Maustaste auf *Get Material of Material Rectangle* holt die bekannten Funktionsfenster für die Materialdefinition auf den Bildschirm. Das Etikett wird als Textur für die untere Projektion geladen. Mit *Paint Material Rectangle* wird dem Viereck das neue Material zugewiesen – *Paint Material Rectangle* wirkt wie *Object Paint* aus den Malwerkzeugen.

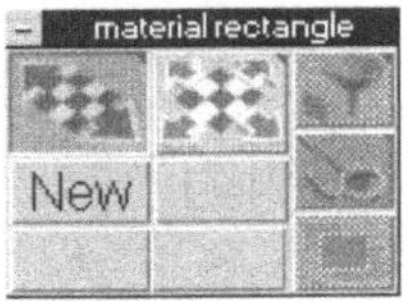

🖎 Bis zu acht Projektionen können auf einen Körper gesetzt werden. Das Objekt darf dazu nicht mit anderen Objekten gruppiert sein, sondern muß ganz alleine in der Welt stehen. Anschließend kann es natürlich wieder gruppiert werden – die Projektion des Materialvierecks bleibt in der Gruppe erhalten.

🖎 Die Projektionen überleben eine anschließende Änderung der Materialdefinition, ohne Schaden zu nehmen. Sie überstehen allerdings keine nachträgliche Änderung der Projektionsrichtung des Objekts – Ändert man die U/V-Projektion des Objekts, versammeln sich die Projektionen an den Rändern und Ecken des Objekts. Auch ein *Undo* bringt sie nicht zurück an Ort und Stelle.

Auch das Etikett auf dem Flaschenhals wurde eingescannt und in einem Bildbearbeitungsprogramm schwarz hinterlegt. Mit den Image Utilities wird das Bild konvertiert, so daß der schwarze Hintergrund transparent wird.

🖎 Die Projektionen werden mit dem Objekt zusammen gespeichert.

🖎 Projektionen dürfen auch übereinander liegen. Wenn *Material Rectangle* angeklickt wird, erscheint immer das zuletzt definierte Viereck auf dem Objekt. Um an die anderen Vierecke zu kommen, klickt man sich mit den »>« und »<«-Buttons durch die Vierecke hindurch.

🖎 Bei überlagernden Projektionen bringt man eine Projektion mit *Get Material Rectangle to Top* eine Stufe weiter nach oben.

🖎 Die Projektionsrichtung der Materialvierecke kann genauso wie bei einem Netzgitterkörper geändert werden.

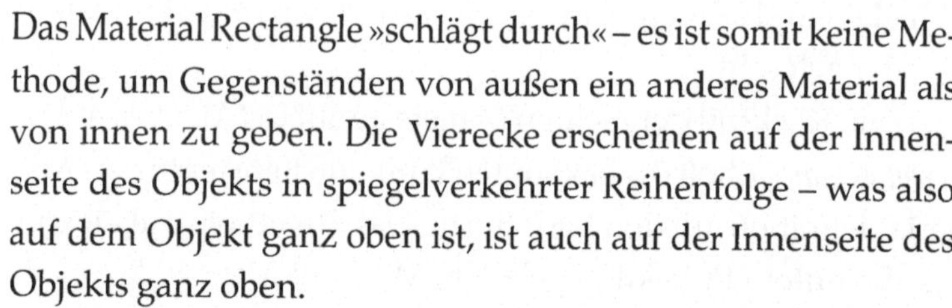

Das Material Rectangle »schlägt durch« – es ist somit keine Methode, um Gegenständen von außen ein anderes Material als von innen zu geben. Die Vierecke erscheinen auf der Innenseite des Objekts in spiegelverkehrter Reihenfolge – was also auf dem Objekt ganz oben ist, ist auch auf der Innenseite des Objekts ganz oben.

Durchschlagende Etiketten

Material Rectangles sind also nicht dazu geeignet, einem Objekt auf seiner Innenseite eine andere Textur zu verpassen als auf seiner Außenseite. Das muß auch weiterhin durch ein »Innenfutter« passieren. Für die CocaCola-Büchse mit Deckel wurden Dose und Deckel als Rotationskörper erzeugt (die Dose ist genauso wie die Weinflasche zylindrisch ausgelegt). Die Dose wird kopiert und um ein paar Prozent verkleinert genau in das Original eingepaßt.

Die Dose hat drei Etiketten: »Coca Cola« ist eine semitransparente Textur mit dem weißen Schriftzug auf schwarzem Hintergrund und ist zwei mal auf die Konservendose projiziert. Das rote Etikett rund um die Dose ist das dritte *Material Rectangle* und legt sich ganz um die Dose herum, so daß nur die schmalen Streifen unten und oben an der Dose frei bleiben.

Bring Material Rectangle to Top sorgt dafür, daß die beiden CocaCola-Schriftzüge über dem roten Etikett liegen.

Textureffekte mit Material Rectangle

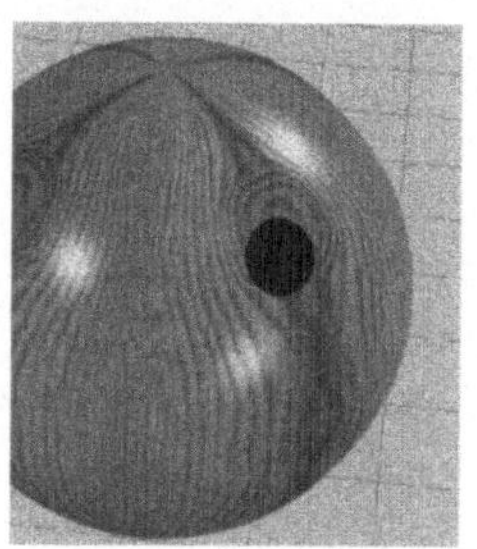

Mit semitransparenten *.Txr-Dateien in einem Material Rectangle erzielt man einen »Zwiebeleffekt« – dann liegt Textur über Textur, was in Caligari ansonsten nicht möglich ist.

Auch Modellierarbeit können die Material Rectangles einsparen: Das Loch in der Kugel ist eine Transparenztextur mit einem schwarzen Punkt, mit transparenten Rechtecken lassen sich die Fenster eines Hochhauses einfach darstellen.

3.4.7 Pluginfilter

trueSpace bringt eine Schnittstelle für Adobe-Pluginfilter mit. An der von Adobe definierten Schnittstelle können Bildbearbeitungsprogramme wie PHOTOSHOP und COREL PAINT Filter einbinden, die nicht zum Funktionsumfang des Programms gehören und sehr häufig von anderen Herstellern angeboten werden. Mit diesen Filtern lassen sich Effekte in Bitmapgrafiken einfügen wie etwa Mosaik- und Reliefeffekte, Wasserfarben und Verzerrungen.

Effektfilter in die Bildberechnung einbringen

Diese Filter lassen sich jetzt direkt in trueSpace aufrufen – ohne den Umweg, das fertig berechnete Bild zuerst in ein Bildbearbeitungsprogramm zu laden. Ein Bild oder eine Animation kann direkt im Anschluß an die Bildberechnung durch den gezielten Einsatz von Filtern bearbeitet werden.

Caligari bringt eine Auswahl von Filtern aus KAI´S POWERTOOLS mit. Pluginfilter können für die gesamte Szene und für einzelne Objekte in der Szene angewendet werden. Die Anwendung des Filters auf definierte Objekte bereits während der Bildberechnung erspart die anschließende aufwendige Maskierung in einem Bildbearbeitungsprogramm, die nicht so

Die gesamte Szene wurde mit »Konturen finden und umkehren« aus Kai´s Powertools behandelt.

239

exakt sein kann wie die Anwendung des Filters direkt auf ein 3D-Objekt. Außerdem ist in der Videobearbeitung die nachträgliche Maskierung einzelner Objekte meistens nur mit professionellen Videoeditoren möglich, sowie zeitaufwendig und weniger exakt.

Die Version 2 von Caligari trueSpace kann allerdings nicht mit den Photoshop-eigenen Filtern (Photoshop Version 3.04) umgehen: Diese sind schon 32 Bit-Filter.

3.5 Bildberechnung

Die Art der Bildberechnung – ob Render oder Raytrace, die Qualität des berechneten Bildes, Nebel und Hintergrundbilder werden im Rendermenü bestimmt, das als Dialogfenster mit der rechten Maustaste durch das Rendersymbol aktiviert wird.

Farbe für den Hintergrund

Eine andere Farbe für den Hintergrund des berechneten Bildes wird über *Background* eingestellt. Der Knopf *Background* führt zu drei Schiebereglern, mit denen die Farbe des Hintergrundes auf der Rot-Grün-Blau-Skala (RGB) geändert wird. Stellen Sie die Schieberegler für Blau und Grün auf 0 und gleichzeitig den Schieberegler für Rot auf einen hohen Wert ein, dann wird der Hintergrund zu einem reinen Rot. Rot und Grün – ohne Blautöne – ergibt gelbliche Farbtöne, Rot mit Blau – ohne Grün – ergibt violette Farbtöne, Grün mit Blau ergibt Türkistöne. Geben Sie für alle drei Farben den höchsten Wert, 255, ein, wird der Hintergrund weiß.

Die ersten Schritte mit dem RGB-Regler?

Bilder für den Hintergrund

Ein Klick auf den Knopf rechts neben *Background* führt zur Auswahlliste, in der Sie anstelle einer Farbe ein Bild als Hintergrund wählen können. Beachten Sie dabei, daß solche Hintergrundbilder sich in den Objekten nicht spiegeln und in transparenten Materialien nicht gebrochen werden! In Animationen bleibt der Hintergrund eisern konstant und bringt nicht den Eindruck einer echten Kulisse.

Background Maps – festgenagelt am Horizont

Background Maps sind immer flach auf den Hintergrund des Bildes gelegt und verändern sich nicht, auch wenn die Perspektive geändert wird. Eine Background Map in einer Animation wird den Eindruck einer Theaterkulisse machen, die fest auf der Bühne installiert ist. Darum benutzt man in Animationen zum Beispiel große Kugeln, die die Szene umschliessen und das Hintergrundmuster tragen. Auf diese Weise verändert sich auch der Hintergrund, wenn die Kamera in der Szene hin- und hergefahren oder geschwenkt wird.

Nebel für die Atmosphäre

Nebel – Fog – bringt die typische Unschärfe eines fernen Horizontes, in dem alle Farben ausgewaschen wirken. Dabei ist die

Kästchenzählen für den Nebel

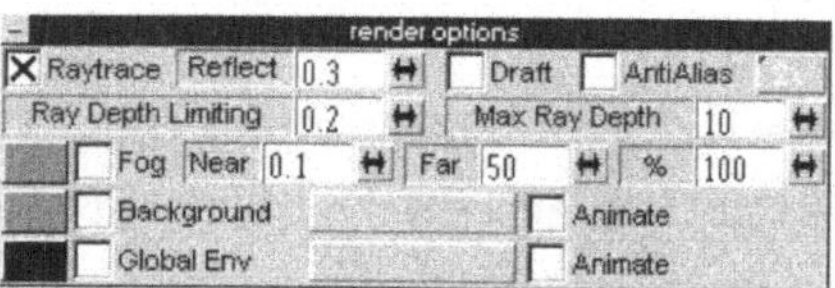

Zone von der Kamera bis *Near* klar, der Nebel beginnt bei *Near* und erreicht seine volle Intensität bei *Far.*

Wenn die Umgebung reflektiert werden soll

Die Umgebung für die ganze Szene

Global Environment belegt alle Objekte, die selber keine Environment Map in der Materialdefinition haben, mit metallischen Reflexionen, ohne allerdings die Eigenfarben des Objekts zu überlagern. Dabei kann entweder – genauso wie bei den Einstellungen für Hintergrundfarbe und -bild – eine Farbreflexion über die Schieberegler im RGB-Raum eingestellt werden oder eine Environment Map-Datei angegeben werden. Auf diese Weise kann eine Umgebung – etwa ein Horizont – simuliert werden, ohne daß dafür Szenenaufbau betrieben werden muß und ohne die Notwendigkeit, das Bild als Raytrace zu berechnen.

Damit es spiegelt

Vergessen Sie nicht *Raytrace* anzukreuzen, wenn Sie ein Bild oder eine Animation mit spiegelnden Reflexionen – also einen Raytrace – berechnen wollen. Wenn Sie allerdings bei Ihren

Lichtquellen den Schattenwurf nach dem Shadowmap-Verfahren gewählt haben, werden Sie in einem Raytrace nicht sichtbar. Umgekehrt bleiben die Schatten aus, wenn Sie den Schattenwurf für einen Raytrace eingestellt haben, im Renderdialog *Raytrace* aber nicht ankreuzen.

Der numerische Wert *Reflect* ist der Schwellenwert, ab dem Objekte spiegelnde Reflexionen zeigen. Überprüfen Sie die Einstellung für *Reflection* in der Materialdefinition, ob sie auch über dem Schwellenwert liegen, wenn sich keine Reflexionen auf dem Objekt einstellen.

Damit es im Raytrace spiegelt

Durch die Aktivierung von *Draft* berechnen Sie eine schnelle Probeansicht auf den Bildschirm. Die Qualität der Probeansicht ist für jede weitere Bearbeitung des Bildes zu gering. Ein höherer Wert für das Anitaliasing mildert die unschönen Pixelstufen, die in diagonalen Linien des Bildes entstehen.

Schnelle Vorschau oder druckreife Bilder in hoher Qualität?

Die Parameter *Ray Depth Limiting* und Max *Ray Depth* bestimmen die Tiefe der Rekursionen bei einem Raytrace. In einer Bildberechnung ohne die Einstellung *Raytrace* haben sie allerdings keine Bedeutung. Je niedriger der Grenzwert für *Ray Depth Limiting* angesetzt wird, um so mehr Reflexionen werden mit in die Bildberechnung aufgenommen und um so länger dauert die Bildberechnung. *Max Ray Depth* ist die Rekursionstiefe zur Berechnung von Raytraces. Je niedriger der Wert angesetzt wird, desto schneller erfolgt die Bildberechnung. Mit niedrigeren Werten für *Ray Depth Limiting* werden die tieferliegenden Reflexionen nicht berechnet. Eine zu geringe Rekursionstiefe führt zu »Aussetzern«, zu schwarzen oder weißen Stellen im Bild.

Begrenzte Spiegeltiefe

Raytraces beschleunigen

Stellen Sie *Ray Depth Limiting* auf einen höheren Wert als 0,2 und senken Sie *Max Ray Depth* – in der Regel erzielen Sie mit diesen Einstellungen ein genauso gutes Ergebnis, aber verkürzen die Zeit für die Bildberechnung. Probieren Sie anhand eines kleinen Probebildes, wie weit Sie mit den Einstellungen gehen können.

❏ *Die Qualität des berechneten Bildes oder einer Animation hängt auch von dem Wert für das Antialiasing ab. Antialiasing mildert die unschönen Treppenstufen in Pixelbildern. Je höher der Wert für das Antialiasing eingestellt wird, desto länger dauert auch die Berechnung des Bildes und desto unschärfer wird das Bild.*

❏ *Eine zu sparsame Einstellung – insbesondere von Max Ray Depth – führt zu Renderfehlern wie hier den schwarzen Lücken.*

Oberes Bild:
Ray Depth Limiting = 0.15
Max Ray Depth =15

Mittleres Bild:
Ray Depth Limiting = 0.7
Max Ray Depth = 7

Unteres Bild:
Ray Depth Limiting = 0.7
Max Ray Depth = 15

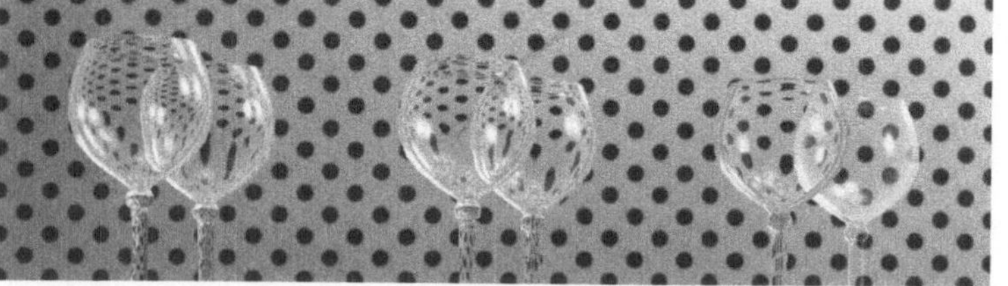

3.6 Animationen

Animationen mit ihren Special Effects sind der große Hit der 3D-Grafik. Wenn man schon mal ein ganzes Szenario aus dreidimensionalen Modellen konstruiert hat, die sich von allen Seiten sehen lassen, dann liegt es nahe, mit der Kamera nicht nur Stills, sondern gleich ganze Filme aufzunehmen.

3.6.1 Animationswerkzeuge

Steht eine Szene erst einmal fertig konstruiert auf dem Bildschirm, dann kann die Kamera die Szene aus jeder beliebigen Perspektive »aufnehmen«. Wie in einem Puppentrickfilm könnte man die einzelnen Modelle nach jeder Aufnahme ein Stückchen bewegen und die nächste Aufnahme machen. Aneinandergereiht ergeben die Aufnahmen ein Stückchen Film.

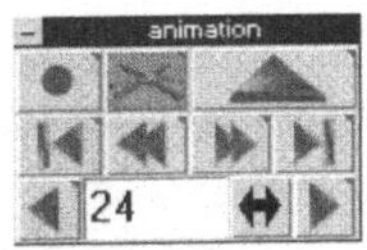

Mit Aufnahmeknopf, Play-taste, schnellem Vorlauf und Rücklauf: der Animationsrekorder

Die einfachste Methode, mit Caligari trueSpace eine Animation zusammenzustellen, bietet der Animationsrekorder. Man setzt ein Objekt auf seine Anfangsposition in der Animation, drückt den Aufnahmeknopf des Rekorders, bewegt dann das Objekt an die nächste Stelle, an der seine Eigenschaften verändert werden sollen, verändert Bewegung, Rotation, Größe oder Farbe des Objekts, gibt an, wie lang diese Animationsfolge sein soll und drückt wieder auf den Aufnahmeknopf. trueSpace legt die Einzelbilder zwischen Anfang und Ende der Sequenz dann selber fest.

Animationspfade

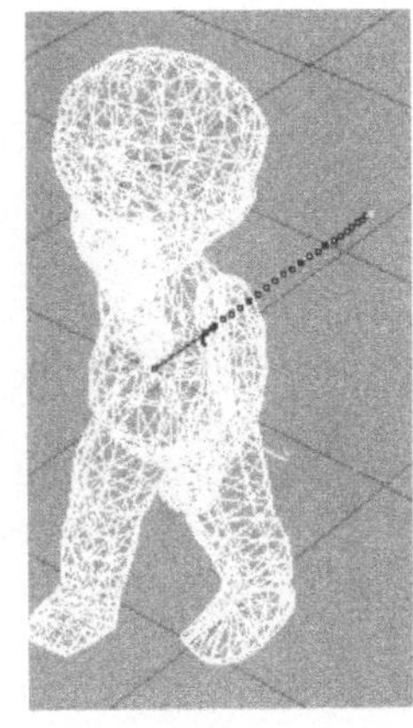

Jeder Knoten des Animationspfades symbolisiert ein Bild, einen Frame der Animation

Für längere Sequenzen mit vielen Änderungen der Objekteigenschaften benutzt man Animationspfade. Jedem Objekt einer Szene kann ein »Pfad« zugewiesen werden – der Weg, auf dem sich das Objekt durch die Szene bewegt.

Nach Festlegung aller Wege und aller Manipulationen an den Objekten wird jedes einzelne Bild der Animation (*Frame*) berechnet und jedesmal das Objekt entlang seines Animationspfades ein Stück weiterbewegt für die nächste Aufnahme.

Sind mehrere Objekte im Spiel, werden die Bewegungen und Aktionen der einzelnen Objekte im Animationsskript miteinander synchronisiert.

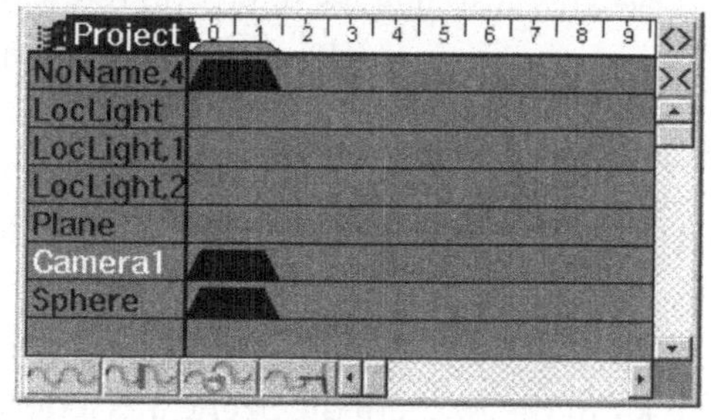

Das Animationsskript ist nicht nur gut zur Kontrolle von Animationssequenzen, sondern mit ihm markiert man in komplexen Szenen schnell ein Objekt: einfach den Namen des Objekts in der Liste anklicken.

Werden die Manipulationen an den Objekten komplexer und sollen die Objekte im Verlauf einer Animation vergrößert, rotiert und auch noch deformiert werden, legt man für jedes Objekt Keyframes in den Animationspfaden fest. An einem Keyframe kann zum Beispiel die Richtung einer Bewegung, die Geschwindigkeit der Bewegung, bei einer Lichtquelle die

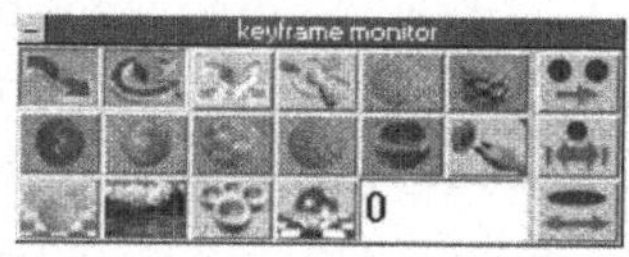

Der Keyframe Monitor registriert jede Änderung eines Objekts an seinen Keyframes.

Intensität der Lichtquelle oder die Farbe eines Objekts geändert werden. Ein Keyframemonitor registriert die Änderungen von Objekteigenschaften an jedem Keyframe.

»Reverse Kinematik«

Aufwendig wird es, wenn komplexe Bewegungsabläufe von zusammengesetzten Objekten in Szene gesetzt werden sollen – wenn etwa ein Mensch gehen und dabei die Arme bewegen soll. Die Inverse Kinematik ist eine Animationstechnik, in der man nur noch die Endpunkte einer Bewegung definiert. Inverse Kinematik hat Caligari trueSpace in der Version 2 noch nicht zu bieten. Die komplett hierarchische Struktur der Animationen in trueSpace könnte man allerdings als »Reverse Kinematik« bezeichnen – eine Vorstufe der Inversen Kinematik.

3.6.2 Die ersten Schritte

Die Bewegung eines Objekts in einer Szene wird durch seinen Animationspfad bestimmt. Der Animationspfad wird durch Splinepfade festgelegt, d.h. mit Kurven durch den Raum, auf denen sich das Objekt bewegen soll. Die Splinekurve, die den Weg eines Objekts durch die Animation beschreibt, funktioniert nach dem gleichen Muster wie Splines für zweidimensionale Polygone – wo immer die Richtung der Bewegung oder andere Eigenschaften des Objekts geändert werden sollen, wird ein neuer Splinepunkt gesetzt.

Die Hebel der Splines bestimmen die Krümmung der Kurve wie bei einem Splinepolygon. Die Anzahl der Segmente und die Länge der Strecke zwischen zwei Splinepunkten bestimmt die Geschwindigkeit der Bewegung. An den Splinepunkten kann aber nicht nur die Richtung der Kurve neu festgelegt werden, sondern das Objekt kann an jedem Splinepunkt rotiert, vergrößert, verkleinert oder deformiert werden, seine Oberfläche kann verändert werden, eine animierte Lichtquelle kann heller oder dunkler werden, sowie geschwenkt werden.

Die Kugel rollt

Für einen ersten Versuch erzeugen Sie eine Kugel und eine Untergrundfläche in der Szene. Die Kugel soll eine kleine Strecke auf dem Untergrund zurücklegen. Ein Mausklick auf *Animation Path* öffnet den Path-Dialog. Genauso wie bei der Erzeu-

Die Werkzeuge für die Animation sind in der Gruppe Animation zusammengefaßt.

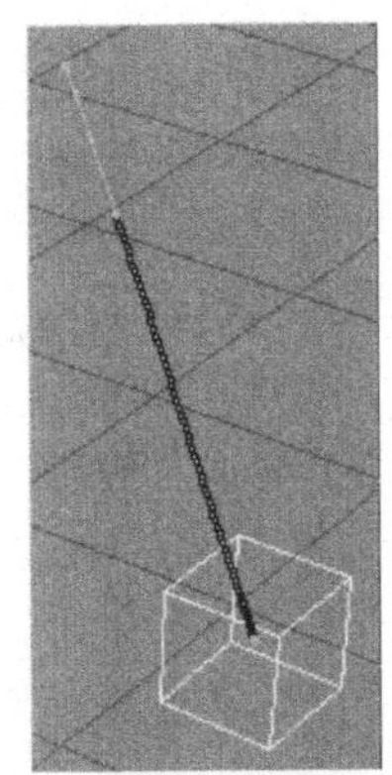

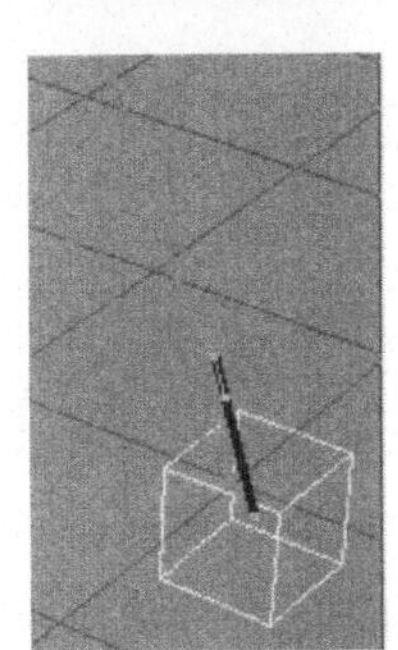

Bei gleicher Anzahl von Segmenten wird sich der obere Würfel schneller bewegen müssen, weil er den weiteren Weg zurücklegen muß.

gung eines Polygons ist *New Spline* aktiv, und Sie setzen den ersten Punkt des Splinepfades in die Mitte der Kugel. Der erste Splinepunkt bestimmt die Ausgangsposition des Objekts.

Setzen Sie nacheinander jetzt noch weitere 8 Punkte mit jeweils 25 Segmenten auf einer geraden Strecke – immer drei Gitternetzeinheiten weiter. Der Animationspfad wird als blaugrüne Linie sichtbar und erhält an jedem Splinepunkt einen Hebel – nicht anders als die Splines des Polygonwerkzeugs (im Gegensatz zum Splinepfad des Polygonwerkzeugs muß der Animationspfad aber nicht geschlossen werden).

Animationspfad ein- und ausschalten

Wird ein anderes Werkzeug oder Object Tool gewählt, verschwindet der Animationspfad aus der Szenendarstellung auf dem Bildschirm. Mit einem Klick der Maus auf *Animation Path* wird er wieder sichtbar gemacht.

Der Animationsrekorder wird durch einen Klick auf *Animation Tool* geöffnet. Der rote Pfeil symbolisiert die Playtaste eines Rekorders. Mit ihm können Sie sich die Animation im Netzgitter- oder 3DR-Modus ansehen.

Fast wie ein richtiger Videorekorder

Der Pfeil nach links mit Anschlag setzt die Animationssequenz auf ihren Anfang zurück, der Pfeil nach rechts mit Anschlag spielt das letzte Bild der Animation ein. Die beiden Doppelpfeile dazwischen sind ein schneller Vorlauf und ein schneller

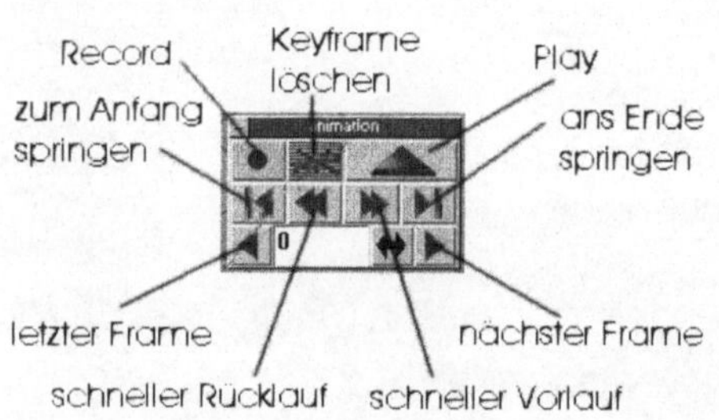

Rücklauf, die jeweils die Szene des letzten Keyframes oder des nächsten Keyframes einspielen. Erst wenn das Objekt den gesamten Animationspfad einmal durchlaufen hat, kann man mit diesen beiden Knöpfen zum nächsten oder zum vorhergehenden Keyframe springen, auch wenn der Animationspfad nicht eingeschaltet ist.

Der Pfeil nach links setzt die Szene um einen Frame zurück, der Pfeil nach rechts setzt die Szene einen Frame vor. Dazwischen ist ein Framezähler, mit dem ein bestimmter Frame eingespielt wird und der beim Abspielen der Animation im Netzgitter- oder 3DR-Modus den jeweils aktuellen Frame angibt.

Ein Klick auf die Playtaste des Rekorders veranlaßt trueSpace, die Animation des markierten Objekts im Netzgitter- oder 3DR-Modus abzuspielen. Das dient der Kontrolle der Bewegung eines Objekts. Mit einem Klick der rechten Maustaste auf die Playtaste wird der Rekorder eingerichtet, um nicht nur die Animation des markierten Objekts abzuspielen, sondern die gesamte Szene.

Bewegen und Rotieren in einem Aufmarsch

Die Bewegung der Kugel wirkt nicht natürlich, da sie sich bei der Bewegung nicht dreht. Damit die Kugel rollt, muß die Rotation der Kugel an den Splinepunkten, also in den Keyframes festgelegt werden. Setzten Sie die Kugel im Recorder auf den Anfang des Animationspfades (mit Start) und dann mit dem schnellen Vorlauf (*Next Keyframe*) auf den zweiten Splinepunkt bei Frame 25 und rotieren Sie hier die Kugel um 120° entgegen ihrer Laufrichtung.

Der Animationspfad darf nicht eingeschaltet sein, wenn die Kugel rotiert wird, sonst wird der gesamte Animationspfad rotiert. Wenn die Veränderung des Objekts an diesem Keyframe abgeschlossen ist, schalten Sie den Animationspfad mit dem Path-Werkzeug wieder ein. Springen Sie mit *Next Keyframe* auf den nächsten Keyframe und drehen die Kugel um weitere 120°. Das wiederholen Sie an jedem Keyframe.

Keyframes sind alle Szenenbilder, in denen eine Objekteigenschaft oder der Animationspfad des Objekts geändert wird.

Die Kugel muß rollen

Animationspfad ein, Animationspfad aus

249

Das Animationsskript enthält eine Liste aller Objekte in der Szene. Der an den Enden abgeschrägte Balken stellt die Dauer der Animation des Objekts dar.

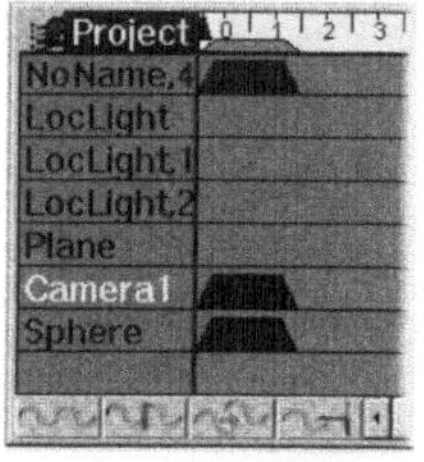

Um einen Animationspfad zu löschen, greifen Sie mit der rechten Maustaste in den Balken und ziehen ihn nach links aus dem Animationsskript oder Sie klicken auf New Spline im Fenster Draw Path.

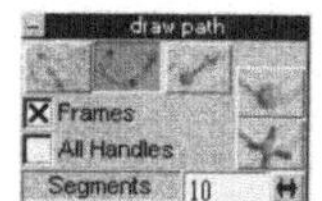

Beschleunigen und Bremsen

Allerdings fehlt immer noch etwas zu einer natürlichen Bewegung. Eine Kugel, die angestoßen wird, rollt langsam an, wird schneller und läuft dann wieder langsam aus. Beschleunigung und langsames Abbremsen fehlen noch in der Animation.

Sie simulieren die Beschleunigung und das Abbremsen der Kugel, indem Sie die Strecken am Anfang und am Ende der Bewegung kürzer machen. Schieben Sie die Splinepunkte dazu näher zusammen. Wenn Sie sehr korrekt arbeiten wollen, ändern Sie an den Endpunkten der verkürzten Strecken die Rotation der Kugel, da sich die Kugel dort, wo sie einen kürzeren Weg zurücklegt, auch nicht so stark dreht.

Die Bewegung der Kugel ist damit fertiggestellt. Jetzt fehlt noch ein Billardstock, um sie anzustoßen. Modellieren Sie den Billardstock, und lassen Sie sich seine Achse anzeigen. Setzen Sie den ersten Splinepunkt der Bewegung des Billardstockes auf den Mittelpunkt der Achse und zwei weitere Splinepunkte mit jeweils 15 Segmenten für die Strecke des Stocks – einmal in Richtung Kugel und wieder zurück.

Synchronisation animierter Objekte

Noch beginnen beide Bewegungen – die der Kugel und die des Stockes – gleichzeitig. Damit der Stoß zuerst ausgeführt wird, muß die Bewegung der Kugel später starten als der Stoß des Queues. Öffnen Sie dazu das *Animation Project*.

Im Skript werden die Animationen der einzelnen Objekte zu einer Gesamtsequenz zusammengestellt. Durch das Verschieben der schwarzen Balken neben jedem Körper wird festgelegt, wann die Animation eines Körpers startet. Greifen Sie dazu mit der Maus in die Mitte des Balkens.

Um die Dauer der Animation eines Objekts zu verlängern, greifen Sie mit der Maus auf das Ende des Balkens, in den abgeschrägten Teil. Dann können Sie die Animation des Objekts verlängern oder verkürzen.

Eingabe des Animationspfades

Ein Klick der rechten Maustaste auf die *Play*-Taste des Recorders öffnet den *Animation Parameter*-Dialog, in dem Sie angeben, ob die Animation des markierten Objekts oder aller Objekte einer Szene abgespielt werden soll.

Läuft die Kugel wie geplant synchron mit der Bewegung des Billardstocks, dann wählen Sie im Rendermenü *Render to File* wie bei einem einzelnen Bild, stellen aber AVI als Format ein. Die «klassische» Auflösung einer Animation im AVI-Format beträgt 320*240 Pixel. Auf der rechten Seite des Rendermenüs stellen Sie *All Frames* ein. Welche Komprimierungsarten angeboten werden, hängt von der Video für Windows -Version auf dem Rechner ab. Cinepak Codek ist eine sehr gute und schnelle Komprimierungsmethode, die Sie für den Anfang wählen können. Nach dem OK startet der Renderprozeß für die 200 Frames der kleinen Animation.

Den Animationspfad können Sie auch noch auf eine andere Weise setzen: Rufen Sie den Animationsrekorder auf, setzten die Kugel auf ihre Anfangsposition und drücken die Aufnahmetaste. Damit wurde der Start der Animation bei Frame 0 festgelegt. Geben Sie jetzt die Anzahl der Frames bis zu der Stelle ein, an dem Sie eine Objekteigenschaft ändern wollen und bewegen dann das Objekt an die Stelle, an der es beim nächsten Keyframe landen soll. Verändern Sie nun die Eigenschaften des Objekts – Rotation, Farbe oder Größe. Wenn alle Veränderungen im Keyframe festgelegt sind, drücken Sie wieder die Aufnahmetaste.

Viel Arbeit für wenige Sekunden

trueSpace kann selber keine fertigen Animationen abspielen. Dazu wird die Medienwiedergabe von Windows benutzt.

Animationen werden in der Regel für ein Abspielen mit 30 Frames pro Sekunde berechnet. 30 Frames pro Sekunde – daß heißt, die Animation mit 200 Frames wird gerade einmal 6,66 Sekunden dauern.

30 Frames pro Sekunde – das ist der Wert der amerikanischen Fernsehnorm. Hier in Deutschland bekommen wir nur 24 Bilder pro Sekunde zu sehen.

✎ Der Animationspfad ist ein Splinepfad, der sich wie ein normales Splinepolygon manipulieren läßt. Die Rotationen auf dem Weg eines Objekts zwischen zwei Splinepunkten wird am Ende der Strecke über die normale Objektrotation eingegeben. Der Splinepfad einer Animation muß nicht geschlossen werden und kann als Makro gespeichert werden.

Rückwärts animiert ✎ trueSpace interpoliert die Manipulation eines Körpers an einem Keyframe zurück auf den vorhergehenden, um einen möglichst weichen und natürlichen Übergang zu erstellen. Wird also ein Objekt beim dritten Keyframe rotiert, dann beginnt die Rotation beim zweiten Keyframe und endet beim dritten Keyframe. Das gleiche geschieht bei der Skalierung auf dem Animationspfad: Der Körper wird auf dem nächsten Splinepunkt vergrößert oder verkleinert; trueSpace interpoliert die Manipulation rückwärts zurück auf den vorangehenden Keyframe und berechnet eine weiche Manipulation des Körpers zwischen den beiden Keyframes. In ganz einfachen Animationen – etwa bei der Animation eines Geschäftslogos ist es darum manchmal einfacher, die Animation rückwärts einzugeben.

Bremsen und ✎ Beschleunigung und Abbremsen einer Bewegung erzielt
Beschleunigen man über kürzere oder längere Strecken zwischen zwei Splinepunkten bei gleichzeitig gleicher Anzahl von Frames zwischen den Splinepunkten. Auch die Anspannung der Kurve sorgt für eine langsamere Bewegung in der Kurve. Ein exaktes und kontrolliertes Beschleunigen und Abbremsen sind in trueSpace nicht möglich – insbesondere, da trueSpace immer wieder den Pfad interpoliert, um weiche Bewegungen und Manipulationen zu erzielen.

In der Kurve ✎ Eine zwischenzeitliche Beschleunigung eines Objekts er-
beschleunigen zielt man auch über die Länge des Hebels an einem Splinepunkt. Wird der Hebel verlängert, ziehen sich die ein-

zelnen Segmentpunkte dabei auseinander, so daß die Frames einen schnelleren Bewegungsablauf bekommen.

✋ Eine Rotation darf maximal 120° betragen. Ansonsten würde trueSpace den kürzesten Weg auf der Rotationslinie wählen und das Objekt nicht um 130° oder 170° rotieren, sondern in die andere Richtung um 170° oder 130° rotieren.

Die Krux mit der Rotation

3.6.3 Bewegung in die Bewegung bringen

Ein Aufsehen erregender Effekt in Animationen ist das »Morphen« eines 3D-Modells mit Hilfe der Deformationswerkzeuge in trueSpace. Damit kann ein Sportwagen zirkusreif durch einen Reifen springen.

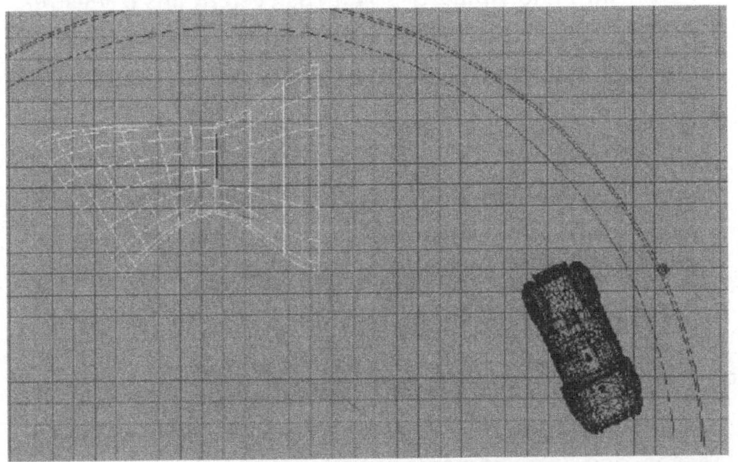

Ein freistehendes Deformationswerkzeug in der Arena sorgt für die fließende Verformung des Wagens.

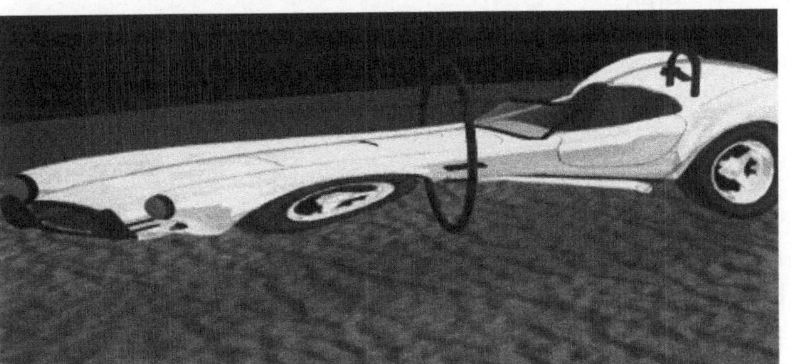

Animation und Deformation

Eine Unterteilung des Animationspfades mit mehreren Keyframes läßt Beschleunigung und Abbremsen des Wagens durch kürzere oder längere Teilstrecken besser kontrollieren.

Setzen Sie den Wagen an den Anfang seines Animationspfades. Der *Animation Path* wird eingeschaltet und die Bewegung des Wagens, seine Fahrt in der Arena und durch den Deformationszylinder wird als offener Splinepfad konstruiert. Damit der Wagen in der Arena einen Kreis fährt, wird er in jedem Keyframe rotiert.

Aus der *Primitives Library* kommt der Deformationszylinder (*Free Standing Deformation Pipe*). Der Zylinder wird oben und unten vergrößert, in der Mitte gleichmäßig zusammengezogen und über den Wagen gestellt. Markieren Sie zuerst den Wagen, aktivieren Sie in den Deformationswerkzeugen *Start Deforming by Standalone Deformation Object*, und markieren Sie dann mit dem Klebstoffläschchen den Deformationszylinder. Das 3D-Modell des Wagens wird vom Deformationszylinder wie von einem Korsett eingeschnürt. Ein Torus wird als Reifen in die Verjüngung des Zylinders gesetzt.

Der Animationspfad des Wagens besteht aus 6 Teilstrecken, jede Teilstrecke mit 50 Segmenten. Wenn der Animationspfad eingeschaltet ist, beginnt die Feinarbeit am Animationspfad:

> im Animationsrekorder mit der Taste *Advance to Next Keyframe* zum nächsten Keyframe springen, den Animationspfad ausschalten (Klick auf *Object Tool*), die Rotation des Wagens eingeben,

> den Animationspfad wieder einschalten (Klick auf *Path*), im Animationsrekorder auf den nächsten Keyframe springen, den Animationspfad wieder ausschalten, den Wagen rotieren ...

> bis hin zum letzten Keyframe des Wagens.

Berechnen Sie auch das eine oder andere Probebild, um vor Überraschungen sicher zu sein.

Mit der *Play*-Taste des Animationsrekorders wird die Animation des Wagens im 3DR- oder Gittermodus abgespielt. Mit der Esc-Taste läßt sich die Drahtgitter-Animation jederzeit unterbrechen. Wenn man mit dem Ablauf zufrieden ist, wird im Rendermenü *Render to File* gewählt und die Animation als Sequenz von Einzelbildern oder als Video berechnet.

Kamerafahrten

Animationen, die von einem festen Blickpunkt aus aufgenommen werden, wirken starr und unbeweglich. Rasante Kameraschwenks, eine Kamera, die sich richtig in die Kurve legt (*banking*) und Zooms sind eine Stärke der 3D-Grafik.

Kameras und Lichtquellen lassen sich mit trueSpace auf die gleiche Weise animieren wie jedes konstruierte 3D-Modell. Setzen Sie eine Kamera in die Szene und beginnen Sie mit einer seitlichen Halbtotalen des Wagens. Stellen Sie sicher, daß der Animationsrekorder auf Frame 0 steht und richten Sie die Kamera auf den Wagen ein. Die Kamera bekommt einen Animationspfad mit 300 Segmenten quer über die Arena.

Markieren Sie die Kamera, klicken Sie in der Animation Group auf *Look At* und dann mit dem Klebefläschchen-Cursor auf den Wagen. Damit fokussieren Sie die Kamera auf das Motiv. Die Kamera wird im *Look At*-Modus jeder Bewegung ihres fokussierten Ziels folgen – allerdings nicht durch Bewegung, sondern durch Rotation. Sie können die Kamera jetzt nicht mehr selber rotieren, aber weiterhin frei bewegen und der Blickwinkel durch den Zoom verändern.

Das Fokussieren realisiert trueSpace, indem es die Z-Achse des Objekts in jedem Frame auf den Pivotpunkt des angepeilten Objekts ausrichtet und das Objekt auf diese Weise verfolgt, egal wohin und wie schnell es sich bewegt. Stellen Sie also sicher, daß das fokussierte Objekt auf der Z-Achse der Kamera liegt.

Will man jedoch die Kamera von einem Objekt auf ein anderes schalten, muß man die *Look AT*-Funktion sehr weit vor dem Umschalten auf ein anderes Objekt ausschalten, da der Wechsel von einem Objekt auf ein anderes sonst zu einem deutlichen Ruck in der Kamerafahrt führt. Vorzugsweise sollten Sie allerdings hier einen Schnitt ansetzen oder für einen Verbindungsschwenk von einem Objekt auf ein anderes ein Ankerobjekt, d.h. einen Kamerablickfänger, benutzten.

Genauso verfahren Sie mit einem Spotlight, daß den Wagen in der Arena verfolgt und beleuchtet. Das Spotlight wird mit Look At auf den Wagen eingerichtet.

Ein Frame zwischen zwei Ankerpunkten wird zum Keyframe, wenn man Objekteigenschaften in diesem Frame ändert.

Sehr viel einfacher ist es, ein künstliches Objekt mit einem 100% transparenten Material als Kameraführung zu nutzen. Ein 100% transparenter Würfel etwa erfüllt dieser Zweck. Der Würfel wird – am besten mit den gleichen Segmenten zwischen den einzelnen Keyframes – animiert. Er wird in jedem Keyframe der Animation so eingerichtet, daß die Kamera immer den gewünschten Bildausschnitt im Sucher hat. Die Bewegung des Würfels von einem Bildausschnitt zu einem anderen sorgt für einen gezielten Kameraschwenk, bei dem stets sichergestellt ist, daß die Kamera, auch wenn sie sich selber bewegt, immer den richtigen Bildausschnitt im Sucher hat.

Look Ahead für rasante Kamerafahrten

Die rasante Kamerafahrt wird duch Banking realisiert, wenn sich die Kamera auf einer schnellen Fahrt in die Kurve legt. Der Parameter *Tension* der Look Ahead-Funktion legt fest, wie stark das Objekt versucht, in der Originalrichtung zu bleiben. Der Parameter *Bank* bestimmt, wie stark sich das Objekt in die Kurve legt. *Look Ahead* bleibt aktiv bis

- zum Ende des Animationspfades des Objekts A

- oder bis *Look Ahead* explizit durch ein erneutes Drücken der Taste außer Funktion gesetzt wird (die Taste steht wieder auf »Aus«)

- oder bis an einem der folgenden Keyframes das Objekt A auf ein anderes Objekt eingerichtet wird.

Achten Sie im dritten Fall darauf, daß die Taste *Look Ahead* zwischen dem Wechsel der Fokussierung von einem Objekt auf das nächste gedrückt wird. Klicken Sie auf *Look Ahead*, so daß die Taste ausgelöst wird, und klicken Sie erneut auf die Taste zur Anwahl des nächsten Objekts.

In jedem Keyframe des Animationspfades kann man beliebige Eigenschaften des Objekts ändern – nicht nur jeweils eine. Um den Überblick zu behalten, welche Eigenschaften jeweils an ei-

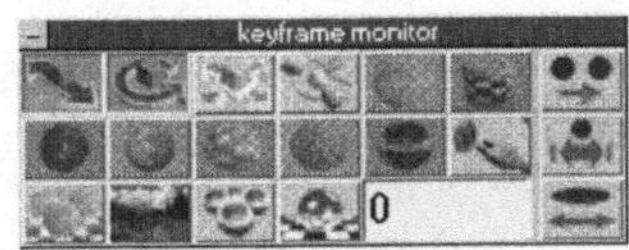

nem Keyframe verändert wurden, schaltet man den Keyframemonitor ein.

Wenn Sie bei geöffnetem Keyframemonitor die Animation im Netzgitter oder 3DR-Modus auf dem Bildschirm abspielen, können Sie die Veränderungen der Tasten verfolgen.

Schalten Sie den Animationspfad eines Objekts ein, und öffnen Sie den Keyframemonitor mit einem Klick der rechten Maustaste auf den Animationsrekorder (nicht auf die *Play*-Taste). Welche Eigenschaften an einem Keyframe geändert wurden, erkennt man an den jeweiligen Tasten.

3.6.4 Komplexe Objekte animieren

Nicht nur ein Objekt als Ganzes läßt sich animieren – bei einem zusammengesetzten Objekt läßt sich jedes einzelne Element animieren. trueSpace bietet zwar keine Inverse Kinematik, aber als Ersatz kann die hierarchische Verbindung von Objekten, die mit *Glue as Child* hergestellt wurde, herhalten.

Ein einzelnes Element eines zusammengesetzten Objekts animiert man, indem man mit *Hierarchy Down* bis zu dem Objekt hinabgeht. Das Teilelement kann beliebig rotiert, vergrößert oder bewegt werden, seine Textur kann animiert werden und bei Lichtquellen kann wieder Farbe, Schatten oder Intensität animiert werden.

Wenn das Gesamtobjekt in der Animation bewegt, rotiert oder vergrößert wird, wird das animierte Teilobjekt unabhängig von seiner eigenen Animation zusätzlich mit bewegt, rotiert oder vergrößert.

Inverse Kinematik für trueSpace verspricht ein kleines Tool namens »scitameniK«. Mit scitameniK werden trueSpace-Objekte unter einer grafischen Oberfläche mit Bones manipuliert, bekommen also ein Knochengerüst. Wer über einen Internetzugang verfügt, kann sich unter http://users.glo.be/daniel.sterckx/tsml.htm informieren, wie weit das Zusatzprogramm gediehen ist.

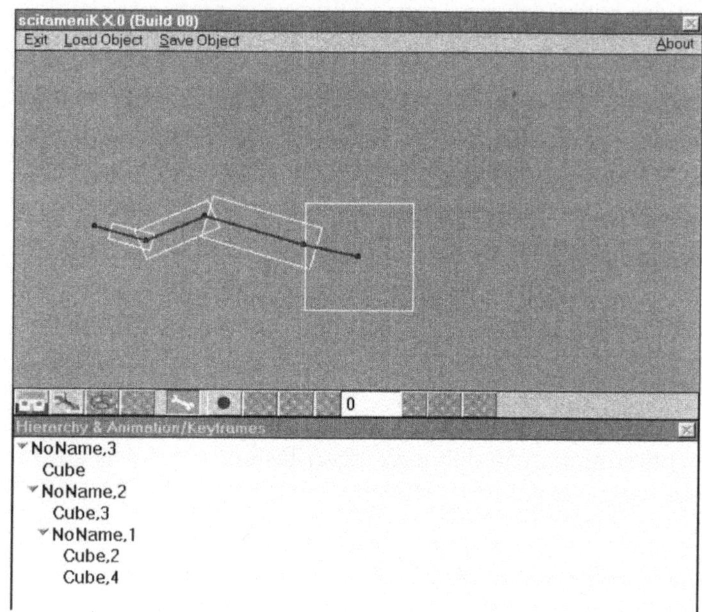

Hintergründe für Animationen

Ein Hintergrundbild, das über das Rendermenü ins Bild gesetzt wird, steht fest und verändert sich nicht: tödlich unglaubwürdig in Animationen. Wenn ein Auto durch eine Straße fahren soll, oder wenn in dem Beispiel auf den vorangegangenen Seiten mehr Leben in den Zirkushintergrund gebracht werden soll, dann muß er modelliert werden.

Für eine Animation, die »am Boden« bleibt, bewirkt dies ein Zylinder, der das zylindrische Environment Mapping anderer 3D-Programme simuliert. Da es nicht einfach ist, Panorama-Fotos für solche Hintergründe aufzutreiben, ist der Zylinder gut für verschwommene, weichgezeichnete Hintergründe, die den Eindruck von Raumtiefe und Geschwindigkeit vermitteln sollen.

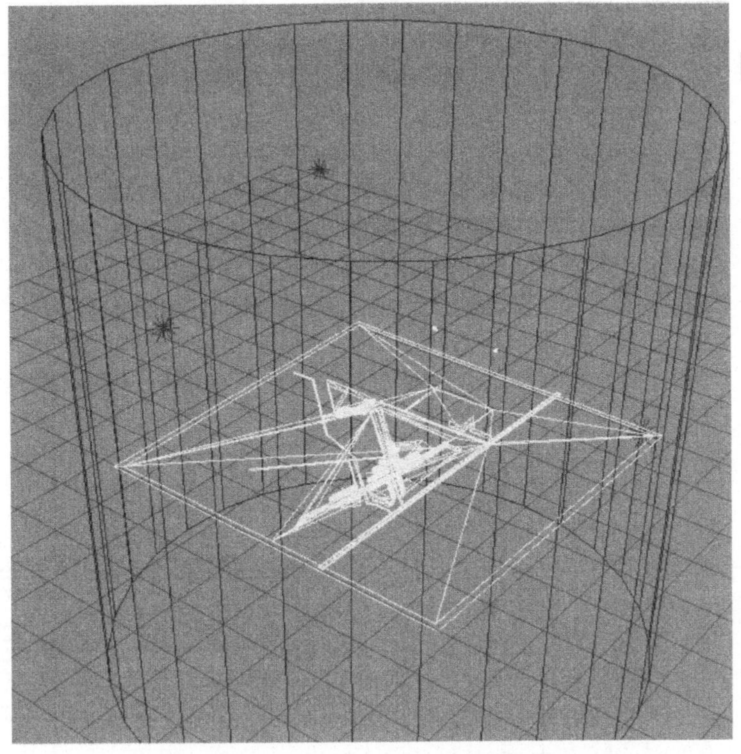

Landschaft im Zylinder – der Szenenaufbau ersetzt den Zylindrischen Hintergrund, den Programme wie Max und Ray Dream Designer bieten.

Eine elegante Lösung sind bewegte Hintergrundbilder – legen Sie einen Film in den Hintergrund. Dieses Verfahren wird Rotoskopie genannt.

Wenn die Szene nicht am Boden bleibt, sondern wenn das Flugzeug einen Looping fliegt, dann erfüllt eine Kugel den gleichen Zweck. Die Kugel simuliert Wolkenhimmel und Sternenfeldeffekte – am besten mit einer prozeduralen Textur wie Granit oder Marmor.

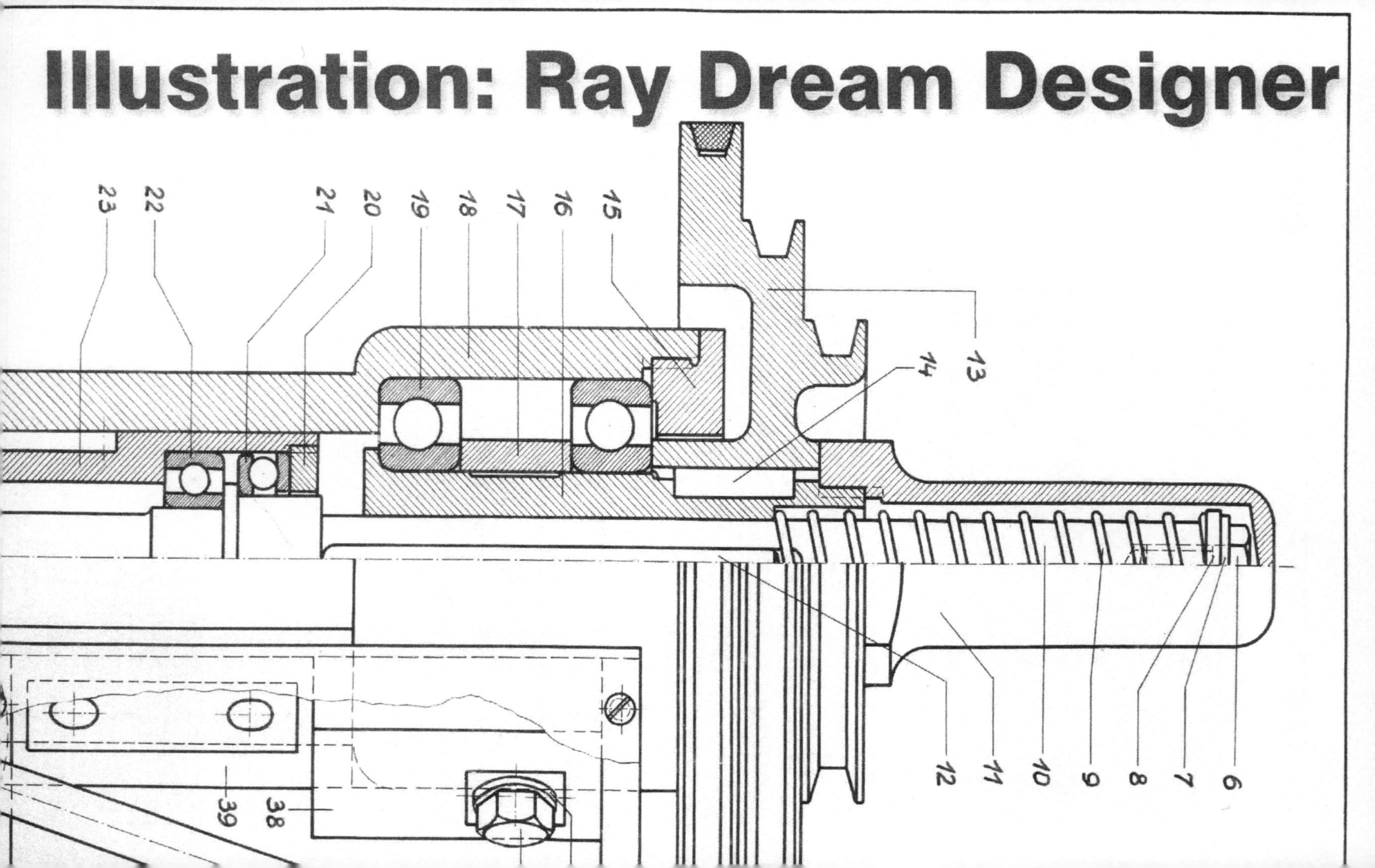

Illustration: Ray Dream Designer
23
22
21
20
19
18
17
16
15
14
13
12
11
10
9
8
7
6
39
38

Ray Dream Designer

Ray Dream Designer, auf dem APPLE und dem PC zuhause, ist ein 3D-Programm, mit dem nicht nur der Anfänger schnell seine ersten Projekte zusammenstellen kann, sondern das in der Version 4 für den Mac auch eine Reihe von fortschrittlichen Konzepten für die Modellierung und für die Animation mitbringt. Ray Dream Designer ist das perfekte Programm für den Grafiker, der von Zeit zu Zeit mal eine Illustration mit dreidimensionalem Flair braucht, sich aber nicht mit großem Zeitaufwand in die professionellen Programme wie 3D Studio Max einarbeiten möchte.

Als einziges hier vorgestelltes Programm arbeitet der Ray Dream Designer durchgängig mit echten Bézierkurven statt mit Polygonen und eröffnet damit eine besonders einfache Methode, organisch runde und doch gleichzeitig exakte Modelle zu konstruieren. Dazu kommt eine intuitive »Drag & Drop«-Oberfläche, in der man Objekte mit der Maus direkt aus dem Objektkatalog in die Szene zieht oder Farben, Malereien und Texturen auf die Objekte malt.

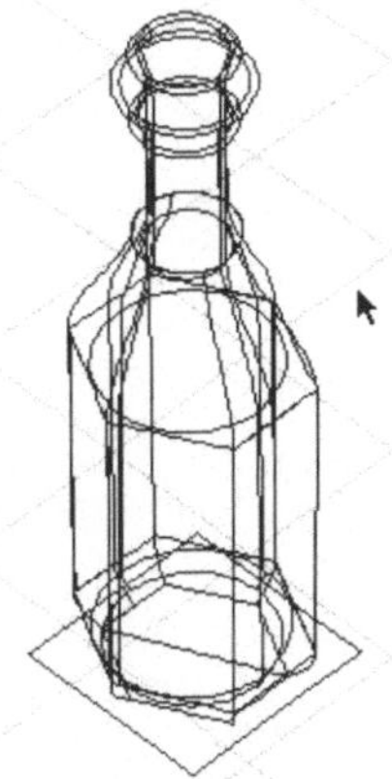

4.1 Der Designer – »Look & Feel«

4.1.1 Designers neue Fenster

*Maßvolle Anforderungen
und schnelle Produktivität*

Im Vergleich zu seinen großen Brüdern auf dem PC, 3D Studio Max und Caligari trueSpace, nimmt sich die Version 4 des Ray Dream Studios in punkto Hardwareanforderungen bescheiden aus, aber mit weniger als 12 MB RAM ist auch der Designer nicht zum Laufen zu kriegen. Mit einem PowerMac mit 24 MB kann man mit dem Ray Dream Designer bereits flott und zügig arbeiten. Erst wenn die Illustrationen in hoher Auflösung berechnet werden sollen, muß an eine Erweiterung gedacht werden.

*Was der Designer so zu
bieten hat*

Dem – gar nicht so kleinen – Programm ist es gelungen, eine hohe Funktionalität mit viel Automatismus zu bieten. Auf der Haben-Seite des Programms stehen eine Menge Funktionen, die selbst bei den Profis noch auf der Wunschliste stehen:

- Echtes Bézier-Modelling für die einfache Konstruktion organischer Formen.

- Inverse Kinematik für die einfache Animation komplexer Bewegungsabläufe.

- Solide Vorschau auf die Objekte in der Szene als Gouraud- oder Phong-Schattierung.

- Aufbau und Einrichtung einer Szene mit Drag & Drop.

*Die Schnittstelle für
Extras und Erweiterungen
hält ein Programm »jung«
... sie sorgt dafür, daß
Neuerungen schnell und
kostengünstig ins Pro-
gramm kommen, ohne daß
neue Versionen teuer er-
kauft werden müssen.*

- Malfunktionen für die Oberflächen und ein Shader-Konzept, das kaum Wünsche offen läßt.

- Eine offene Programmierschnittstelle für Plugins, an der nicht nur Effekte wie Lens Flares eingebunden werden können, sondern weitere Shadermodelle, neue Kameratypen oder Lichtquellen.

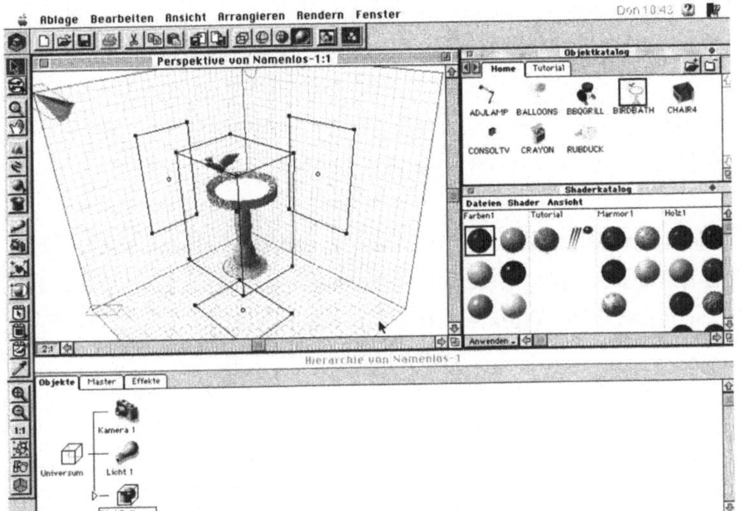

Auf der linken Seite ist die Werkzeugleiste angebracht, ganz oben die Funktionsleiste und darunter die Symbolleiste.

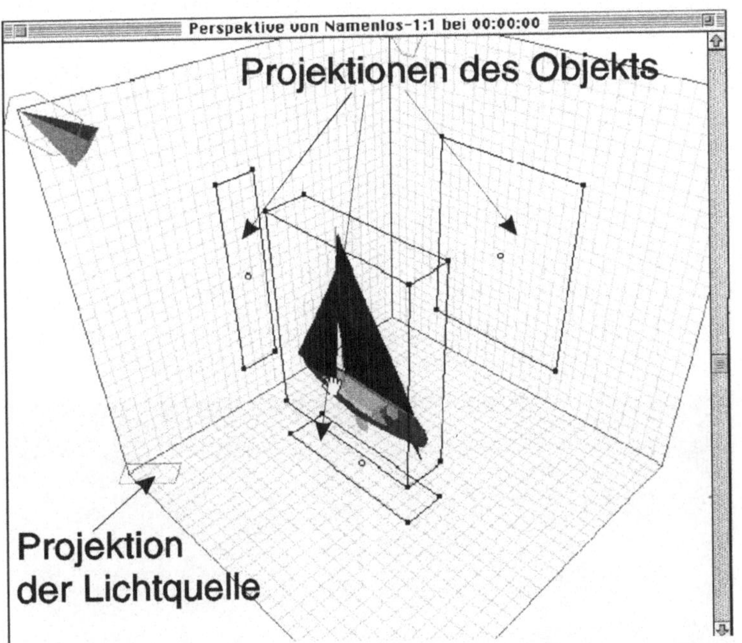

Die Bühne des Designer-Raums: die Seitenwände werden mit dem Hilfsgitterwürfel ein- und ausgeschaltet und Projektionen kennzeichnen die genaue Lage der Objekte im Raum.

In eine leere Szene zieht der Benutzer mit der Maus die Modelle direkt aus dem Objektkatalog in das Perspektivenfenster. Auf die gleiche Weise zieht er aus dem Shaderkatalog die Oberflächen für die Objekte.

Auf dem Gitternetz werden die Objekte zu einer Szene zusammengestellt. Die Projektionen der Objekte auf den Hilfsgittern erlaubt eine bessere Einschätzung der Lage eines Objekts im Raum. Alle Wände des Würfels lassen sich jederzeit ein- und ausschalten.

Menü- und Symbolleiste

Die Menüleiste liefert den Zugriff auf die Standard-Funktionen: Laden und Speichern von Szenen, Importieren und Exportieren von Objekten im Pull Down-Menü Ablage. Im Pull-

Benutzen Sie den Box-Modus, wenn die Szenen sehr komplex werden, den Drahtgittermodus, wenn der Bildschirmaufbau zu langsam wird.

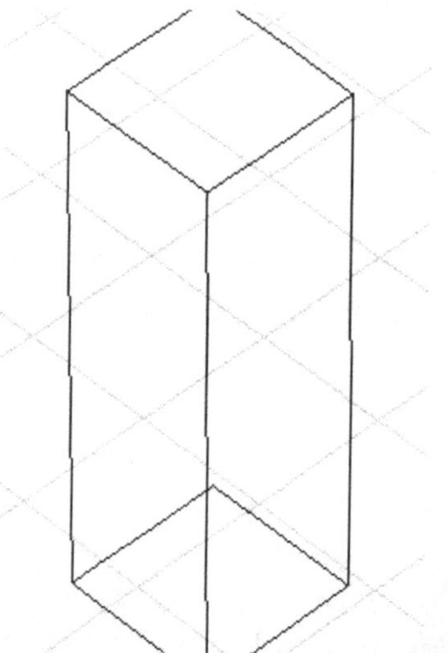

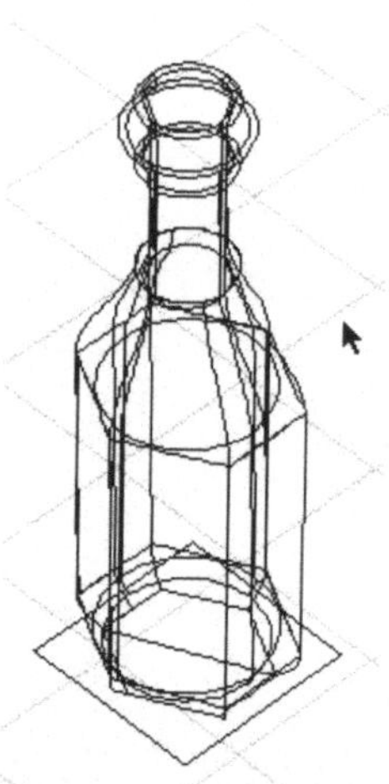

Die Gouraud-Ansicht eignet sich für die meisten Arbeiten, mit der Phong-Schattierung werden schon Texturen und Lichteinfall sichtbar.

down-Menü *Bearbeiten* befinden sich die Mechanismen, mit denen Objekte gelöscht, kopiert und eingefügt werden.

Die wichtigsten Funktionen sind in der Symbolleiste unter der Funktionsleiste wiederholt.

Vor jeder Manipulation muß das Objekt mit dem Auswahlwerkzeug aus der Werkzeugleiste markiert werden. Markierte Objekte bekommen einen dreidimensionalen Rahmen, der sie komplett umspannt.

🖐 Greifen Sie in den Rahmen, dann können Sie das Objekt in der Szene verschieben.

🖐 Greifen Sie auf einen der Eckpunkte des Markierungsrahmens und ziehen mit der Maus, wird das Objekt vergrößert oder verkleinert.

Im Hierarchiefenster sind alle Objekte in der Szene noch einmal aufgelistet: Kameras, Lichtquellen und Modelle. Aus dem Objektkatalog können die Objekte auch in das Hierarchie-/Zeitlinienfenster geschoben werden – dann tauchen sie zur gleichen Zeit im Perspektivenfenster auf, und zwar im Mittelpunkt des Universums.

Ein Schritt vor, ein Schritt nach links?

Den Bildausschnitt im Perspektivenfenster verändern Sie am schnellsten durch das Verschieben des Fensterausschnittes mit dem Hand-Werkzeug, dem »Grabber«, oder mit den Schiebereglern unten und auf der rechten Seite des Perspektivenfensters. Mit der Lupe zoomen Sie sich näher an die Szene heran oder, wenn Sie die Befehltaste dabei gedrückt halten, weiter von der Szene weg.

Der Shaderkatalog

Der Shaderkatalog enthält eine Auswahl an verschiedenen Materialien. Wenn Sie einem Objekt eine neue Oberfläche geben wollen, ziehen Sie das gewünschte Material mit der Maus auf das Objekt.

Objekte markieren Sie mit dem Auswahlwerkzeug oder durch einen Klick auf den Namen im Hierarchiefenster.

Es gibt noch eine weitere Möglichkeit, Objekte zu markieren: Verwenden Sie den Suchen-Befehl im Menü Bearbeiten. Geben Sie den Namen oder einen Teil des Namens ein.

Mit der Leertaste verwandelt sich das aktive Werkzeug zwischenzeitlich in den Grabber.

Kapitel 4.3.1 beschreibt, wie Sie eigene Shader zusammenstellen.

Der Werkzeugkasten

Im Perspektivenfenster wird die Szene wie im Studio des Fotografen aufgestellt und arrangiert, werden die Oberflächen der Modelle bemalt, Lichtquellen und Kameras eingerichtet. Damit das alles mit wenigen Mausklicks und Befehlen bewerkstelligt werden kann, ist auf der linken Seite des Bildschirms die Werkzeugleiste angebracht (die Sie aber auch jederzeit an eine andere Stelle des Bildschirms verlagern können). Sie symbolisiert die wichtigsten Arbeiten im Perspektivenfenster.

✍ Mit dem Auswahlwerkzeug klicken Sie auf das Objekt, das Sie manipulieren wollen. Es bekommt einen Markierungsrahmen in Form einer objektumspannenden Box.

✍ Sehen Sie das winzige Dreieck auf dem Button? Halten Sie die Maus eine Sekunde lang auf dem Button, dann klappt ein Flyout-Fenster heraus, das weitere Werkzeuge für´s Rotieren zeigt. Für den Anfang ist es viel einfacher, mit dem zweiten Rotierwerkzeug zu arbeiten, denn es rotiert ein Objekt nur auf einer Ebene, nicht in allen Dimensionen. Am besten schalten Sie dazu das Perspektivenfenster in eine orthogonale Sicht. Und wenn Sie beim Rotieren die Umschalttaste gedrückt halten, rotieren Sie ein Objekt immer in 15°-Schritten, so daß Sie exakt arbeiten können.

✍ Mit jedem Mausklick auf das Lupensymbol kommen Sie der Sache etwas näher. Halten Sie die CTRL-Taste gedrückt, erscheint in der Lupe ein Minuszeichen. So gewinnen Sie wieder Abstand.

✍ Mit dem Grabber schieben Sie die Ansicht auf die Szene hin und her, nach oben und unten, so als würden Sie ein Blatt Papier mit der Hand verschieben. Die Ansicht im Perspektivenfenster läßt sich zwar auch mit den Rollbalken auf der rechten Seite und unter dem Fenster verändern, aber mit der Hand, dem Grabber, geht es schneller und intuitiver.

Sie klicken auf das Textsymbol und ziehen dann mit der Maus im Perspektivenfenster eine Box. Wenn Sie die Maus loslassen, landen Sie automatisch im Modelleditor, im dem der Text konstruiert wird.

Klicken Sie auf *Freie Form* und ziehen Sie dann eine Box im Perspektivenfenster. Wenn Sie die Maustaste loslassen, lädt der Designer das Arbeitsfenster des Modelleditors, in dem freie Formen konstruiert werden.

Wenn Sie die Maus eine Sekunde lang auf dem Button halten, klappt das Flyout-Fenster auf und zeigt Ihnen die Auswahl an Grundformen, die zur Verfügung stehen. Und wieder ziehen Sie eine Box ins Perspektivenfenster und die Kugel oder der Torus ist fertig.

Der Objekt-Wizzard macht den Anfänger zum Zauberlehrling, der per Mausklick schnell vorbereitete Objekte in das Szenenfenster setzt.

Eine neue Lichtquelle wird als Box in das Perspektivenfenster gezogen und eingerichtet. Ihren Effekt sehen Sie aber erst in der sehr guten Vorschau.

Ziehen Sie eine Box im aktuellen Perspektivenfenster. Sie sehen die Kamera als blaues Objekt und können sie jetzt einrichten (eine neue Kamera schaut immer erst einmal nach unten), also verschieben und drehen.

Für ein Still, ein Standbild, ist das Ihr Stativ, für die Animation Ihr Kamerawagen. Mit ihm verschieben Sie die Kamera, um einen neuen Blickwinkel aufzunehmen, schwenken die Kamera oder schieben sie um die Szene herum. Ein kleines Dreieck im Button zeigt wieder an, daß es sich um ein Flyout-Fenster handelt, das weitere Alternativen bietet.

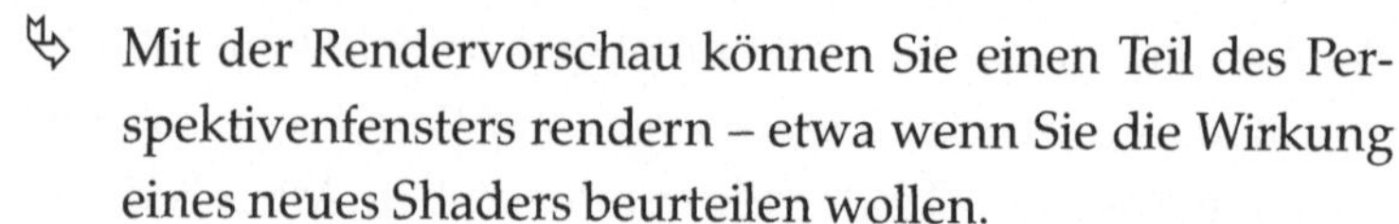

Mit der Rendervorschau können Sie einen Teil des Perspektivenfensters rendern – etwa wenn Sie die Wirkung eines neues Shaders beurteilen wollen.

Mit den Malwerkzeugen weisen Sie nicht nur dem ganzen Objekt eine neue Oberfläche zu – Sie können ein Objekt auch mit dem Pinsel mit einer anderen Farbe bemalen, Sie können kleine Flächen mit anderen Farben oder Texturen auf einem Objekt plazieren. Achten Sie auf das Dreieck: Der Button bringt Sie zu weiteren Alternativen, mit denen Sie Vierecke und Vielecke auf ein Objekt malen oder das Objekt mit einem weichen Pinsel bemalen können.

Mit der Pipette lesen Sie die Farbinformationen aus einem Objekt heraus. So können Sie auch Materialien auf andere Objekte übertragen oder die Oberfläche eines Objekts weiter bearbeiten.

Am Rande

Eine andere Ansicht der Szene laden Sie im Menü Ansicht mit *Vorgegebene Position* und dann *Oben, Unten* oder von welcher Seite auch immer Sie sich die Szene ansehen möchten. Die orthogonalen Sichten von links, rechts, oben und unten ermöglichen Ihnen ein exaktes Plazieren der Modelle.

Hätten Sie die Werkzeugleiste lieber auf der rechten Seite?

Sie können die Werkzeugleiste vom Bildschirmrand abreißen und können Sie an jeden Ort auf dem Bildschirm schieben. Fassen Sie die Werkzeugleiste an einem freien Fleckchen, so können Sie sie auch in die horizontale Form ziehen.

Haben Sie die optimale Einstellung für Ihre Arbeitsumgebung gefunden?

Damit Sie Ihre persönliche Arbeitsumgebung nicht bei jedem Neustart des Designers neu aufbauen müssen, speichern Sie diese mit dem Befehl *Arbeitsplatz ...* im Menü Fenster.

Möchten Sie ein bestimmtes Fenster immer im Vordergrund, auch wenn Sie andere Fenster öffnen und verschieben? Klicken Sie auf die *»Helium«*-Taste oben rechts im Fenster. Unter Windows wählen Sie im linken Pulldown-Menü des Fensters *Vordergrund*. Das Fenster bleibt dann im Vordergrund, auch wenn andere Fenster aktiviert werden. Gibt´s aber nicht für alle Fenster.

Die Helium-Taste

Wenn Ihnen auch die gute Vorschau nicht ausreicht, um einen Szenenausschnitt zu überprüfen, können Sie den Ausschnitt ohne den Aufwand einer Bildberechnung rendern lassen: Aktivieren Sie die Rendervorschau im Werkzeugkasten, und spannen Sie ein Rechteck um den Ausschnitt. In das Rechteck hinein berechnet der Designer dann Texturen und den Einfluß von Licht, Schatten und Spiegelungen.

Ausschnitte einer Szene berechnen

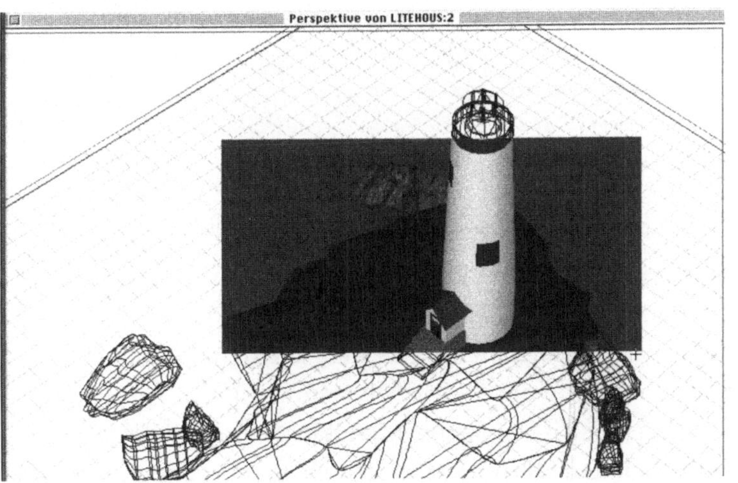

Die Rendervorschau berechnet einen kleinen Ausschnitt der Szene.

Wenn Sie Objekte für eine Weile unsichtbar machen wollen, beispielsweise weil sie beim Arrangement der Szene stören oder auch um einen fertig arrangierten Teil nicht mehr aus Versehen zu verschieben, markieren Sie die Objekte und wählen Sie *Objekt unsichtbar* im Ansichtsmenü.

Objekte verstecken

Im Hierarchiefenster werden die Objekte weiter angezeigt – ihre Namen werden kursiv dargestellt. Hier markieren Sie dann also auch die Objekte, wenn sie wieder in der Szene erscheinen sollen, und aktivieren *Objekt sichtbar* im Ansichtsmenü.

4.1.2 Ray Dream-Objekte

Viele Wege führen zum Objekt: Mit dem Objekt-Wizzard erzeugen Sie eine Reihe von Beispielobjekten für verschiedene Konstruktionsmethoden, Sie importieren und exportieren Objekte mit *Datei - Objekt importieren/exportieren*; einfache Formen wie Würfel und Kugel finden Sie im Grundformen-Flyout in der Werkzeugkiste.

Den Objektkatalog erreichen Sie in der Funktionsleiste unter *Fenster - Objektkatalog*. Aus den verschiedenen Kategorien ziehen Sie Objekte mit der Maus ins Perspektivenfenster. Sie

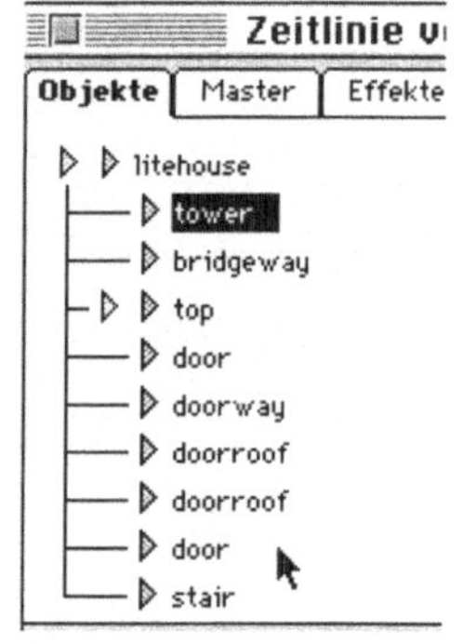

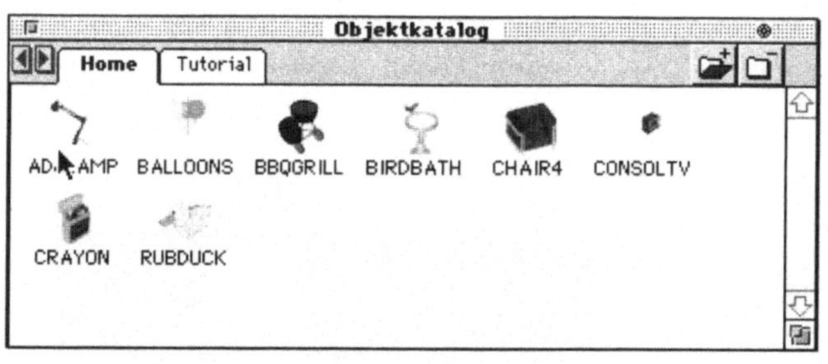

können die Objekte direkt in das Perspektivenfenster ziehen oder erst mal in das Hierarchie/Zeitlinienfenster. Objekte, die Sie in das Hierarchiefenster ziehen, tauchen im Perspektivenfenster im Mittelpunkt des Universums auf.

Am einfachsten lassen sich Objekte anhand ihrer Projektionen auf den Hilfsgittern verschieben und zueinander in Position setzen. Markieren Sie das Objekt, so daß es eine umspannende Markierungsbox bekommt, und fassen Sie mit dem Mauszeiger beim Verschieben in die Box hinein. Fassen Sie auf einen Eckpunkt der Markierungsbox und ziehen die Maus, so vergrößern oder verkleinern Sie das Objekt.

Um ein Objekt in allen Dimensionen gleichmäßig zu vergrößern oder zu verkleinern, halten Sie die Umschalttaste bei der Transformation gedrückt.

Rotieren mit dem Trackball

Wenn man sich erst einmal an seine Handhabung gewöhnt hat, lassen sich Objekte mit dem virtuellen Trackball einfach und schnell in jede gewünschte Richtung rotieren. Markieren Sie das Objekt, und wählen Sie den virtuellen Trackball im Werkzeugkasten. Um das Objekt herum erscheint jetzt eine

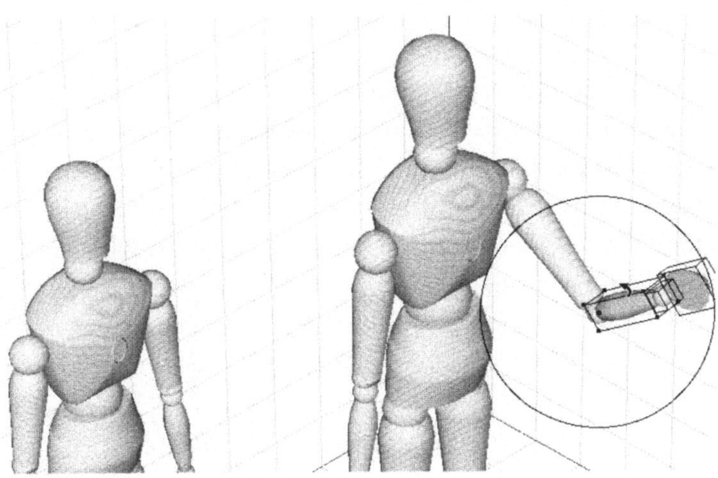

zusätzliche Markierung. Wenn Sie mit dem Cursor in den Kreis fassen, rotieren Sie das Objekt direkt im 3D-Raum, so als würden Sie einen Ball in der Hand drehen. Wenn Sie mit dem Cursor außerhalb der Kreismarkierung fassen, rotieren Sie das Objekt entlang der Bildschirmebene.

Die Dinge beim Namen nennen

Damit Sie Objekte im Hierarchie/Zeitlinienfenster besser erkennen und zuordnen können, sollten Sie ihnen einen Namen mit Wiedererkennungswert geben. Klicken Sie den Objekteintrag im Hierarchiefenster mit einem »langen« Mausklick an (halten Sie die Maustaste genauso wie bei den Flyout-Fenstern

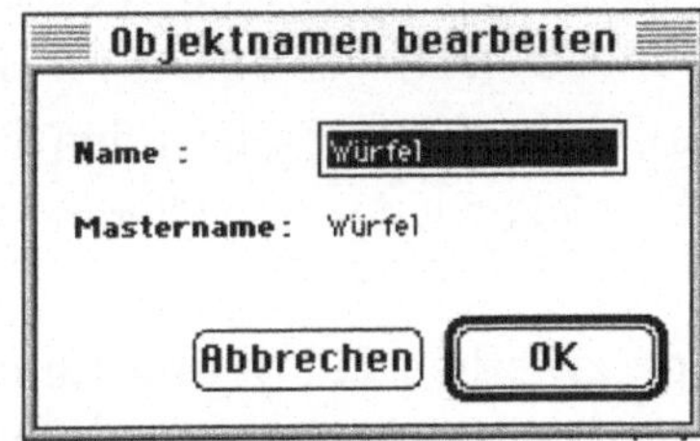

Mit den automatisch erzeugten Objektnamen »verlaufen« Sie sich bald in der Szene.

eine Sekunde lang gedrückt). In *Namen Editieren* geben Sie den neuen Namen an.

Nutzen Sie die Namensgebung, um in großen Szenen den Überlick nicht zu verlieren und um die Möglichkeiten des Hierarchie/Zeitlinienfensters effektiv zu nutzen.

Gruppen und Verbindungen

Viele komplexe Objekte sind aus einfachen Objekten zusammengesetzt, ein Tisch zum Beispiel besteht aus den Tischbeinen und der Tischplatte. Damit man alle Elemente als ein Ganzes behandeln kann, also wie ein Objekt verschieben, rotieren und skalieren kann, werden die einzelnen Objekte zu einer Gruppe zusammengebunden. Markieren Sie die Objekte, die Sie in einer Gruppe zusammenfassen wollen, und wählen Sie im Menü Arrangieren den Punkt *Gruppieren*. Das Gruppieren hilft Ihnen, die Übersicht in Szenen mit vielen Objekten zu behalten, und beschleunigt viele Arbeiten.

Mehrere Objekte markieren Sie, wenn Sie das erste Objekt mit dem Auswahlwerkzeug markieren und dann mit gedrückter Umschalttaste auf das nächste Objekt klicken.

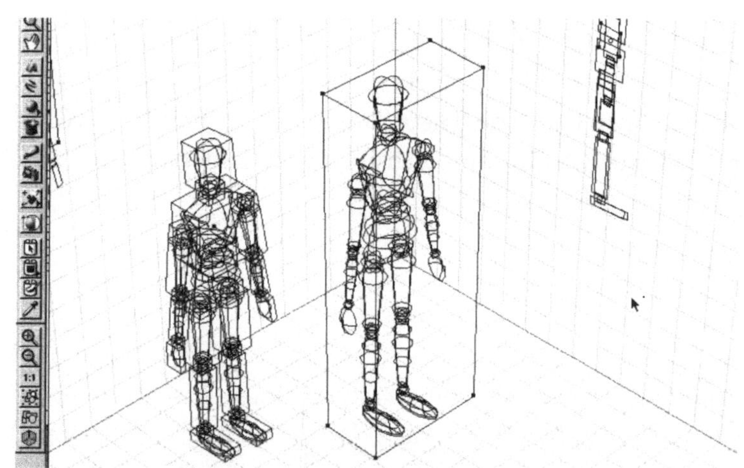

Verbindungen sind im wesentlichen für die Bearbeitung von Objekten in Animationen gedacht. Sie stellen ein Abhängigkeitsverhältnis zwischen den verbundenen Objekten her: Ein Objekt wird zum Kind-Objekt, wenn Sie es im Hierarchiefenster auf ein anderes Objekt ziehen. Sie beenden die Beziehung, wenn Sie das Kind-Objekt wieder eine Hierarchiestufe höher ziehen.

Die Verbindung zwischen Eltern und Kindern wird im Verbindungsregister geregelt. Wählen Sie im Ansichtsmenü die *Objekteigenschaften*, um die Verbindung zwischen Eltern und Kindern einzustellen.

Wenn Sie das Eltern-Objekt ziehen, folgt das Kind-Objekt, dagegen beeinflußt eine Manipulation des Kind-Objekts das Eltern-Objekt nicht. Wenn Sie das Eltern-Objekt rotieren, ro-

tiert das Kind-Objekt und bewegt sich dabei auf einer Kreis-
bahn um das Eltern-Objekt, wie sich ein Planet um eine rotie-
rende Sonne dreht.

Original und Kopie: Master und Instanzen

Sie können ein Objekt durch die Funktionen *Kopieren/Einfügen*
oder durch die Funktion *Duplizieren* vervielfachen. *Duzplizie-
ren* ist eine »intelligente« Funktion: Markieren Sie das Objekt,

Jedes Objekt, das Sie importieren oder aus dem Objektkatalog in die Szene ziehen, ist ein Masterobjekt.

wählen Sie Duplizieren, und führen Sie dann eine Reihe von
Manipulationen am markierten Objekt durch. Wenn Sie jetzt
wieder *Duplizieren* wählen, wird das Objekt mit den gleichen
Manipulationen erzeugt.

Häufig wird ein Objekt in einer Szene vielfach verwendet
wie etwa die vier Beines eines Tisches oder eine Batterie von
Weinflaschen. Wann immer Sie ein Objekt duplizieren oder kopieren und einfügen, erzeugen Sie eine Instanz desselben Objekts – des Masters. Wenn Sie den Master verändern, verändern Sie gleichzeitig seine Instanzen: so können Sie die Geometrie eines Tischbeins ändern und verändern dabei die anderen drei Tischbeine mit. Sie geben der Master-Weinflasche
ein neues Etikett – dann haben anschließend alle seine Instanzen auch das gleiche Etikett.

Trotzdem dürfen auch Instanzen aus der Reihe tanzen: Sie
können ein Tischbein mit einem Kratzer bemalen oder einer
Weinflasche aus dem Heer der Instanzen eine andere Jahres-
banderole geben. Wenn Sie allerdings eine Instanz in den Modelleditor laden, um seine Geometrie zu ändern, wird die Instanz vom Master getrennt und wird selber zum Master.

Wenn Sie einen Master in einer Szene durch ein anderes Objekt ersetzen, ersetzen Sie gleichzeitig alle Instanzen des Masters durch Instanzen des neuen Masters.

Der Dreh- und Angelpunkt des Objekts

Wenn ein Objekt markiert ist, sehen Sie in den Projektionen auf den Hilfsgittern einen kleinen Punkt – seinen Bezugspunkt, auch Pivotpunkt genannt. Um diesen Punkt wird ein Objekt rotiert; anhand des Bezugspunktes wird es gegen andere Objekte ausgerichtet.

Der Punkt in der Mitte symbolisiert den Schnittpunkt der drei Objektachsen, den Pivotpunkt. Um ihn dreht sich das Objekt beim Rotieren.

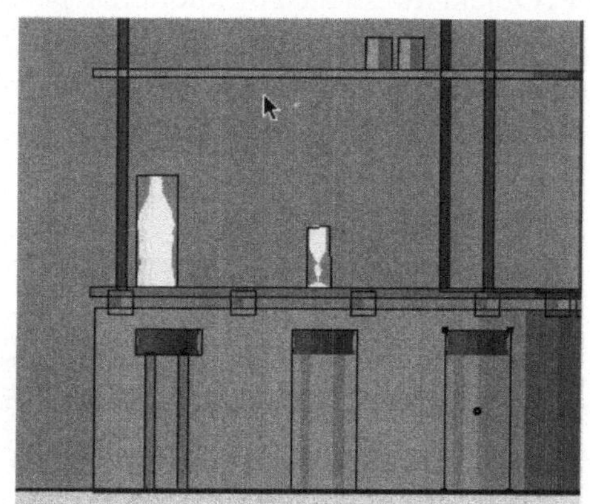

Wenn sich ein Objekt beim Rotieren nicht um seine Mitte dreht, sondern einen großen Bogen schlägt, dann ist sein Bezugspunkt im Nirwana. Markieren Sie das Objekt und wählen Sie *Bezugspunkt zentrieren* im Menü Ansicht – dann wird der Bezugspunkt wieder zur Zentrale des Objekts.

Nicht immer ist es günstig, den Bezugspunkt eines Objekts in seiner Mitte zu haben. Wenn man etwa den Oberarm

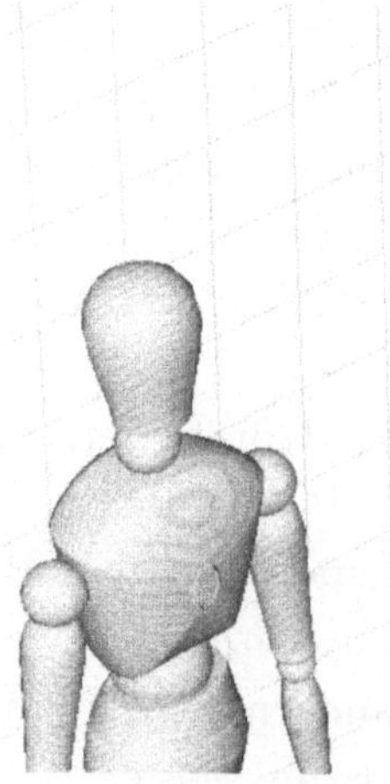

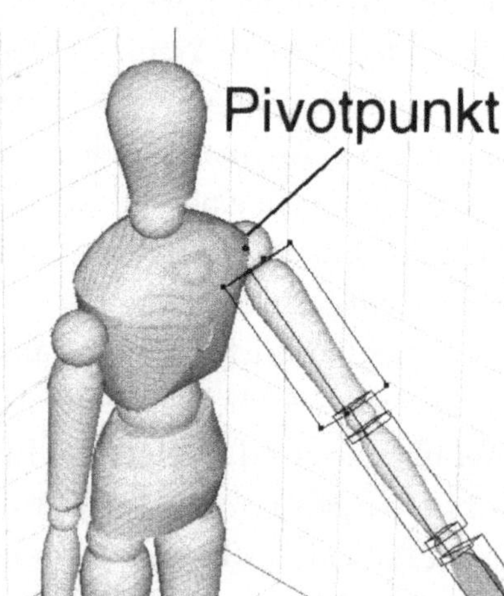

eines Menschen verändern will, dann will man ihn in seinem Armgelenk rotieren. Dazu fassen Sie mit der Maus in den schwarzen Punkt und manövrieren ihn an die gewünschte Stelle.

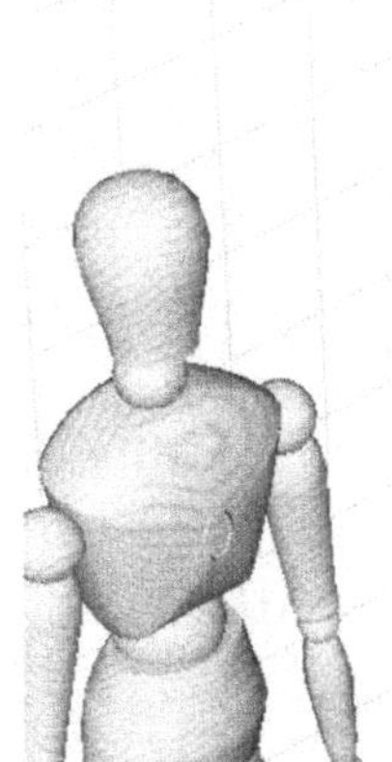
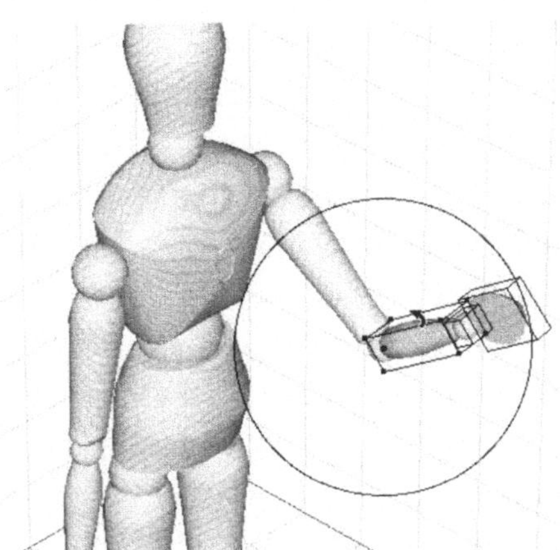

Beim Unterarm der Holzpuppe wurde der Pivotpunkt dorthin geschoben, wo sich der Unterarm auch dreht. So läßt er sich später einfach animieren.

Gespiegelte und symmetrische Objekte

Viele Objekte des täglichen Lebens sind aus gespiegelten Hälften zusammengesetzt: Flugzeuge, Autos und auch der Mensch besteht aus Spiegelhälften. Die Funktion *Symmetrisch Duplizieren* erzeugt eine Kopie des Objekts und spiegelt sie an der aktiven Ebene.

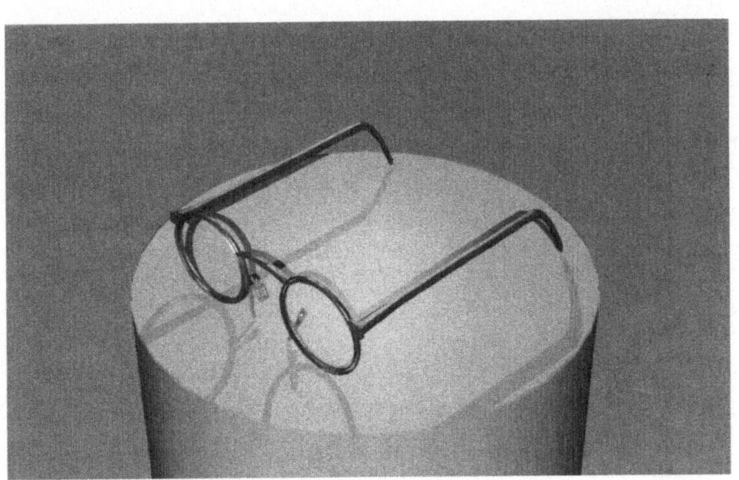

Spiegeleien

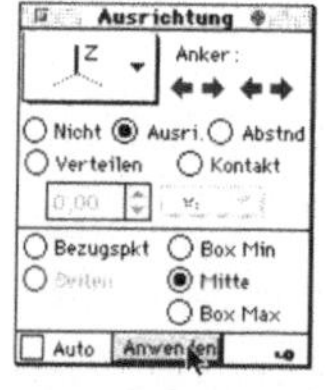

Exakte Tranformationen

Mit der Maßpalette im Fenstermenü positionieren Sie ein Objekt numerisch exakt. Dabei dreht sich wieder alles um den Pivotpunkt des Objektes: Seine Position im Universum und seine Rotation werden anhand seines Pivotpunktes angegeben.

Auch mit den Cursortasten können Sie ein Objekt pixelgenau verschieben. Mit Tastendruck wird das Objekt eine Gittereinheit parallel zur aktiven Ebene verschoben. Die Gittereinheiten wiederum richten Sie im Menü Ansicht im Gitter-Dialog ein.

Wenn Sie dabei auch noch gleichzeitig die Umschalttaste halten, verschieben Sie das Objekt in Schritten von 5 Einheiten.

Senkrecht zur aktiven Ebene verschieben Sie das Objekt, wenn Sie die Optionstaste (Windows: Alttaste) gedrückt halten und die Pfeiltasten benutzen.

Objekte ausrichten

Für exaktes Konstruieren eine nicht zu überbietende Hilfestellung: die Ausrichtung von Objekten.

Markieren Sie die Objekte, die Sie gegeneinander ausrichten möchten, und wählen Sie *Objekte ausrichten* im Menü Arrangieren.

Wenn Sie auf den kleinen Schlüssel unten rechts klicken, wird das Fenster vergrößert, um alle drei Dimensionen für die Ausrichtung anzuzeigen.

✍ Die Objekte können anhand der Referenzpunkte eines Ankerobjekts ausgerichtet werden.

✍ Sie können einen bestimmten Abstand zwischen den Objekten wählen (dabei darf *Auto* nicht markiert sein!).

✍ *Kontakt* bringt den höchsten Punkt eines Objekts in Kontakt mit dem niedrigsten Punkt des nächsten Objekts (z.B. um Treppenstufen sauber aufeinander zu stellen).

✍ Objekte können gleichmäßig zwischen zwei Ankerobjekten verteilt werden. So verteilen sie zum Beispiel die

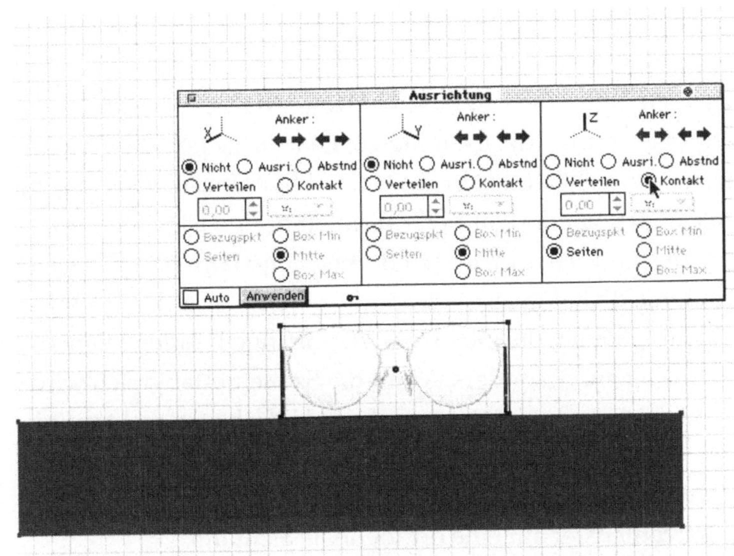

Stufen einer Treppe gleichmäßig vom Boden bis zum Ende der Treppe oder Perlen auf einer Kette.

Der Trick mit der Skalierung

Die Größenänderung kann die relative Position eines Objekts
beeinflussen: verkleinern Sie ein Glas, schwebt es anschließend über dem Tisch, vergrößern Sie das Glas, durchdringt
es den Tisch. Um das zu verhindern, ziehen Sie an den Anfassern der oberen Ebene der Bounding Box, also des Raumrah-
mens.

*Vergrößern mit
Bodenständigkeit*

Ob Zwerg, ob Riese ...

entscheidet einzig und allein der Abstand der Objekte zum
Blickpunkt. Bei der Modellierung von Objekten brauchen Sie
sich also keine Gedanken darüber zu machen, wie groß das
Objekt sein soll. Wichtig ist lediglich die relative Größe der Objekte zueinander.

4.1.3 Ansichtssache

Ganz einfach – die eigene erste Szene läßt sich im Studio ohne großen Aufwand zusammenstellen. Sie ziehen die Objekte aus dem Objektkatalog in das Perspektivenfenster (wenn kein Objektkatalog auf dem Bildschirm zu finden ist, gehen Sie in der Funktionsleiste in das Pulldown-Menü *Fenster* und klicken den Objektkatalog an). Allerdings bereitet es anfangs einige Schwierigkeiten, die Objekte in die richtige Position zueinander zu setzen. Besonders, wenn die Szene umfangreich wird, helfen auch die Projektionen auf den Hilfsebenen nicht weiter. Da hilft nur das Umschalten auf eine andere Ansicht. Im Pulldown-Menü *Ansicht* der Funktionsleiste schalten Sie das Perspektivenfenster auf eine orthogonale Sicht um.

Öffnen Sie noch ein weiteres Perspektivenfenster, dann brauchen Sie die Ansicht nicht dauernd hin und her zu schalten. Im Menü Fenster laden Sie ein neues Perspektivenfenster auf den Bildschirm.

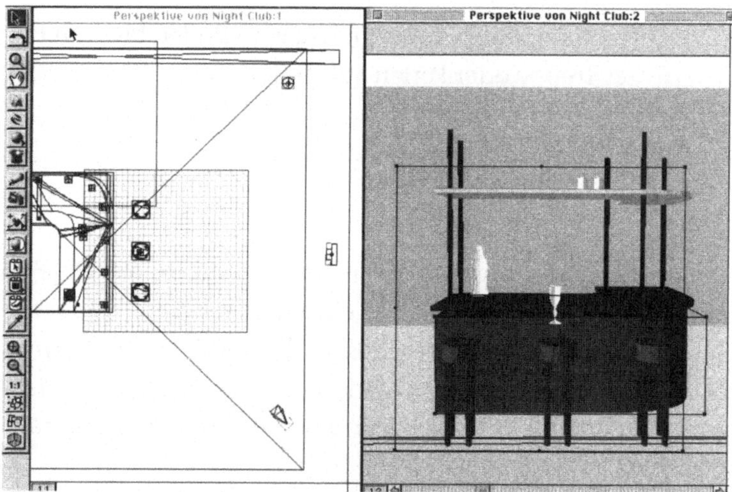

So können Sie die Szene direkt von vorne sehen – in dieser Sicht können Sie alle Objekte auf den Boden stellen. In der Sicht von oben legen Sie die Position der Objekte fest.

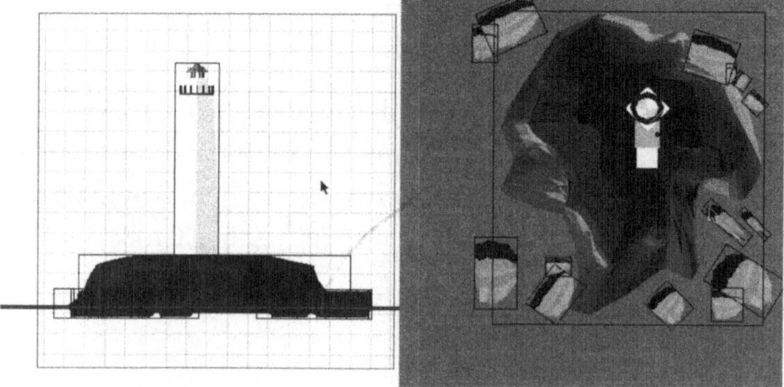

Der Sucherrahmen

Die Sicht ins Perspektivenfenster ist der Blick der Kamera – aber er entspricht nicht dem Bildausschnitt, der beim Rendern berechnet wird. Das Perspektivenfenster gibt vielmehr einen größeren Überblick über die Szene. Erst die Einstellung *Ansicht / Sucherrahmen* liefert einen grünen Rahmen im Perspektivenfenster, innerhalb dessen Grenzen der Bildausschnitt liegt, der auch berechnet wird.

Wenn Sie den Bildausschnitt im Perspektivenfenster mit dem Grabber oder den Schiebern auf der rechten Seite und un-

Einstellen des Bildausschnitts für die Bildberechnung

Der Sucherrahmen zeigt, welcher Bildausschnitt beim Rendern des Bildes berechnet wird.

ten im Fenster ändern, wird die Position des Sucherrahmens in der Szene davon nicht beeinflußt. Auch das Zoomen der Szene mit der Lupe verändert den Sucherrahmen nicht, denn der Sucherrahmen gehört zur aktiven Kamera des Perspektivenfensters.

Wie denn aber nun? Markieren Sie den Sucherrahmen mit dem Auswahlwerkzeug. Er bekommt Anfasser in den Ecken. Wenn Sie in den Rahmen hineingreifen, können Sie den Sucherrahmen verschieben, wenn Sie auf einen Anfasser in den Ecken greifen, können Sie den Sucherrahmen verkleinern und vergrößern. Halten Sie dabei noch die Umschalttaste gedrückt, so skalieren Sie den Rahmen gleichmäßig in alle Richtungen.

Den Sucherrahmen verschieben, verkleinern und vergrößern

Neue Perspektiven

Das Verschieben des Sucherrahmens ändert nur den Bildausschnitt, der berechnet werden soll. Wenn Sie aber eine andere Perspektive im Sucherrahmen sehen wollen – wenn Sie die Szene mehr von links aufnehmen wollen oder mehr Abstand vom Motiv brauchen, müssen Sie die neue Perspektive durch ein Verschieben oder Schwenken der Kamera einstellen. Wenn Ihnen anfangs das gezielte Schwenken der Kamera noch schwer fällt, halten Sie die Umschalttaste beim Kameraschwenk gedrückt. Damit bewegt sich die Kamera nicht mehr stufenlos, sondern nur immer in einem Winkel von 15°.

Der Kameraschwenk von der Vogelperspektive in die frontale Ansicht wird mit dem Kamerawerkzeug durchgeführt.

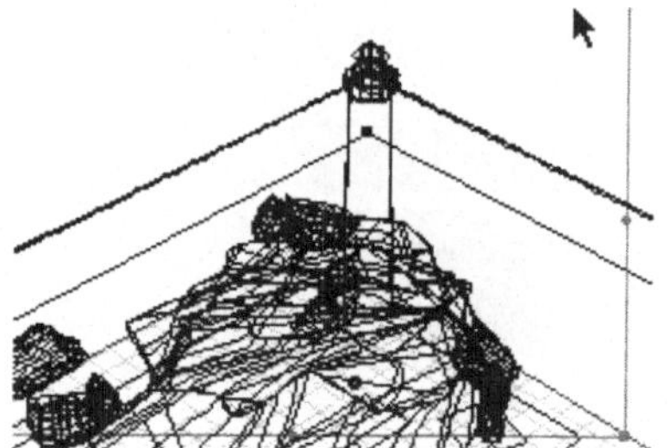

Das Universum des Designers

Der Blick in das Perspektivenfenster ist der Blick ins Universum des Designers. Der Gitterwürfel bildet den Arbeitsraum – er bildet den Bezug und bietet eine einfache Orientierungsmöglichkeit in einem dreidimensionalen Raum, der auf einen flachen Bildschirm gepackt wurde.

Den Arbeitsraum verschieben, vergrößern und verkleinern

Der Arbeitsraum kann sich den Objekten in der Szene anpassen – die Szene muß also nicht an den Arbeitsraum angepaßt werden. Wenn die Szene über die Grenzen des Arbeitsraums wächst, können Sie den Arbeitsraum verschieben oder vergrößern. Dazu halten Sie die Befehlstaste (Windows: STRG-Taste) gedrückt und verschieben den Arbeitsraum oder skalieren ihn an den Anfassern in den Ecken.

Auch die Ausrichtung des Arbeitsraums können Sie an ein Objekt oder an eine Gruppe von Objekten anpassen: Markieren Sie das Objekt, und wählen sie im Menü Arrangieren den Befehl *Arbeitsraum ausrichten*.

Die Transformationen des Arbeitsraums dienen dem leichteren Arrangieren der Objekte in der Szene.

Den Arbeitsraum an die Größe der Szene anpassen

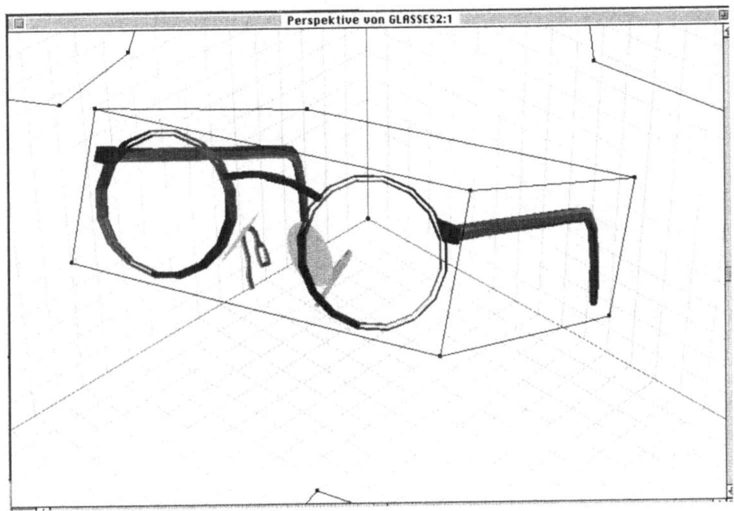

Statt die importierte Brille so lange in alle Richtungen zu rotieren, bis sie ordentlich im Arbeitsraum liegt, ...

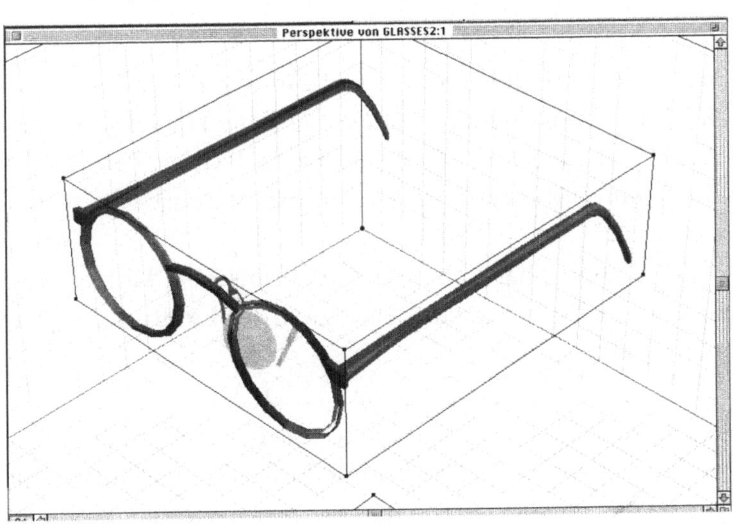

... wird der Arbeitsraum mit einem Befehl an das Koordinatensystem der Brille angepaßt.

4.1.4 Und endlich: das Rendern

Wenn alle Objekte plaziert und bemalt sind, wenn die Szene gut ausgeleuchet und die Kamera eingerichtet ist, folgt der letzte und wichtigste Schritt: die Bildberechnung, das Rendern. Zwei Menüs sind noch abzuarbeiten, damit das Bild auch rundherum den richtigen Charakter bekommt: die *Rendereffekte* und die *Rendereinstellungen*.

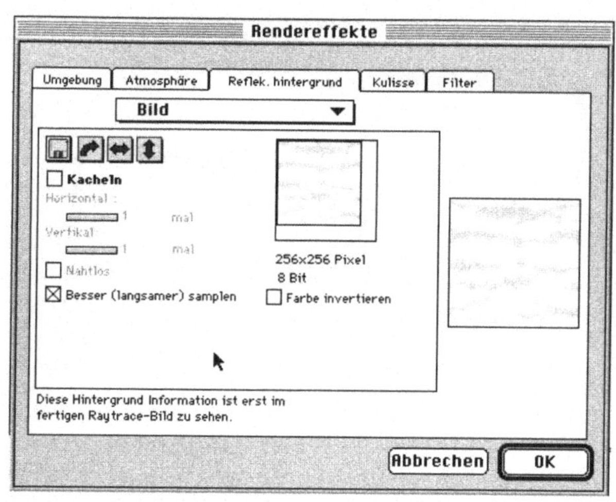

In der Registerkarte *Umgebung* setzen Sie Farbe und Intensität des Umgebungslichtes. Wählen Sie dazu keinen zu hohen Wert – benutzen Sie lieber zusätzliche Lichtquellen, da das Umgebungslicht die Kontraste der Szene sonst sehr schnell auswäscht.

Mit Atmosphäre sehen Sie Ihr Bild im Nebel. Distanznebel ist in vielen Bildern gut dazu geeignet, den Eindruck der Tiefe zu verstärken.

Eine Kulisse ist ein Bild, das der Designer in den Hintergrund legt. Benutzen Sie doch mal ein Bildbearbeitungsprogramm, um ein Hintergrundbild weichzuzeichnen ... Sie ahmen damit den Tiefenschärfeneffekt der echten Kameras nach. Sie können mit dem unscharfen Hintergrund die Wirkung des Bildes ungemein verstärken.

Im Gegensatz zur Kulisse wird der reflektierende Hintergrund in den Objekten der Szene gespiegelt. Besonders, wenn Objekte einen metallischen Charakter annehmen sollen, trägt

so ein reflektierender Hintergrund, auch Environment Map
genannt, gut dazu bei.

Sie können auch die Postprocessing-Filter der Bildnachbearbeitung direkt einsetzen – vom Emboss-Effekt bis zum
Wolken- und Lens Flare-Effekt.

Die Rendereinstellungen

Der Ray Dream Designer bietet verschiedene Renderalgorith-
men an. Die höchste Qualität liefert Ihnen der *RDI Ray Tracer*.
Da er auch sehr zeitaufwendig ist, empfiehlt es sich, die Optionen auszuschalten, die für das aktuelle Bild nicht gebraucht
werden. Insbesondere Transparenz und Lichtbrechung sind
enorm rechenintensiv. *Raytracing* können Sie ausschalten,
wenn Sie keine spiegelnden Reflexionen berechnen wollen.

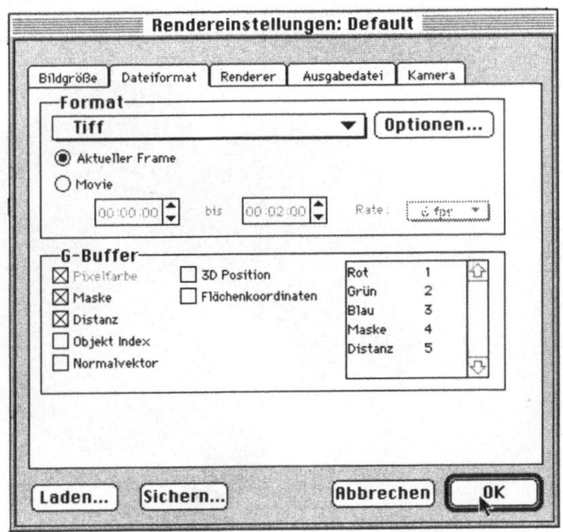

Die Parameter für die Bildberechnung werden im Menü Einstellungen im Rendermenü festgelegt.

Der *Production Z-Buffer* eignet sich gut für das schnelle Rendern
von Animationen. Auch für eine ganze Kategorie von Stills liefert Z-Buffer eine durchaus gute Qualität und ist dabei um ein
Vielfaches schneller als der RDI Ray Tracer. Zwar kann der Z-
Buffer keine spiegelnden Reflexionen in das Bild einrechnen,
aber Schatten und Transparenz. Wenn transparente Objekte in
Ihrer Szene sind, die sich überlagern, geben Sie die Anzahl der

Schnelle Bildberechnung mit dem Z-Buffer

Mehr über die verschiedenen Bildformate finden Sie in Kapitel 7.1.

sich überlagernden Objekte, durch die Sie hindurchsehen wollen, im Feld *Maximum* an.

Alle Einstellungen lassen sich als Vorgaben für weitere Bildberechnungen speichern. Klicken Sie auf Sichern im Fenster *Rendereinstellungen*.

Sie können das Bild für verschiedene Bildformate berechnen: TIFF, JPEG, PICT, Windows Bitmap und Adobe Photoshop. Wenn Sie im Register Ausgabedatei einen Dateinamen und ein Verzeichnis angeben, speichert der Designer das Bild direkt nach der Bildberechnung. Sie können aber auch nach der Bildberechnung einen Dateinamen angeben.

Kanäle und Masken

Zusätzlich zu den reinen Pixeln eines gerenderten Bildes kann der Designer eine ganze Reihe von zusätzlichen Informationen zusammen mit dem Bild im G-Buffer (Geometrie-Buffer) speichern – zumeist Informationen für eine spätere Nachbearbeitung oder Weiterverwendung des Bildes.

Üblicherweise berechnet man mit dem Maskenkanal einzelne Objekte oder Gruppen, die als Freisteller verwendet werden sollen oder bei einer Bildmontage in ein anderes Bild eingesetzt werden sollen.

✎ Der gebräuchlichste Kanal ist die Maske. Sie markiert alle Objekte im Bild gegen den Hintergrund. Das Obst aus dem Bild muß also frei im Raum schweben.

✎ Im Objektkanal speichert der Designer, zu welchem Objekt ein Pixel im Bild gehört. Die Objekte dürfen sich dafür nicht überlappen. Mit diesen Informationen kann der Zauberstab im Adobe Photoshop auf ein bestimmtes Objekt eingerichet werden. Das funktioniert nur mit dem Adobe Photoshop- und dem TIFF-Format.

Die Kanäle können außerdem eine bestimmte Pixelfarbe aufnehmen, Informationen über die Distanz der Objekte von der Kamera speichern (damit kann in der Bildnachbearbeitung die Tiefenschärfe der echten Kameras nachgeahmt werden) oder einen Normalvektor enthalten, der senkrecht auf einem Objekt steht (damit könnte in der Bildnachbearbeitung eine zusätzliche Lichtquelle simuliert werden).

Die Antialiasing-Methode im Designer heißt Oversampling. Sie sorgt dafür, daß die störenden Treppenstufen in Pixelbildern gemildert werden.

Jetzt kann´s aber endlich losgehen: Wählen Sie im Rendermenü *Rendern mit aktuellen Vorgaben ...* und warten Sie ab. Sie können die Berechnung im Renderfenster verfolgen, Sie können aber auch im Designer oder mit einem anderen Programm weiterarbeiten

Was tun während der Bildberechnung?

Am Rande

Wenn Sie knapp an Zeit sind und mit einer Zeitvorgabe arbeiten, die kleiner ist als die Schätzung des Designers für die Dauer der Bildberechnung, verringert der Designer weder Qualität noch Größe der Bilder, aber ihre Auflösung.

Wenn Ihnen bei der Berechnung des Bildes ein Fehler auffällt, können Sie die Bildberechnung mit der Tastenkombination Befehl + Punkt (.) abbrechen.

Wenn es die RAM-Ausstattung und die Größe Ihrer Platte erlauben, können Sie mit dem Designer Bilder bis zu einer Größe von 16.000x16.000 Pixeln rechnen.

Probleme mit dem Nebel? Sie können Nebel nur dann sehen, wenn er vor Objekten oder einem Hintergrundbild erscheint.

Das Umgebungslicht kann Nebel sogar nur vor Objekten sichtbar machen, nicht vor einem Hintergrundbild.

Wenn alle anderen ruhen ...

lassen Sie Ihren Mac für sich arbeiten. Wählen Sie *Stapelverarbeitung* im Rendermenü, und fügen Sie alle fertig eingerichteten Szenen ein, die Sie berechnen lassen wollen. Mit dem Startknopf beginnt der Designer, ein Bild nach dem anderen als Stapelauftrag (Batch-Job) abzuarbeiten. Wenn Sie zwischendurch am Rechner arbeiten wollen, klicken Sie auf Pause.

Sie müssen allerdings eine Bildberechnung nicht unbedingt unterbrechen, um andere Arbeiten am Rechner durchzuführen. Zwar kann eine Bildberechnung etwas länger dauern, aber Sie können (fast) ohne jede Beeinträchtigung mäßig rechenintensive Programme wie Word benutzen. Auf einem gut ausgestatteten Mac können Sie auch mit dem Photoshop Bilder bearbeiten. Wichtigste Ausrüstung: viel RAM.

Der Batch-Renderer arbeitet mit gespeicherten Szenen – also nicht mit der aktuellsten Version einer Szene, wenn sie noch nicht gespeichert wurde.

4.2 Modelle konstruieren

Der Ray Dream Designer bietet die typischen Werkzeuge zur Konstruktion von Modellen wie Extrudieren und Rotieren, sie sehen nur etwas anders aus als in den klassischen Modell-Editoren wie Autodesk Max oder Caligari trueSpace, denn der Designer arbeitet komplett mit echten Bézierlinien und nicht mehr mit Polygonen.

Darüber hinaus bietet der Designer »Skinning«. Beim Skinning werden Querschnitte des Modells gezeichnet, wie die Querschnitte eines Schiffsrumpfes oder einer Banane, die der Designer dann mit einer Oberfläche umgibt – so als wäre eine elastische Haut über die Querschnitte gezogen worden.

Anders als beim 3D Studio Max und Caligari trueSpace beruhen die Modelle des Designers nicht auf Dreiecken oder Vierecken, sondern auf organisch runden Querschnitten, über die dann die besagte Haut, die Oberfläche des Modells, gezogen wird. Der Vorteil dieser Methode: Die Konstruktion von Modellen verläuft viel intuitiver und einfacher, die Modelle wirken bereits mit viel weniger Details rund und glatt.

Modellkonstruktion mit Bézierkurven

4.2.1 Der Modelleditor

Modelle werden in einem separaten Modelleditor erstellt oder bearbeitet. In den Modelleditor gelangen Sie durch einen Klick mit der Maus auf das Symbol *Freie Form* aus der Werkzeugleiste des Perspektivenfensters oder durch einen Doppelklick auf ein Modell in Ihrer Szene, das Sie weiter bearbeiten wollen.

Im Gegensatz zum Perspektivenfenster stellt sich der Modelleditor als isometrischer Arbeitsraum dar. Isometrisch – das heißt, hier gibt es keinen Fluchtpunkt; parallele Linien bleiben parallel und laufen nicht im Fluchtpunkt zusammen. Das erleichtert die Orientierung auf dem Modell und gibt einen besseren Eindruck von den Größenverhältnissen der einzelnen Modellabschnitte zueinander.

Der Arbeitsraum wird durch einen zum Betrachter hin geöffneten Würfel dargestellt. Die Wände des Würfels beste-

Die Größe, in der Sie ein Objekt konstruieren, hat keinen Einfluß auf seine Größe in der Illustration. Sie können das Objekt so skalieren, daß es zu den anderen Objekten in der Szene paßt. Entscheidend für seine Größe in der Illustration ist dann letztendlich nur sein Abstand zur Kamera.

hen aus einem Raster, das die Orientierung weiter vereinfacht und exaktes Modellieren erlaubt. Auf Ebenen, die wie die Rahmen eines Bienenstocks in den Arbeitswürfel eingesetzt werden, wird der Grundriß des Objekts gezeichnet. Wo immer

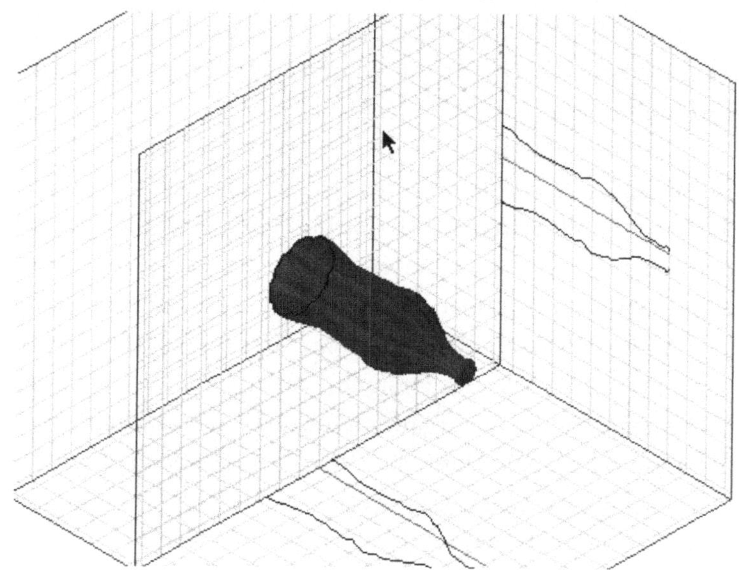

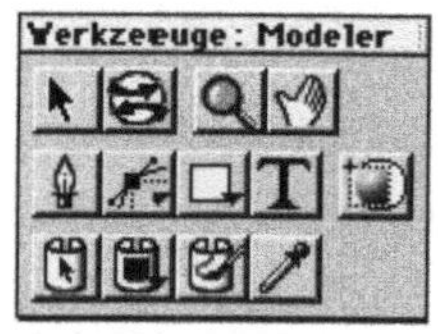

sich der Schnitt durch das Objekt ändert, wird eine neue Ebene eingesetzt und der geänderte Querschnitt auf die neue Ebene gezeichnet.

Der Werkzeugkasten paßt sich beim Umschalten vom Perspektivenfenster auf das Arbeitsfenster den Bedürfnissen der Modellkonstruktion an und enthält jetzt die folgenden Werkzeuge:

Das Auswahlwerkzeug markiert Elemente – das können ganze Umrisse sein, aber auch die einzelnen Punkte (*Vertices*) eines Umrisses.

Schwenken der Sicht auf den Arbeitsraum. Der virtuelle Trackball bietet wieder das Flyout-Fenster mit den beiden Alternativen: dreidimensionales Rotieren und Rotieren in der Ebene. Wenn Sie die Umschalttaste beim Rotieren festhalten, wird das Objekt in Schritten von 15° rotiert.

✎ Die Lupe für den Zoom. Er bringt Sie eine Stufe näher an Ihr Motiv oder – wenn Sie die CTRL-Taste gedrückt halten – gibt Ihnen mehr Überblick.

✎ Der Grabber zum Verschieben der Ansicht auf den Arbeitsraum.

✎ Mit der Bézierfeder werden die Grundrisse und Querschnitte der Modelle gezeichnet. Sie setzen mit der Feder Punkt für Punkt den Umriß und schließen den Umriß mit einem Klick auf den ersten Punkt.

✎ Mit dem Ankerpunkt-Werkzeug werden die Punkte der Bézierkurve bearbeitet, neue Ankerpunkte eingefügt und Ankerpunkte gelöscht.

✎ Einfache 2D-Grundformen sind das Viereck, Kofferecken und das Vieleck (das mit genügend vielen Ecken zum Kreis wird).

✎ Das Textwerkzeug, mit dem Type 1 und True Type-Schrifttypen auf eine Ebene im Arbeitsraum geschrieben werden, die dann sofort extrudiert werden können.

✎ Die Malwerkzeuge sind die gleichen wie im Werkzeugkasten des Perspektivenfensters. Halten Sie den Cursor eine Sekunde auf dem Symbol. Das Flyout-Fenster gibt Ihnen den Zugriff auf die gleichen Werkzeuge zum Bemalen mit Polygonen.

✎ Die Pipette öffnet den Shadereditor und zeigt Ihnen, mit welchem Material das Element bemalt wurde.

Auch im Modelleditor gibt es einen Raumwürfel, mit dem Sie den Modellraum einrichten. Klicken Sie auf eine der Seiten des Würfels, dann werden die Hilfsgitter zu- oder abgeschaltet. Wenn Sie auf den kleinen Würfel in der Mitte des Gitterwürfels klicken, wird das Objekt ausgeblendet und Sie sehen nur noch die Umrisse und die Zugpfade.

Die Prinzipien des Modellierens

Ein Modell beginnt sein Leben als Umriß auf einer Querschnittsebene. Dieser Umriß wird entlang des Zugpfades, der violetten Linie auf dem unteren und seitlichen Hilfsgitter in den Raum gezogen und dadurch zu einem dreidimensionalen Objekt.

Zeichnen Sie eine einfache Grundform auf die erste sichtbare Ebene. Wenn Sie den Cursor eine Sekunde lang auf das Werkzeug für die zweidimensionalen Grundformen halten, klappt ein Flyout-Fenster auf und zeigt Ihnen die Auswahl an einfachen Umrissen vom Viereck bis zum Kreis an. Eine Grundform können Sie direkt auf die aktive Querschnittsebene ziehen.

□ *Die erste Querschnittsebene ist schon da, wenn Sie den Arbeitsraum das erste Mal laden.*

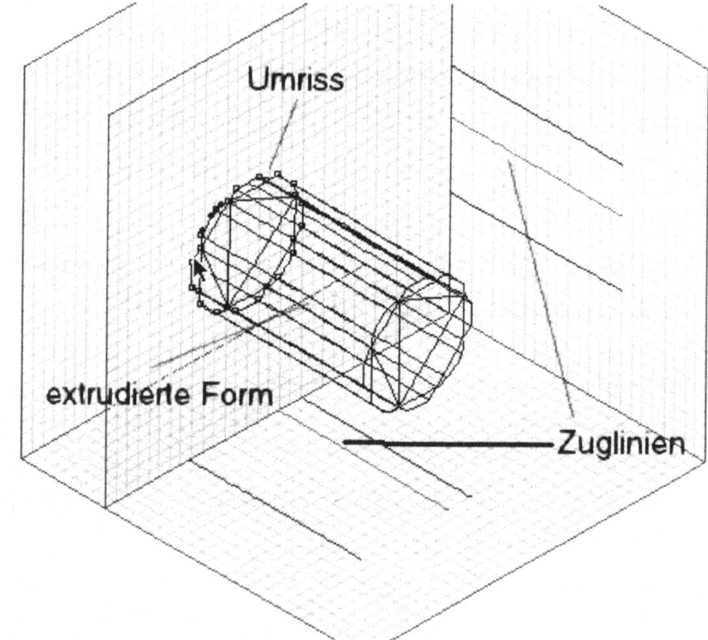

Wenn Sie mit dem Auswahlwerkzeug auf den Zugpfad klicken, erscheinen an seinen Enden kleine schwarze Vierecke. Greifen Sie mit der Maus in das Viereck am Ende eines der beiden Zugpfade, so können Sie den Zugpfad verlängern und verkürzen, aber auch auf der Ebene nach oben und nach unten schieben. Sie sehen dabei, wie sich die gezogene Form des konstruierten Modells ändert.

Bézierkurven zeichnen

Um einen Grundriß auf eine Querschnittsebene zu zeichnen, schalten Sie am besten in die Zeichenebene (Pulldown-Menü Ansicht: *Zeichenebene*). Damit sehen Sie nur noch das Gitter der Querschnittsebene. Mit der Bézierfeder setzen Sie die Ankerpunkte Punkt für Punkt auf das Gitterraster. Sobald der zweite Punkt gesetzt worden ist, verbindet ihn der Designer mit dem ersten Punkt und erzeugt eine Linie. Sie schließen die Kurve durch einen Klick auf den ersten Punkt. Das heißt – bis jetzt ist die Zeichnung noch keine Kurve, sonder ein eckiger Umriß.

Haben Sie einmal einen Punkt »danebengesetzt«, dann schalten Sie auf das Auswahlwerkzeug, klicken auf den falsch positionierten Punkt und verschieben ihn mit dem Cursor.

Die Bézierkurve verhält sich wie ein Gummiband, dessen Form von den Ankerpunkten aufgespannt wird. Wenn ein Ankerpunkt verschoben wird, paßt sich das Gummiband anstandslos an. Wollen Sie anschließend die Kurve weiterzeichen, markieren Sie mit dem Auswahlwerkzeug den zuletzt gesetzten Punkt (der Punkt wird schwarz ausgefüllt), dann können Sie mit der Bézierfeder weitere Punkte setzen. Sollten Sie einmal vergessen, den letzten Punkt zu markieren, beginnt Ray Dream Designer mit einer neuen Bézierkurve.

Damit die eckigen Umrisse rund werden, müssen die Ankerpunkte umgewandelt werden. Ein Klick mit dem Bézierwerkzeug auf einen Ankerpunkt verwandelt eine Ecke in eine potentielle Rundung mit Hebeln, die aus dem Eckpunkt herausgezogen werden können.

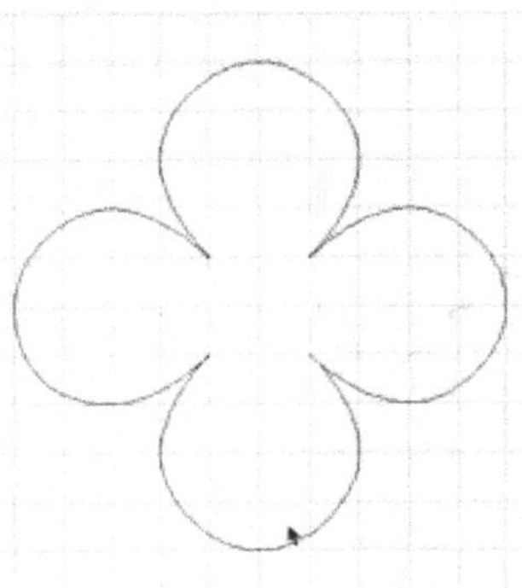

Eine Methode für den Bézierneuling: Setzen Sie nacheinander die Punkte, an denen die Umrißlinie ihre Richtung ändert. Danach erst verwandeln Sie die Ecken in Kurven.

Mit den Hebeln ändert man die Krümmung und Form der Kurve. Greifen Sie einen Hebel an seinem Ende und ziehen ihn, dann sehen Sie, daß die Kurve um so weicher und runder wird,

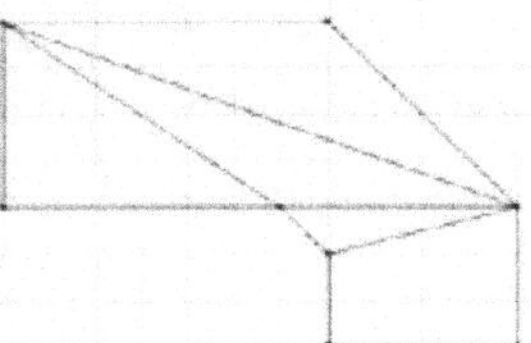 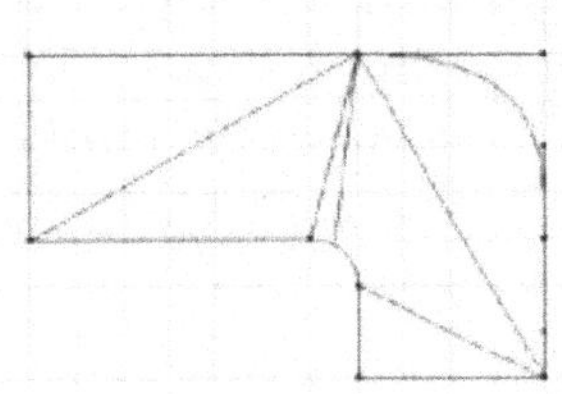

je länger der Hebel ist und um so schärfer und spitzer, je kürzer der Hebel ist.

Halten Sie die Maus eine Sekunde auf das Bézierwerkzeug. Ein Flyoutfenster klappt auf und zeigt Ihnen weitere Hilfsmittel für Bézierkurven. Mit ihnen können Sie einen neuen Ankerpunkt in einen Umriß einfügen oder überflüssige Ankerpunkte löschen.

Exaktes Zeichnen mit Bézier

Damit man exakte Umrisse zeichnen kann, benutzt man das zugrundeliegende Gitter als Raster. Wenn das Raster eingeschaltet wird, fangen die Kreuzungspunkte jeden gesetzten Punkt ein wie ein Magnet.

Für den Grundriß einer CocaCola-Flasche wurden hier zuerst nur die maßgeblichen Punkte mit der Bézierfeder gesetzt – das macht das Zeichnen der Geometrie einfacher. Dann mit dem Bézierwerkeug zusätzliche Punkte einfügen, in Kurven umwandeln, um die Hebel einrichten – damit steht Ihnen eine Methode zur Verfügung, um komplexe Geometrie-Umrisse schnell und exakt zu zeichnen.

Bézierkurven brauchen einiges an Übung und Erfahrung, bis man flott und zügig den Umriß hinbekommt, den man sich vorstellt. Dann allerdings sind Bézierkurven ein mächtiges Werkzeug für das Zeichnen am Computer, da man mit ihnen jeden Umriß und jede Form beliebig exakt zeichnen kann. Darum findet man Bézierkurven als Zeicheninstrument auch in

den 2D-Zeichenprogrammen wie Corel Draw! und Adobe Il
lustrator.

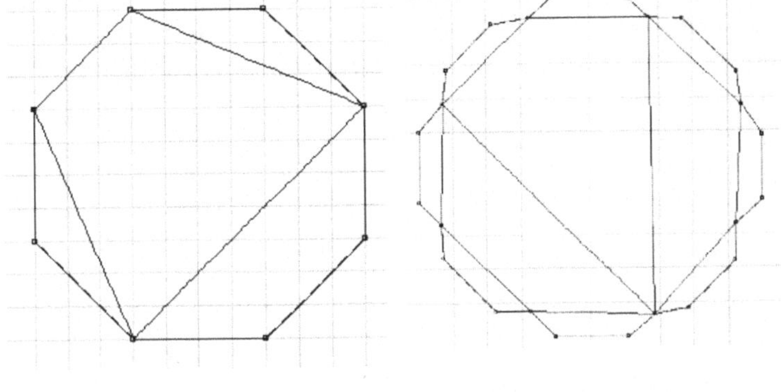

Wenn eine Kurve zur
Schleife wird, müssen Sie
die Hebel drehen, bis die
Schleife wieder entfernt ist.

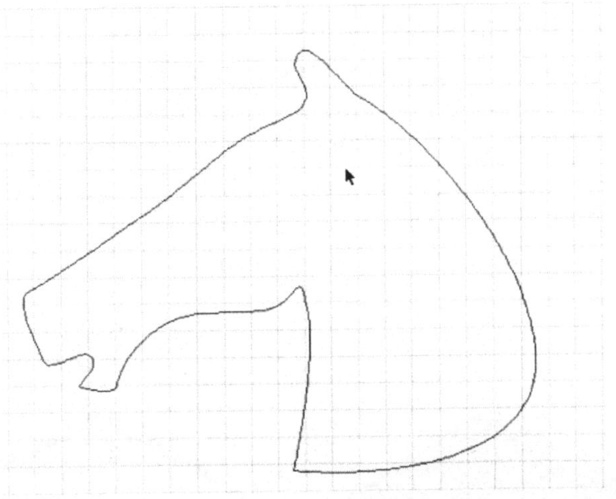

Bézier für den
Experten: Die Bézierlinie
wird nicht mehr Punkt für
Punkt gesetzt, sondern die
Kurven werden direkt mit
gedrückter Maustaste ge-
zogen. Das erspart die Umwandlung der Ecken in
Kurven.

Umrisse rotieren

Um einen Umriß frei zu rotieren, klicken Sie auf das Dreh-
werkzeug und ziehen den Umriß auf einer kreisförmigen
Bahn. Der Umriß läßt sich immer nur um seinen Mittelpunkt
drehen.

Wenn Sie den Umriß exakt rotieren wollen, wählen Sie *Rotieren* aus dem Geometriemenü und geben den Winkel ein.

Umrisse skalieren

Sie skalieren einen Umriß, wenn Sie eine Ecke des umgebenden Rahmens mit der Maus ziehen. Mit gedrückter Umschalttaste skalieren Sie den Umriß mit konstanten Proportionen. Exakt skalieren Sie mit *Skalieren* aus dem Geometriemenü.

Gruppieren und Ausschneiden

Umrisse kombinieren

Auf der Querschnittsebene können Sie mehr als einen Umriß zeichnen. Mit *Gruppieren* aus dem Arrangiermenü verbinden Sie mehrere Umrisse zu einer Gruppe. Um die Gruppe wieder aufzuheben, wählen Sie *Gruppe aufheben* im gleichen Menü.

Die *Vereinigung* von Umrissen erzielt das gleiche Ergebnis wie die Gruppierung, mit dem einen Unterschied: Wenn ein Umriß komplett in einem anderen Umriß enthalten ist, wird er aus dem umgebenden Umriß ausgeschnitten. Mit solchen »hohlen« Umrissen modellieren Sie Schlüssellöcher und Rohre. Um die Vereinigung wieder aufzuheben, wählen Sie *Vereinigung aufheben* im Menü Arrangieren.

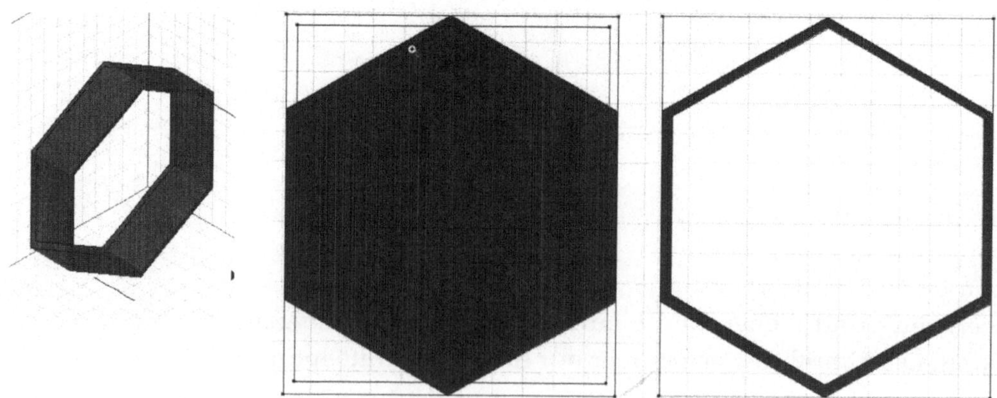

4.2.2 Zugpfade bearbeiten

Auch der Zugpfad ist eine Bézierkurve. Im Gegensatz zum Umriß eines Objekts wird der Zugpfad aber nicht unbedingt geschlossen. Genauso wie in den Umriß können Sie auch in den Zugpfad weitere Ankerpunkte einfügen und einen zunächst geraden Pfad in eine Kurve umwandeln.

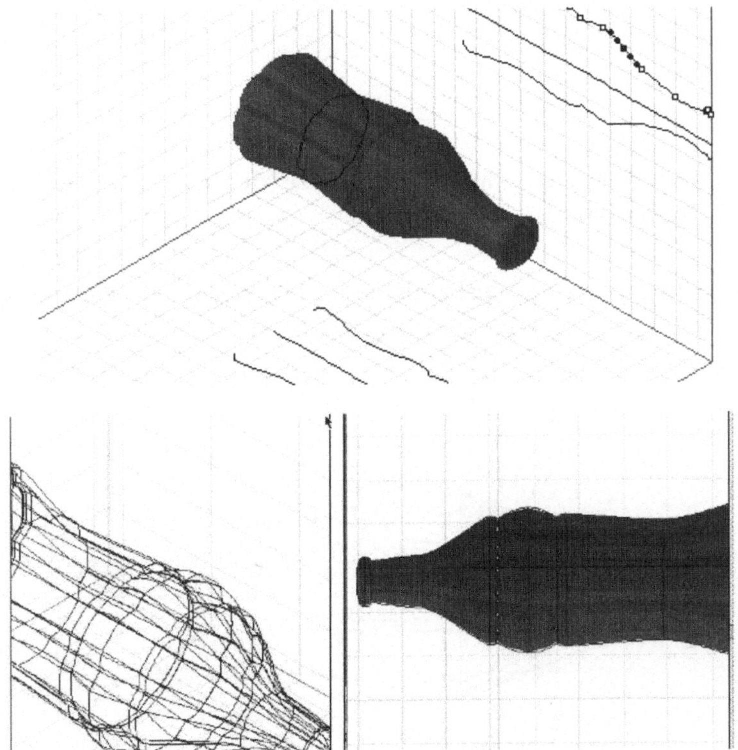

Das Geometriemenü bietet ihnen weitere Möglichkeiten, den Zugpfad zu bearbeiten. Wählen Sie Symmetrisch, wird dem Zugpfad auf jeder Seite eine weitere Linie hinzugefügt. Diese beiden Linien stellen die Kontur des Objekts dar.

Am einfachsten bearbeiten Sie die Extrusionshülle in der Sicht von rechts oder von oben. Hilfreich ist auch ein zweites Fenster in den Arbeitsraum, um die Arbeiten von zwei Seiten aus zu kontrollieren.

Für die Colaflasche reicht ein einfacher Zugpfad nicht aus, da sie ihre Kontur symmetrisch ändert. Durch die Einstellung *Symmetrisch* führt Ray Dream Designer jede Änderung der Extrusionshülle in einer Ebene auf der anderen Ebene nach.

Und so entsteht das Profil der Colaflasche:

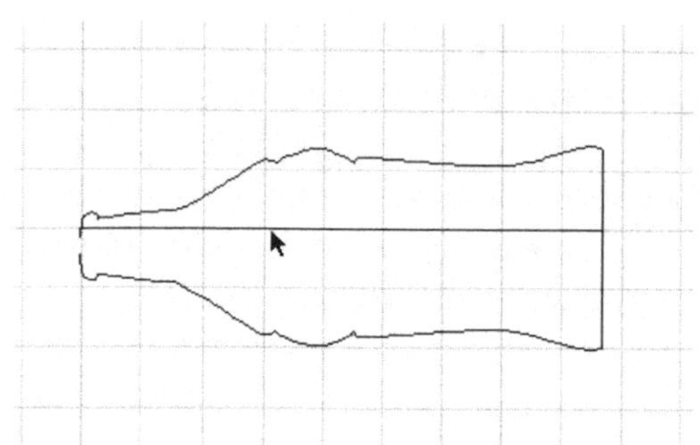

Mit dem Hilfsgitterwürfel des Arbeitsraums können Sie die Darstellung auf die reine Kontur umschalten.

↳ Den Zugpfad so lang ziehen, daß er die gesamte Länge des geplanten Objekts darstellt.

↳ Mit dem Bézierwerkzeug weitere Ankerpunkte einfügen, an denen sich die Richtung der Kontur ändert.

Die Colaflasche in der orthogonalen Sicht von links

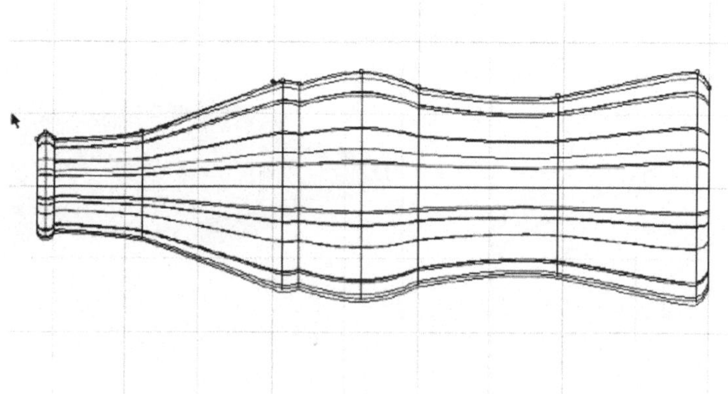

↳ Mit dem Auswahlwerkzeug die Ankerpunkte an die gewünschte Stelle ziehen.

↳ Mit dem Bézierwerkzeug die Ecken in weiche Punkte verwandeln und mit den Hebeln die Richtung und Stärke der Kurve einrichten.

4.2.3 Arbeiten mit Ebenen

Der Grundriß eines Objekts zieht sich nicht immer »vom Boden bis zur Spitze« durch, sondern kann sich unterwegs auch ändern. Skinning ist eine Methode zur Konstruktion von 3D-

Erstellen Sie die Ebenen, auf denen sich der Grundriß ändert.

Modellen, bei der verschiedene Querschnitte mit einer Hülle überzogen werden.

Beginnen Sie mit dem Umriß auf der ersten Querschnittsebene. Im Menü Ebenen wählen Sie *Ebenen einfügen* oder *Mehrere Ebenen einfügen* für jede Änderung des Querschnitts. Gehen Sie zur nächsten Ebene (Menü Ebenen/ *Gehe zu ...*), und setzen Sie den nächsten Querschnitt ein. Wenn Sie alle Ebenen, an denen sich der Querschnitt ändert, ausgefüllt haben, können Sie den Zugpfad wie gehabt bearbeiten.

Die Querschnittsebenen sind per Vorgabe immer »gefüllt« – um etwa eine Röhre anstelle eines Zylinders zu erzeugen, deaktivieren Sie *Fülle Querschnittsebene* im Ebenen-Dialog.

Hohle oder gefüllte Querschnitte?

Zwischen einer Ebene und der nächsten wird immer extrudiert, d.h. eine Haut vom Umriß der einen bis zur nächsten Ebene aufgezogen. Wenn Sie eine Ebene *von der nächsten Querschnittsebene trennen*, entsteht ein unterbrochenes Objekt.

Lücken im Objekt

4.2.4 Workarounds und Tricks

Um einen weichen Übergang beim Verbinden zweier Formen zu bekommen – etwa wenn eine separat modellierte Nase oder ein Mund in ein Gesicht eingesetzt werden, ziehen Sie eine weitere Ebene als Grundumriss ein. Setzen Sie hinter die Nase oder den Mund einen radialen Umriß, das sorgt für den weicheren Übergang von der Nase auf das Gesicht.

Daß der Designer keine Booleschen Operationen unterstützt, kann manchmal ganz schön ärgerlich sein, besonders da der Modelleditor ansonsten viele fortschrittliche Konzepte der dreidimensionalen Konstruktion bereits mitbringt. Wer sich keinen zusätzlichen Modelleditor anschaffen möchte, kann sich mit zunehmender Erfahrung mit kleinen Tricks behelfen.

So kann man zum Beipiel Löcher in Formen oft durch ein aufgemaltes Oval »simulieren«.

Ansonsten kann man einen großen Teil der Booleschen Operationen durch eine entsprechende Handhabung der Vereinigung von Querschnitten ersetzen. Zwar ist das manchmal etwas umständlich, erfüllt aber in den meisten Fällen seinen Zweck.

Schade auch, daß die Import-Fähigkeiten des Ray Dream Designers sich auf das DXF-Format beschränken. Auf dem PC kann ein kleines Shareware-Tool aus der POV-Szene da weiterhelfen. Es berücksichtigt zwar das Designer-Format noch nicht, aber ansonsten kann es fast jedes Format in DXF konvertieren. Wer über Caligari trueSpace verfügt: trueSpace kann fast alle Modelle importieren und ins DXF-Format umwandeln. Mac-Besitzer sollten sich mit einem PC-Besitzer anfreunden – die Anschaffung eines Intel-Emulators wäre eine wesentlich teurere Abhilfe.

4.3 Bunte Träume auf allen Kanälen

Die bunten Oberflächen der 3D-Modelle im Designer werden im Shadereditor gemischt.

In der Funktionsleiste wählen Sie unter *Fenster* den Shadereditor oder im Werkzeugkasten die Pipette für ein markiertes Objekt, um einem Objekt eine neue Oberfläche zu geben oder die Shader-Informationen aus einem Objekt herauszulesen. Wenn ein Objekt markiert ist, zeigt der Shadereditor die Zusammenstellung der Oberflächeneigenschaften des Objekts an.

Im Shadereditor des Designers werden Oberflächen für Objekte aus acht Kanälen zusammengesetzt. Die Mischung von Farben oder Texturen mit Eigenschaften wie Glanz und Transparenz, der Zusatz einer Bump Map, die Erhöhungen oder Einkerbungen in die Oberfläche einrechnet, Reflexionsvermögen und Lichtbrechung bringen so realistisch wirkende Materialien wie Gold, eine Ziegelsteinmauer oder einen Binsenkorb zustande.

Die Kanäle des Shaders

Eine Mischung, die Sie sich im Shader zusammengemischt haben und die Sie später auch noch für andere Objekte verwenden wollen, ziehen Sie per Drag & Drop in den Shaderkatalog in die entsprechende Kategorie.

4.3.1 Die Shaderkanäle

Nichts ist farblos im Universum. Ob ein Objekt im Modelleditor konstruiert wird oder importiert wird: Es hat immer ein Material, die Grundierung, die aus den acht Kanälen gebildet wird. Dabei muß nicht jeder Kanal belegt sein: Bei einem glatten Material etwa wird der Kanal für die Bump Map leer sein, bei einem soliden Material ist der Kanal für die Transparenz leer.

Acht Shaderkanäle bestimmen das Aussehen der Objektoberflächen

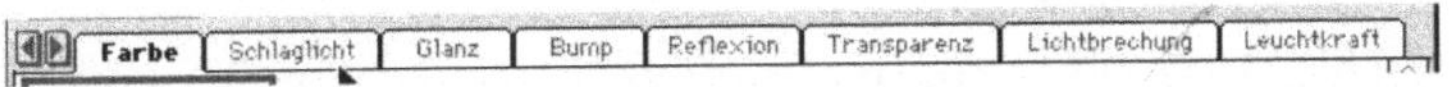

Genauso sind die Shader aufgebaut – auch sie enthalten Materialinformationen in acht Kanälen, wobei auch wieder einige Kanäle leer sein können.

Ziehen Sie einen Shader aus dem Shaderkatalog über ein Modell, wird dessen Grundierung übermalt. Übermalt wird die Grundierung aber nur in den Kanälen, die der neue Shader mitbringt. Hat der neue Shader leere Kanäle, schimmert die Grundierung weiterhin durch.

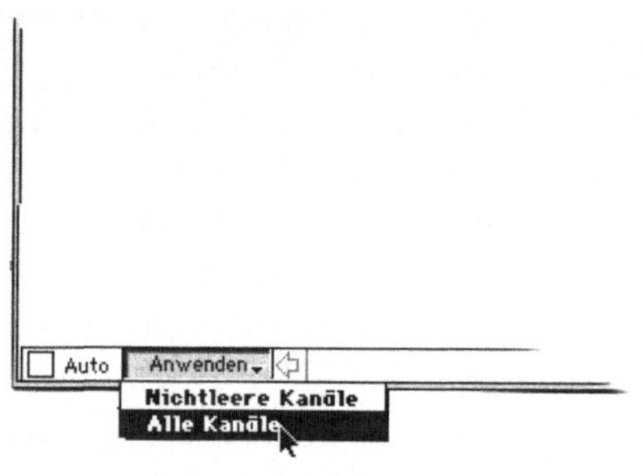

Wenn Sie alle Kanäle der herrschenden Grundierung durch einen neuen Shader ersetzen wollen, markieren Sie das Objekt, das es zu bemalen gilt, klicken auf »Anwenden« im Shadereditor und halten dabei die Maustaste gedrückt. Im neuen Dialogfenster wählen Sie »Alle Kanäle«.

Der Farbkanal

Der Farbkanal liefert den stärksten Beitrag zum Gesamteindruck eines Shaders: er legt die sichtbaren Farben oder Texturen fest und bestimmt, ob ein Objekt rot oder blau wird und liefert über die Texturen Muster von Ziegelsteinen bis zur Apfelschale.

Schlaglicht und Glanz

Die Schlaglichter auf einem Körper vermitteln, wie glatt das Material ist. Metall und Klavierlack haben harte, klar umrissene und helle Schlaglichter, polliertes Holz und Mamor haben weiche, weniger helle Schlaglichter. Mattes Plastik oder gar Steine weisen kaum Schlaglichter auf.

Hohe Werte im Schlaglichtkanal erzeugen helle Schlaglichter, hohe Werte im Glanzkanal erzeugen kleine, scharf abgegrenzte Schlaglichter.

Die Voreinstellung der Schlaglichtfarbe ist weiß. Farbige Schlaglichter können den Eindruck künstlichen Lichts vermitteln (bläuliche Schlaglichter) oder von Sonnenschein (gelbliche Schlaglichter).

 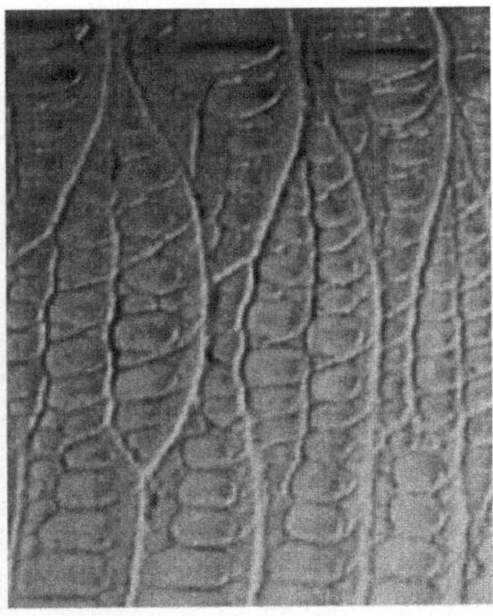

☐ Texturen im Farbkanal liefern den größten Beitrag zum Fotorealismus.

☐ Bump Maps sind in der Regel Graustufen-dateien. Sie werden als Oberflächenstruktur in die Shader eingerechnet.

☐ Viele Oberflächen wirken besonders realistisch, wenn Sie die gleiche Bitmapdatei für den Farb- und für den Bump-kanal benutzen.

Bump Maps

Bump Maps simulieren eine feine Oberflächenstruktur: die Haut einer Orange, rauher Asphalt, die Fugen von Fliesen. Sie arbeiten am besten mit Graustufenbildern – etwa dem Foto eines Fliesenmusters – aus deren Graustufen in den einzelnen Pixeln sie die Information entnehmen, ob ein Pixel mehr erhaben oder vertieft dargestellt werden soll.

Spiegelnde Reflexionen

Viele Gegenstände des täglichen Lebens verschlucken das Licht, das auf sie fällt, nicht einfach, sondern werfen einen hohen Anteil davon zurück. Spiegelnde Reflexionen liefern einen wichtigen Beitrag zum Fotorealismus der 3D-Bilder: Glas und Metall spiegeln ihre Umgebung, auch polierte Holzböden oder glatte Plastikflächen. In der Regel wird man für die Stärke der Reflexionen einen einfachen Wert zwischen 0% für stumpfe Oberflächen bis 100% für perfekt spiegelndes Material angeben.

Transparenz und Brechung

Durchsichtige Oberflächen wie Glas und Wasser lassen das Licht nicht einfach durchscheinen: sie brechen das Licht. Die Umgebung hinter der transparenten Oberfläche erscheint verzerrt.

In der Regel reicht schon ein einfacher Wert für den Transparenz- und für den Lichtbrechungskanal, der angibt, wie durchsichtig das Material ist und wie stark es das Licht bricht. Wenn Sie Texture Maps im Transparenzkanal verwenden, werden helle Stellen der Texture Map durchsichtiger und dunklere Stellen werden weniger durchsichtig. Mit einer schwarzweißen Texture Map simulieren Sie Löcher in einer Oberfläche, ohne sie im Objekt zu modellieren.

Glas gelingt im Ray Dream Designer sehr gut: es braucht ein kräftiges Schlaglicht, damit es glänzt und nur wenig Reflexion zeigt.

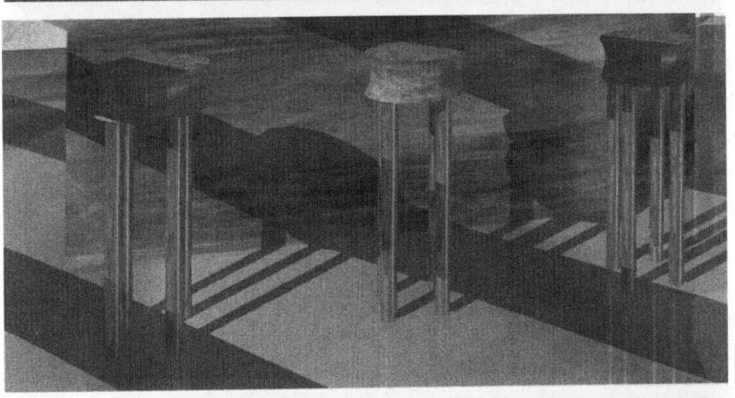

Auch spiegelnde Reflexionen tragen zum Materialcharakter bei. Im Designer gelingen sehr subtile Spiegelungen durch eine Farbe im Reflexionskanal.

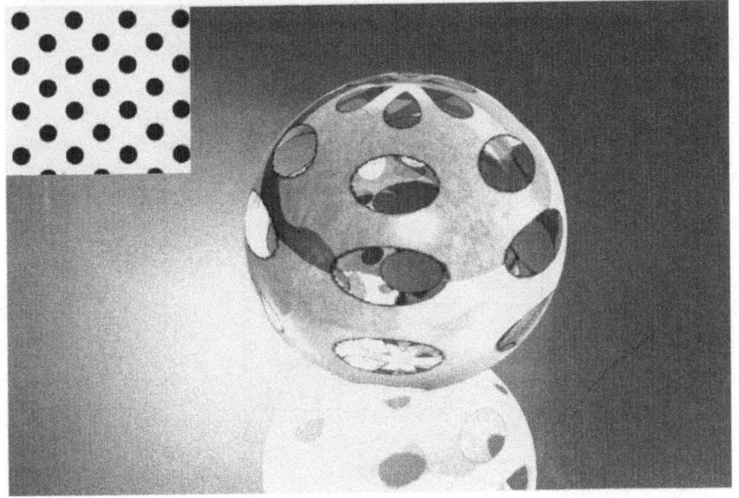

Schwarzweiße Bitmaps im Transparenzkanal ersparen Modellierarbeit.

Leuchtkraft

Die Erhöhung des Werts für die Leuchtkraft läßt ein Objekt heller erscheinen oder sogar leicht glühen. So statten Sie Neonröhren mit einem Helligkeitsschein aus oder simulieren die Glühbirne einer Lampe auch ohne spezielle Beleuchtung durch eine Lichtquelle. Wesentlich natürlicher als der Effekt eines reinen Wertes wirkt die Farbe des Farbkanals.

Solche selbstleuchtenden Materialien leuchten allerdings andere Objekte nicht aus.

4.3.2 Der Shaderbaum

Um komplexe Shadereffekte zu erstellen, lassen sich in den einzelnen Kanälen eines Shaders nicht nur einfache Werte einstellen, wie etwas die Farbe, Reflexion und Transparenz, sondern in jedem Kanal lassen sich solche Grundkomponenten zusätzlich auch durch Operatoren miteinander verbinden. Mamor und Holz beispielsweise sind aus jeweils zwei Farben im Farbkanal zusammengesetzt. Jede dieser Komponenten kann selber wieder ein zusammengesetzter Shader sein. Operatoren und Funktionen regeln, wie die Zusammensetzung erfolgt.

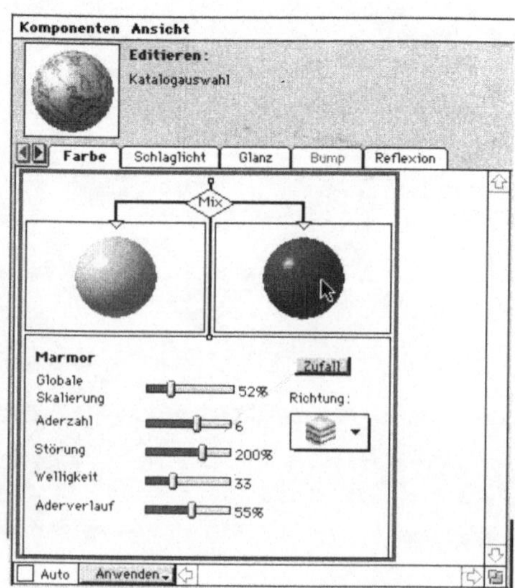

Die Grundkomponente »Farbe«

Farben können in jedem Kanal eine der Grundkomponenten
bilden. Die Farbe wählen Sie im RGB- oder CMYK-Farbraum,
indem Sie auf die Farbfläche doppelklicken.

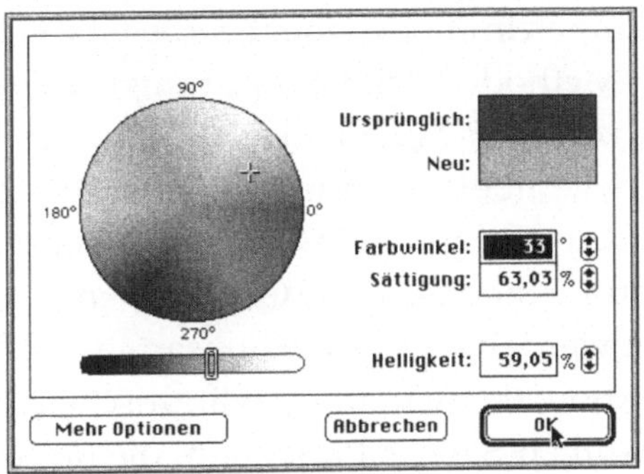

Die Grundkomponente »Wert«

Numerische Werte können in allen Kanälen außer im Farbkanal das Erscheinungsbild des Shaders steuern. Im Transparenzkanal erzeugt ein Wert von 100% ein vollkommen transparentes Material, im Kanal für die Brechung stellt der Wert
den Brechungsindex dar.

Die Grundkomponente »Texture Map«

Einen großen Beitrag zum Fotorealismus erzielen die Texture
Maps, Bildausschnitte aus Fotografien oder Phantasiemustern,
die für natürliche Materialien wie ein Korbgeflecht, Pflaster-
steine oder das Etikett einer Weinflasche eingesetzt werden.

Um eine Texture Map in den Shaderbaum einzubauen,
wählen Sie den *Datei Öffnen*-Dialog unter *Komponenten* im Shadereditor.

Mit der Kachel-Option wird eine Texture Map an die
Größe des 3D-Modells angepaßt. Das Kopfsteinpflaster etwa
wirkt erst dann in einer Marktplatzszene echt und realistisch,
wenn die Textur mehrere Male neben- und untereinander auf
die Fläche aufgebracht wird.

*Der Ray Dream
Designer kann auch Filter
wie aus Adobe Photoshop
einsetzen. Damit lassen
sich Texturen zum Beispiel in
reliefartige Graustufen umwandeln oder die Farbinten-
sität einer Textur anheben.*

*Im Farbkanal würde
ein numerischer Wert in eine Graustufe umgewandelt*

*In einem nicht
farbigen Kanal wie Glanz
oder Lichtbrechung wird die
Farbe in einen Wert umge-
rechnet. Dunkle Farben
werden zu niedrigen Wer-
ten, helle Farben werden zu
hohen Werten.*

Probleme beim Import von DXF-Modellen?

Ray Dream Modelle sind sogenannte Bézier-Patches. Anders als die Polygon Meshes aus dem 3D Studio Max oder Caligari trueSpace bleiben die Umrisse der Ebenen als Bézierkurven erhalten und können immer wieder bearbeitet werden. So schön die Designer-Methode auch ist – sie bringt ein paar Probleme beim Import von DXF-Modellen mit. Wenn sich Shader nicht auf DXF-Modelle übertragen lassen, versuchen Sie, den Modellen einen neuen Mapping-Modus zu geben: Markieren Sie das Objekt, und öffnen Sie seine Objekteigenschaften. Im Shading-Register werden vier Projektionsarten angeboten: Oberflächenprojektion, rechwinklige, zylindrische und sphärische Projektion. Wählen Sie die Projektion, die der Form des Objekts am nächsten kommt.

Platz sparen oder Ordnung halten?

Wenn Sie internes Speichern für die Texture Map wählen, wird die Texture Map mit in das Projekt eingebunden, und Sie brauchen sich nicht darum zu kümmern, ob die Datei weiter im gleichen Ordner auf der Harddisk bleibt. Diese Variante ist natürlich speicherintensiv. Wählen Sie externes Speichern, wird nur der Pfad zu der angegebenen Texture Map gespeichert.

Verwalten von Shadern

Shader werden zusammen mit den Objekten in der Szenendatei gespeichert. Dabei müssen Shader nicht unbedingt im Shaderkatalog sichtbar sein. Der Katalog zeigt nur die Shader, die ausdrücklich in der Shaderbibliothek gespeichert wurden.

4.3.3 Die Malwerkzeuge

Mit den Malwerkzeugen malen Sie direkt auf die Oberfläche eines Modells. Sie sind auch nicht darauf beschränkt, einfache Farben auf eine Oberfläche zu malen, sondern können alle Möglichkeiten eines Shaders mit einbringen. So ist es möglich, einem Modell stellenweise kleine Erhöhungen und Vertiefungen durch eine Bump Map mitzugeben, Sie können unregelmäßige Rostflecken auf Metall malen und mit dem Pinsel Farbtupfer und Effekte setzen.

Mit den Malwerkzeugen ist man nicht mehr auf die Verfügbarkeit von fotografierten oder gescannten Texturen und Illustrationen angewiesen, sondern malt Kathrins Design direkt auf die Vase.

Polygone, Kreise und Rechtecke werden direkt auf die Oberfläche des Modells gezeichnet. Wählen Sie vorher den Shader, mit dem Sie die Flächen füllen wollen. Die Shader können dabei sämtliche Kanäle nutzen.

Das Pinselwerkzeug erfordert ein paar kleine Kniffe. Es malt nämlich keine Vektorumrisse, sondern es malt eine Pixelgrafik auf die Oberfläche. Der Unterschied? Nun, eine Pixelgrafik wirkt schnell »pixelig« – ein Treppenstufeneffekt läßt die Ränder ausgefranst und unsauber erscheinen. Dieser Effekt kann nur durch eine hohe Auflösung umgangen werden. Für die Pinselstriche des Designers auf der Vase heißt das: Das Bild muß in einem Vielfachen seiner geplanten Größe berechnet werden und dann mit einem Bildbearbeitungsprogramm wie dem Photoshop verkleinert werden.

Zum Pinselwerkzeug gehört übrigens auch ein Radiergummi. Mit dem entfernt man die Bemalung wieder, wenn mal ein Strich daneben ging.

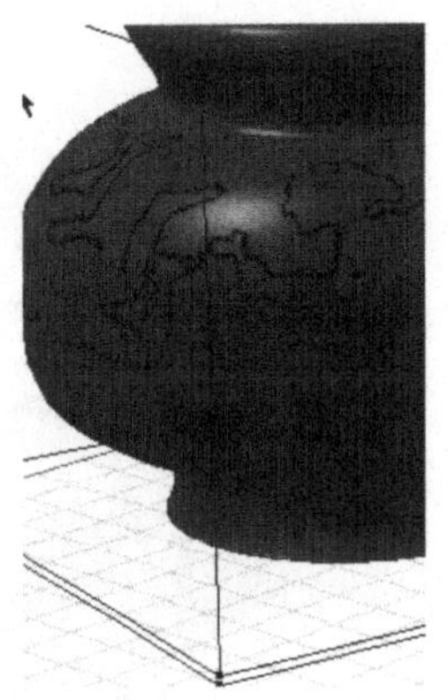

Illustrationen auf Objekten

Wer über ein 2D-Illustrationsprogramm wie Makromedia Freehand oder Adobe Illustrator verfügt, kann mit dem Pinsel-Malwerkzeug Zeichnungen direkt auf die Oberfläche übertragen.

Kleiner Trick mit Effekt

Mit der Option *Weiß unsichtbar* für Texturen lassen sich nicht nur Etiketten auf Flaschen kleben. Ein kleiner Trick, der viel Modellierarbeit spart: Die aparte Zimmerpflanze in der Abbildung auf der nächsten Seite besteht aus einer 100% transpa-

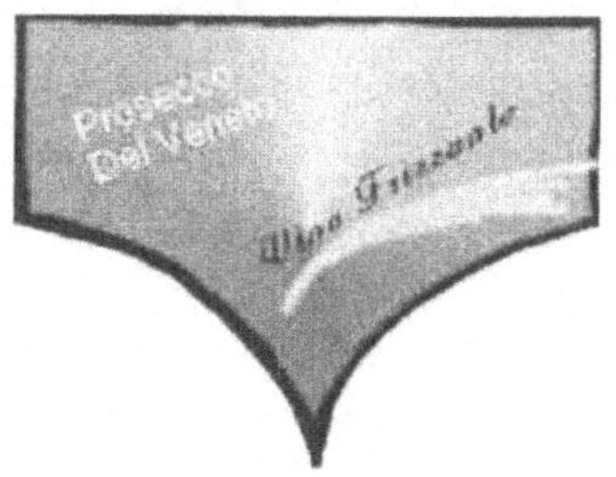

Malen Sie das Etikett für eine Weinflasche im Illustrator oder in Freehand, und übertragen Sie es direkt auf die Flasche.

renten Kugel, auf die mit dem Polygon-Malwerkzeug Rechtecke für die Blüten gemalt werden. Die Blüte ist ein »Freisetzer« aus dem Photoshop – sie wurde maskiert und anschließend ihre Umgebung mit Weiß gefüllt. Sie wird mit der Option *Weiß unsichtbar* als Textur für die Malwerkzeug-Polygone geladen.

Nicht anders wurde mit den Blättern verfahren: Im Photoshop wurden sie aus einem Foto ausgeschnitten und ihre Umgebung wurde weiß gefüllt. Sie werden mit dem Malwerkzeug auf transparente Flächen aufgetragen.

Mit dem gleichen Verfahren setzen Sie Bäume und Fußgänger in eine Stadtszene, bauen einen Jägerzaun aus einer einzigen Fläche auf und bringen so ohne drastische Verlängerung der Berechnungszeit mehr Details ins Bild.

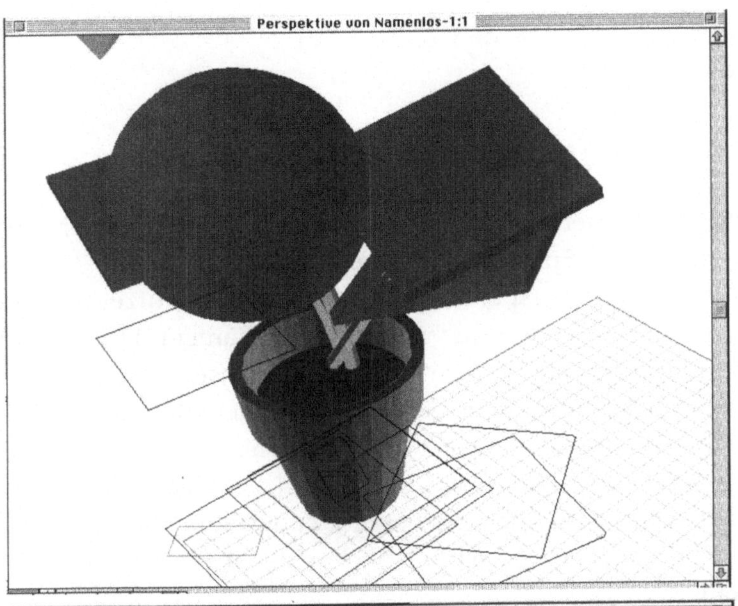

Die ausgeschnittenen Blüten werden als Polygone mit dem Malwerkzeug auf eine Kugel aufgetragen, so daß sie alle frontal zur Kamera liegen.

In der guten Vorschau sieht man bereits den Effekt. Jetzt müssen Blätter und Stengel noch arrangiert werden.

Auch Licht und Schatten verhelfen den kleinen Montagen zu mehr Realismus: Richten Sie das Licht auf ein solches Freisetzerobjekt, wirft es einen vollkommen normalen Schatten und verrät nichts von dem Trick, mit des es ins Bild gesetzt wurde.

4.4 Licht und Kamera

4.4.1 Die Kamera des Designers

Wie in den meisten 3D-Programmen ist auch die Kamera des Designers der Spiegelreflexkamera nachempfunden.

Perspektivenfenster und Sucherrahmen

Zu jedem Perspektivenfenster, das der Benutzer für eine Szene öffnet, gehört auch eine eigene Kamera. Dabei kann man die Kamera, die zum Perspektivenfenster gehört, in der Szene nicht sehen – denn genau diese Kamera stellt ja den Blick auf das Perspektivenfenster her. Trotzdem aber ist der Blick auf das Perspektivenfenster nicht der Blick durch die Kamera, er ist eher mit dem Blick des Fotografen auf sein Studio zu vergleichen, wobei der Fotograf aber seine eigene Kamera nicht sieht.

Erst wenn Sie den Sucherrahmen im Menü Anzeige mit *Sucherrahmen* einschalten, sehen Sie ein grünes Viereck im Perspektivenfenster: den Sucherblick der Kamera. Sie können also die Szene mit dem Grabber verschieben oder zoomen, ohne daß Standort und Zoom der Kamera davon betroffen wären.

Und das ist auch die intuitive Methode zur Einrichtung der Kamera:

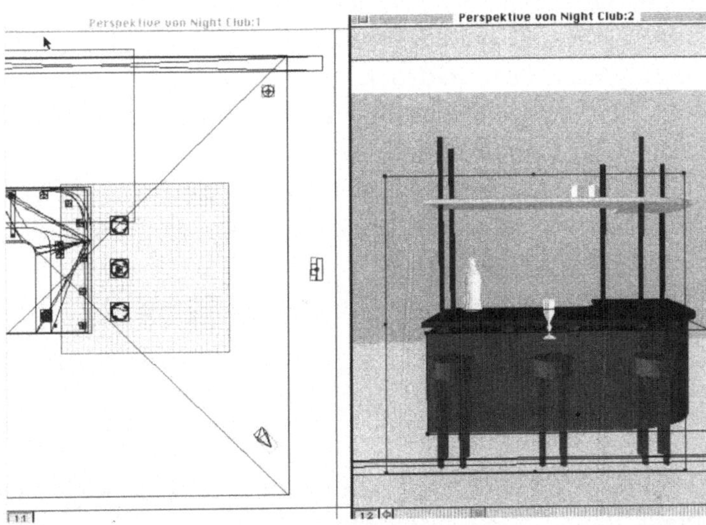

Die Kamera, mit der Sie arbeiten, sehen Sie nie als Objekt in der Szene. Sie müssen ein neues Perspektivenfenster mit einer neuen Kamera einrichten, um das Kameraobjekt zu sehen.

Die Kamera mit dem Kamerawagen um die Szene schwenken und dann an der Schwerkraft ausrichten: so wird aus der Vogelperspektive eine frontale Ansicht.

Schalten Sie im Perspektivenfenster den Sucherrahmen ein, und bestimmen Sie die Lage des Sucherrahmens. Dadurch legen Sie den Bildausschnitt fest und haben dabei stets die gesamte Szene im Auge.

Den Bildausschnitt mit dem Sucherrahmen festlegen

Sehr gezielt ändern Sie Bildausschnitt und Blickwinkel auf die Szene mit den Kamerawerkzeugen aus dem Werkzeugkasten. Wenn Sie die Maus eine Sekunde lang auf dem Werkzeug für den Kamerawagen halten, klappt das Flyout-Menü für die drei Navigationsarten der Kamera auf:

Der Kamerawagen

↳ Der *Kamerawagen* fährt die Kamera um ein markiertes Objekt herum, so als stünde die Kamera in einer riesigen Kugel. Wenn kein Objekt markiert ist, fährt die Kamera um den Mittelpunkt des Designer-Universums und ist dabei immer auf den Mittelpunkt, respektive auf das markierte Objekt gerichtet.

Der Kameraschwenk

↳ Der *Kameraschwenk* dreht die Kamera um ihre eigene Achse, so als stünde sie auf einem Stativ und würde auf dem Stativ gedreht. Wenn Sie die Kamera wieder gerade stellen wollen, benutzen Sie den Befehl *Ausrichten an Schwerkraft* (Arrangieren/Ausrichten).

Die Kamerafahrt – ein Schritt nach links/rechts oder vor und zurück

↳ Die *Kamerafahrt* ist die dritte Navigationsmethode. Sie verzieht die Kamera nach rechts, links, unten oder oben. Um die Kamera näher an das Motiv zu bewegen, halten sie die Befehl/STRG-Taste gedrückt und ziehen die Maus nach oben. Wenn Sie die Maus nach unten ziehen, entfernen Sie sich vom Motiv. Anders als beim Zoom verändern Sie mit der Kamerafahrt zum Motiv hin oder vom Motiv fort den Blickwinkel, wenn Sie nicht gerade die isometrische Sicht eingeschaltet haben.

Exaktes Ausrichten der Kamera

Um die Kamera gezielt einzurichten, benutzen Sie am besten die Pfeiltasten in den Kameraeigenschaften im Menü Arrangieren.

Wenn die Pfeiltasten nicht im Fenster sichtbar sind, klicken Sie auf das Schlüsselsymbol.

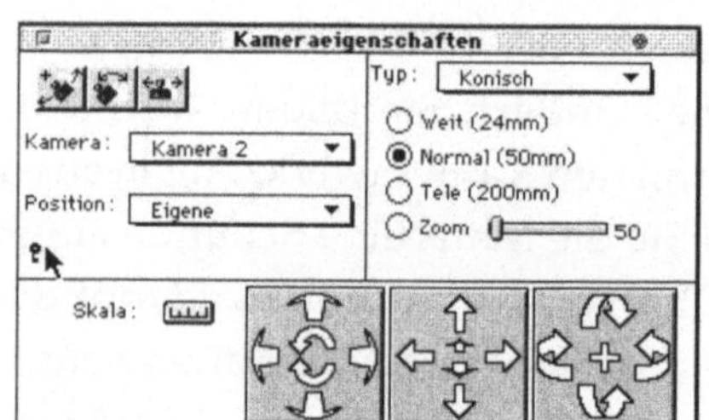

Fokussieren auf ein Motiv

Markieren Sie die Kamera und das Objekt, auf das sie fokussiert werden soll, und aktivieren Sie *Zuwenden* im Menü Arrangieren. Damit wird die Kamera so eingerichtet, daß das Objekt in der Mitte des Sucherrahmens liegt.

Die Kamera wird dadurch nicht an das Motiv gebunden: sie kann danach ohne weiteres nach links oder rechts verzogen und beliebig geschwenkt werden, wenn Sie der alten Regel treu bleiben wollen: In der Bildmitte soll nichts Bildwichtiges stehen.

Das Zoomobjektiv

Der Designer erzieht seine Benutzer zu einem sehr bewußten Umgang mit dem Zoom. Der Zoom der Kamera wird im Fenster *Kameraeigenschaften im Menü Arrangieren* eingestellt.

Einstellung des Zooms

In diesem Fenster wählen Sie auch den Kameratyp: Die konische Kamera entspricht der Spiegelreflexkamera, die Ihnen die Zentralperspektive, so wie wir sie in der Realität auch sehen, zeigt. Die isometrische Kamera bietet eine Ansicht ohne Fluchtpunkte, in der parallele Linien auch parallel dargestellt werden.

Konische und Isometrische Kamera

Die isometrische Sicht bringt keine Größenminderung und parallele Linien bleiben parallel. In dieser Sicht fällt das Arrangieren der Szene – besonders am Anfang – leichter als in der perspektivischen Sicht.

4.4.2 Im hellen Licht betrachtet

Ohne Licht herrscht im Universum perfekte Dunkelheit. Darum bringt jede neue Szene im Designer erst einmal eine Standardbeleuchtung mit. Sie sehen die erste Lichtquelle wie einen Kegel über jeder neuen Designer-Szene.

Zusätzliche Lichtquellen holen Sie über das Menü Bearbeiten mit dem Befehl *Einsetzen* aus der Auswahlliste in das Perspektivenfenster. Spotlights können Sie direkt aus dem

Lichtsymbol der Werkzeugleiste in das Perspektiven- oder Hierarchiefenster ziehen. Eine weitere Lichtquelle mit den gleichen Eigenschaften erzeugen Sie, indem Sie die Lichtquelle kopieren und *Einsetzen* in der Symbolleiste oder als Befehl im Bearbeiten-Menü aufrufen.

Die Lichtquellen des Designers sind die klassischen Lichtquellen der 3D-Programme:

Umgebungslicht

✎ Das *Umgebungslicht,* auch ambientes Licht genannt, ist ein Licht ohne definierte Lichtquelle, das die Szene gleichmäßig aufhellt, aber keinen Schattenwurf verursacht. Das Umgebungslicht wird im Rendermenü geregelt.

Distanzlicht

✎ Das *Distanzlicht* scheint aus einer Richtung auf die Szene und leuchtet die Szene in dieser einen Richtung aus. Es eignet sich besonders als Simulation des Sonnenlichts.

Spotlight

✎ Das *Spotlight* entspricht einem echten Spotlight und wirft einen Lichtkegel auf die Szene. Wenn Sie im Perspektivenfenster auf das Spotlight klicken und dabei die Befehl-/Strg-Taste gedrückt halten, wird der Lichtkegel des Spotlights sichtbar.

Rundumlicht

✎ Das *Rundumlicht* wirkt wie eine Glühbirne, die ihr Licht in alle Richtungen abstrahlt. Die Richtung eines Rundumlichts muß also nicht eingestellt werden, sondern nur seine Position bestimmt seine Wirkung.

Die Eigenschaften einer Lichtquelle können jederzeit geändert werden. Markieren Sie die Lichtquelle, und rufen Sie Objekteigenschaften im Menü Bearbeiten auf.

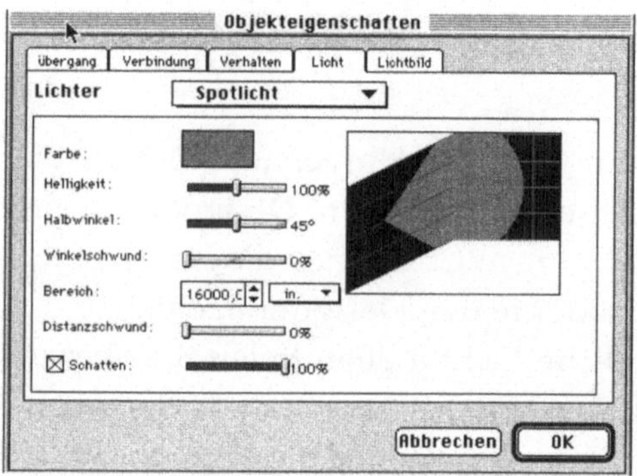

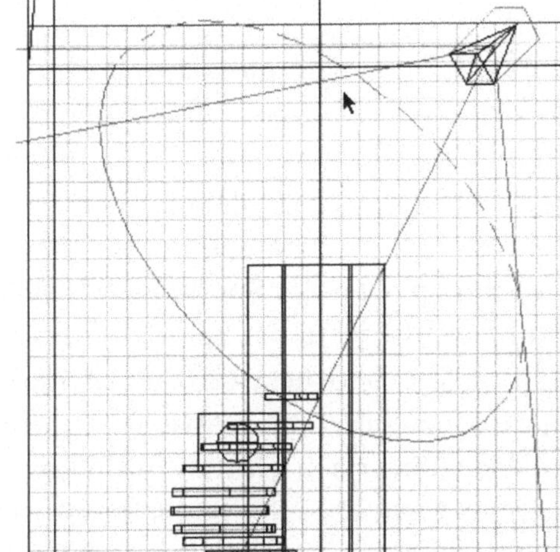

Um den Strahl eines *Spotlights* sichtbar zu machen, halten Sie die *Befehlstaste* gedrückt, wenn Sie auf das *Spotlight* klicken.

Der Strahl des *Spotlights* wird in den *Objekteigenschaften* eingerichtet.

Der Lichtcharakter

Farbe, Schattenwurf und Intensität einer Lichtquelle richten Sie im Dialogfenster *Objekteigenschaften* ein. Diese drei Eigenschaften sind bei allen Lichtquellen vertreten. Ansonsten hat jede Art von Lichtquelle ihre individuellen Einstellungen.

Das Distanzlicht wird nicht als Objekt in die Szene gesetzt, sondern indirekt als Lichtrichtung. Die Lichtrichtung wiederum wird anhand des Schlaglichts auf einer Kugel in den *Objekteigenschaften* eingestellt.

Beim Spotlight und Rundumlicht regelt der Parameter *Distanzschwund* die Reichweite und den Abfall der Lichtquelle.

Der *Distanzschwund* bestimmt, in welchem Maße die Helligkeit des Lichts zum Ende des ausgeleuchteten Bereichs abnimmt. Ein Wert von 10% bedeutet, daß das Licht von seinem Ursprung aus bis 90% der Reichweite seine volle Helligkeit hat und die Helligkeit dann auf einer Strecke von 10% seiner Reichweite linear bis zum Ende der Reichweite abnimmt.

Der *Halbwinkel* eines Spotlights ist der halbe Austrittswinkel des Lichtkegels aus der Lichtquelle. Ein kleiner Halbwinkel erzeugt einen gebündelten Lichtstrahl, ein großer Halbwinkel verwandelt das Spotlight in ein Flutlicht.

Winkelschwund

Der *Winkelschwund* ist die Abschwächung des sichtbaren Lichtkreises auf dem Untergrund gegen seinen Rand hin. Er besagt, ob der Lichtkreis scharf umrandet ist oder ob das Licht an seinem Rand weich abfällt. Ein Winkelschwund von 10% bedeutet, daß das Licht von der Mitte des Lichtkegels bis 90% zum Rand die volle Helligkeit hat, dann linear bis zum Rand hin dunkler wird.

Lichtquellen ausrichten

Wenn Sie ein Spotlight auf ein Objekt in der Szene ausrichten wollen, markieren Sie Objekt und Spotlight und aktivieren *Ausrichten* im Menü Arrangieren. Sie können auch den Bereich überprüfen, in den der Spotkreis fällt. Klicken Sie dazu im Perspektivenfenster auf das Spotlight und halten sie dabei die Befehl/Strg-Taste gedrückt, um den Lichtkegel des Spotlights sichtbar zu machen. Zum Abschalten des sichtbaren Lichtkegels klicken Sie noch einmal mit gedrückter Befehl/STRG-Taste auf das Licht. Der Spotkreis ist der rote Kreis, der zusammen mit der Lichtkegelprojektion sichtbar wird.

Schattenwurf

Per Vorgabe werfen alle Lichtquellen einen Schatten. Da im Bild meistens nur eine Lichtquelle einen deutlich sichtbaren Schatten wirft, wird die Schattenintensität für die übrigen Lichtquellen auf einen niedrigeren Wert gesetzt. Die Änderung sehen Sie in der guten Vorschau.

Diaprojektionen oder Gels

Interessante Lichteffekte erzeugen Sie mit Bitmapbildern, die vom Designer direkt vor eine Lichtquelle – ein Distanzlicht oder ein Spotlight – plaziert werden und wie eine Diaprojektion die Szene in ein buntes Licht stellen können.

Der Jalousieneffekt aus den mitgelieferten Gels bringt Stimmung ins Bild.

Diese Projektionen, auch Gels genannt, erwecken den Anschein fliegender Wolken oder eines Effektlicht in einer Discothek, das helle Lichtpunkte über die ganze Szene streut.

Öffnen Sie den Objekteigenschaften-Dialog der Lichtquelle, und wählen Sie den Abschnitt *Lichtbilder*. Den Effekt von Jalousien und eines Gradienten bringt der Designer bereits mit, eigene Effekte laden Sie als Bitmapbild.

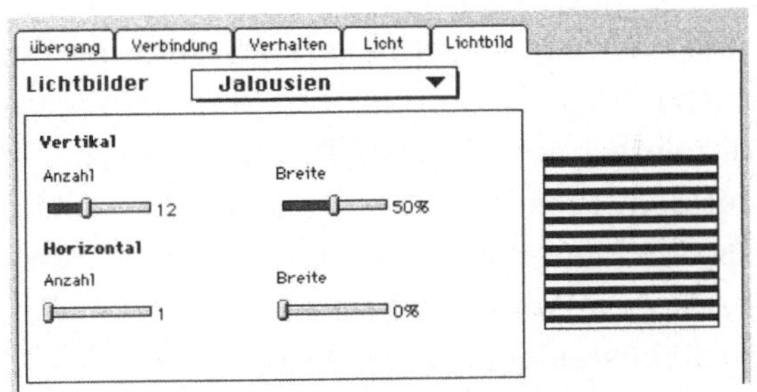

Eigene Gels laden Sie als Bitmapdatei.

4.5 Die ganz normalen Probleme

Probleme bei der Erzeugung von Texten?

Ärger mit dem Font-Manager

Wenn auf Systemen, auf denen viele Schriftarten installiert sind, nicht alle Schriftarten im Designer angezeigt werden, kann das unter Umständen mit dem installierten Font-Manager zusammenhängen. Wenn es nicht hilft, den Font-Manager neu zu installieren, kann man noch versuchen, ob eine Neuinstallation des Ray Dream Designers Abhilfe bringt.

Installieren Sie die Originalschriften noch einmal, oder versuchen Sie es mit weniger Fonts. Laden Sie diese nicht mit SUITCASE oder MASTER JUGGLER, sondern kopieren Sie sie in den Ordner Zeichensätze (-> Systemordner)

Löschen Sie die Ray Dream Präferenzen im Ray Dream-Ordner. Diese Datei wird neu erzeugt, sobald der Designer erneut gestartet wird. Wenn auch das nicht die erhoffte Lösung bringt, hilft manchmal eine Neuinstallation des Designers.

Ewige Bildberechnungen

Nach Stunden des Wartens ...

Schalten Sie alle nicht benötigten Optionen bei der Bildberechnung aus – z.B. Licht durch transparente Objekte, Bump Masken, Brechung – wenn diese Optionen in der Szene nicht benutzt werden.

Verkleinern Sie Texturen, wenn die Modelle klein und die Texturen groß sind. Wenn sich eine Textur bildlich gesprochen ein paar Mal um ein Objekt herumwickeln ließe, dann bremst sie die Bildberechnung enorm.

... der Schrei nach mehr RAM

Bevor Sie nach einem schnelleren System greifen, »horchen« Sie doch einmal in Ihren Rechner hinein! Wenn der Designer bei der Berechnung eines Bildes mehr auf der Platte arbeitet als mit dem Prozessor (heftige Plattenaktivitäten kann man bei fast allen Platten gut hören), statten Sie Ihren Rechner mit mehr RAM aus. Wenn der Hauptspeicher bei der Bildberechnung nicht ausreicht und der Designer Teile des Bildes auf den virtuellen Speicher auslagern muß, bremst der Verkehr auf der Platte die Bildberechnung mehr als ein langsamer Prozessor.

Erhöhen Sie die Speicherzuteilung für Ihre Programme mit dem Finderbefehl »Informationen«.

Starten Sie den Rechner ohne die Systemerweiterungen, die Sie momentan nicht brauchen. Mit dem System 7.5 können Sie den Rechner mit »Erweiterungen ein/aus« verwalten und Konfigurationen speichern, ohne Erweiterungen manuell von Ordner zu Ordner zu schieben.

Nicht benötigte System-erweiterungen ausschalten

Mit einem Hilfsprogramm wie den Norton Utilities suchen Sie nach Fehlern auf der Festplatte und reparieren sie gegebenenfalls.

Nach Fehlern auf der Platte suchen

Abgestürzt im Cyberraum?

Starten Sie den Rechner ohne Systemerweiterungen (Umschalttaste beim Neustart gedrückt halten), und entfernen Sie die Zusätze, die erst vor kurzem installiert wurden.

Konfikte mit dem Ram Doubler

Für die Arbeit mit dem Ray Dream Designer braucht man »echtes« RAM. Auf einigen Rechnern kann es zu Problemen kommen, wenn der Ram Doubler geladen ist.

Bildqualität

Der Designer liefert eine Bildqualität, die man gegenüber den Bildern aus dem 3D Studio Max und Caligari trueSpace als »illustrativ« bezeichnen kann. Wer hohen Wert auf brillanten Fotorealismus legt, muß längere Zeiten für die Bildberechnung ansetzen. Rechnen Sie die Bilder mit einer hohen Auflösung der Objekte und auch die Bilder selber in einer höheren Auflösung als benötigt. Wenn Bilder mit 300 DPI gedruckt werden sollen, berechnen Sie eine Auflösung für 600 DPI. Verkleinern Sie anschließend das Bild im Photoshop oder einem anderen Bildbearbeitungsprogramm. In der Regel hebt das die Qualität des Bildes.

Mit viel Geduld zum guten Bild

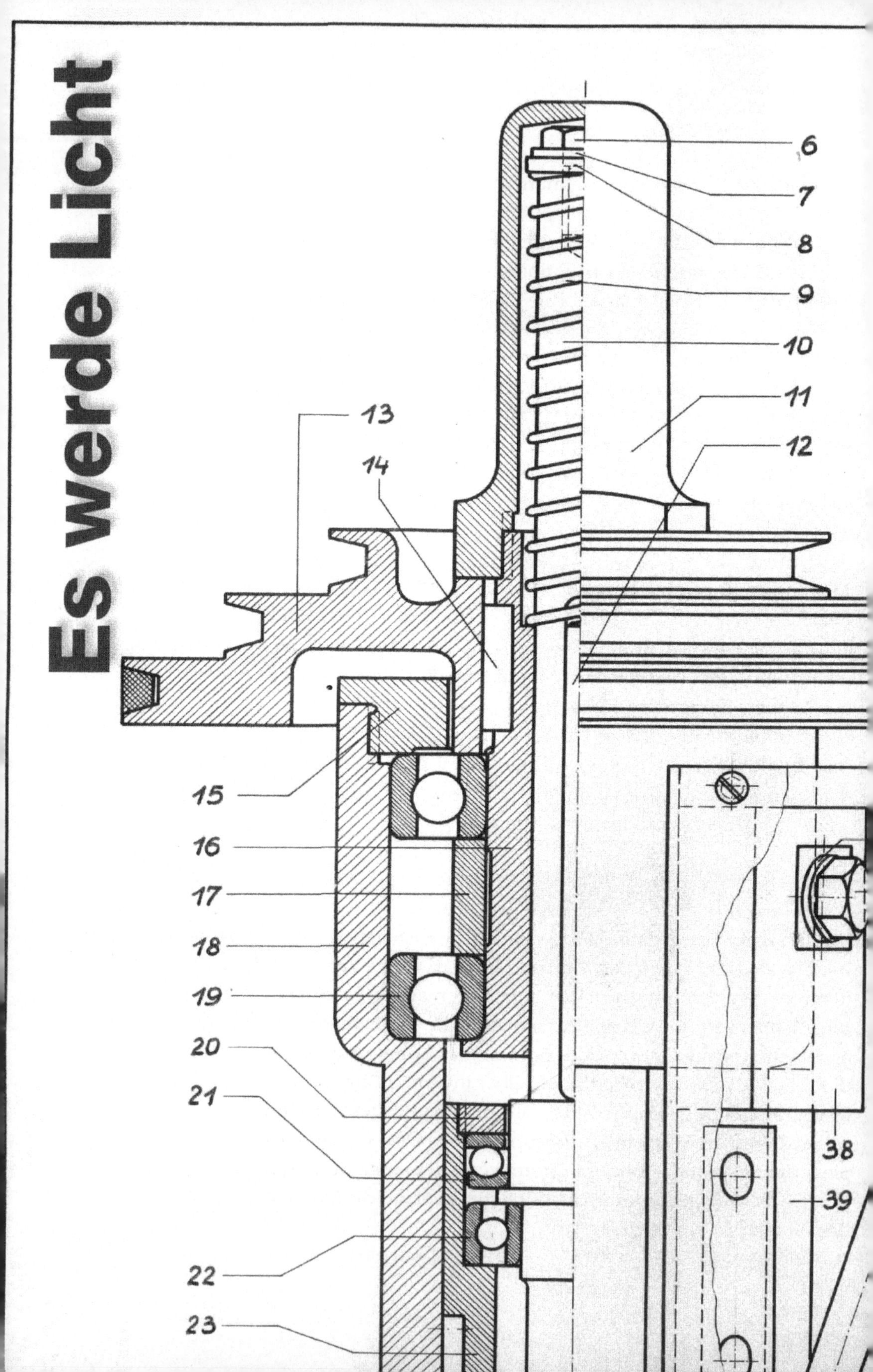

Es werde Licht
6
7
8
9
10
11
12
13
14
15
16
17
18
19
20
21
22
23
38
39

Es werde Licht

icht und Schatten vertiefen den Eindruck des dreidimensionalen Raums. Ein Schatten sagt dem Betrachter eines
Bildes viel mehr, als man zunächst glauben sollte. Schatten geben einen Eindruck, wo sich die Lichtquellen befinden, sogar
welcher Art die Lichtquellen sind – ob das Licht aus einer
künstlichen Lichtquelle kommt, ob es Morgensonne, Mittags-
sonne, Tageslicht oder der Lichtkegel eines Spotlights ist. Die
Lage der Schatten gibt Auskunft über die Lage der Projektionsfläche. Schatten erzählen von der relativen Lage der Objekte zueinander. Und nicht zuletzt – erst durch den Schatten
in einem Bild erkennt man, wie hoch über dem Boden die Objekte sind.

Von den Lichtquellen der 3D-Grafik träumt der Fotograf:

- Lichtquellen, die unendlich weit mit gleicher Intensität
  strahlen können,

- Licht, das keine Schatten wirft,

- Lichtquellen, die – egal in welcher Perspektive auch immer – nicht im Bild sichtbar sind.

Das Ausleuchten einer Szene kostet Zeit, wenn man professionelle Qualität anstrebt – sicher nicht weniger Zeit als ein Fotograf braucht, um eine Szene perfekt auszuleuchten.

Sie erfordert auch Ideenreichtum. Auch in der 3D-Grafik
kann es Sinn machen, Lichtzelte aufzubauen und Hohlkehlen
einzurichten. Und darüber hinaus kann man mit ein paar
Punkten und Kanten viele Konstruktionen aufbauen, die aus
etwas Licht und einer Kugel ein Kunstwerk machen, das den
Betrachter nicht wieder so schnell los läßt.

5.1 Lichtgestaltung

Wo Licht ist, ist auch Schatten. Schatten bedeutet nicht gleich immer unbedingt Dunkelheit. Vielmehr verleiht der Schatten den Dingen Stand: das bewirkt der Schlagschatten – und Form: dafür ist der Körperschatten zuständig.

Körperschatten –
Schlagschatten

Ein Schatten hat also generell zwei Ausprägungen, die in 3D-Programmen perfekt voneinander getrennt werden können: Körperschatten und Schlagschatten. Der Körperschatten ist der Schatten, den das Objekt aus sich selber bildet. Er gibt dem Objekt die plastische Tiefe. Der Schlagschatten des Objekts fällt auf die Projektionsfläche und gibt Auskunft über die relative Position der Lichtquelle und die Lage des Objekts auf der Projektionsfläche.

Lichtquellen in 3D-Programmen erzeugen immer einen Körperschatten auf den Objekten, die sie streifen. Aber ihr Schlagschatten läßt sich komplett ausschalten. Wenn Lichtquellen »ohne Schattenwurf« eingesetzt werden, so entsteht trotzdem der Körperschatten auf dem Objekt – anderenfalls würde man eine einfarbige Silhouette des Körpers im Bild sehen.

Licht kommt vor Farbe

Wenn Sie eine 3D-Szene ausleuchten, bevor Sie den Objekten Materialien zuweisen, erkennen Sie – am besten mit einem matt weißen Material –, wie plastisch das Motiv durch das Licht herausgearbeitet und wie gut die Aussage eines Bildes durch das Licht betont wird.

Lichtrichtungen

Die erste Überlegung bei der Einrichtung der Beleuchtung ist die Frage, aus welcher Richtung das Licht kommen soll. Standort und Intensität der Lichtquellen in einer Szene entscheiden darüber, wie plastisch ein Körper wirkt und wie gut man seine Strukturen erkennen kann. Auch wenn nicht nur eine einzige Lichtquelle die Szene ausleuchet, entscheidet die Lichtrichtung der Hauptlichtquelle, des Führungslichts, über den Charakter des Motivs: der kann von hart und gnadenlos bis weich und verspielt reichen.

Streiflicht

Gegenlicht

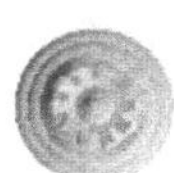

Seitliches Licht

Das Streiflicht

Ein Streiflicht – in einem Winkel von 90° zur Vorderseite des Objekts eingerichtet –, bringt Strukturen und Konturen sehr gut zur Geltung. Streiflicht bringt eine extreme Schattenzeichnung auf dem Körper mit sich, die man in der Regel von einer anderen Lichtquelle aufhellen wird.

Gegenlicht

Gegenlicht gibt dem angestrahlten Körper eine Korona aus Licht und modelliert seine Kontur heraus. Gut geeignet für ein effektvolles Gegenlicht sind das Distanzlicht und Spotlights. Standfestigkeit bekommt das Objekt im Gegenlicht durch die Spotlights, denn sie sorgen durch den Lichtkegel dafür, daß das Objekt »auf dem Boden« steht. Besonders effektvoll wirkt das Gegenlicht, wenn statt eines Schattens eine spiegelnde Reflexion »den Standpunkt« kennzeichnet.

Omni Lights oder Local Lights sind für Gegenlichtaufnahmen nicht immer geeignet, da sie in alle Richtungen abstrahlen und so auch den Hintergrund des Motivs mit ausleuchten.

Seitliches Licht

Seitliches Licht bringt eine starke plastische Modulation des Körpers. Es betont die Räumlichkeit des Körpers, seine Form und seine Oberflächenstruktur (sowohl bei Bump Maps als auch bei modellierten Oberflächen). Es bringt die Schatten besonders gut zur Geltung.

Frontales Licht

Frontales Licht, das auf der gleichen Achse läuft wie die Kamera, wird in der Fotografie auch als »Auflicht« bezeichnet und läßt das Motiv schnell verflachen. Zum einen werden die

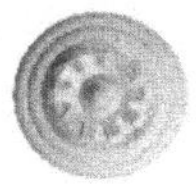

»Kriminallicht«, das Licht von unten mit dramatischem Schattenwurf.

Flächen des Körpers dadurch zu gleichmäßig aufgehellt, zum anderen tritt auf dem Körper keine Schattenbildung mehr auf. Im Extremfall wird der Körper dadurch zur Scheibe. Unter frontalem Licht leiden geometrische Strukturen meistens stärker als Bump Maps. Aber ein ganz leichtes Licht auf der Kameraachse beleuchtet helle und dunkle Partien des Motivs und hellt die Schatten auf.

Extreme Lichtgestaltung

Lichtstimmungen lassen sich mit einem relativ geringen Aufwand erstellen. Von Richard Angst, einem alten Kameramann der UFA, von dem Spielfilme wie »Der weiße Rausch« und »Das Wirtshaus im Spessart« kommen, prägte vier drastische Begriffe, die deutlich machen, daß die Beleuchtung eines Motivs nicht dem Zufall überlassen werden darf. Gezielt eingesetztes Licht hat eine hohe künstlerische Bedeutung für die Aussage eines Bildes.

Frauenlicht

☞ Flaches Licht, von (schräg) vorne kommend – die Lichtquelle am oberen Rand des Hauptmotivs positioniert –, malt das Bild weich aus und sorgt für eine warme Stimmung.

Männerlicht

☞ Harte Beleuchtung, von der Seite kommend – betont die Konturen und Strukturen besonders gut. So fotografiert die Werbung den Marlboro-Mann.

Theaterlicht

☞ Das Führungslicht kommt von unten – ein Licht mit dramatischen Theatereffekt. So eine Lichtsituation ist mit einem 3D-Programm viel einfacher in Szene zu setzen als in der Wirklichkeit: Licht ohne Schatten strahlt auch durch den Untergrund.

Totenlicht

☞ Von oben kommende Beleuchtungsart, die manchmal auch »krankes Licht« genannt wird. Das Licht von oben bringt einen Körperschatten, der die Formen überspielt und läßt das Motiv verflachen.

5.2 Lichtfunktionen

Eine einzelne Lichtquelle – auch die flächendeckende Helligkeit eines Distanzlichts oder Infinite Lights – reicht in der Regel nicht aus, um eine akzentuierte und plastische Beleuchtung zu schaffen. Dazu ist Licht in unterschiedlichen Stärken aus verschiedenen Richtungen nötig. Erst die richtige Kombination schafft die Tonverläufe auf den Körperoberflächen, die das Objekt plastisch tief erscheinen lassen. Dazu kommen Effektlichter, die Akzente setzen oder schwer erreichbare Stellen gesondert ausleuchten.

Umgebungslicht

Das Umgebungslicht bringt die Grundhelligkeit. Als Stimmungsmacher läßt sich das ambiente Licht ausnutzen, wenn man ihm Farbe gibt: Ein rötliches Licht gibt der Szene eine weiches, freundliches Ambiente, blau macht die Szene kälter und lebhafter. Blaues Licht eignet sich gut für Nacht- und Dämmerungsszenen. Bei jeder Art der Farbgebung bei Lichtquellen beachte man die Wirkung: Wenn man zum Beispiel den blauen Anteil des Lichts verringert, nimmt man blaue und violette Farben dunkler wahr. Die Blautöne verlieren ihre Leuchtkraft.

Setzen Sie mal farbiges Umgebungslicht ganz zuletzt in eine fertig beleuchtete Szene, und zwar nur, um durch die Farbgebung die Farben der Szene leuchtender zu gestalten, nicht zum Aufhellen der Szene.

Umgebungslicht kommt von allen Seiten – es hellt also auch alle Körper von allen Seiten gleichmäßig auf, so daß die Strukturen schnell verloren gehen.

Führungslicht oder Keylight

Das Führungslicht ist die dominante Lichtquelle der Szene, das hellste Licht der Szene. Es bestimmt die Richtung des Schattenwurfs und beleuchtet den wichtigsten Teil der Szene. Alle anderen Lichtquellen sind im Grunde genommen nur »Hilfslichter«. Das Führungslicht strahlt direkt auf das Motiv und sorgt durch seine Schattenbildung für eine plastische Bildwirkung.

Direkt hinter der Kamera sollte das Führungslicht nicht stehen, um ein flaches und konturenloses Bild zu vermeiden, das obendrein auch noch zu gleichmäßig aufgehellt würde. Wenn sichtbare Lichtquellen in die Szene eingebracht werden, wird man das Führungslicht an die sichtbaren Lichtquellen wie Fenster, Schreibtischlampen und Deckenbeleuchtung anpassen.

Aufhellicht

Die zweite, schwächere Lichtquelle soll die Schatten des Führungslichtes nur aufhellen, nicht aber verschwinden lassen. Es darf auch keine eigenen Schatten erzeugen – das Resultat wäre ein unschöner Kreuzschatten.

Auflicht

Das dritte Licht in der Szene ist ein weiteres Aufhellicht auf der Kameraachse – es schwächt die Körperschatten etwas ab, damit sie nicht zu dominant wirken. Ein Zuviel an Auflicht nimmt dem Motiv die Plastizität und läßt es flach erscheinen.

Differenzierungslicht/Spitzlicht

Oft genügen Führungslicht und Aufhellicht für eine ansprechende Beleuchtung. Wenn Sie zusätzliche Akzente setzen wollen, verwenden Sie Spitzlichter und Differenzierungslicht.

❑ *Das Führungslicht wird in der Regel seitlich über dem Motiv angebracht. In Augenhöhe wäre der Schattenwurf zu drastisch.*

❑ *Auf der gegenüberliegenden Seite, vor dem Motiv angebracht: das Aufhellicht.*

❑ *Auch das Auflicht auf der Kameraachse hellt noch einmal die Schatten auf.*

Das Differenzierungslicht soll das Motiv besser vom Hintergrund trennen. Mit dem Differenzierungslicht beleuchtet man gezielt Kanten des Motivs, so daß sich die Kanten von ihrem Hintergrund abheben – das macht das Bild »leichter«.

Ideal ist das gebündelte Licht eines Spotlights. Meist wird man das Spotlight seitlich hinter dem Objekt anordnen, wobei das Licht steil von oben kommt – so betont man Konturen auf dezente Weise. Das wird dann als Spitzlicht bezeichnet.

Hintergrundlicht

Die punktförmige oder flächenhafte Ausleuchtung des Hintergrundes hebt dunkle Objekte besser ab und macht das Bild leichter. Es kann auch die Kontraste eines Hintergrundbildes an die Kontraste der Szene angleichen. Differenzierungslicht wird auch eingesetzt, um Teile des Motivs voneinander abzugrenzen – wenn etwa die Farbe eines Objekts und seines Untergrundes zu ähnlich sind.

Ambientes Licht läßt sich dazu nur in einem sehr beschränkten Maß einsetzen, da es die Kontraste in der gesamten Szene schnell auswäscht. Wichtig ist, daß das Hintergrundlicht das Motiv nicht anstrahlt.

Dramaturgie

Eine »Normalbeleuchtung«, bei der alle Teile des Motivs mehr oder weniger vollständig ausgeleuchtet werden, ist vor allem in Sachaufnahmen angebracht. Wenn es allerdings darum geht, eine bestimmte Atmosphäre ins Bild zu setzen, braucht man eine spezielle, auf die Bildaussage abgestimmte Beleuchtung. Zwei der beliebtesten und effektvollsten Spezialbeleuchtungen sind die High Key-Beleuchtung und die Low Key-Beleuchtung.

High Key (Weiss-in-Weiss) setzt auf betont helle und zarte Bildtöne und sehr leichte Schatten. Sinnvollerweise wird die *High Key*-Technik bei verspielten, romantischen und femininen Szenen eingesetzt. Auch die Werbung macht gerne Ge-

Hey Key –
zarte Blütenträume

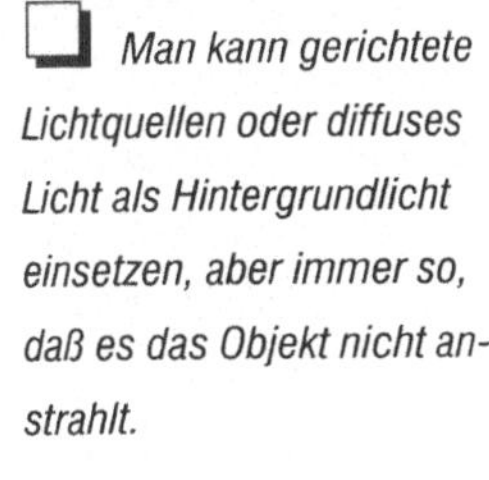

brauch von der Wirkung der hellen kontrastarmen Beleuchtung für Kosmetik und blütenzarte Papiertaschentücher.

Low Key (Schwarz-in-Schwarz) ist wirkungsmäßig das Gegenteil von High Key: hier überwiegen die schwarzen Flächen, die in einem starken Kontrast zu hellen Lichtern stehen. Der Bildeffekt ist düster, hart, ernst und dramatisch. Die Werbung setzt so betont männliche Produkte ins Licht: der Marlboro-Mann und das After Shave wirken geheimnisvoll und leicht unterbelichtet.

Low Key: Männlich markant

5.3 Materialcharakter und Licht

Eine 3D-Grafik steht und fällt mit der plastischen Darstellung der Szene. Diese Plastizität wird – je nach Material – durch unterschiedliche Effekte hergestellt:

> Bei matten, nicht glänzenden Materialien wie Ton, mattem Kunststoff und unlackiertem Holz wird der Eindruck der Plastizität durch die Abstufung der Tonwerte auf dem Körper erreicht.

> Bei transparenten Materialien wie Glas und Wasser sind es die Brechung des Lichts und Reflexionen, die den Körper tief und plastisch erscheinen lassen.

> Bei hochglänzenden Materialien wie Metall und lackierten Oberflächen sind Highlights und Reflexionen verantwortlich für die plastische Darstellung.

Ein Beispiel für die drei extremen Ausprägungen von Plastizität verschiedener Materialien ist das Bild »Drei Kugeln« von M.C. Escher.

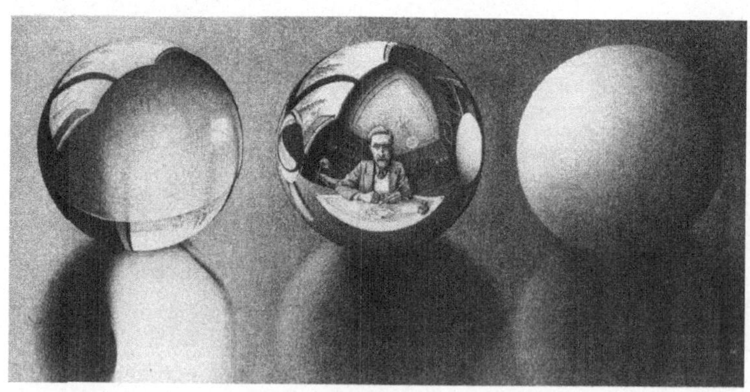

Glas und Lichtbrechung

Die erste Kugel ist eine Glaskugel – wie man auch an ihrem halbtransparenten Schatten erkennt. Die hohe Brechung der vollen Glaskugel stellt die Umgebung der Kugel auf den Kopf. Die Plastizität erhält die Kugel durch die Verzerrung des gebrochenen Bildes auf der Kugel.

Metall und Spiegelung

Die zweite Kugel hat eine spiegelnde Oberfläche. Genauso wie beim Glas entstehen auf einer voll spiegelnden Oberfläche keine Tonwertabstufungen – wieder ist es die Verzer-

rung des gespiegelten Bildes, die den Eindruck von Räumlichkeit vermittelt.

Die dritte Kugel hat eine matte Oberfläche, etwa wie Plastik, Ton oder Papier. Der Körperschatten in seinen feinen Ab-
stufungen bringt die Tiefe – die Tonwertabstufungen.

*Matte Oberflächen und
Körperschatten*

5.3.1 Glas und Metall

Glas ist in vielerlei Hinsicht eine besondere Herausforderung
für Raytracing-Programme. Mal soll es strahlend aussehen,
mal soll es der Träger für besondere Effekte sein, mal soll es fotorealistisch wirken. Eine wesentliche Basis für Glastexturen
ist die Metallschattierung. Sie läßt Glas nicht einfach nur
durchsichtig wirken, sondern gibt Glas die strahlende Brillanz. Viele Lichtquellen sind eine weitere Voraussetzung für
schöne Glasoberflächen. Vorsicht ist allerdings angebracht, um
die Umgebung von gläsernen Körpern nicht zu überstrahlen.

Richtig brillant wird Glas erst in einem Raytrace. Zudem
wird auch nur in einem Raytrace die Einberechnung einer
Brechung möglich, da Glas – wenn es hochtransparent ist –
nicht durch die Beleuchtung alleine plastisch wirkt. Auf
durchsichtigem Glas und auf hochglänzenden Metallen sind
die Tonwertabstufungen des Körperschattens, die die Plastizität eines Körpers in einer 3D-Grafik ausmachen, so gut wie
nicht vorhanden. Den Ausgleich für die fehlenden Tonwert-

*Die Regeln für eine
plastische Ausleuchtung
gelten für Glas nur begrenzt
– Glas verträgt mehr Lichtquellen und braucht auch
mehr Lichtquellen, um brillant und strahlend auszu-
sehen.*

*Wie stark ein Hinter-
gund von einem gläsernen
Körper gebrochen wird,
hängt nicht nur vom
Brechungsindex des
Materials ab, sondern auch
von der Entfernung des
Objekts zu den Objekten im
Hintergrund.*

Damit der Effekt der Brechung des Lichts in einem Glas gut zur Geltung kommt, braucht man einen entsprechenden Hintergrund für den Glaskörper. Vor einem einfarbigen, unstrukturierten Hintergrund wird es sehr schwer, die Räumlichkeit eines Glases oder einer Kugel zur Geltung zu bringen. In diesem Fall kann die Räumlichkeit durch Reflexstreifen auf dem Glas und eine ausgeprägte Perspektive erreicht werden.

Zuviel Brechung in einem Glasobjekt vor einem unruhigen Hintergrund läßt schnell den Eindruck einer fehlgeleiteten Spiegelung entstehen. Zu wenig Brechung macht den Körper flach und läßt ihn künstlich aussehen.

Vorsicht mit den Hintergrundbildern

In den meisten 3D-Programmen werden Hintergrundbilder im Glas nicht gebrochen dargestellt. Zudem spiegelt sich auch die Farbe eines Hintergrundbildes in einem Raytrace nicht in spiegelnden Flächen wieder. Dementsprechend wird bei Motiven mit Glas und Metall in der Regel ein modellierter Hintergrund eingebracht, etwa eine Fläche oder eine szeneumspannende Kugel, auf die das Hintergrundbild projiziert wird.

Das obere Bild wurde mit einer Background Map berechnet. Das Hintergrundbild wird nicht in der Glaskugel gebrochen.

Die sichtbare Ausprägung der Lichtbrechung ist nicht nur eine Frage des Brechungsindexes, sondern auch des Abstands des Hintergrunds vom transparenten Körper. Diese Informationen kann eine Background Map nicht zur Verfügung stellen.

Plastizität für Metall

Glas braucht Brechung, um plastisch zu wirken, ein Motiv aus Metall wirkt durch Highlights, Reflexstreifen oder spiegelnde Reflexionen räumlich und tief.

In einem Raytrace braucht eine Szene mit Objekten aus Metall mehr »Umfeld«, als im späteren Bild zu sehen sein wird – erst Reflexflächen an den Seiten oder hinter der Kamera lassen Reflexionen auf dem Motiv entstehen. Ansonsten sieht Metall in einem Raytrace grau und flau aus.

Eine Background Map spiegelt sich in einem Objekt aus Metall ebensowenig, wie sie von einem Objekt aus Glas gebrochen wird. Die einfachste Lösung, die von fast allen 3D-Programmen angeboten wird, ist die Environment Map für die ganze Szene. Aufwendiger, aber oft auch effektvoller sind Flächen, die in der Szene so aufgestellt werden, daß sie im späteren Bildausschnitt nicht zu sehen sind.

Um den edlen Charakter eines Metallobjekts zu betonen, bevorzugt der Fotograf in der Regel Reflexstreifen anstelle von spiegelnden Reflexionen. Spiegelnde Reflexionen lenken von der Form und der Oberfläche des Objekts ab und gelten auch schon mal als »Spielerei«.

Spiegelnde Reflexionen entstehen durch ein Licht, das fast direkt auf die spiegelnde Fläche fällt. Bei Metallen ist die beste Beleuchtung also die klassische Beleuchtung seitlich von vorne kommend, wobei das Hauptlicht in einem Winkel von

So viel Aufwand für ein Wasserkesselchen? Sie sollten mal sehen, welchen aufwand der Studiofotograf betreibt. Und der kann die Reflexwände nicht mit der Maus verschieben.

ca. 60° zur Kamera steht. Allerdings wird bei spiegelnden Flächen mehr Licht eingesetzt, da es hier nicht darum geht, die Tonwertstufen eines matten Materials auf dem Körper herauszuarbeiten, sondern die Plastizität des Körpers mit Reflexionen und Glanzpunkten darzustellen. Ähnlich wie Glas vertragen metallische Oberflächen mehr Lichtquellen als Körper mit matten Oberflächen.

5.3.2 Licht für Glas

Glas in einem Raytrace wirkt durch seine Form und Transparenz bestechend, wenn es richtig ausgeleuchtet wird. Allerdings sollten keine Spitzlichter und Überstrahlungen den Gesamteindruck trüben. Darum ist Glas eigentlich ein Fall für »Radiosity« – für diffuse Reflexionen. Aber auch mit einem Raytracer kann man perfekte Glasszenen aufbauen, wenn man sie richtig ausleuchtet.

Je nachdem, ob man den transparenten oder den reflektierenden Charakter von Glas hervorheben will, beleuchtet

Wie schön, daß eine Lichtquelle ohne Schatten durch Wände geht ... so läßt sich der Hintergrund problemlos ausleuchten, auch wenn hinter dem Motiv die Fläche mit dem Hintergrundbild steht.

Bei Glas darf das Führungslicht also auch von vorn kommen.
Hier wurden außerdem auch noch schwarze Flächen seitlich der Flaschen aufgestellt, die sich in den Flaschen spiegeln.

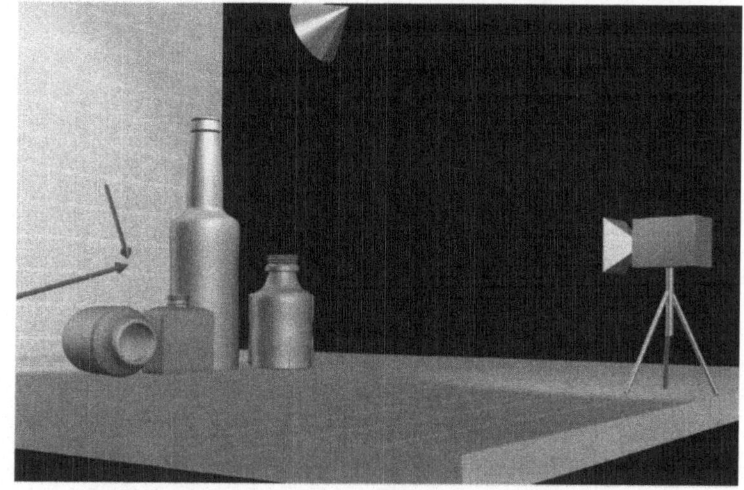

man Glas von hinten oder von der Seite. Gegenlicht als Hauptlichtquelle zeigt die Transparenz von Glas und moduliert scheerenschnittartig die Konturen. Wenig Licht unterstützt den Materialcharakter. Ein schwaches Seitenlicht hellt den Font auf.

Seitenlicht und ein schwaches Licht auf der Kameraachse lassen Glas reflektieren. Den reflektierenden Charakter von Glas streicht man gerne bei dunklem Glas heraus, wenn der Hintergrund des Glases ganz einfach gehalten werden soll und sich die Plastizität des Glases nicht durch die Brechung

□ *Die Weinflaschen er-halten ihr plastisches Aus-sehen durch helle Reflex-streifen auf den Seiten.*

□ *Rechts und links des Motivs – in der Szene nicht sichtbar – wurden Seiten-wände aufgestellt, die sich in den Flaschen spiegeln.*

des Hintergrundes herausarbeiten läßt oder wenn die Brillanz des Glases besonders herausgestellt werden soll.

Die Medizinflaschen stehen direkt vor einem Fliesenhinter-grund und werden von zwei Distanzlichtern, die als reines Gegenlicht positioniert sind, beleuchet. Ein Spotlight beleuch-tet des Hintergrund, nicht aber die Flaschen.

Die Weinflaschen werden ebenfalls mit zwei Distanz-lichtern ausgeleuchtet. Die Distanzlichter liegen voll auf der Kameraachse. Seitlich aufgestellte Reflexflächen spiegeln sich in den Flaschen und geben den Oberflächen die nötige Plasti-zität und betonen die Form der Flaschen.

5.3.3 Licht im Render – Licht im Raytrace

Zwei der hier vorgestellten Programme sind »Raytracer«, nämlich Caligari trueSpace und Ray Dream Designer. 3D Studio Max ist ein »Scanline«-Programm, das die Fähigkeit, spiegelnde und brechende Flächen darzustellen, aus Reflection- und Refraction Maps herausholt (Raytracer lassen sich allerdings eines Tages in Max als Plugins einbinden).

Es ist ein Unterschied, ob man die Szene für eine Bildberechnung nach dem Shadowmap-Verfahren ausleuchtet, oder ob man die gleiche Szene für eine Bildberechnung nach dem Raytrace-Verfahren beleuchtet:

Spiegelnde Reflexionen ↳ Spiegelnde Reflexionen werden nur für Raytraces berechnet.

Brechung von Glas ↳ Glas kommt erst im Raytrace voll zur Wirkung. Auch die Brechung des Lichts in transparenten Objekten wirkt nur in einem Raytrace. In einer Bildberechnung mit Shadow Maps hat der Parameter »Brechung« keine Bedeutung.

Schattenwurf ↳ Schatten, die nach dem Shadow Map-Verfahren berechnet wurden, erreichen nicht die Schärfe der Schatten eines Raytraces. Einen Ausgleich erhält man durch einen hohen Antialiasing-Wert im Rendermenü bei der Bildberechnung. Will man mit einem Render die Schattenqualität eines Raytraces erreichen, sollte man das Bild in einer wesentlich höheren Auflösung berechnen und dann mit

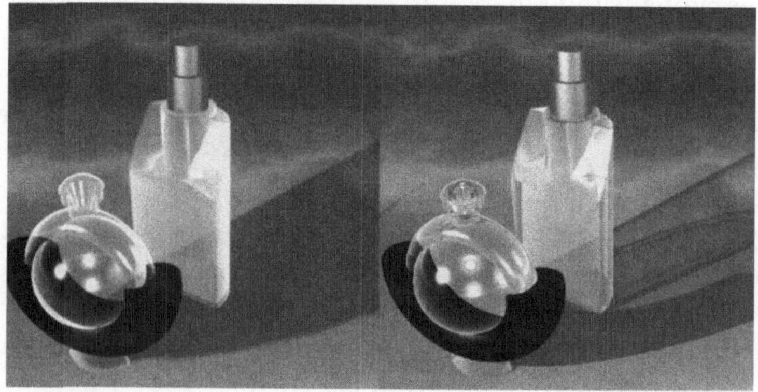

einem Bildbearbeitungsprogramm verkleinern. Wenn die Schatten in einem Render mit hoher Qualität berechnet werden, kann der Schatten nach dem Shadowmap-Verfahren sogar echter wirken, da er weicher und körniger ist.

✍ Schatten von Glas oder anderen transparenten Materialien werden in einem Render mit Shadow Maps voll ausgefüllt, während die Schatten von transparenten Materialien in einem Raytrace die Durchsichtigkeit des Objekts erkennen lassen.

Trotz all seiner Vorteile aus dem Standpunkt der Bildqualität wird der Raytrace oft überbewertet – zumindestens dann, wenn es um den Einsatz spiegelnder Reflexionen geht. Spiegelnde Reflexionen tragen nicht unbedingt immer zur Bildqualität bei – denn spiegelnde Reflexionen sind nur ein geringer Teil der Wirklichkeit: angesiedelt zwischen 15 bis 20%.

Die Qualität eines Raytraces liegt also nicht nur in den spiegelnden Reflexionen, sondern insbesondere auch in seinem Schattenwurf: durchsichtige Schatten für transparente Körper, schärfere Schattenränder, hochwertiger Schattenwurf für alle Arten von Lichtquellen.

Perspektive und Standpunkt

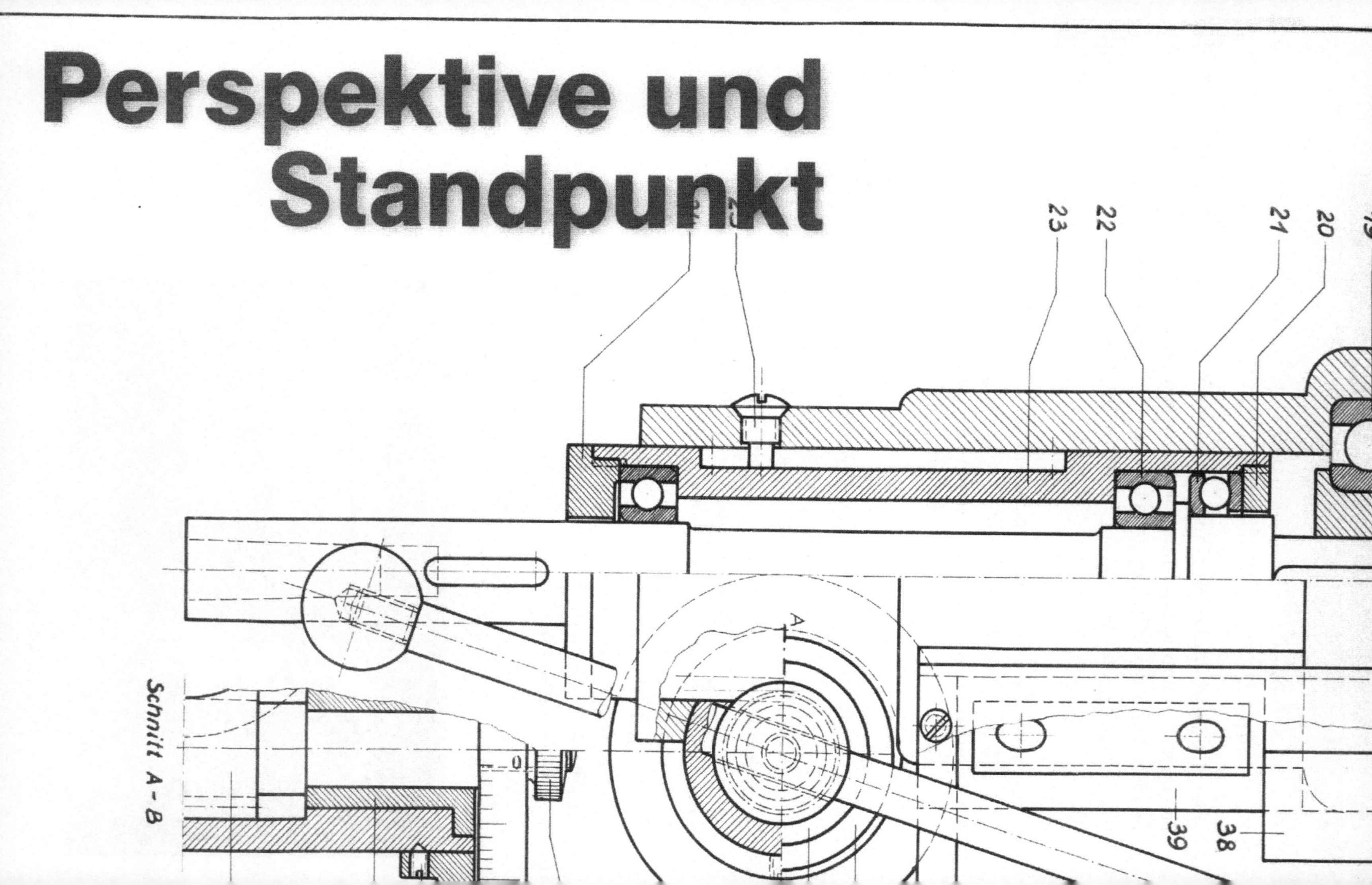

Perspektive und Standpunkt

»Nicht schwenken, sondern denken«
Richard Angst, Kameramann der Ufa

Die Kamera stellt eine intuitive Benutzeroberfläche dar – denn mit einer Kamera ist fast jeder schon einmal umgegangen. Aber nicht nur den Blick durch den Sucher, den alle hier vorgestellten 3D-Programme bieten, hat die Kamera im 3D-Programm mit der Fotografie gemeinsam. Um dem Grafiker die Möglichkeiten des Fotografen an die Hand zu geben, wurde die virtuelle Kamera in den 3D-Programmen mit immer mehr Funktionen ausgestattet, die denen der echten Kameras entliehen sind.

Und genauso wenig, wie eine teure, technisch voll ausgestattete Kamera automatisch gute Bilder macht, entstehen aus dem Blick durch die 3D-Kamera bereits automatisch gute Bilder. Ein gutes Bild ist genauso wie ein gutes Foto auch eine Frage des Standpunktes und des Blickwinkels.

Wenn also die Kamera der 3D-Programme in ihren Funktionen so eng an die Fotografie angelehnt ist, liegt es nah, sich in der Fotografie umzusehen. Dabei muß sich der Grafiker nicht sklavisch an das Vorbild Fotografie halten. Denn die 3D-Grafik bietet ihm viele Möglichkeiten, über die Grenzen der Fotografie hinaus gestalterisch zu arbeiten: Der Grafiker kann störende Wände mit einem Mausklick beseitigen, kann sein Motiv aus jeder beliebigen Position aufnehmen ohne auf Laternenpfähle zu klettern, und er kann die Objekte in seiner Szene nach seinen eigenen Vorstellungen ordnen.

6.1 Das Zoomobjektiv

Die Kameras der 3D-Programme sind den »echten« Kameras in vielerlei Hinsicht nachgebaut. Fangen wir mit den Objektiven an: 3D-Kameras haben Brennweiten vom Weitwinkel bis zum Supertele. Das gedachte Filmformat der 3D-Kamera in den meisten 3D-Programmen entspricht dem traditionellen Kleinbildfilm mit 24x36 mm. Die 3D-Kameras haben also den gleichen Aufnahmewinkel wie die Kleinbildkamera: Ihre Normalbrennweite liegt bei 50 mm – das entspricht dem menschlichen Blickwinkel von etwa 46°.

Wozu eine spezielle Kamera?

Caligari trueSpace hält sich übrigens nicht an die Maßangaben der Kleinbildkamera: Die Normalbrennweite der trueSpacekamera beträgt 1000 mm.

Zwar sieht der Benutzer immer durch eine Kamera auf die Szene, aber eine Kamera, die der Benutzer selber einsetzt, ergibt eine zusätzliche Perspektive und erleichtert eine Reihe von Arbeiten.

- Erst mit einer Kamera, die in der Szene als Kamerasymbol sichtbar ist, lassen sich Lichtquellen gezielt in relativer Positionen zur Kamera einsetzen.

- Der Benutzer kann beliebig viele Kameras in die Szene setzen. Damit kann man in einer Szene, die aus verschiedenen Perspektiven berechnet werden soll, einfach für jede Bildberechnung eine eigene Kamera einrichten. So kann man befreit mit verschiedenen Perspektiven experimentieren und dabei jede Einstellung als separate Kamera speichern.

- Mit einer Kamera werden die Ergebnisse einer Bildberechnung wiederholbar – die Kamera wird in der Szene gespeichert, und eine Wiederholung der Berechnung liefert exakt das gleiche Bild.

Durch die Brennweite wird der Aufnahmewinkel, den das Objektiv erfaßt, bestimmt. Sie legt den Motivausschnitt fest.

❑ *Die große Brennweite liefert einen kleinen Bildausschnitt – dafür rückt alles etwas näher.*

Das Teleobjektiv der 3D-Kamera

❑ *Die Normalbrennweite – sie entspricht dem natürlichen Gesichtsfeld des Menschen.*

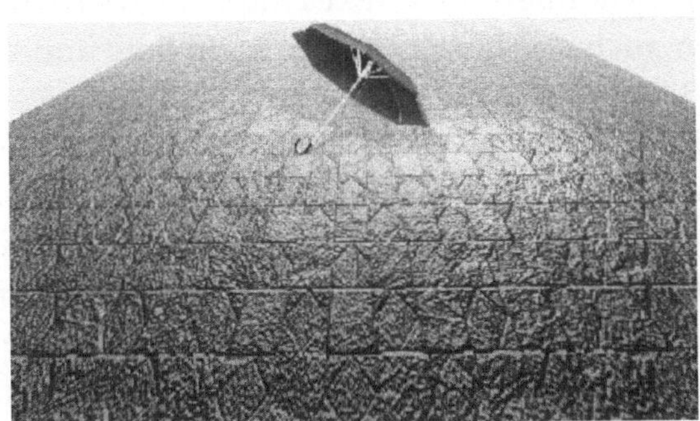

❑ *Ausgeschnitten und etwas skaliert – alle Schirme wären absolut deckungsgleich. Die Brennweite ändert nur den Bildausschnitt, nicht den Blickwinkel.*

Aufnahme mit dem Weitwinkelobjektiv des 3D-Programms.

Aufnahmen, die aus der gleichen Kameraposition mit unterschiedlichen Brennweiten gemacht werden, zeigen das Motiv immer in derselben Perspektive, nur der Bildausschnitt ändert sich.

Normalbrennweite, Weitwinkel und Telebrennweite

Genauso wie bei einer »richtigen« Kamera bezeichnet man kleine Brennweiten mit einem großen Aufnahmewinkel (*Field of View*) in 3D-Programmen als Weitwinkel, Brennweiten mit einem Aufnahmewinkel zwischen 35 bis 80° als Normalbrennweiten und große Brennweiten mit einem kleinen Aufnahmewinkel als Telebrennweiten.

Die kurze Brennweite – auch »Steile Perspektive« genannt – bringt eine starke Tiefenwirkung des Bildes, aber auch eine perspektivische Verzerrung mit sich – der gleiche Effekt wie bei einer Fotokamera. Der größere Bildwinkel erfaßt auch noch nahe Gegenstände und bildet sie verhältnismäßig groß ab. In der Tiefe gestaffelte Gegenstände gleicher Größe werden im Bild mit großen Zwischenräumen und übersteigerter Größenabnahme zwischen Vorder- und Hintergrund dargestellt. Weitwinkel werden für extreme Perspektiven und kurze Aufnahmeabstände eingesetzt.

Nun ist der Grafiker am 3D-Programm nicht den gleichen Beschränkungen unterworfen wie der Fotograf, der einen Raum oder ein Gebäude vollständig ins Bild setzten will. Der Grafiker kann im 3D-Programm Wände versetzen und so wieder Abstand zu seinem Motiv erreichen. Die kurzen Brennweiten können als Effekt eingesetzt werden, aber sie verstärken auch den Eindruck der Raumtiefe und die Plastizität des Bildes.

Die Normalbrennweite entspricht unserem natürlichen Sehfeld, und Bilder, die innerhalb der Normalbrennweite berechnet werden, sehen für den Betrachter »echter« aus.

Die Telebrennweite nimmt dem Bild die Tiefe. Die Objekte rücken in der Tiefe des Bildes näher zusammen, die Größenminderung wird verringert – das Bild »verflacht«.

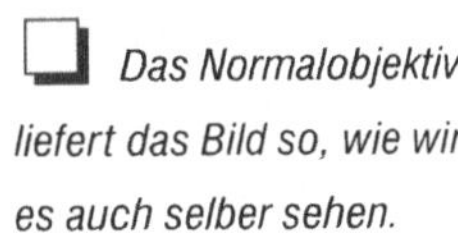
Anders als in den Bildern auf Seite 345 wurde die Kamera hier verschoben, um den Effekt der verschiedenen Brennweiten zu vertiefen. Die Aufnahme mit dem Weitwinkelobjektiv führt tief in den Raum hinein. Die typische Verzerrung geschieht nur am Rand des Bildes.

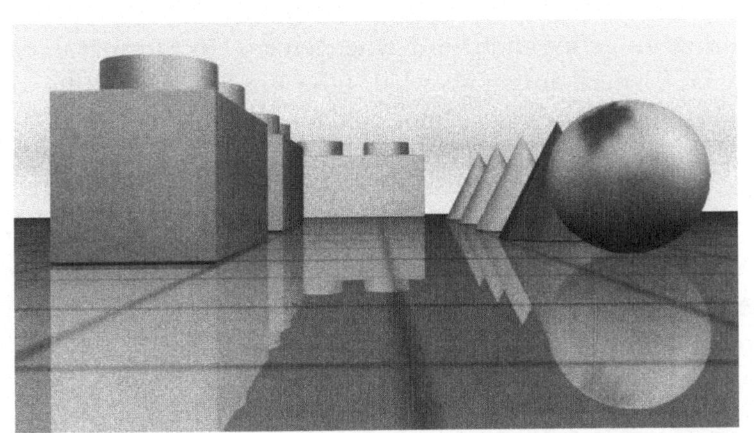

Das Normalobjektiv liefert das Bild so, wie wir es auch selber sehen.

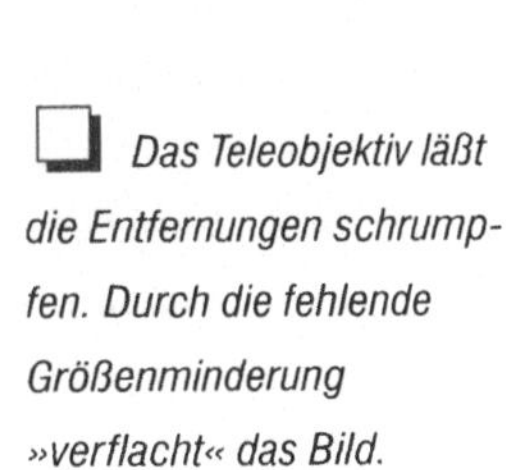
Das Teleobjektiv läßt die Entfernungen schrumpfen. Durch die fehlende Größenminderung »verflacht« das Bild.

6.2   Bildaufbau

Durch die Wahl des Kamerastandpunktes und der Brennweite werden die Gewichte der abgebildeten Objekte sehr unterschiedlich beeinflußt und damit die Wirkung beim Betrachter gelenkt. Auch der Abbildungsmaßstab spielt eine wichtige Rolle, Größenverhältnisse sind nur eine Frage der Anordnung und des Blickwinkels. Die Größe eines Objekts im Verhältnis zu anderen im Bild sichtbaren Objekten wird durch die Entfernung von der Kamera bestimmt.

Der erste Schritt zu einem überlegten Bildaufbau ist die Frage, welches Format verwendet werden soll. Bilder erzeugen Assoziationen und unser Empfinden beim Betrachten von Bildern wird vom Unterbewußtsein gesteuert. Dank der Psychologen wissen wir, daß das Querformat als das ruhigere Format aufgenommen wird, wogegen das Hochformat als das dynamischere aufgefaßt wird. Eine Entscheidungshilfe, ob man ein Bild hoch oder quer aufbauen sollte, bieten die bildwichtigen führenden Linien, die nach dem *Goldenen Schnitt* berechnet werden.

Die Regel des Goldenen Schnittes kannte man bereits im Altertum – sie ist eine Empfehlung für die Anordnung und Aufteilung der Bildelemente zur Schaffung einer ausgewogenen Bildgewichtsverteilung.

Dabei soll eine Strecke so gegliedert werden, daß sich der kleinere Teil zum größeren längenmäßig so verhält, wie der größere Teil zur Gesamtstrecke. Annähernd trifft dies bei einem Teilungsverhältnis von 5:3, besser 8:5 oder 13:8 zu. Traditionellen Gestaltungskonzepten zufolge läßt sich auf diese Weise die Idealposition für die Anordnung der bildwichtigen Motive ermitteln.

Diese Regeln können, müssen aber nicht – vor allem nicht sklavisch – befolgt werden. Zusätzlich läßt sich der Goldene Schnitt mit dem typischen Auflösungsverhältnis des Computers (640:480 oder 4:3) nicht besonders gut anwenden. Da diese Auflösungen des Bildschirms häufig als Bildformat übernommen werden, sind die Bilder für die Anwendung des goldenen Schnitts viel zu stumpf.

Auf die Übernahme der Bildschirmauflösung als Format für computererzeugte Bilder wird man auch aus anderen Gründen verzichten. Die Printmedien fordern in der Regel Formate, die sich an das Größenverhältnis 3:2 halten.

Auch wer nicht viel von Formalien hält, kann sich ein paar Regeln zu Herzen nehmen:

- Im mittleren Feld sollte nichts Bildwichtiges untergebracht werden.

- Symmetrische Bildgestaltungen sind in aller Regel langweilig.

- In einer Bildaufteilung, in der ein wichtiger Teil zu stark dominiert, wenn beispielsweise der Horizont oder Hintergrund des Bildmotivs über 2/3 der Bildhöhe oder -breite einnimmt, erdrücken solche dominierenden Teile alles andere im Bild sehr schnell. In der Landschaftsfotografie – wo man nicht alles zuerst mal ausmessen kann – nimmt man gerne ein oder zwei Drittel Himmel und dementsprechend zwei oder ein Drittel Land. Die Horizontlinie im oberen Bilddrittel bringt einen Spannungsgewinn und legt den Schwerpunkt der Bildaussage auf den Vordergrund, betont ihn also, während zwei Drittel Himmel Weite und Offenheit hervorheben sollen.

Die Monitore der Computer stellen ein für den Goldenen Schnitt recht ungünstiges, stumpfes Format dar. Die meisten Programme halten sich an dieses stumpfe Format und bieten es ihren Benutzern in den vorgegebenen Presets an: 1024x768, 800x600, 640x480.

Und noch ein Wort über Bildformate: Sowohl das neue Filmformat der Kleinbildkamera (APS) als auch der modernere Fernseher gehen dem Goldenen Schnitt mit einem Größenverhältnis von 16:9 einen Schritt entgegen. Der Goldene Schnitt ist also keineswegs aus der Mode gekommen.

Die Psychologen haben auch hierzu etwas zu sagen: Die von unten links nach oben rechts verlaufende Linie gilt als »freudige Diagonale«. Und die andere Diagonale wird als »traurige« Diagonale bezeichnet.

↳ Eine Diagonale sprengt das statische Rechteck oder Quadrat und bringt Spannung und Bewegung ins Bild. Diese Diagonale kann eine diagonale Horizontlinie sein, kann durch dementsprechend arrangierte Objekte gestaltet werden oder durch ein einzelnes Objekt ins Bild gesetzt werden. In der Werbegrafik nutzt man die Bilddiagonale für die Bildaussage: Läuft die Diagonale von links unten nach rechts oben im Bild, wird sie als aufsteigend, als positiv empfunden, läuft sie von links oben nach rechts unten durchs Bild, empfindet man sie als absteigend. Die unterschwellige Wirkung beruht auf unserer europäischen Schreibgewohnheit. Die Seelenforscher haben festgestellt, daß wir alles von links unten nach rechts oben betrachten. Diese Erkenntnis schlug sich schon im ersten Verkehrsschild »Starke Steigung« nieder.

Bildergeschichten

Die Position der Kamera beeinflußt die Sicht auf das Motiv und damit auch unsere Ansicht über das Motiv. Je nachdem, wo die Kamera positioniert wird, bekommt das Motiv einen vollkommen anderen Charakter.

Der Blick aus der Froschperspektive läßt den Körper größer und dominanter erscheinen. Die Perspektiven verzerren sich, der Körper strahlt Macht und Stärke aus. Durch die Froschperspektive bekommt eine kleine Teekanne das Flair eines Schlachtschiffes.

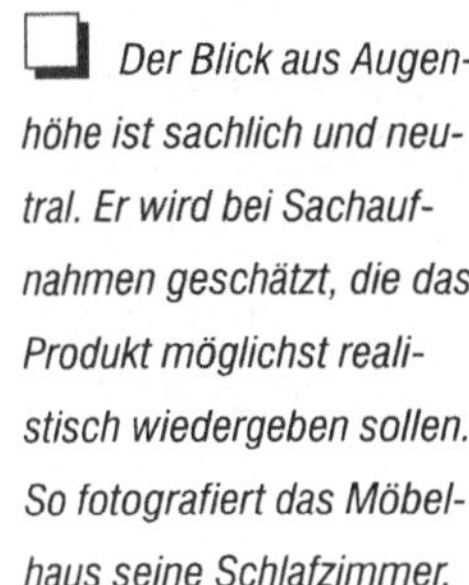
Der Blick aus Augenhöhe ist sachlich und neutral. Er wird bei Sachaufnahmen geschätzt, die das Produkt möglichst realistisch wiedergeben sollen. So fotografiert das Möbelhaus seine Schlafzimmer.

Was wir von oben aus der Vogelperspektive sehen, überschauen wir, es öffnet sich uns, wirkt einladend und sieht zu uns auf.

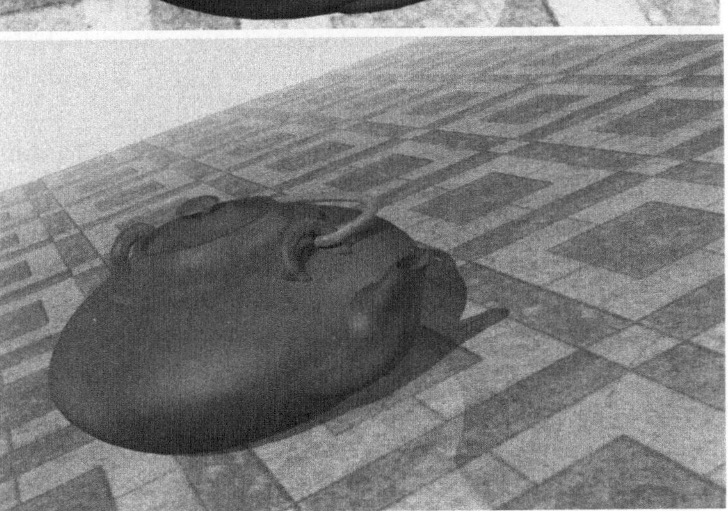

Sportfotografen und Autohersteller wissen am besten, wie man den Eindruck von Dynamik und Bewegung in ein Bild setzt – die Horizontale wird gekippt.

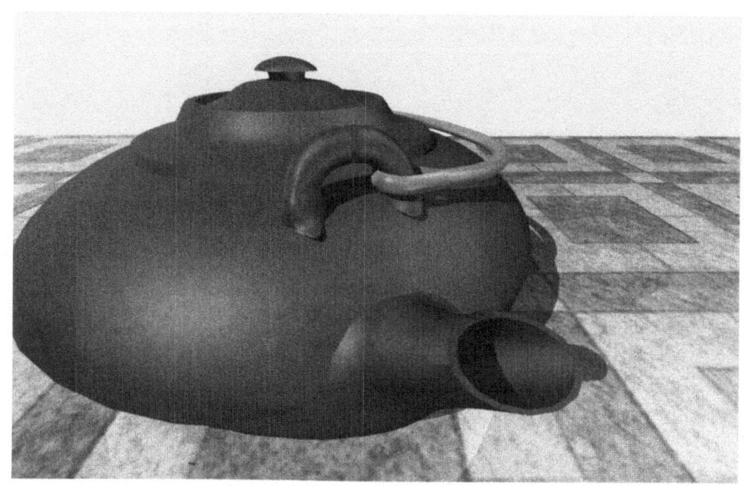

6.3 Perspektivenkorrektur

*Wenn Bilder im wahrsten
Sinne des Wortes »aus
dem Rahmen fallen«*

Stürzende Wände sind nicht nur in der Fotografie verpönt – sie können auch die Wirkung einer Grafik auf den Betrachter drastisch dämpfen. Wir empfinden stürzende Wände im Bild als unangenehm, weil sie unserem natürlichen Sehvermögen widersprechen. Besonders, wenn stürzende Wände den Bildrand kreuzen, werden sie vom Betrachter intuitiv abgelehnt – das Bild fällt aus dem Rahmen.

Das gilt ganz besonders für die vertikalen Linien des Bildes. Diagonal verlaufende horizontale Linien im Bild akzeptieren wir – sie können sogar eine besondere Dynamik ins Bild bringen.

Die großformatigen Balgenkameras und die Tilt&Shift-Objektive der Kleinbildkamera erlauben eine Perspektivenkorrektur. Bei der Balgenkamera kann das Objektiv parallel zur Filmstandarte verschoben werden, und zwar vertikal und horizontal. Diese Verschiebung kann ein Motiv, das ansonsten nicht zu fassen wäre, wieder ins Bild setzen.

*Teleobjektiv: repariert
stürzende Wände*

Wenn man nicht auf das Mittel der Bildnachbearbeitung zurückgreifen will, kann man mit dem Teleobjektiv stürzende Wände so weit mildern, daß sie dem Betrachter nicht mehr ins »Gesicht springen«. Man entfernt die Kamera weiter vom Mo-

tiv und setzt dann ein Teleobjektiv ein. Da das Teleobjektiv die Größenminderung der Entfernung mildert, werden auch die stürzenden Linien abgefangen. Leicht stürzende Wände lassen sich natürlich auch einfach mit dem Bildbearbeitungsprogramm korrigieren.

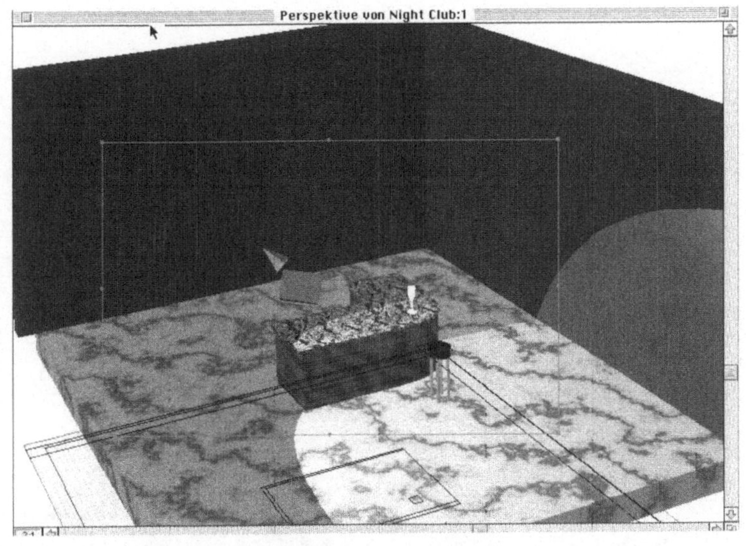

Der Ray Dream
Designer arbeitet nicht mit
dem direkten »Bildschirm
= Sucherrahmen« – er
bietet einen richtigen
Sucherrahmen.

Im Kamerafenster des 3D-Programms lassen sich viele Motive viel einfacher ins Bild setzen, wenn man in eine leichte Vogelperspektive geht – wobei die »stürzenden Wände« sofort zuschlagen, weil man die Kamera verkanten muß, um das Motiv voll ins Bild zu kriegen. Nichts gegen die Vogelperspektive.

Aus der leichten Vogelperspektive berechnet, gibt das Bild dem Betrachter das Gefühl, in der Luft zu hängen.

Die Perspektive »höher legen«: weg mit der Kamera vom Motiv und die Kamera in Augenhöhe setzen.

Das Bild muß in einem Vielfachen der Endgröße berechnet werden und der Bildausschnitt wird über ein Bildbearbeitungsprogramm ausgewählt.

Aber bei einer Reihe von Motiven will man dem Betrachter das Gefühl geben, direkt vor dem Motiv zu stehen und nicht am Laternenpfahl auf der anderen Straßenseite zu hängen. Der Architekturfotograf arbeitet deswegen vornehmlich mit der Balgenkamera, mit der er die Perpektive »korrigieren« kann.

Auch der Einsatz des Teleobjektivs ist nicht immer erwünscht, insbesondere wenn man formal korrekt arbeiten will und eine sachliche Dokumentation abzuliefern hat.

Verzieht man die Kamera weiter weg vom Motiv und nach unten, werden die »Verhältnisse« wieder richtiggestellt. Das Motiv rückt nach rechts oder links oben.

Bei 3D-Programmen ohne Perspektivenkorrektur wie Caligari trueSpace und Autodesk Max muß man sich dafür geistig vom Bildschirm als Sucherfunktion trennen.

Einen Sucherrahmen basteln

Wenn das Programm keinen Bildausschnitt berechnen kann wie beispielsweise der Ray Dream Designer, muß das Bild in einem Vielfachen seiner geplanten Größe berechnet werden. Damit sich die Zeit für eine Bildberechnung dabei nicht auch gleich um ein Vielfaches steigert, setzen Sie einen kleinen Trick ein: Erzeugen Sie eine Fläche aus der Grundformenbibliothek. Aus dieser Fläche schneiden Sie mit den Booleschen Operationen eine Fläche im gewünschten Seitenverhältnis des Ziel-

Die einfache Fläche, die diese Motive bedeckt, wird schneller berechnet als die Oberflächen der Modelle mit Texturen und vielen Facetten – insbesondere in einem Raytrace. Zusätzlich läßt sich durch den Ausschnitt der Bildausschnitt besser beurteilen.

bildes heraus – zum Beispiel für ein Bild mit 1800x1200 Pixeln Auflösung eine Fläche mit dem Seitenverhältnis 3:2.

Diese Fläche setzen Sie so vor die Kamera, daß Sie nun genau den Bildausschnitt sehen, der ins Bild gesetzt werden soll. Sie schneiden damit alle Objekte der Szene aus der Bildberechnung aus, die um das eigentliche Motiv herum aufgestellt sind.

Horizontale Führungslinien erhalten

Besonders in der Architektur- und Produktfotografie achtet man auf die Einhaltung bestimmter Formalien der bildbestimmenden Linien. Gebäude und Produkte werden in formalen Bildern frontal dargestellt – weil diese Darstellung unseren Sehgewohnheiten am nächsten kommt. Wird eine kubische Form aber frontal abgebildet, sieht man nur ihre Front – die Seiten verschwinden in der Zentralperspektive hinter der Front.

Um die Tiefe des Produkts oder des Gebäudes mit ins Bild zu setzen, wird bei der Balgenkamera das Objektiv horizontal zur Filmstandarte verschoben.

Im 3D-Programm verschiebt man die Kamera so weit nach rechts oder links – ohne den Blickwinkel zu ändern – bis die Tiefe des Motivs ins Bild hineingezogen wird. Wenn das Motiv seitlich aus dem Bild herausläuft, bevor ausreichend Tiefe erzielt worden ist, verzieht man die Kamera weiter zurück. Auch hier muß ein Vielfaches der gewünschten Bildgröße berechnet werden und der Ausschnitt mit dem Bildbearbeitungsprogramm hergestellt werden.

Trotzdem das Bild eine fast isometrische Darstellung erfährt, zieht man sie häufig vor – sie legt dem Betrachter mehr vom Motiv offen. Die gleichzeitige vertikale Perspektivenkorrektur sorgt dafür, daß die Horizontlinie nicht im ersten Stock des Gebäudes liegt.

Betrug an der Zentralperspektive ?

Wenn diese Korrekturen auch auf den ersten Blick künstlich erscheinen – es war nicht erst die moderne Architekturfotografie, die diese perspektivische Sichtweise aufbrachte. Diese Mischung aus Zentralperspektive und Isometrie bevorzugen wir auch intuitiv beim Zeichnen, um zu einem angenehmeren und gleichzeitig ausgewogeneren Bild zu kommen. Sie zeigt mehr vom Motiv und ist einleuchtender als die Zentralperspektive.

*Axonometrie: objektive
Darstellung ohne Größen-
minderung*

In der Architekturzeichnung sieht man diese Form der Darstellung noch ausgeprägter: Die Axonometrie vermittelt nicht, »was man vom Dargestellten sieht«, sondern »was man vom Dargestellten weiß«. Bei allen Formen der Axonometrie liegt der Mittelpunkt der Projektion im Unendlichen, und die Projektionsstrahlen verlaufen parallel, so daß es keine Verkleinerung in der Tiefe gibt.

6.4 Tiefenwirkung

Der Eindruck von Tiefe ergibt sich nicht automatisch durch die Zentralperspektive der Kamera. Er ist abhängig vom Blickwinkel der Kamera, von der Aufnahmeentfernung und von der Brennweite des Objektivs.

Tiefe durch Kameraposition und Brennweite

Eine waagerecht gehaltene Kamera, ein lange Brennweite und eine große Entfernung zum Motiv zeigen eine schwache Tiefenwirkung, während eine geringe Aufnahmedistanz, eine nach unten oder nach oben geneigte Kamera, und ein Weitwinkelobjektiv die räumliche Wiedergabe betonen, aber auch zu Perspektiven führen, die wir bei manchen Motiven als verzerrt empfinden.

Die Überlagerung

Die Überlagerung von Körpern ist eines der stärksten perspektivischen Gestaltungsmittel. Wenn in einem Bild ein Körper einen anderen teilweise überlagert, gibt er dem Betrachter das Gefühl, hinter den Körper sehen zu können. Dieses Gefühl wiederum fördert die Spannung, die von einem Bild ausgeht.

☐ *Tiefe durch Kontrastminderung – durch Nebel simuliert. Die »aufgeweichte« Horizontlinie gibt noch einen guten Schuß Fotorealismus extra.*

☐ *Ein unscharfer Hintergrund – hier ein mit dem Bildbearbeitungsprogramm »aufgeweichtes« Foto – ist der einfachste Weg zur adäquaten Schärfentiefe*

☐ *Die Schärfentiefe sorgt für eine weitere Portion Fotorealismus. Den betont unscharfen Hintergrund setzt der Fotograf ein, um nicht vom Motiv abzulenken und die Tiefe des Bildes zu verstärken. Hier wurde er vom 3D-Programm einberechnet.*

In der 3D-Grafik er-
reicht man diese Kontrastminderung durch den Ein-
satz von Fog, Nebel, im
Rendermenü.

Wenn das Motiv es
zuläßt, setzen Sie ein
Hintergrundbild ein, das mit
einem Bildbearbeitungs-
programm weichgezeichnet
wurde.

Tiefenwirkung durch den Groß-/Kleinkontrast

Die perspektivische Wirkung wird durch den Groß-/Klein-kontrast noch verstärkt. Einen Körper im Hintergrund ist kleiner als der gleiche Körper im Vordergrund. Eine entspre-chende Auswahl der Perspektive oder der Blick durch das Weitwinkelobjektiv mit einer starken perspektivischen Ver-größerung des Körpers im Vordergrund läßt die Raumtiefe stärker erleben.

Tiefenwirkung durch »Sufimo«

Eine Landschaft erscheint immer »verwischter«, je weiter sie vom Betrachter entfernt ist. Die Farben werden immer kon-trastärmer, gleichen sich aneinander an und wirken bei nor-malem Tageslicht in der Ferne immer heller und verwischter.

Schärfentiefe – weniger für mehr Tiefe

Die Aufnahmen einer 3D-Kamera sind immer von vorne bis hinten scharf. Ob Sie nun eine »Makroaufnahme« von einem Objekt machen, ob Sie die Kamera nah am Objekt plazieren oder mit großen Brennweiten arbeiten, oder ob Sie eine großflächig angelegte Szene berechnen – das Bild hat über sei-ne gesamte Tiefe die gleiche Schärfe. Das Mittel der 3D-Pro-gramme gegen die volle Schärfe ist »*Depth of Field*«, die Schär-fentiefe der 3D-Kameras.

Farbe für die Tiefe

Maler wissen es, und Gärtner gestalten mit diesem Wissen ih-re Gärten: Die Auswahl der Farben kann den Eindruck der Tiefe eines Bildes – neben Licht und Schatten – noch verstär-ken. Kalte Farben erweitern den Horizont und warme Farben drängen in den Vordergrund: Blau ist die typische Farbe der Ferne (vielleicht, weil wir sie mit dem weiten Meer, mit dem

Himmel und dem Horizont assoziieren), Grün ist eine neutrale Farbe, während Rottöne und besonders Gelbtöne die Motive in einem Bild nach vorn ziehen.

Vielleicht spielen bei der Farbperspektive in Verbindung mit der Akkomodationsfähigkeit unseres Auges auch physiologische Gründe eine Rolle: Die Linse des Auges reagiert bei Einstellung auf einen roten Gegenstand, als wenn sie Gegenstände in kürzerem Abstand fokussieren müßte. Wie auch immer – das bewußt arrangierte Nebeneinander bestimmter Farben trägt stark zur räumlichen Bildwirkung bei.

Gefühl oder die Motorik des Auges?

6.5 Kameraführung in Animationen

In der Regel sind Animationen kurze Streifen – Clips – von maximal ein paar Minuten. Theoretisch kann man jede Einstellung genau »abdrehen«, jedes Einzelbild nachbearbeiten oder neu berechnen, so daß man keine Schnittechnik einsetzen müßte.

Aber auch in der Animation ist die Schnittechnik ein wesentlicher Beitrag zur Gestaltung. Lange Einstellungen aus der gleichen Kamerasicht ermüden auch hier den Betrachter. Im Gegensatz zum Videofilm kann jede Einstellung vielfach kontrolliert und nachgebessert werden. Gerade wegen der Perfektion, die mit Animationen erreicht werden kann, sind Animationen in der Werbung sehr beliebt.

Auch die Erfahrungen aus dem Videofilm zur Kameraführung können auf die Animation aus dem Computer eingesetzt werden. Die Tips des professionellen Kameramanns zur Handhabung der Kamera sind – stark vereinfacht:

✍ Heranspringen statt Zoomen: Der Profi fährt selten mit der »Gummilinse« auf etwas zu. Lieber »springt« er heran und dreht nach der Totalen die Großaufnahme vom Motiv. Das läßt sich besser schneiden und spart Zeit, denn die stehende Aufnahme kann beim Schnitt besser gekürzt werden, eine »Fahrt« jedoch nicht.

Zooms reduzieren

↬ Der Kameraschwenk verbindet zwei Einstellungen miteinander, nämlich die Ausgangsstellung mit der Einstellung am Ende des Kameraschwenks. Dabei sollten beide Einstellungen jeweils für sich stehen können und eine bewußte gute Bildgestaltung aufweisen.

↬ Kameraschwenks selten halten. Die Kamera wird geschwenkt, weil sie einer natürlichen Bewegung folgen soll oder weil statische Motive förmlich nach Bewegung verlangen. Die klassischen Schwenks sollen einen Übergang schaffen (langsamer Schwenk), einer Bewegung folgen (Verfolgungsschwenk), oder der Blickrichtung folgen (zügiger Schwenk).

↬ Von links nach rechts schwenken (von links nach rechts: entspannend, von rechts nach links Unheil und Bedrohung).

↬ Beim Mitschwenken einer Bewegung sollten vor dem Motiv immer ungefähr zwei Drittel des Bildes in Bewegungsrichtung freigelassen werden.

↬ Der vertikale Schwenk, in der Fachsprache auch »Tilt« genannt, wird vornehmlich durchgeführt, um Erwartungen zu wecken. Er ist ein guter Vorspann für einen Überraschungseffekt.

Bildgestaltung – auch im Video ein Thema

Prinzipiell unterscheidet sich der Bildaufbau bei Animationen nicht vom Bildaufbau eines Stillebens, mit der Einschränkung, daß Kamerabewegung und Bewegung im Motiv ihre Auswirkungen auf das Bild haben. Für die in der Regel aber recht kurzen Animationen birgt gerade diese Möglichkeit das hohe Potential der Animation – darum ist sie so beliebt in der Werbung, die ja so bewußt wie sonst kaum ein Medium die Mittel der Bildgestaltung ausnutzt.

🖐 Von unten gedrehte Einstellungen erhöhen den Eindruck
der Dreidimensionalität.

Standpunkte

🖐 Auch weitwinklige Aufnahmen (aus der »steilen Perspektive«) sorgen für mehr Raumtiefe und Blickwinkel, während
lange Brennweiten bei engem Blickwinkel eine flach wirkende Perspektive erzeugen.

Im weiten Winkel

🖐 Unterschiedliche, auch gerne mal extreme Kamerastandpunkte schaffen verschiedene Perspektiven.

Perspektiven schaffen

🖐 Lange oder zu häufig vorkommende Einstellungen aus
der Augenhöhe wirken prinzipiell langweilig.

Die langweilige Augenhöhe

🖐 Nicht auf Großaufnahmen verzichten. Der Bildausschnitt
steuert die Konzentration des Zuschauers, das Objekt erscheint größer als es tatsächlich ist, und die Aufnahme
wirkt darum eindrucksvoller, auch durch den Verzicht
auf Überflüssiges und Ablenkendes.

Voll ran ans Motiv

🖐 Ähnliche Einstellungen vermeiden, da sie den Zuschauer
verwirren.

Ähnlichkeiten vermeiden

🖐 Achsensprünge vermeiden – auch sie verwirren den Zuschauer. Wenn das Geschehen soeben noch von links
nach rechts lief, in der nächsten Einstellung genau anderes herum und dabei auch alle Objekte im Bild auf der anderen Bildseite wieder auftauchen, geht der Faden
schnell verloren.

Achsensprünge vermeiden

Hier gilt das gleiche wie bei der Bildgestaltung der Stills: Es
schadet der eigenen Kreativität keineswegs, sich mit den Formalien der Gestaltung auseinanderzusetzen. Nur wenn man
sich sklavisch an solche Erfahrungsschätze (denn das sind die
Formalien letztendlich) klammert, ist man nicht mehr in der
Lage, individuelle Ausdrucksformen zu entwickeln.

Bild- und Videobearbeitung

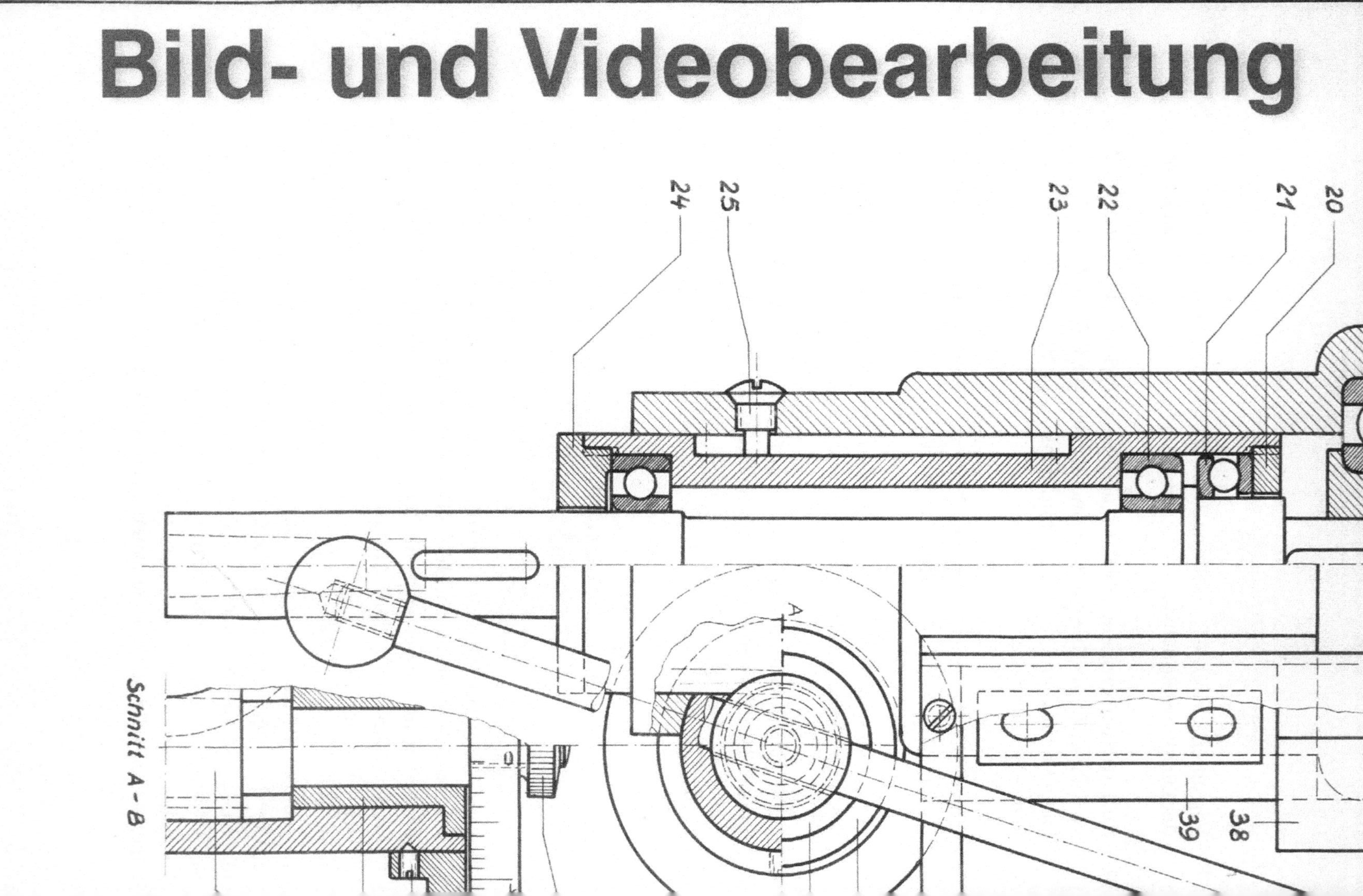

7. Bild- und Videobearbeitung

Ein nicht unwesentlicher Teil der Arbeit an einem 3D-Projekt ist die Vorbereitung von Texturen und die Nachbearbeitung der Stills und Animationen.

7.1 Grafikformate für PC und MAC

Bilder lassen sich in einer ganzen Reihe von verschiedenen Formaten erzeugen, bearbeiten und konvertieren. Die beiden tragenden Säulen sind hier TIFF (Tagged Image File Format) und das JPEG-Format. Das Targa-Format auf dem PC mag seine technischen Vorzüge haben, spielt aber im professionellen Sektor, der auf die Austauschbarkeit von Daten zwischen PC und Mac angewiesen ist, keine Rolle. Eine wirkliche Nebenrolle auf dem PC spielt das BMP-Format (Windows Bitmap). Das sind die Formate, in denen die meisten 3D-Programme Bilder erzeugen und in denen Sie Fotos für Texturen und Hintergründe geliefert bekommen.

Die Säulen: TIFF und JPEG

Zwei Formate sind eigentlich weniger für die Erzeugung und Archivierung von Bildern gedacht, sondern für Illustrationen in Webseiten und den Datenaustausch per Diskette oder Filetransfer: GIF und JPEG.

Zuhause auf Apple und PC: TIFF

TIFF ist das Format, mit dem Sie am weitesten kommen, denn es ist auf dem APPLE und auf dem PC beheimatet und wird von Werbeargenturen, von Verlagen und Druckereien noch immer am liebsten gesehen. TIFF speichert Bilder in True Color, d.h. in 24 Bit Farbtiefe (16 Millionen Farben), und kann zusätzliche Informationen in einem weiteren Kanal beherbergen: zum Beispiel eine Bildmaske.

Auch kein Stiefkind: Targa

Das Targa-Format ist auch für True Color-Bilder ausgelegt, aber auf den PC beschränkt. Genauso wie das TIF-Format läßt es sich verlustfrei komprimieren und kann einen zusätzlichen Kanal mit Maskeninformationen speichern.

Speicherfresser

Bilder sind Speicherfresser, das bemerkt jeder Benutzer, der einmal Fotos zur Bearbeitung eingescannt hat, sehr schnell. Eine ganze Reihe von Komprimierungsverfahren schwirrt herum – die Frage ist, was sie leisten und in welcher Weise sie auf ein Bild einwirken.

GIF: spart Platz durch Farbreduktion

Ein altes Hausrezept gegen überfüllte Platten ist die Reduktion der Farbtiefe eines Bildes. Das beliebteste Format auf dem PC ist in dieser Hinsicht ist das GIF-Format für pixelorientierte Bilder. Da das menschliche Auge sowieso nicht in der Lage ist, 16 Millionen Farben zu unterscheiden, wird der Unterschied zwischen dem Bild mit 24 Bit Farbtiefe und dem GIF-Bild mit 256 Farben kaum einmal wahrgenommen, aber die Einsparung an Speicherplatz ist enorm.

Weiterverarbeitung von GIF-Bildern

Die Umwandlung von 24 Bit Farbtiefe in Bilder mit 256 Farben spart zwar Speicherplatz, nachträgliche Änderungen an Bildern mit 256 Farben sind jedoch kaum möglich, da hier jede Änderung zu einem Qualitätsverlust führen würde.

Platz sparen durch Komprimierung

Ein anderes Format, besonders beliebt für die Übertragung fertig bearbeiteter Bilddateien, ist das JPEG-Format. JPEG ist ein Komprimierungsverfahren, das die Farbtiefe des Bildes erhält,

JPEG: erhält die Farben

aber dennoch in der Komprimierung die gleichen Ergebnisse erzielen kann wie das GIF-Format. Ein großer zusätzlicher Vorteil des JPEG-Formats ist seine Verbreitung auf APPLE und PC – derzeit noch das optimalste Verfahren, wenn es darum geht, Bilddateien per Diskette oder Netzwerk vom PC zu MAC oder umgekehrt zu verschicken.

Aber auch wenn das JPEG-Verfahren die gezielte Regulierung der Komprimierung erlaubt: auch JPEG ist mit Informationsverlusten verbunden.

Bilder unkomprimiert erzeugen

Also wird man, auch wenn das Bild später als JPEG-Bild abgespeichert werden soll, Raytraces und Render, die mit großem Zeitaufwand erstellt werden, zuerst als unkomprimierte Bilder erstellen. Auch nach dem JPEG-Verfahren komprimierte Bilder leiden unter weiteren Bearbeitungen stärker als unkomprimierte Bilder – Qualitätssteigerungen im Sinne von brillanteren Farben und höherer Schärfe sind bei komprimierten Bildern kaum noch zu erzielen. Insbesondere darf

Nur eine komprimierte Speicherung

man komprimierte Bilder nicht mehrere Male wieder als JPEG-Datei abspeichern, da das Bild bei jeder Speicherung weiter komprimiert wird. Es empfiehlt sich auf jeden Fall, Änderungen immer am unkomprimierten Bild mit der vollen Farbtiefe vorzunehmen. Selbst eine relativ leichte Komprimierung von 15% (die die Bildgrößer allerdings schon auf ein zehntel senken kann), kann bei der Vergrößerung einer JPEG-Datei – etwa als Hintergrundbild – zu Farbverfälschungen und zu einer pixeligen Erscheinung führen.

Verlustfreie Komprimierung

RLE- und LZW- Komprimierung

Auf die Dauer können gut sortierte Texturensammlungen die Platte schwer in Mitleidenschaft ziehen. Da kann man einiges an Platz sparen, wenn man die Texturen komprimiert. Zwei Verfahren bieten sich an: die RLE-Komprimierung des Targa-Formats und die LZW-Komprimierung des TIF-Formats, die ohne Qualitätsverlust einhergehen und eine Bilddatei schon mal auf die Hälfte und weniger ihres normalen Umfangs heruntersetzen.

Gerade bei Texturen kann viel Speicherplatz durch eine Reduktion der Farbtiefe auf 256 Farben eingespart werden – die Bildberechnung wird trotzdem das Bild als True Color-Bild erzeugen. Autodesk Max arbeitet direkt mit Texturen im GIF-Format, für Caligari trueSpace und Ray Dream Designer können Sie die Farbtiefe auch in TIFF- und Targa-Bildern reduzieren. Einen Unterschied werden Sie – besonders in Bildern, in denen Texturen in Fingernagelgröße aufgebracht werden – kaum bemerken. Die Reduzierung der Farbtiefe der Texturen bringt Ihnen sogar einen Geschwindigkeitsvorteil bei der Berechnung der Bilder.

7.2 Texturen aufbereiten

7.2.1 Künstliche natürliche Muster

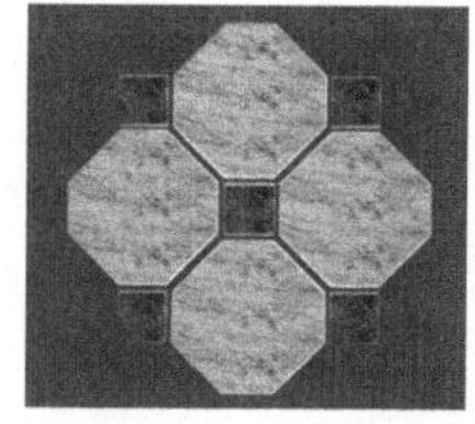

Zwar werden Texturen mit natürlichen Mustern in allen Spielarten der Natur in Texturensammlungen angeboten, aber nur wenige dieser Texturen sind ohne intensive und zeitaufwendige Retuschierarbeiten in der 3D-Grafik einsetzbar. Ein großes Problem bei vielen natürlichen Texturen ist die ungleichmäßige Beleuchtung des Materials und eine perspektivische Verzerrung, die entsteht, wenn eine Textur nicht exakt in einem Winkel von 90° aufgenommen wurde. Beides kann nicht ohne Qualitätsverlust in einem Bildbearbeitungsprogramm revidiert werden.

Fliesen sind eines der Beispiele dafür. Zum einem werden Sie bei den meisten Fliesenmustern herausfinden, daß die Aufnahmen nicht direkt von oben gemacht wurden, also eine perspektivische Verzerrung mit sich bringen, zum anderen ist die Beleuchtung des Materials oft so unterschiedlich von Rand zu Rand, daß man selbst mit den besten Programmen zur Bildbearbeitung die Muster nicht sauber kann.

Statt mit Fotografien zu arbeiten, können sie Fliesenmuster im 3D-Programm selber gestalten und zu perfekten Kacheln aufarbeiten. Zeichnen Sie die Fliesen mit einem Polygonwerkzeug und extrudieren Sie die Fliesen. Den Oberflächen der Fliesen können Sie einfach Farben zuweisen oder Sie benutzen natürliche oder prozedurale Muster wie Marmor. Auch Farben mit Strukturmasken, mit Bump Maps, ergeben schöne Fliesenmuster. Benutzen Sie alle Materialien mit niedrigen Werten für Glanz, Ambient Glow und Glätte. Definieren Sie im Renderdialog eine Hintergrundfarbe als Farbe für die Fugen, und berechnen Sie das Bild in der Sicht von oben.

Insbesondere, wenn kleine Muster wie Ziegelsteine mit hohen Werten für die Wiederholung der Kacheln in U- und V-Richtung aufgebracht werden, erreicht man mit »selbstgemachten« Texturen in der Regel die besseren Ergebnisse.

7.2.2   Texturkacheln

Für jede Textur wird mit den Parametern U- und V-Repts (U- und V-Wiederholungen) die Anzahl der Kacheln festgelegt, die beim Abbilden auf ein Objekt benutzt werden sollen. Damit eine Textur wirklich realistisch wirkt, muß sie auch in der entsprechenden Größe aufgebracht werden.

Eine Textur legt sich bei einem U- und V-Wiederholungswert von 1 genau einmal auf die Projektionsfläche des Objekts. Dadurch wirken die Noppen des Teppichs so groß, daß der Stuhl eigentlich darin versinken müßte. Wird das Muster entsprechend verkleinert und wiederholt auf dem Objekt an-

Die Anzahl der Kacheln einer Textur wird im Map-Dialog des 3D-Programms festgelegt.

Damit die Größenverhältnisse stimmen und der Stuhl nicht in den Noppen des Teppichs versinkt, werden Texturen gekachelt.

gelegt, dann bekommt man die zur Umgebung passende Größe des Musters auf das Objekt.

Nahtlose Wiederholungen

Wenn eine Textur gekachelt wird, das heißt, wenn sie mehrfach neben- und untereinander gesetzt wird, damit sie im richtigen Größenverhältnis auf dem berechneten Objekt erscheint, wird die Textur vorher mit einem Bildbearbeitungsprogramm bearbeitet, so daß sie zur »nahtlosen« Kachel wird.

Im Photoshop wird auf der rechten Seite des Bildes einen Streifen von oben bis unten markiert und nach links kopiert. Am oberen Rand des Bildes wird ebenfalls ein Streifen markiert und nach unten kopiert. Die Schnittlinie zwischen den Bildteilen wird retuschiert, bis man die Schnitte nicht mehr sieht – damit ist eine Kachel entstanden.

Damit sich die Textur bei einer Wiederholung nahtlos zusammensetzt, muß sie in der Regel besonders behandelt werden.

7.3 Der letzte Schliff

Die Gemeinsamkeiten eines Renders mit einer Fotografie erstrecken sich bis in die Nachbearbeitung eines Bildes. Genauso wie eine Fotografie im professionellen Bereich können und müssen 3D-Grafiken mit einem professionellen Bildbearbeitungsprogramm wie dem Photoshop nachbearbeitet werden – natürlich eine Frage des »Bildziels«: Eine technische Dokumentation erfordert selten den Aufwand, den eine Produktaufnahme in der Werbung benötigt, bevor sie druckreif wird.

Kontrast und Nachschärfen

Generell bringt eine Nachbehandlung der gerenderten Bilder einen deutlichen Qualitätsgewinn – man kann sie fast behandeln wie Scans, deren Farben angehoben werden und die nachgeschärft werden. Insbesondere Bilder von Glas und Metall leben nach dieser Behandlung auf.

Wie bei Scans, so erreicht man lebendigere Farben durch eine Korrektur der Gradations- oder Tonwertkurven. Oft reicht schon ein Klick auf den »Auto«-Button des Kurvendialogs im Photoshop. In den meisten Fällen kann man die »Auto«-Funktion als Grundlage für weiteres Anheben der Kurven benutzen.

Gradations- oder Tonwertkurve heben

Auch für das Nachschärfen der Bilder kann man die Verfahren für die Nachbearbeitung von Scans anwenden: Nachschärfen mit der Funktion »Unscharf maskieren« bewirkt kleine Wunder, insbesondere in Bildern, die mit einem hohen Wert für das Antialiasing berechnet wurden.

gerenderte Bilder nachschärfen

Setzen Sie den »Unscharf maskieren«-Filter im Photoshop bei einer 1:1-Darstellung des Bildes auf dem Bildschirm ein. Das Bild darf nach der Anwendung des Filters ruhig ein bißchen überschärft aussehen – gedruckt wird es ja in einer wesentlich höheren Auflösung als der Bildschirm zu bieten hat. Am besten kontrollieren Sie das Ergebnis in einer Verkleinerung von 1:2.

❏ *Das »Original« aus
Caligari trueSpace*

❏ *Die Gradationskurve
wurde angehoben und das
Bild unscharf maskiert –
nur ein paar Sekunden
Arbeit. Erst danach wurde
das Bild in Graustufen umgewandelt und der Kontrast
noch leicht erhöht.*

*Alle Bildkorrekturen werden
am Bild mit der höchst-
möglichen Farbtiefe
vorgenommen – in der
Regel an Bildern mit 24 Bit
Farbtiefe.*

7.4 Videobearbeitung für Animationen

Videos auf dem PC

Generell sehen Animationen auf dem Computer nicht anders
aus als Zeichentrickfilme im Fernseher. Außer natürlich, daß
sie in der Regel auf einem PC ohne zusätzliche Hardware nur
in niedrigen Auflösungen glatt und ohne Stocken ablaufen.

Computervideo versus Fernsehbild

Der Unterschied zwischen dem Computervideo und dem herkömmlichen Video kann auch auf das Videobild selbst bezo-
gen werden. Das klassische Videobild und das Bild eines Fern-
sehprogramms verwenden fünfzig Halbbilder pro Sekunde.
Zur Wiedergabe wird das Zeilensprungverfahren benutzt, bei
dem ein volles Bild in die Anzahl der in der Norm festgelegten
Zeilen zerlegt wird.

Halbe Bilder

In einem Halbbild werden jeweils die »ungeraden« Zeilen, im nächsten Halbbild die »geraden« Zeilen übertragen
und angezeigt. Unter anderem sollte dieses Verfahren dafür
sorgen, daß die für die Fernsehübertragung erforderlichen
Bandbreiten verringert werden konnten.

Zeilensprungverfahren

Video auf dem Computer ist unabhängig von diesem Zeilensprungverfahren. Bleiben die Bilder auf dem Computer, so
wird normalerweise auf das Zeilensprungverfahren vollkommen verzichtet. Unverzichtbar wird der Zeilensprung, wenn
die Animation auf ein Videoband übertragen wird. Dafür sorgen dann allerdings die Videobearbeitungsprogramme.

Videoformate

Soll die Animation auf dem Fernseher abgespielt werden,
wird sie im PAL-Format berechnet. Das digitale Fernsehbild
hat 768x576 Pixel. Jede horizontale Zeile wird somit in 768

Punkte aufgelöst, jedes Bild wird in der Höhe unter Beibehaltung des Seitenverhältnisses in 576 Zeilen unterteilt.

Die magischen 30 Frames

Da die Technik von den amerikanisch geprägten Programmen bestimmt ist, sind Einstellungen zu 30 Frames pro Sekunde möglich. Die Zahl 30 rührt von der überwiegend in den USA und in Japan verbreiteten NTSC-Fernsehnorm mit 30 Bildern pro Sekunde, also 60 Halbbildern, her.

In der halben Zeit berechnet man eine Animation, wenn man die Option »15 Frames« pro Sekunde im Renderdialog wählt. Dann wird nur jedes zweite Bild berechnet. Für eine Vorschau und für einfache Animationen reichen diese 15 Bilder pro Sekunde bereits gut aus. Im Gegensatz zu einem Fernseher, der einfach Schnee auf den Bildschirm bringen würde, wenn ihm ein Bild in der Sequenz eines Filmes fehlt, wird ein eingespielter Frame auf dem PC gespeichert und bleibt auf dem Bildschirm stehen. Nur dadurch ist diese Reduktion machbar.

Videokomprimierung

In der Regel wird man die Animationen, die auch auf dem Computer abgespielt werden sollen, komprimieren– insbesondere wenn es sich um eine professionelle Produktion handelt. Das passiert entweder mit der entsprechenden Hardware einer Videokarte oder durch Softwarekomprimierung. Unkomprimiert überfordert eine Animation mit der Menge der Daten, die von der Platte auf den Bildschirm gebracht werden müssen, auch einen leistungsstarken PC. Die Version VIDEO FÜR WINDOWS 1.1E bringt eine ganze Reihe von Software-Codecs, wie diese Komprimierungsprogramme genannt werden, mit.

Wenn Sie mit einem Videoeditor die Animation weiterbearbeiten wollen, empfiehlt es sich, die Animation unkomprimiert herzustellen und die Komprimierung erst mit dem Videobearbeitungsprogramm durchzuführen. So haben sie immer eine Basisversion in »voller Qualität«, die Sie später dann auch mit anderen Komprimierungsverfahren bearbeiten können.

Berechnung in Einzelbildern

Da die Berechnung der Animationen Stunden oder Tage dauern kann, braucht man die Animation nicht direkt im AVI- oder FLC-Format zu berechnen, sondern als Sequenz von Einzelbildern. 3D Studio MAX und trueSpace bieten diese Option an – die gesamte Animation kann in Einzelbildern im TIF- (nur MAX), TARGA (*.TGA)- oder Bitmap (BMP)-Format (nur trueSpace) abgespeichert werden. Mit einem Videobearbeitungsprogramm wie ADOBE PREMIERE, ULEAD MEDIA STUDIO oder der preiswerten Sharewarevariante DAVE´S TARGA EDITOR setzt man die Einzelbilder dann in eine Animationssequenz um.

Dieses Verfahren erlaubt eine kontrollierte Erstellung von Sequenzen – zum Beispiel die Berechnung der Frames von 150 bis 200. Es ist aber auch das sicherere Verfahren – wenn der Computer bei der Berechnung der Frames einmal abstürzt, sind die Frames, die bis zu dieser Stelle berechnet wurden, in Sicherheit. Die Berechnung der Animation kann auch unterbrochen werden und zu einem anderen Zeitpunkt nach dem zuletzt berechneten Frame wieder fortgeführt werden.

Bei der Erzeugung von Einzelbildern kann man bereits während der Berechnung der Frames die fertig berechneten Frames zu einer Animationssequenz zusammenspielen und das Ergebnis kontrollieren.

Komprimierung von Animationen

Bei der Komprimierung muß man insbesondere auf die zu erwartende Datenübertragungsrate Rücksicht nehmen. Hier sind langsame Medien mit einer Datenübertragungsrate von 150 KB bis 300 KB (Single- oder Double-Speed-CD ROM-Laufwerke) genauso zu beachten, wie die Datenübertragungsrate von schnellen Festplatten. Die Datenübertragungsrate hat einen hohen Einfluß auf die Abspielqualität der Animation – sie ist ausschlaggebend dafür, daß die Animation ruckelfrei abgespielt werden kann und Ton und Bild synchron laufen.

Wenn's hakt und quakt

Ist die Produktion auf ein schnelles Medium mit hoher Datenübertragungsrate abgestimmt, wird ein langsames Medium die Animation stockend und mit einer komisch wirkenden Trennung von Klang und Bild wiedergeben. Dabei wird das letzte Bild auf dem Bildschirm so lange angehalten, bis der Ton nachgeliefert wurde und der Ton muß warten, bis eine Fortsetzung nach der Übernahme der nächsten Bilder wieder möglich ist.

Ziellaufwerk	Datenübertragungsrate
Single-Speed-CD-ROM-Laufwerk	150 KB
Double-Speed-CD-ROM-Laufwerk	300 KB
Triple-Speed-CD-ROM-Laufwerk	450 KB
Festplatte	300-800 KB

Keine übertriebene Sparsamkeit: kleine Auflösungen

Die Produktion muß auf das schwächste Glied der Kette ausgelegt werden. Solange Software-Codecs vor den Hardware-Codecs überwiegen, muß man mit der schwächeren Leistung der Softwarelösungen rechnen. Die weitreichendste Komprimierung wird durch eine kleinere Auflösung erreicht. Die qualitativ beste Wiedergabe erzielt man also derzeit in der Regeln noch immer mit der kleinen Auflösung des AVI-Standard-Formats – 320x240 Pixel .

Einpacken und auspacken

Sichergestellt werden muß auch, daß auf dem Zielcomputer die gleiche Komprimierungsmethode angewendet werden kann – daß also der Software-Codec, mit dem die Animation komprimiert wurde, auch auf dem Zielcomputer vorhanden ist, um das Videobild wieder auszupacken. Darum bevorzugt man in der Regel die Codecs, die von Video für Windows mitgeliefert werden oder man muß den Codec und die Treiber mit der Animation zusammen liefern und dem Benutzer eine Installationshilfe an die Hand geben.

Musik macht nicht dick

Die meisten Programme zur Nachbearbeitung von Videos sind auch in der Lage, eine Sounddatei im Wave-Format mit der Animation zu verbinden. Zusätzlicher Ton spielt bei den Bilddatenmengen übrigens fast keine Rolle mehr, da hier selbst bei höchster Qualität ohne Komprimierung pro Sekunde weniger Daten anfallen als für die unkomprimierten Bilder.

Anhang A: Don´t Panic

Caligari trueSpace

Der Splinepunkt läßt sich nicht verschieben.

Sehen Sie nach, ob das Raster eingeschaltet ist oder ob eine Achse festgestellt ist.

Der Bildausschnitt läßt sich nicht mehr zoomen – er hakt.

Durch ein Herauszoomen aus dem Bildausschnitt hat die true-Space-Kamera eine extrem kurze Brennweite angenommen – die Kamera arbeitet jetzt mit einem Weitwinkelobjektiv. Wenn die Brennweite sehr kurz ist und die Kamera sehr nah am Objekt, dann entsteht in trueSpace genauso wie in einem Foto eine perspektivische Verzerrung. Stellen Sie in der Objektinfo die Z-Richtung der Objektskalierung höher – der Normalwert ist 1 Meter – und richten Sie die Kamera neu ein. Versuchen Sie dabei, in Brennweiten zwischen 0.7 bis 2 Metern zu bleiben, und benutzen Sie nicht den Zoom, um die Kamera weiter vom Objekt zu entfernen, sondern die *Eye Move*-Funktion.

Wenn Sie mit der vorgegebenen Kamera von trueSpace arbeiten und auch keine eigene Kamera in die Szene setzen wollen, zoomen Sie sich mit Zoom aus der Szene heraus. Es kann sein, daß Sie die Maus eine Strecke lang ziehen müssen, ohne einen Effekt zu sehen. Auch die vorgegebene Kamera kann in einen nicht mehr darstellbaren Brennweitenbereich gelangt sein (kleiner als 0,5). Erst wenn die Brennweite der Kamera wieder Werte über 0,5 erreicht, sehen Sie den Effekt des Zooms. Eine manuelle direkte Eingabe der Brennweite ist bei der vorgegebenen Kamera nicht möglich.

Für ein fotorealistisches Bild wird man die Objekte natürlich sehr detailliert aufbauen. Aber die wichtigste Maßgabe sollte es sein, alle Objekte in einem Bild, in einer Serie von Bildern oder in einer Animation mit dem gleichen Detaillevel aufzubauen.

Ansonsten ist es eine Frage des technischen Geschicks, der Geschwindigkeit des Rechners und der Software sowie der Aussage des Bildes. Da Caligari trueSpace sich nicht so schnell von einer Vielzahl von Facetten in der Geschwindigkeit reduzieren läßt, kann der Konstrukteur, der gerne ausgefeilte Modelle aufbaut, hier auch sehr detailliert arbeiten. Problematisch werden Grafiken oder Bilder mit einer sehr hohen Anzahl von Polygonen erst dann, wenn ein großer Teil der Polygone transparent und mit Brechung definiert ist. Sowohl in einem Render als auch in einem Raytrace gehen Transparenz und Brechung besonders intensiv in die Berechnungsdauer ein.

- Ist das Bild ohne Lichtquellen gerendert worden?
- Ist die Szenenkamera aus Versehen in ein Objekt hineingesetzt worden?
- Verstellt ein größeres Objekt die Sicht der Kamera auf die Szene? Es kann durchaus sein, daß man das in der Gitterdarstellung gar nicht sehen kann.

Boolesche Operationen scheinen eher eine Kunst als eine Wissenschaft zu sein.

In der Regel ist die Verschiebung der beiden Objekte gegeneinander um eine winzige Entfernung das beste Mittel. Die Verkleinerung der Boolean Identity scheint nur in wenigen Fällen zum gewünschten Erfolg zu führen.

Wenn auch das Verschieben der Objekte gegeneinander keine Abhilfe bringt oder nicht möglich ist, kann man versuchen, eines der Objekte um ein Prozent zu vergrößern oder zu verkleinern. Manchmal hilft es, ein Objekt mit *Smooth Quad Divide*, *Quad Divide* oder mit *Triangulate* weiter zu unterteilen.

trueSpace kann Boolesche Operationen nicht durchführen, wenn die Kanten von Polygonen nach der Booleschen Operation zu nah zusammen liegen. Auch mit dem höchsten Zoom kann man solche Kanten nicht aufeinanderbringen – sondern immer nur (fast) beliebig nah annähern. Benutzen Sie

Wie detailliert soll ich meine 3D-Modelle aufbauen?

Auf dem gerenderten Bild ist nichts zu sehen.

Bei Booleschen Operationen bekomme ich immer die Fehlermeldung »Can't do boolean Operation. Change relative Position ...«

den Fang – *Grid* – , um die Körper zu erzeugen und in relative Position zueinander zu setzen.

Im Render zeigen sich schwarze Löcher in Modellen, vor allem nach Deformierungen; aber in der Netzdarstellung sieht alles korrekt aus.

Dann wurde durch die Deformierung die Normale des Polygons invertiert. trueSpace hat eine Funktion zum Reparieren, *Fix Bad Geometrie* und die Funktion *Flip all Normals*, die hier (manchmal) Abhilfe schaffen können.

Legen Sie sich aber vor der Deformierung eines Körpers vorsichtshalber eine Kopie des Körpers an. Wenn der Fehler bei der Deformierung des Körpers immer wieder auftritt, müssen Sie den Köper weiter mit *Quad Divide* oder *Smooth Quad Divide* unterteilen oder die dynamische Unterteilung während der Deformation einschalten.

Diese Fehler bei der Deformierung kann man in der Regel durch die Einstellung von Dynamischer Unterteilung *Dyn Subdiv* in den Deformierungswerkzeugen vermeiden. Da die Dynamische Unterteilung der Polygone aber die Anzahl der Polygone drastisch in die Höhe jagt, wird man das nicht bei jedem verformten Körper ansetzen wollen.

Ich sehe keine spiegelnden Reflexionen auf den Körpern.

Sehen Sie nach, ob die Funktion *Raytrace* im Rendermenü eingeschaltet ist.

Sehen Sie in den Renderoptionen nach, wo die Grenze für spiegelnde Reflexionen steht. Eventuell ist die Grenze zu hoch angesetzt.

Sehen Sie nach, ob *Max Ray Depth* in den Renderoptionen nicht auf dem Wert »1« steht. Bei einem Wert von »1« werden keine spiegelnden Reflexionen mehr erzeugt.

Spiegelnde Reflexionen brauchen viel Licht. Und natürlich muß auch etwas vorhanden sein, das sich widerspiegeln kann. Spiegel wirken nur dann, wenn ein Lichtstrahl auf sie fällt und wenn dieser Lichtstrahl die Information über einen Körper mitbringt.

Wie kann ich eine Lichtquelle im Bild sichtbar machen?

trueSpace arbeitet im atmosphärenfreien Raum. In einem Raum ohne Partikel von Wasser und Staub wird Licht nur dann sichtbar, wenn es auf einen Körper trifft.

Es gibt Renderprogramme, die selbstleuchtende Materialien anbieten, z.B. Autodesk 3D Studio oder Volumenlicht wie 3D Studio Max. trueSpace bietet keine solchen selbstleuchtenden Materialien.

Ein paar Tricks zum Thema »Licht« finden Sie in Kapitel 3.3.3.

Benutzen Sie den Befehl *File/Preferences* aus der Funktionsleiste, und verlegen Sie die trueSpace-Funktionsleiste von unten nach oben oder von oben nach unten. Dann können Sie wieder mit dem Mauszeiger auf die Fläche zugreifen, mit der sich das Fenster verschieben läßt.

Ich habe ein Perspektivenfenster so weit an den Bildschirmrand geschoben, daß ich es nicht mehr verschieben kann.

Sehen Sie nach, ob auch tatsächlich für mindestens eine der Lichtquellen der Szene »Schattenwurf« eingestellt wurde.

Warum zeigt das berechnete Bild keine Schatten?

Sehen Sie nach, ob Sie Schatten für einen Raytrace oder für eine Berechnung nach dem Shadowmap-Verfahren eingerichtet haben und wie die entsprechende Einstellung im Rendermenü aussieht. Wenn Sie die Lichtquellen für einen Raytrace eingerichtet haben, werden Schatten nur berechnet, wenn im Rendermenü auch *Raytrace* angekreuzt ist und wenn Sie die Lichtquelle für Shadowmaps eingerichtet haben, werden Schatten im Raytrace nicht berechnet.

Ist die schattenwerfende Lichtquelle in Kamerarichtung frontal auf die Szene gerichtet? Dann fallen ja alle Schatten hinter dem Objekt und sind im Bild nicht sichtbar.

Wie stark ist die schattenwerfende Lichtquelle im Vergleich den anderen Lichtquellen in der Szene? Unter Umständen ist ein Schatten vorhanden, aber die Lichtquelle, von der er stammt, ist zu schwach und der Schatten wird von anderen Lichtquellen so stark aufgehellt, daß man ihn im Bild nicht mehr deutlich wahrnimmt. Vor allem, wenn der Untergrund eine mehrfarbige Textur oder eine Bump Map ist, dann wird der Schatten schnell unauffällig.

Haben Sie ein Infinite Light als schattenwerfende Lichtquelle eingesetzt, dann sehen sie nach, ob kein Objekt hinter der Lichtquelle steht. Das Licht eines Infinite Lights beginnt quasi in der Unendlichkeit, nicht erst mit dem Pfeil in der Gitterdarstellung. Steht ein Objekt hinter dem Infinite Light, so kann es sein, daß der Schatten dieses Objekts so groß ist, daß er alle anderen Schatten im Bild überlagert.

Das Materialviereck läßt sich für ein bestimmtes Objekt nicht aktivieren.

Ist das Objekt ein gruppiertes Objekt? Wenn ein Objekt mit anderen Objekten mittels *Glue* verbunden ist, muß es aus der Gruppe gelöst werden, bevor ein Materialviereck für das Objekt erzeugt werden kann.

Das Materialviereck taucht an allen möglichen Stellen des Objekts auf – aber nicht dort, wo es hingesetzt werden soll.

Ist das Objekt durch Boolesche Operationen entstanden? Bei Objekten, die aus Booleschen Operationen entstanden sind, taucht das Materialviereck auf jedem Teilstück des Objekts auf. Das Objekt noch einmal aufzubauen und das Teilobjekt, dem das Materialviereck zugeordnet werden soll, separat stehen zu lassen – das ist hier die (zugegeben mit einem recht hohen Aufwand verbundene) Lösung des Problems.

Oder benutzen Sie, wenn das möglich ist, eine einfache Form für das Materialviereck und fügen es dem Objekt hinzu – nach der Definition des Materialvierecks.

Glas will im Raytrace nicht durchsichtig werden.

Setzen Sie Lichtquellen hinter das Glasobjekt. Wie auf einem Foto wird Glas erst dann durchsichtig, wenn es von hinten angestrahlt wird.

Kontrollieren Sie den Brechungsindex (Refraction), ob er nicht zu hoch angesetzt wurde. So zwischen 1,3 und 1,6 sollte er bei normalem Glas liegen.

Spiegelt das Glas seine Umgebung so stark, daß man nur noch die Spiegelungen sieht? Nehmen Sie weniger Licht von vorne, und setzen Sie *Reflection* in den Shaderattributen niedriger an.

Für alle: heiße Kisten und qualmende Reifen

Tuning – was bringt mehr Geschwindigkeit?

Unter Windows 3.1, 3.11 oder Windows NT stellen Sie sicher, daß Sie ausreichend großes permanentes Swap File haben – und zwar so groß wie möglich (für 32 MB RAM z.B. 150 MB Swap File) und sorgen Sie dafür, daß es auf einer frisch defragmentierten Platte angelegt wird.

Wenn der RAM überschwappt ...

Unter Windows 3.1 oder 3.11 verlassen Sie Windows und starten es neu, bevor Sie mit einer aufwendigen Bildberechnung beginnen. Nicht alle Programme geben Speicherplatz ordnungsgemäß frei.

Neustart des Systems

Auch unter Windows 95 kann es Sinn machen, ein permanentes Swap File anzulegen, insbesondere wenn ein Bild nach dem Raytrace-Verfahren in einer sehr hohen Auflösung berechnet werden soll. Starten Sie Windows 95 neu, defragmentieren Sie die Platte und legen dann unter *Einstellungen / Systemsteuerung / System / Virtueller Speicher* eine benutzerdefinierte Auslagerungsdatei mit 200 MB und mehr an.

Permanente Swap Files

Beenden Sie Monitorprozesse, und Programmlader wie Microsoft Office und nehmen Sie Virenscanner und andere permanente Prozesse aus dem System.

Hintergrundprozesse beenden

Wenn der Bildschirm quälend langsam wird, schalten Sie auf eine Darstellung mit 256 Farben.

Schnellerer Bildschirmaufbau

Benutzen Sie keine unnötig großen Texture Maps. Wenn Sie ein Bild in einer Auflösung von 640x480 berechnen und die Textur für ein Objekt der Szene ist 1024x768 Pixel groß, dann können Sie die Textur gleich viermal um das Objekt wickeln. Verkleinern Sie die Textur in einem Bildbearbeitungsprogramm auf eine angemessene Größe. Unter Umständen können sie auch die Farbtiefe der Textur reduzieren.

Schneller mit kleineren Texturen

Benutzen Sie keine unangemessen detaillierten Modelle in einer Szene. Vor allem bei sehr kleinen oder weit von der Kamera entfernten Objekten ist der Aufwand reine Verschwendung.

Eine große Anzahl von schattenwerfenden Lichtquellen im Bild erhöht die Rechenzeit drastisch.

Das gleiche gilt für Transparenz und Brechung (*Refraction*) in Raytraces. Dabei schlägt jede Brechung, die größer ist als 1, sofort schwer zu. Auch hier gilt wieder: Wenn die transparenten Objekte weit von der Kamera entfernt sind, oder wenn sie sehr klein sind, ist der Rechenaufwand für die Lichtbrechung in Glas reine Verschwendung.

Stellen Sie in Raytraces die Option *Max Ray Depth* höher, um sich unnötige Spiegelungen zu ersparen. Arbeiten Sie ruhig auch mit Environment Maps, deren Qualität auf runden, kleineren Objekten der eines Raytraces nicht nachhängt, und berechnen Sie das Bild ohne Raytracing.

Teilen Sie Animationen mit sehr vielen Frames in mehrere Szenen auf, und löschen Sie die Objekte, die in der jeweiligen Sequenz nicht benötigt werden.

Neue Rechner braucht das Land

Es sind verschiedene Faktoren, die einen Rechner schneller machen – nicht nur der schnellere Prozessor. Für Raytraces ist die Größe des RAMs hochgradig entscheidend. Auch ein schneller Prozessor kommt nicht zum Zuge, wenn die 3D-Software für die Bildberechnung permanent auf die Auslagerungsdatei auf der Platte zugreifen muß. Unterhalb von 32MB RAM sollten Sie sich darum eher für einen weiteren Speicherausbau als für ein Prozessor-Upgrade entscheiden.

Für die Geschwindigkeit des Bildaufbaus in der Netzkörperdarstellung und in der soliden Darstellung ist die Grafikkarte von hoher Bedeutung. Wer professionell mit 3D-Programmen arbeitet, wird früher oder später auf eine Grafikkarte umsteigen, die speziell für 3D-Grafik und -Animationen ausgestattet ist. Um allerdings große Enttäuschungen von vornherein zu vermeiden: Auf die Dauer der Bildberechnung haben die 3D-Beschleunigungskarten keinen Einfluß. Sie beschleunigen einzig und alleine den Bildschirmaufbau während des Arrangements der Szenen und bei der Modellierung.

Glossar

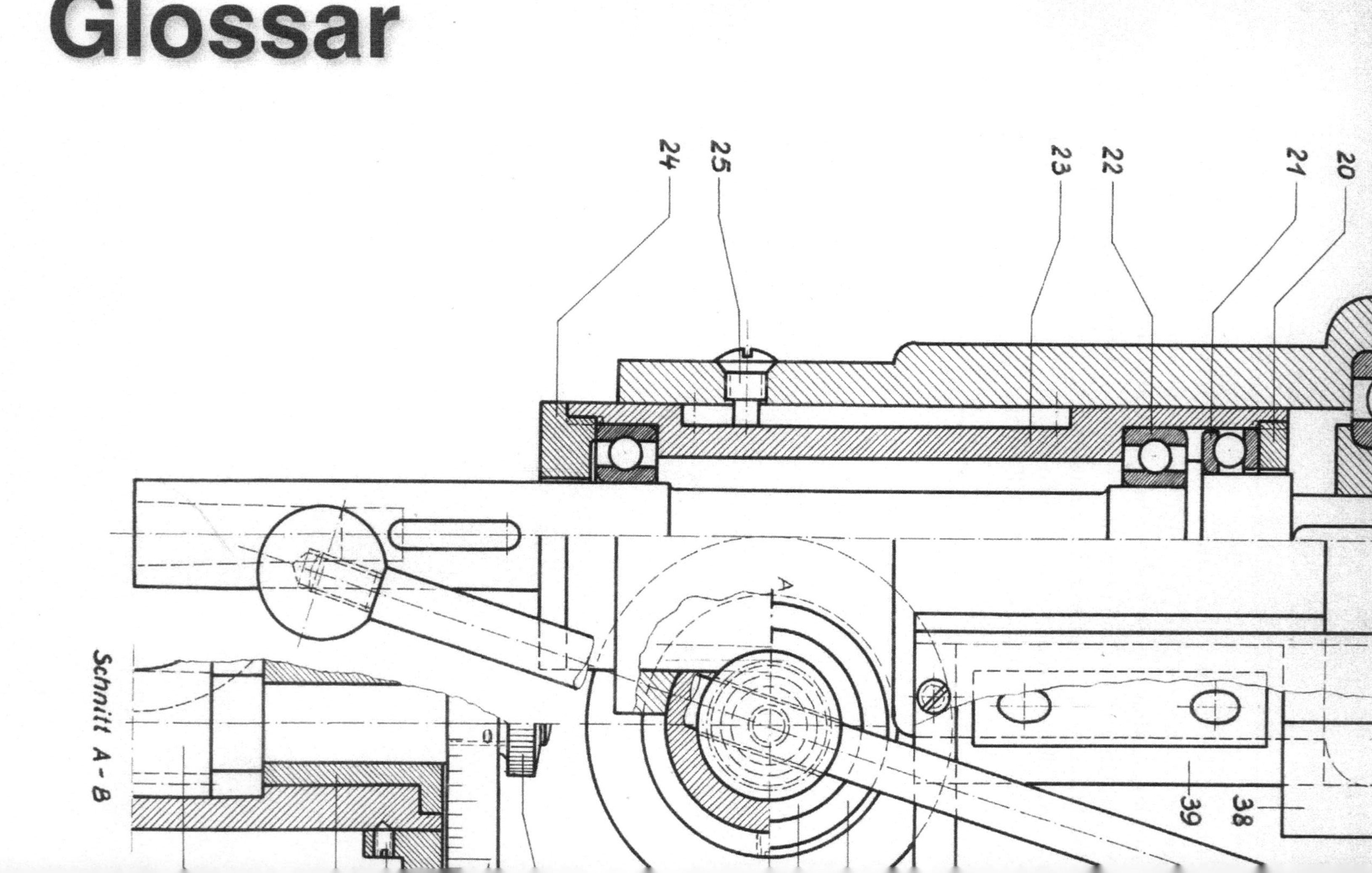

Glossar

In 3D-Programmen werden Körper als Netzkörper aus Punkten, Kanten und Flächen aufgebaut. Netzkörper können fast jede beliebige Form annehmen, aber sie sind immer nur eine beliebig detailliertere Annäherung an den tatsächlichen Körper, den sie darstellen sollen. Denn ihre Oberflächen sind Dreiecke oder Vierecke, die erst durch eine gewisse Feinheit rund und glatt wirken.

3D-Modelle

3D-Modelle in trueSpace und 3D Studio Max werden aus Flächen (Faces) zusammengesetzt – selbst eine Kugel, die rund und glatt aussieht, ist nur einfach aus vielen Facetten zusammengestellt. Jede Facette enthält eine Menge Informationen: ihre Lage im Raum, ihre »Normale«, ihre Abmessungen, ihre Farbe. Die kleine Lok besteht aus 24402 Facetten, jeder Facette kann eine Farbe und weitere Oberflächeneigenschaften zugewiesen werden. Im Ray Dream Designer wird das 3D-Modell mit Bézierkurven modelliert. Die Modelle haben also tatsächlich runde Formen.

Antialiasing

Antialiasing ist eine Technik, mit der ausgefranste und stufige Kanten an diagonalen Linien gemildert werden. Erreicht wird die Glättung durch eine Berechnung des Bildes in einer höheren Auflösung. So stehen mehr Daten zur Verfügung, aus denen sich ein glatteres Bild für die endgültige Darstellung berechnen läßt.

Bézierkurven

Die Bézierkurve ist eine Linie, deren Krümmung durch Ankerpunkte (an den Scheitelpunkten der Kurve) festgelegt ist. Über die Veränderung der Länge und des Winkels der Tangenten an den Ankerpunkten wird die Krümmung der Kurve bestimmt.

Bump Maps

Viele Dinge haben eine markante Oberflächenstruktur, die Haut einer Orange ist dafür immer ein beliebtes Beispiel. Aber selbst Wasser ist nur in der Badewanne glatt wie ein Spiegel, draußen auf einem See kräuselt es sich oder es schlägt Wellen. Leder und Haut haben charakteristische Poren. Bump Maps simulieren die Oberflächenstruktur durch einen Reliefeffekt – der erhabene Stellen heller hervortreten und Vertiefungen dunkler erscheinen läßt – anstelle einer geometrischen Modellierung, mit der die Nerven des Grafikers und die Rechenleistung eines Computers gesprengt würde. In der Regel ist die Bump Map eine Pixelgrafik in Graustufen, deren helle und dunkle Stellen in die Berechnung der Oberfläche eines Körpers mit einbezogen werden.

Extrusion

Extrusion ist das Werkzeug, mit dem schrittweise aus einer zweidimensionalen Kontur – etwa dem Grundriß eines Hauses – ein dreidimensionaler Netzkörper aufgebaut wird. Das ist sozusagen das Basiswerkzeug jedes 3D-Editors. Jeder Extrusionsschritt zieht den Netzkörper ein Stücken weiter »nach oben« – so wie eine Lage neuer Ziegelsteine auf dem Grundriß des Hauses.

Keyframe

Der Keyframe – das sind in herkömmlichen Zeichentrickfilmen markante Einzelbilder, die vor dem Zeichnen der einzelnen Bilder erstellt wurden, um einen roten Faden in die zigtausend Bilder zu bekommen. In einer Animation, die auf dem Computer erstellt wird, sind es die markanten Stellen, an denen sich die Bewegung eines Körpers ändert – und in einer auf dem Computer erstellten Animation werden nur diese Keyframes vom Grafiker erstellt – das Animationsprogramm berechnet die Bilder zwischen den Keyframes.

Koordinaten

Zur Orientierung auf einer zweidimensionalen Fläche und in dreidimensionalen Räumen werden Koordinaten als Richtungssystem benutzt. Sie sind das Links, Rechts, Oben und Unten im unendlichen Raum. Denn bei einer freien Bewegung und Drehung in diesem unendlichen Raum, sind Links und Rechts keine Orientierung mehr. Und wenn wir uns frei durch den Raum bewegen, dann ändert sich unsere Sicht von

Links und Rechts und Oben und Unten. Statt dessen benutzen
wir ein Koordinatensystem, das seinen Ursprung an einem
eindeutigen Punkt im Raum hat und der Bewegung im Raum
eine eindeutige Beschreibung gibt.

Material

Der Begriff des Materials faßt die charakteristischen Eigenschaften der Oberfläche eines Körpers zusammen: seine Farbe
oder sein Muster, die Transparenz und die damit verbundene
Brechung des Lichts, sein Glanz, seine Glätte und seine Oberflächenstruktur. Die Varianten der Oberflächengestaltung in
einem 3D-Programm sind einfach überwältigend. Sie reichen
von naturalistischen Texturen wie matt glänzendes Buchen-
holz über strahlende Farben und die Simulation eines hochglänzenden Klavierlacks bis zu durchsichtigem Glas mit seiner
Brechung des Lichts.

Nurbs

Besonders spezialisierte Programme erlauben es, die Bézierkurve an jedem beliebigen Punkt zu verändern statt nur an
den definierten Ankerpunkten. Diese Kurven werden Nurbs
genannt, eine dezente Abkürzung für »Non Uniform Rational
Beta Spline«.

Polygone

Polygone sind ganz einfach Vielecke. Jede plane Fläche mit
drei oder mehr Ecken ist ein Polygon. Eine gekrümmte Fläche
läßt sich durch das Zusammensetzen von mehreren Polygonen annähern, eine geknickte Fläche kann durch Zusammensetzen mehrerer Polygone detailgetreu simuliert werden. Aus
den Polygonen werden die Netzkörper zusammengefügt. Von
daher auch der Ausdruck »Facetten« – der Netzkörper einer
Kugel besteht aus vielen unterschiedlich großen Polygonen, so
wie die Facetten eines geschliffenen Diamanten. Erst durch die
Vielzahl der Facetten wirkt der Netzkörper wie eine Kugel,
und sein perfektes Aussehen erhält er während der Bildberechnung durch eine Interpolation – sozusagen durch »Weich-
zeichnungseffekte« des 3D-Programms.

Primitives, Grundformen

Körper, die durch mathematische Funktionen beschrieben
werden können, lassen sich in den meisten 3D-Programmen
schnell und mit viel Unterstützung aufbauen. So gibt es Netz-

körpereditoren, mit deren Hilfe mathematische Funktionen direkt in Netzkörper umsetzbar sind. Die meisten Editoren erzeugen einfache Grundformen wie Kugeln und Würfel durch einen Knopfdruck. Viele 3D-Programme können Boolesche Operationen auf Netzkörpern durchführen – zum Beispiel eine Halbkugel von einem Quader subtrahieren, so daß ein »ausgehöhlter« Quader entsteht. Es gibt 3D-Programme, die sich auf Pflanzen spezialisiert haben und andere, mit denen man Landschaften erschaffen kann, Programme, mit denen virtuelle Kens und Barbies in jeder nur erdenklichen Pose berechnet werden.

Radiosity

Radiosity ist ein besonders komplexes Berechnungsverfahren der 3D-Grafik, das aber auch die höchste Bildqualität bieten kann. Radiosity berechnet die »diffuse Reflexionen«. Der größte Teil der Reflexionen stammt aus sekundären Lichtquellen – d.h. von anderen Körpern der Szene, die selber wieder Licht abstrahlen und deren Farben sich gegenseitig beeinflussen. So wie die indirekte, diffuse Beleuchtung in der Fotografie liefert Radiosity die feinsten Tonabwertabstufungen und »malt« die Szene in einem weicheren, realistischeren Licht. Der weitaus größte Teil aller Reflexionen sind diffuser Natur – deswegen sind Bildberechnungen nach dem Radiosity-Verfahren wirklichkeitsgetreuer als Reflexionen nach dem Raytracing-Verfahren.

Da aber der Rechenaufwand für Radiosity im Bild sehr hoch ist, wird Radiosity bislang selten für kommerzielle 3D-Grafik eingesetzt.

Raytrace

Der Raytrace liefert die spiegelnden Reflexionen, die direkt einer Lichtquelle zuzuordnen sind. Raytracing läßt sich mit »Verfolgung des Lichtstrahls« übersetzen – es ist einfach eine besondere Art der Bildberechnung. Raytracing verfolgt den Strahl des Lichts durch eine Szene und berücksichtigt die gegenseitige Beeinflussung der verschiedenen Körper in einer Szene – der Raytrace berechnet die Spiegelung eines Körpers in anderen Körpern der Szene. Spiegelnde Reflexe machen zwar weniger als 18% der Realität eines Bildes aus – aber sie sind ein Gestaltungselement für realistische und surrealistische Effekte.

Ganz einfach gesagt, ist ein Render die digitale Fotografie eines dreidimensionalen Körpers im Computer. Die korrekte Übersetzung des Begriffs »Render« ist »Bildberechnung«. Und damit etwas genauer gesagt: »rendern« ist die Berechnung der sichtbaren Oberflächen eines dreidimensionalen Körpers aus einem mathematischen Modell.

Render/Rendern

Gleichzeitig ist Rendern der Oberbegriff für eine Reihe von verschiedenen Berechnungsverfahren. Ein Teil der Berechnungsverfahren wird auf einzelne Körper angewandt, der andere wird auf der Basis von Lichtquellen festgelegt.

Mit den gleichen Mitteln wie sie das Bild »Drei Kugeln« von M.C. Escher zeigt, erreichen 3D-Programme die realistische plastische Darstellung von Körpern im Raum: mit perfekt abgestuften Schattierungen.

Schattierungen/Shader

Die linke Kugel erscheint uns als ein helles, mattes Material. An der Abstufung des weißen Farbtons sieht der Betrachter, woher das Licht im Bild kommt. In einem 3D-Programm wird diese Art der Schattierung durch die Berechnung des

Körpers nach dem Phong Shading-Verfahren geliefert. Phong Shading ist einen »projektive Schattierung«, bei der die Oberfläche eines Körpers nach seiner Lage und der Position der

Lichtquellen im Raum berechnet wird. Der Körper bekommt Volumen und wirkt plastisch.

Die zweite Kugel ist offensichtlich aus einem hochspiegelnden Material. Metal Shading ist ein Modell, das die Reflexionen von Körpern mit metallischen Oberflächen besonders gut simuliert. Solche Spiegelungen können erst durch ein besonderes Berechnungsverfahren in 3D-Programmen simuliert werden: durch Raytraces.

Die dritte Kugel ist aus Glas und zeigt die Brechung des Lichts – denn Glas ist nicht nur einfach durchsichtig, seine Brechung des Lichts vergrößert, verkleinert und versetzt Gegenstände, die direkt hinter dem Glas liegen. Auch die Brechung des Lichts kann in 3D-Programmen erst durch einen Raytrace sichtbar gemacht werden.

Shadowmaps Shadowmaps sind ein der Bildberechnung vorgelagerter Berechnungsprozeß, in dem die Schatten einer Szene berechnet werden. Denn erst der Schatten eines Körpers auf seinem Untergrund oder seinem Hintergrund zeigt dem Betrachter, daß der Körper nicht wie ein Sputnik frei im Raum fliegt, sondern wo er sich im Raum befindet. Die Schatten in einem Bild werden immer dann nach dem Shadowmap-Verfahren berechnet, wenn der Grafiker auf die zeitaufwendige Berechnung eines Raytraces verzichten kann, weil spiegelnde Reflexionen und die Brechung des Lichts im Bild nicht gefordert werden.

Splines Splines sind Kurven zwischen zwei Punkten, mit denen man natürlich gerundete Konturen zeichnet, die den Grundriß der Netzkörper bilden. Die Krümmung dieser Kurven läßt sich über Hebel an den Splinepunkten verschärfen oder runder machen. Splines arbeiten wie die Bézierkurven in 2D-Grafikprogrammen. Allerdings sind die Kurven aus Punkten und Kanten zwischen den Punkten auch nur wieder angenähert. Splines benutzt man, um runde und gekrümmte Umrisse besser nachzeichnen zu können als mit den Punkten und Kanten der Polygone. Letztendlich sind aber auch die Splines nur Vielecke, denn aus den Zwischenpunkten der Splines und ihren Kanten werden wieder Polygone erzeugt.

Die Szene ist das Arrangement der Körper für einen Render. Will man ein Produkt abbilden, dann wird die Szene aus dem Produkt und seinem Hintergrund bestehen, will ein Architekt die Wirkung eines Raumes sehen, dann ist die Szene der Raum mit seiner Einrichtung.

Szene

Muster für die Oberflächen von Objekten werden Texturen genannt. Texturen können natürliche Muster von Gegenständen sein, zum Beispiel Marmor und gehämmerte Metalloberflächen, ein Korbgeflecht, Leder oder Phantasiemuster, die mit einem 2D-Zeichenprogramm erstellt wurden. Texturen erhält man aus Texturensammlungen, wie sie auf CDs angeboten werden, man kann sie aber auch selber von Fotos einscannen oder in Bildbearbeitungsprogrammen erstellen.

Texturen

TrueColor – eine Bezeichnung für Hardware und Software, die 16 Mio. Farben unterstützt.

True Color

Vertices (Ankerpunkte) gehören zur mathematischen Beschreibung eines Netzkörpers im Raum. Die Ankerpunkte sind durch Kanten (Edges) miteinander verbunden. Sie bilden zusammen die Polygone – die Facetten, aus denen der Netzkörper besteht.

Vertices

Der Z-Buffer ist ein Kanal, in dem 3D-Programme die Tiefe eines Objekts auf dem Bildschirm als Graustufen speichern – je tiefer im Bildschirm die Facetten des Objekts liegen, desto dunkler erscheinen sie. Das Ergebnis sind Graustufenbilder, die man für 3D-Tiefenbilder benutzt.

Z-Buffer

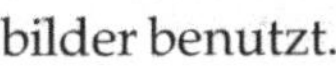

Literatur

Burger, Ralf: Professionelle Bildgestaltung in der 3D-Computergrafik. Addison Wesley, 1995

Jones, Michael & Wyatt, Allen: 3D madness!, SAMS Publishing, 1994

Kiefer, Roland: Nikon Fotoschule. Verlag PHOTOGRAPHIE, 1981

Lens, Jan und Carpentier, Peter: Photodesign. Verlag PHOTOGRAPHIE, 1992

Nerdinger, Winfried (Hrsg.): Die Architekturzeichnung, Prestel Verlag,1987

Die CD zum Buch

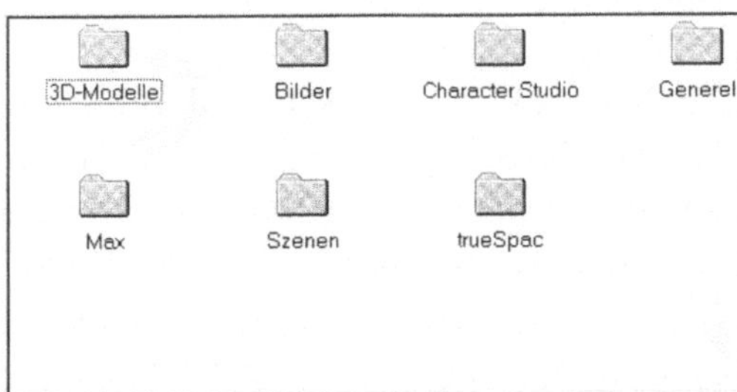

3D-Modelle: In diesem Verzeichnis finden Sie einen Teil der Modelle, die für die Illustrationen dieses Buches benutzt wurden in den Formaten *.COB, *.DXF und *.MAX.

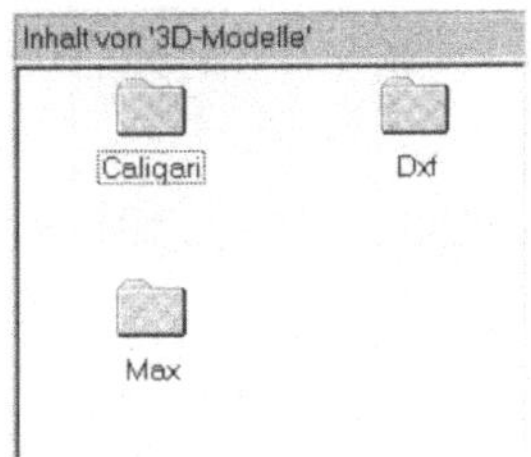

Bilder: Illustrationen aus dem Buch im JPEG- oder TIF-Format.

Szenen: Komplette Szenen von Illustrationen aus dem Buch inklusive Kamera, Beleuchtung und Spezialeffekten für Caligari trueSpace und 3D Studio Max.

Generell: Zusatzprogramme, die für alle 3D-Programme nützlich sind. *Universe* ist ein Programm, mit dem man effektvolle Hintergründe für Weltraumszenen erstellt. *WC2POV27* ist ein Konverterprogramm, das Objekte zwischen vielen 3D-Programmen konvertiert. *Dave's Targa-Editor* ist ein Sharewareprogramm, mit dem Sie Bildsequenzen im TGA-Format in Animationen umwandeln können. *Smacker* komprimiert Animationen und *MacSmack* erlaubt das Abspielen von Smacker-komprimierten Animationen auf Macintoshs. In der kompletten Version *Video für Windows* finden Sie auch einen einfachen Video-Editor, mit dem Sie Animationen schneiden und bearbeiten können.

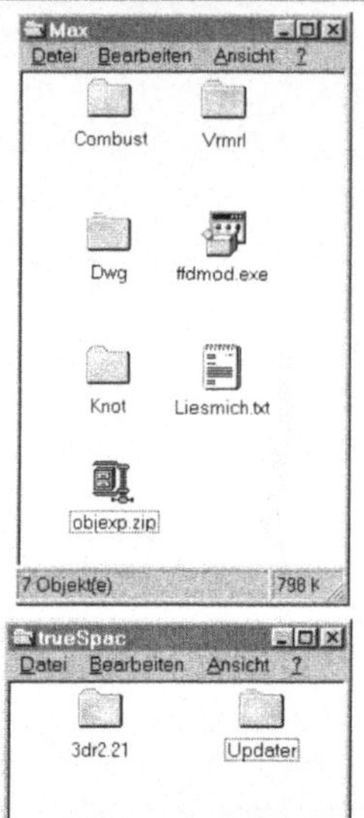

Max: In diesem Verzeichnis sind Plugin-Programme für Max. *Combustion* generiert Feuerobjekte für Stills und Animationen, *Knots* Knoten, *DWG* importiert und exportiert Daten im DWG-Format und *VMRL* exportiert Szenen als dreidimensionale Webseiten. *ObjExp* erlaubt den Export von Modellen im Lightwave *.Obj-Format. *FFDMOD* installiert ein Free Form Deformation Modifier für Max.

trueSpace: Hier liegt die voll funktionsfähige Demoversion von *trueSpace*. Rufen Sie Setup auf, um Sie auf Ihrem Rechner zu installieren. Unter *Updater* ist das Update von trueSpace 2.0 auf 2.01a. Unter *3DR221* ist das Update von Intels 3DR auf Version 2.21. *Exploder* ist ein Partikelsystem für trueSpace: Speichern Sie ein trueSpace-Objekt als ASCII-Datei und laden Sie es in Exploder, um es in Animationen effektvoll explodieren zu lassen.

Character Studio: Hier finden Sie ein paar Kostproben von Animationen, die mit dem Character Studio in Max erstellt wurden. Character Studio ist ein Plugin für Max, mit dem Modelle über ihre Fußabdrücke bemerkenswert einfach und natürlich animiert werden.

Sachverzeichnis

PAGE
Cyberdesign
Neues Berufsfeld für Typografen:
Online- und Multimedia-Gestaltung
Neue Serie:
Farbe in der Praxis
PrePress-Software

PAGE
Publishing:
Print & Online
Acrobat 3.0
Optimiert für WWW
und PrePress
Color Management
jetzt auch
für EPS-Dateien
Online-Sicherheit
Schutz für
Internet Server
Digitale
Fotografie
Exklusiv-Test
Neue Studiokamera
von Phase One
Marktübersicht
Die besten
Großbildschirme
Die besten
Grafikkarten
AD
Traumberuf Art-director
Erfolgsrezepte kreativer Magazin-Gestalter
5 Seiten David Carson Workshop

PAGE
C 10642 E
Online-Publishing
Verleger entdecken Computernetze als Medium
Druckvorstufe
Alle aktuellen Proofverfahren
im Vergleichstest
Grafik
Freehand 5.0 jetzt wieder mit
den beliebten Funktionen
Werbung
Revolutionäre Telearbeit
bei der Top-Agentur Chiat/Day
Software
Findit: Workflow-Management für alle,
Harvard Graphics 3.0: Besser Präsentieren
Envelopes: Neue Effekte für Illustrator
Hardware
Herausrag. schnellster Farbdrucker der Welt
Nikon E2: Nikons erste Digitalkamera
Epson PL-900: Drucken mit 600 dpi bis DIN A3
SPIEGEL
Back
Papier
Besser auswählen,
recyceln, konservieren

PAGE
C 10642 E
Januar 1996
11. Jahrgang
12 Mark
12 Franken
98 Schilling
1000 Plus
Die Macht der
Computergrafik
Wie Sie mit Infografiken besser kommunizieren
Bildquelle Photo CD:
Selbst erzeugen
und optimal nutzen
Publishing
→ Digitalkamera für Still-Life- und Action-Fotos
→ Photoshop-Filter für ein Taschengeld
→ Java revolutioniert Online-Medien
→ Geld sparen durch bessere
PostScript-Dateien
Gestaltung
→ Günter Gerhard Lange zur Designer-Ausbildung
→ Unendliche Schriftenvielfalt mit der Myriad
→ Die digitalen Divas des Starfotografen Yukinori Tokoro

PAGE – Kreation und Produktion digital

Die Monatszeitschrift zu Techniken und Trends in der visuellen Kommunikation

Trends und Trendmacher

Damit Sie wissen, was läuft. „Publisher" zeigt interessante Ideen rund ums Publishing und die Leute, die sie umsetzen; „Branche", der Wirtschaftsteil in PAGE, informiert über Hintergründe der Publishing-Branche.

■ Zu den wichtigsten Aufgaben in unserer Kommunikationskultur zählen die Produktion und die grafische Gestaltung von Medien. Darüber berichtet PAGE. Unabhängig vom Rechnersystem und aktuell informiert Sie PAGE über computergestützte Werkzeuge, Trends und Methoden in der visuellen Kommunikation: vom Layoutprogramm bis hin zur digitalen Druckmaschine, von digitalen Schriften bis hin zum Online-Medium, von der digitalen Kamera bis hin zum Repro-Scanner. PAGE ist die Schnittstelle zum elektronischen Publizieren – für erfahrene, gestaltungsinteressierte PC-Anwender oder für Computereinsteiger und -profis aus den Bereichen Grafik, Produktion, Satz, Gestaltung, Illustration, Reprographie, Fotografie und Druck.

TITEL

Themen und Thesen

Damit Sie mitreden können.
PAGE-Titelgeschichten weisen
den Weg in die Zukunft und
regen zum innovativen Einsatz
des Computers in Gestaltung,
Kommunikation und Medien-
produktion an.

PROGRAMME

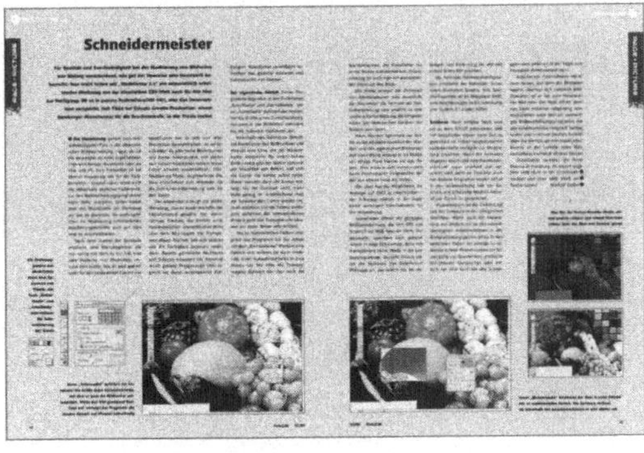

Visionen und Versionen

Damit Sie mit neuen Soft-
wares effizienter arbeiten.
In „Programme" sagen
wir Ihnen alles über neue
Softwares und testen deren
Eignung für Gestaltung
und PrePress-Produktion.

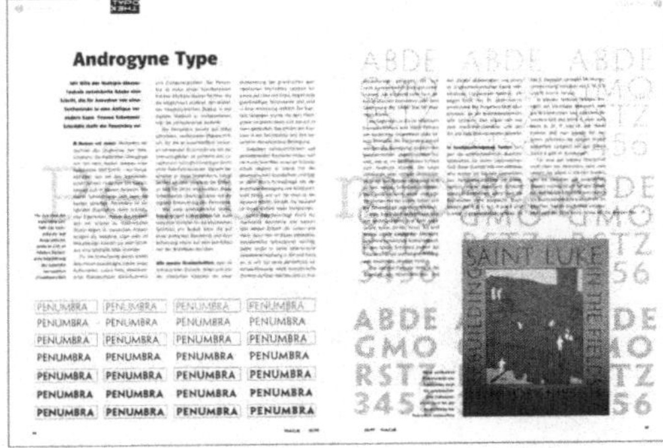

GESTALTUNG

Typo und Design

Damit Sie neue Ideen für
sich nutzen können.
„Gestaltung" bringt Sie in Sachen
Typo auf Stand, diskutiert
Themen der visuellen Kommu-
nikation und liefert Step-by-
step-Anleitungen zu raffinierter
Gestaltung am Computer.

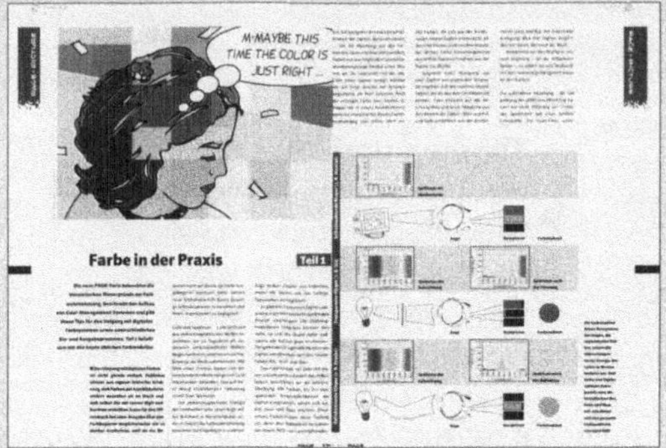

Service und Praxis

Damit Sie reibungslos und kostengünstig produzieren. „Service" verrät Ihnen Tips und Tricks, auf daß Sie reibungsloser produzieren und das Maximale aus Ihrem System herausholen. „Service" ist die Schnittstelle zwischen Kreation und Produktion.

Tests und Beratung

Damit Sie sinnvolle Investitionsentscheidungen treffen. Kompetente PAGE-Autoren unterstützen Sie in „Systeme" bei der Gerätewahl und testen praxisbezogen interessante neue Produkte vom Scanner bis zum Drucker, die Ihnen den Arbeitsalltag erleichtern.

PAGE. Das Probeheft für Sie!

Fordern Sie noch heute ein Ansichtsexemplar von **PAGE** an – kostenlos und unverbindlich.
Sie sollten uns kennenlernen.
Fordern Sie aus diesem Grund umgehend Ihr persönliches Ansichtsexemplar einer aktuellen PAGE-Ausgabe an. Sie brauchen bei Ihrer Bestellung nur den Titel dieses Buchs zu vermerken, und schon geht bei uns die Post ab – mit Ihrem Probeheft von PAGE.

Schreiben Sie (Brief oder Postkarte) an

MACup Verlag GmbH
Leverkusenstraße 54
22761 Hamburg

Bitte übermitteln Sie uns Ihre genauen Absenderangaben (Name, Straße, Ort und Telefonnummer), damit wir Ihre Bestellung korrekt und zügig bearbeiten können. Vielen Dank.

Wir wollen unsere Computerbücher noch besser machen!

Das können wir aber nur mit Ihrer Hilfe. Deshalb möchten wir Sie bitten, die Karte ausgefüllt an uns zurückzuschicken. Alle Kommentare und Anregungen sind willkommen.

Herzlichen Dank für Ihre Unterstützung.

Was erwarten Sie von unseren Computerbüchern, und wie werden Ihre Erwartungen erfüllt?	Bitte geben Sie an, wie wichtig für Sie die Kriterien sind.	Bitte vergeben Sie Noten, wie dieses Buch Ihre Erwartungen erfüllt.
wertvolle Hinweise für die Lösung konkreter beruflicher Aufgaben	sehr wichtig 1 2 3 4 5 unwichtig	sehr gut 1 2 3 4 5 unzureichend
ausführliche Darstellung neuer Theorieansätze	sehr wichtig 1 2 3 4 5 unwichtig	sehr gut 1 2 3 4 5 unzureichend
Fortbildung über das Tagesgeschäft hinaus	sehr wichtig 1 2 3 4 5 unwichtig	sehr gut 1 2 3 4 5 unzureichend
einen schnellen Überblick über neue Produkte und Verfahren	sehr wichtig 1 2 3 4 5 unwichtig	sehr gut 1 2 3 4 5 unzureichend
nützliche Computersoftware auf einer beiliegenden Diskette/CD-ROM	sehr wichtig 1 2 3 4 5 unwichtig	sehr gut 1 2 3 4 5 unzureichend

Enter Springer. Enter Solution.
Internet: http://www.springer.de

Häßler: 3D Imaging

Absender

Name

Straße

PLZ/Ort

Wofür nutzen Sie dieses Buch?

☐ Berufliche Weiterbildung — Branche

☐ Studium — Fach — Semester

☐ Privat

Antwortkarte

An
Springer-Verlag
Product Manager, Planung Informatik
Tiergartenstraße 17
D-69121 Heidelberg

Bitte freimachen
falls Briefmarke
zur Hand.